Sylvia Krapp

# Rechnungswesen im Buchhandel

Prozentrechnen • Geld- und Zahlungsverkehr •
Buchführung • Kosten- und Leistungsrechnung •
Controlling • Grundlagen der Verlagskalkulation

Abgestimmt auf die sachliche Gliederung der Neuordnung
des Ausbildungsberufs Buchhändlerin / Buchhändler aus
dem Jahr 2011

6. aktualisierte und erweiterte Auflage

Von Hermann Frankfurth völlig neu bearbeitet,
mit Beiträgen von Klaus-W. Bramann

:Bramann

| | |
|---|---|
| © | 2015 Bramann Verlag, Frankfurt am Main |
| | Alle Rechte vorbehalten |
| Herstellung | Margarete Bramann, Frankfurt |
| Einbandgestaltung | Margarete Bramann in Anlehnung an eine Reihenkonzeption |
| und Typographie | von Hans-Heinrich Ruta und Stefanie Langner |
| Papier | Gedruckt auf chlorfrei gebleichtem Papier |
| Druck und Bindung | Druckerei TZ-Verlag & Print GmbH, |
| | Printed in Germany, 2015 |
| ISBN | 978-3-934054-84-4 |

# Inhalt

# Vorwort

Je nach Blickwinkel des Betrachters variieren die unterschiedlichen Erwartungen und Ansprüche an das vorliegende Buch. Das liegt in der Natur der Sache, wenn man den Spagat zwischen Ausbildungsrelevanz, Praxisnähe und pädagogischen Anforderungen sucht. Was den einen als Vorzug erscheint, gilt den anderen als Mangel. Was jene als eine methodisch-didaktisch ausgefeilte Lösung ansehen, beurteilen andere als fachlich inkompetent. Schätzt der eine die Anschaulichkeit, mag manch anderer dieselben Erklärungen als ausschweifend und langatmig empfinden. Trotzdem haben wir versucht, ein Lehrbuch zu schreiben, in das die Bedürfnisse aller Beteiligten und Nutzer eingebettet sind.

Mit dem Buch arbeiten vorwiegend Auszubildende im Buchhandel im Rahmen ihrer schulischen Ausbildung – um am Ende die Prüfung zu bestehen. Für sie ist das Buch in erster Linie geschrieben. Und so mögen gestandene Mathematiklehrer beispielsweise den hier vorgestellten Alternativ-Ansatz zur Erklärung des Dreisatzes als blasphemisch anmutenden Verstoß gegen die Grundfesten der Logik empfinden. Schülerinnen und Schüler hingegen sind möglicherweise dankbar dafür, zukünftige Dreisatz-Aufgaben mittels eines einfachen Ansatzes lösen zu können. Diejenigen, die dessen Logik schon immer erfasst hatten und anwenden konnten, brauchen die vereinfachten Erklärungen erst gar nicht und werden milde lächelnd darüber hinweg lesen können. Ebenso verhält es sich mit ›Eselsbrücken‹: Den Schülern erscheinen sie in der Regel hilfreich, manchem Lehrer hingegen bestenfalls als ›nett‹ aber unangemessen in einem Fachbuch und daher als überflüssig.

Versachlichen wir die Diskussion, indem wir uns die **Rahmenbedingungen** vergegenwärtigen, die zu der vorliegenden Buchfassung führten.
• Die Inhalte des Buches entsprechen der sachlichen Gliederung der Neuordnung des Ausbildungsberufs Buchhändlerin/Buchhändler vom 15. März 2011. Weite Teile der Inhalte sind dem Bereich ›Kaufmännische Steuerung und Warenwirtschaft‹ zuzuordnen.
• Fachlich ist das Buch auf dem neuesten Stand (Kalenderjahr 2015). Dies gilt für aktuell zur Verfügung stehende Statistiken und Zahlenwerte sowie für finanz- und steuertechnische Sonderregelungen.

- Auszubildende oder Quereinsteiger im Buchhandel sollen sich die Inhalte autonom erarbeiten und die Lerninhalte mittels der Aufgaben überprüfen können – notfalls im Selbststudium. Das schließt nicht aus, dass Lehrer das Buch durchaus in ihren Unterricht mit einbinden können.
- Da die Auszubildenden im Fokus stehen, geht es auch um die von IHK-Ausschüssen konzipierten und erstellten Prüfungsaufgaben. Deshalb werden Handreichungen und verbindliche Vorgehensweisen, die von der *ZPA-Nord-West – Zentralstelle für Prüfungsaufgaben* in entsprechenden IHK-News für die Erstellung und Korrektur von Prüfungsausgaben veröffentlicht worden sind, vorzugsweise berücksichtigt. Dies betrifft u. a. die taggenaue Berechnungsmethode (act/act-Methode) bei Zinsen, die den bundeseinheitlichen Prüfungen (exklusive Baden-Württemberg) seit der *IHK-Abschlussprüfung Winter 2013 / 14* zugrunde gelegt wird und ab der *Sommerprüfung 2016* auch für die Ermittlung des Effektivzinssatzes bei Skonto-Gewährung sowie für die Ermittlung von Lagerkennziffern gilt.

Im Zusammenhang mit Prüfungsaufgaben sei für die Auszubildenden, die ihre Prüfung im Bereich der *ZPA-Nord-West* ablegen, auch auf den Umgang mit **Rundungen in Zwischenergebnissen** hingewiesen. So steht im Punkt 8 der Bearbeitungshinweise, die bei den programmierten Aufgabensätzen auf dem Deckblatt stehen: »Wenn Sie ein gerundetes Ergebnis eintragen und damit weiterrechnen müssen, rechnen Sie (auch im Taschenrechner) nur mit diesem gerundeten Ergebnis weiter.« Diese Anweisung gilt für alle Aufgaben, in denen eine Aufgabe auf dem Ergebnis einer anderen Aufgabe aufbaut. Wenn also zum Beispiel in Aufgabe 1 der Rohgewinn auf zwei Stellen nach dem Komma bestimmt werden soll und in Aufgabe 2 die Ermittlung der Handelsspanne verlangt wird, so übernimmt man das gerundete Ergebnis der ersten Aufgabe und rechnet mit diesem in der zweiten Aufgabe weiter. Bei einer Prüfungsaufgabe hingegen, die über mehrere Teilschritte zu lösen ist, beispielsweise im Rahmen einer Einkaufs- oder Verkaufskalkulation, wird nicht mit gerundeten Zwischenergebnissen weitergerechnet; hier lässt man jeweils das Zwischenergebnis im Taschenrechner stehen und rechnet mit diesem weiter.

Ferner ein Hinweis für die zu berechnenden Nachkommastellen: In den Prüfungen der *ZPA-Nord-West* ergibt sich die Anzahl der zu berechnenden Nachkommastellen sowohl durch einen Hinweis im Text als auch durch die vorgegebenen Kästchen im Lösungsbogen. **Im vorliegenden Buch sollen sämtliche Aufgaben, sofern in einer Aufgabenstellung nichts anderes gesagt wird, auf zwei Stellen nach dem Komma gerechnet bzw. gerundet werden.**

Der Bereich **Buchführung** wurde grundlegend überarbeitet. Obwohl die Prüfungsaufgaben nach der *ZPA-Nord-West* keine Buchungssätze mehr verlangen, sind sie – um Zusammenhänge besser erklären zu können – Gegenstand der Ausführungen geblieben.

Eine größere Übersichtlichkeit verspricht der vermehrte Einsatz von **Tabellen**. Darüber hinaus versprechen Grafiken eine illustrierende Funktion. Ob der neue Ansatz hilfreich ist oder nicht, werden die Lehrer und vor allem die Schüler entscheiden. Gegenüber den vorangegangenen Auflagen wurde das Buch um ein **Glossar** ergänzt. Hier sind fachwissenschaftliche Termini kurz erklärt. Damit dient das Glossar gleichzeitig als Nachschlagemöglichkeit der in hoher Anzahl verwendeten Fachwörter und abstrakten Begriffe, denn die Buchbranche selbst, die Lehrbücher und die Ausbildungsordnung kranken an einer seltsam uneinheitlichen Terminologie. So sind die Begriffe Bezugspreis und Einstandspreis synonym zu verwenden. Der alte ›buchhändlerische Nettopreis‹ ist zwar nach der Verkehrsordnung (neueste Fassung von 2006) durch den Begriff ›Abgabepreis‹ ersetzt worden, wird jedoch auf Verlagsrechnungen weiterhin verwendet. Und anstelle der in Prüfungen fixierten Begrifflichkeit ›buchaffine Nebenprodukte‹ tritt an vielen Buchstellen der praxisgewohnte Begriff ›Non-Books‹. Dies sind nur drei Beispiele.

Vereinzelt taucht in Beispielen und Fragestellungen der Name ›Land in Sicht‹ auf. *Land in Sicht GmbH* ist eine Frankfurter Buchhandlung, die in den 1970er Jahren gegründet wurde. Wir danken dem Geschäftsführer Johannes Roether dafür, dass er für dieses Buch den Namen der Buchhandlung zur Verfügung gestellt hat. Auf der Folgeseite ist eine Firmenbeschreibung abgedruckt. Die kaufmännischen Eckdaten sind frei erfunden; einzig die Kontaktdaten (Adresse, Telefon, Website, E-Mail) entsprechen der Realität. Ist im Text keine andere Buchhandlung angegeben, dann möge man – vor allem in den Kapiteln 3 und 4 – die Aufgaben aus Sicht einer Mitarbeiterin bzw. eines Mitarbeiters dieser Buchhandlung lösen.

Ein herzlicher Dank gilt den zahlreichen helping hands, die zum Gelingen dieser Ausgabe beigetragen haben. Namentlich zu nennen sind die Betriebsberaterin Gudula Buzmann (Marnheim), die das fünfte Kapitel bereichert und Korrektur gelesen hat, sowie Gudrun Vierbücher (Mainz), die ihre Ausführungen zum Thema Planungsrechnung aus der vorangegangenen Auflage zur Überarbeitung im Sinne der Neukonzeption des Buches zur Verfügung gestellt hat. Ferner die langjährigen Berufsschullehrer Carola Huß-Straach (Berlin), Klaus-Dieter Richter (Hamburg), Wolfgang Schmelzle (Hauenstein), Ute Schneiderbauer (Köln) und Wolfgang Wied (München) für ihr intensives Korrekturlesen. Sylvia Krapp (Bremthal) hat ihr Einverständnis für die Neukonzeption gegeben. Bedanken möchten wir uns auch bei den buchhändlerischen Unternehmen, die Originalbelege zur Verfügung gestellt haben, auch wenn die Firmennamen zum Teil geschwärzt worden sind: *Brockhaus Commission* (Kornwestheim), *Buchecke Schierstein* (Wiesbaden), *Buchhandlung Schätzle* (Rheinfelden), *Buchhandlung Werber* (Bad Honnef), *Buchwert* (BAG-Abrechnungsverfahren | Frankfurt) und *Land in Sicht* (Frankfurt).

Trotz aller Unterstützung der genannten helping hands dürften in dieser Ausgabe, die mit vielen neuen Textpassagen und zahlreichen Rechenbeispielen als eine vollständig neu bearbeitete Auflage anzusehen ist, eventuelle Fehler wohl leider nicht zu vermeiden gewesen sein. In diesem Sinne sind wir für jegliches Feedback dankbar.

Hermann Frankfurth und Klaus-W. Bramann

Frankfurt, im August 2015

**Unternehmensbeschreibung der Buchhandlung ›Land in Sicht‹** *Land in Sicht* GmbH, Rotteckstraße 13 / Ecke Mercatorstraße im Frankfurter Nordend, wurde am 23. Juni 1978 eröffnet. In diesen Jahren schuf sich die politische und ökologische Alternativszene ihre Cafés, Kneipen und Läden. Die Buchhandlung *Land in Sicht* ist eine davon. Für einige Jahre war Lora, ein lebender Papagei, die Attraktion. Sie inspirierte Friedrich Karl Wächter zum ersten Logo des Ladens: Im weiten Meer auf einem Buch zu einer Insel treibend krächzt ein Papagei. Ein Bezug auf diesen Teil der Firmengeschichte fehlt (leider) im heutigen Logo.

**Kaufmännische Eckdaten**    Zweck der Geschäftstätigkeit ist der Handel mit Medienprodukten und Dienstleistungen.

Geschäftssitz:    Rotteckstraße 13, 60316 Frankfurt a.M.
Geschäftsführer:    Johannes Roether
SteuerNr. 45 136 5896 | USt-Id-Nr. DE 35865412
www.land-in-sicht-buchladen.de | land.in.sicht@t-online.de
Telefon: 069/443095 | Telefax: 069/4909266
Bankverbindungen:
Frankfurter Sparkasse 1822, IBAN: DE48500502010055533523, BIC: HELADEF1822
Deutsche Postbank AG, IBAN : DE84500100600502221601, BIC: PBNKDEFFXXX

# 1
# Grundlagen des kaufmännischen Rechnens

Nahezu sämtliche Berechnungen im Rechnungswesen sind mithilfe des Dreisatzes zu lösen. Dieses Kapitel ist somit elementar und für all diejenigen verfasst, die ihre Rechengrundlagen auffrischen wollen oder neu erarbeiten müssen. Es steht am Beginn des Buches, weil eine Einarbeitung in die Themen Buchführung, Kalkulation, Kostenrechnung, Statistik und Controlling ohne diese Grundlagen nicht möglich ist.

## 1.1
## Dreisatz

Der einfache Dreisatz – und nur dieser wird im Rechnungswesen fast ausschließlich benötigt – ist eine Lösungsmethode für Verhältnisgleichungen, bei denen zwei Größen (A und B) in einer festen Beziehung zueinander stehen. Dabei löst eine Veränderung der einen Größe eine verhältnismäßige Veränderung der zweiten Größe aus. Der Dreisatz kann stets in drei logische Schritte unterteilt werden:
1. Schritt: **Gegenüberstellung der Ausgangsgrößen**
2. Schritt: **Schluss auf eine Einheit**
3. Schritt: **Schluss auf die gesuchte Größe**

**BEISPIEL A**
2 Bücher kosten 29,80 €. Wieviel kosten 3 Bücher dieser Ausgabe?

**LÖSUNGSWEG 1**
1. Schritt: Anzahl Bücher und €
2. Schritt: 1 Buch kostet 14,90 €
3. Schritt: 3 Bücher kosten 44,70 € (3 · 14,90 €)

Ein **Dreisatz mit geradem Verhältnis** liegt vor, wenn sich die Werte der Größen proportional zueinander verändern, d. h. ändert sich eine Größe, so verändert sich auch die andere Größe im gleichen Verhältnis. Wir sehen im Beispiel, dass sich die zweite Größe (€) im Verhältnis zur ersten Größe (Bücher) proportional verändert, d. h. im gleichen Verhältnis zueinander. Der proportionale oder auch Dreisatz mit geradem Verhältnis ist somit folgendermaßen gekennzeichnet:

> **Je mehr – desto mehr**

je mehr von der einen Einheit, desto mehr auch von der anderen Einheit

bzw.

> **je weniger – desto weniger**

je weniger von der einen Einheit, desto weniger von der anderen Einheit.

**BEISPIEL B**

Die Kosten für einen Lagerraum werden nach m² berechnet und betragen für 30 m² monatlich 285 €. Wie viel Euro beträgt die Miete für ein Lager von 40 m²?

**LÖSUNGSWEG**

1. **Gegenüberstellung der Ausgangsgrößen**
   30 m² kosten 285 €
2. **Schluss auf eine Einheit**
   1 m² kostet 285 € : 30 ≙ 9,50 €
3. **Schluss auf die gesuchte Größe**
   40 m² kosten 40 · 9,50 ≙ 380 €

**LÖSUNGSWEG 2**

**Einen proportionalen Dreisatz lösen ›ohne größer nachzudenken‹**

Die beschriebenen drei Schritte können zusammengefasst werden. Dadurch ergibt sich eine Möglichkeit, einen Dreisatz mit geradem Verhältnis relativ einfach zu lösen.

1. Die Ausgangsgrößen werden mit ihren Werten in der ersten Zeile einer Tabelle gegenübergestellt (auf das ≙-Zeichen wird der Einfachheit halber verzichtet):

| m² | € |
|----|-----|
| 30 | 285 |

2. In der zweiten Zeile findet sich die Frage wieder, wobei der gesuchte Wert mit x bezeichnet wird:

| m² | € |
|----|-----|
| 30 | 285 |
| 40 | x |

3. In einem dritten Schritt werden die Werte der Tabelle nach x aufgelöst, indem die Werte über Kreuz multipliziert werden:

| m² | € |
|----|-----|
| 30 | 285 |
| 40 | x |

Die Werte neben und über dem x werden in den Zähler (über den Bruchstrich) geschrieben, der übrigbleibende Wert in den Nenner (unter den Bruchstrich):

$$x = \frac{40 \cdot 285}{30} = 380 €$$

## Aufgaben

1 Eine Papierfabrik verkauft Verpackungsmaterial, das zwischen 100 und 200 kg denselben Kilogramm-Preis hat. 110 kg kosten 26 €. Wie viel Euro kosten 190 kg?

2 Die Transportkosten für Verlegerbeischlüsse werden vom Büchersammelverkehr nach einer Staffelgebühr berechnet, die sich aus dem monatlich zugestellten Gesamtgewicht ergibt. In Ihrer Staffel bezahlen Sie für ein 8-kg-Paket 2,24 €. Wie viel bezahlen Sie für ein 14-kg-Paket?

3 Der Dekorationsstoff eines Schaufensters mit einer Gesamtbreite von 10,4 m kostet 9,50 € pro laufender Meter. Die Abgabe erfolgt nur in ganzen Metern. Wie viel Euro werden für die Gesamtanlage benötigt?

4 Um 5 m roten Teppich ausrollen zu können, müssen 150 € ausgegeben werden. Damit dem Kunden der Weg bis zur Kasse rot unterlegt wird, benötigt eine Buchhandlung insgesamt 8 m. Was kostet das Auslegen des roten Teppichbodens?

5 Wie hoch sind die Stromkosten der einzelnen Abteilungen einer Buchhandlung je Stunde in Cent, wenn 1.000 Watt einer Kilowattstunde (kWh) entsprechen und 26 Cent kosten?
   a) Die Kochbuchabteilung benötigt 10 Leuchtröhren à 80 Watt.
   b) Die Abteilung Belletristik benötigt 15 Leuchtröhren à 120 Watt.
   c) Die Reiseabteilung benötigt 8 Leuchtröhren à 90 Watt.

Ein **Dreisatz mit ungeradem Verhältnis** ist im Rechnungswesen selten. Er liegt immer dann vor, wenn die Werte der jeweiligen Größen sich entgegengesetzt zueinander verändern: Verringert sich eine Größe, so erhöht sich die andere Größe und umgekehrt. Dieser antiproportionale Dreisatz, auch Dreisatz mit ungeradem Verhältnis genannt, ist somit folgendermaßen gekennzeichnet:

**je mehr – desto weniger**

je mehr von der einen Einheit, desto weniger von der anderen Einheit

bzw.

**je weniger – desto mehr**

je weniger von der einen Einheit, desto mehr von der anderen Einheit.

**BEISPIEL**

Für die Inventur eines Warenlagers benötigen 3 Angestellte 2 Arbeitstage. Wie viel Tage benötigen 4 Angestellte für denselben Warenbestand?

**LÖSUNGSWEG**

1. **Gegenüberstellung der Ausgangsgrößen**
   3 Angestellte arbeiten 2 Tage
2. **Schluss auf eine Einheit**
   1 Angestellter benötigt die 3-fache Zeit, d. h. $2 \cdot 3 = 6$
3. **Schluss auf die gesuchte Größe**
   4 Angestellte benötigen den 4. Teil (Division) der Zeit, d. h. $6 : 4 = 1{,}5$

**LÖSUNGSWEG 2**

**Einen antiproportionalen Dreisatz lösen ›ohne größer nachzudenken‹**

Auch diese drei Schritte können zusammengefasst werden. Als dritter Schritt ergibt sich folgende Tabelle:

| Angestellte | Tage |
|---|---|
| 3 ⟵⟶ | 2 |
| 4 | x |

Man multipliziert diesmal die beiden gegebenen Größen aus der ersten Zeile und dividiert das Ergebnis durch die verbleibende Zahl.

$$x = \frac{3 \cdot 2}{4} = 1{,}5 \text{ Tage}$$

## Aufgaben

6 Bei einer Raumtemperatur von 21° C reicht der Heizölvorrat einer Buchhandlung 180 Tage. Wie lange reicht er, wenn die Raumtemperatur auf 20° C gesenkt wird?

7 Eine Auszubildende hat sich ausgerechnet, dass sie 20 Monate lang je 45 € sparen muss, um ein gebrauchtes Motorrad kaufen zu können.

   a) Wie viel Monate muss sie insgesamt sparen, wenn sie monatlich 60 € zur Seite legt?

   b) Wie viel Euro muss sie monatlich sparen, damit sie das Motorrad bereits in 12 Monaten kaufen kann?

8 Ein Autor reicht 520 Norm-Manuskriptseiten (30 Zeilen pro Seite à 60 Anschläge pro Zeile) als digitale Datei beim Verlag ein. Die Buchseite soll aufgrund des geplanten Formats jeweils 50 Zeilen à 80 Anschläge enthalten. Wie viel Textseiten (ohne Titelei etc.) ergeben sich aus dem Manuskript?

**9** Als Mitarbeiterin in einem ›Zuschussverlag‹ erhalten Sie ein Manuskript von 420 maschinengeschriebenen Seiten. Durch Auszählen
stellen Sie fest, dass eine Seite durchschnittlich 44 Zeilen à jeweils
60 Anschläge hat. Wie viele Druckseiten errechnen Sie, wenn in der
Buchversion jede Seite 34 Zeilen à 64 Anschläge umfasst?

**10** Der Druck eines Prospekts wurde bisher mit 40 Zeilen pro Seite
durchgeführt. Es wurden 100 Bogen Papier benötigt. Der Prospekt
wird unter optischen Gesichtspunkten umgestaltet und enthält jetzt
pro Seite nur noch 32 Zeilen. Wie viel Bogen Papier werden nun
benötigt?

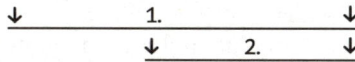

Auch der **zusammengesetzte Dreisatz** wird im Rechnungswesen kaum
benötigt. Er besteht aus mehreren einfachen Dreisätzen mit geraden
und/oder ungeraden Verhältnissen. Die einzelnen einfachen Dreisätze
sind nacheinander isoliert zu betrachten, können aber mit einem Bruch
gelöst werden.

**BEISPIEL**

In der letztjährigen Inventur nahmen 5 Angestellte bei einer Arbeitszeit von 8
Stunden insgesamt 20.000 Artikel auf. In diesem Jahr stehen 6 Angestellte für
21.000 Artikel zur Verfügung. Wie viele Stunden dauern die Inventurarbeiten in
diesem Jahr?

5 Angestellte ≙ 20.000 Artikel ≙ 8 Stunden
6 Angestellte ≙ 21.000 Artikel ≙ x Stunden

$$
\begin{array}{ccc}
\downarrow & 1. & \downarrow \\
\hline
\downarrow & 2. & \downarrow
\end{array}
$$

**LÖSUNGSWEG**

Von dem zusammengesetzten Dreisatz werden nun zwei einfache Teildreisätze
betrachtet. Im vorliegenden Fall liegt zunächst ein **Teildreisatz mit ungeradem
Verhältnis** vor: ›je mehr Angestellte, desto weniger Zeit‹ (1. Teildreisatz), dann ein
**Teildreisatz mit geradem Verhältnis:** ›je mehr Artikel, desto mehr Zeit‹ (2. Teildreisatz).

**1. Teildreisatz**
5 Angestellte ≙ 8 Stunden
6 Angestellte ≙ x Stunden

$$ x = \frac{8 \cdot 5}{6} $$

**2. Teildreisatz**
20.000 Artikel ≙ 8 Stunden
21.000 Artikel ≙ x Stunden

$$ x = \frac{8 \cdot 21.000}{20.000} $$

Die zwei Teildreisätze werden auf einem Bruch zusammengefasst:

$$x = \frac{8 \cdot 5 \cdot 21.000}{6 \cdot 20.000} = 7\,\text{Stunden}$$

**Aufgaben**

**11** Für die zum Teil manuelle Erfassung von 40.000 Rechnungssätzen der am Buchwert-Abrechnungsverfahren beteiligten Verlage brauchen 4 Mitarbeiter 20 Arbeitstage pro Monat. Wie viele Arbeitstage brauchen 5 Mitarbeiter für 47.500 Datensätze?

**12** Eine Buchhandlung strukturiert ihr Angebot neu und räumt hausintern Warengruppen um. Diese Umräumaktion soll mit 8 Angestellten in 2 Tagen erfolgen. Nach einem Tag zeichnet sich ab, dass dies nicht zu schaffen ist, da erst ¼ der notwendigen Tätigkeiten erledigt sind. Für den zweiten Tag müssen deshalb kurzfristig zusätzliche Aushilfskräfte mobilisiert werden. Wie viele zusätzliche Arbeitskräfte müssen es sein?

**13** Für Inventurarbeiten einer größeren Verlagsauslieferung mit 20 Mio. einlagernden Exemplaren benötigen 110 Mitarbeiter 3 Arbeitstage bei einer täglichen Arbeitszeit von 8 Stunden. Wie viele Tage und Stunden benötigen 90 Mitarbeiter bei 7 Stunden täglicher Arbeitszeit für 25 Mio. Exemplare?

**14** Für Renovierungsarbeiten wurden 6 Arbeitskräfte mit einer täglichen Arbeitszeit von 8 Stunden eingeplant. Unter diesen Voraussetzungen sollten die Arbeiten 8 Tage dauern. Weil das Projekt doch schon in 4 Tagen abgeschlossen sein soll, werden zwei zusätzliche Arbeitskräfte eingestellt. Wie viele Stunden müssen sie pro Tag arbeiten, um rechtzeitig fertig zu werden?

**15** 18 Mitarbeiter erfassen 140.000 Titel für eine umfangreiche Datenbank in 11.300 Arbeitsstunden. Wie lange würden 20 Mitarbeiter für 170.000 Titel brauchen?

## 1.2
## Durchschnittsrechnen

In der kaufmännischen Praxis werden Durchschnittswerte (arithmetische Mittel) häufig benötigt, wie im Falle von Durchschnittspreisen, dem durchschnittlichen Lagerbestand oder einer Durchschnittsgeschwindigkeit. Dabei werden zwei Arten der Durchschnittsermittlung unterschieden: die Ermittlung des einfachen Durchschnitts und die des gewogenen Durchschnitts.

## Einfacher Durchschnitt

Alle Einzelwerte, für die der Durchschnitt gebildet werden soll, werden
addiert und durch die Anzahl der Werte geteilt.

$$\text{Einfacher Durchschnitt} = \frac{\text{Summe der Einzelwerte}}{\text{Anzahl der Einzelwerte}}$$

**BEISPIEL**

Um den $\varnothing$ Lagerbestand des Betriebs während des Geschäftsjahres zu ermitteln,
werden jeweils am Quartalsende die Lagerbestände der Artikel in € ermittelt.

Wie hoch war der durchschnittliche Lagerbestand ($\varnothing$ LB) bei folgenden Daten:

| | | |
|---|---|---|
| Anfangsbestand: | 01.01. | 55.000 € |
| Lagerbestand zum: | 31.03. | 50.000 € |
| | 30.06. | 40.000 € |
| | 30.09. | 45.000 € |
| | 31.12. | 35.000 € |

**LÖSUNGSWEG**

$$\varnothing \text{ LB} = \frac{55.000 + 50.000 + 40.000 + 45.000 + 35.000}{5} = \frac{225.000}{5} = 45.000 \text{ €}$$

## Gewogener Durchschnitt

Zur Ermittlung des gewogenen Durchschnittes braucht man einen weiteren Rechenschritt. Die Einzelwerte müssen zusätzlich vorerst gewichtet
werden, d.h. hier werden bei den einzelnen Positionen auch Menge, Gewicht u.a.m. berücksichtigt.

$$\text{Gewogener Durchschnitt} = \frac{\text{Gesamtwert}}{\text{Gesamtmenge}}$$

**BEISPIEL**

Folgende Büromöbel wurden vom Betrieb angeschafft:

| Büroeinrichtung | Anzahl | Anschaffungskosten/Stück |
|---|---|---|
| Schreibtisch 1 | 4 | 220 € |
| Schreibtisch 2 | 3 | 258 € |
| Schreibtisch 3 | 1 | 960 € |
| Schreibtisch 4 | 3 | 199 € |

Wie hoch waren die $\varnothing$ Anschaffungskosten (AK) eines Schreibtisches?

**LÖSUNGSWEG**

| Büroeinrichtung | Anzahl | Einzelwert (Anschaffungskosten/Stück) | Gesamtwert |
|---|---|---|---|
| Schreibtisch 1 | 4 | 220 € | 880 € |
| Schreibtisch 2 | 3 | 258 € | 774 € |
| Schreibtisch 3 | 1 | 960 € | 960 € |
| Schreibtisch 4 | 3 | 199 € | 597 € |
| Summe | 11 | | 3.211 € |

$$\varnothing \text{ Anschaffungskosten} = \frac{\text{Gesamtwert}}{\text{Gesamte Anzahl}}$$

$$\varnothing \text{ AK} = \frac{(4 \cdot 220) + (3 \cdot 258) + (1 \cdot 960) + (3 \cdot 199)}{4 + 3 + 1 + 3} = \frac{3.211 \,€}{11} = 291,91 \,€$$

## Aufgaben

**16** Eine Schülerin hat das Zeugnis Ihrer Berufsschule mit folgenden Noten bekommen:

| Fach | Note |
|---|---|
| Handelsrecht | 3 |
| Literatur | 1 |
| Einkauf | 3 |
| Personalwesen | 3 |
| Marketing | 4 |
| Rewe | 1 |

Berechnen Sie ihren Notendurchschnitt!

**17** Die Auszubildenden einer Berufsschule betreiben auf dem Schulgelände ein Café, in dem in der Frühstückspause verschiedene Kaffeespezialitäten zum Selbstkostenpreis angeboten werden.
Für die erste Mai-Woche lagen folgende tägliche Umsätze vor:

| | |
|---|---|
| Montag | 90,60 € |
| Dienstag | 86,40 € |
| Mittwoch | 98,80 € |
| Donnerstag | 72,40 € |
| Freitag | 62,40 € |

Berechnen Sie den durchschnittlichen täglichen Umsatz.

**18** Folgende Getränke können konsumiert werden. Für den Monat Mai insgesamt liegen folgende Zahlen vor:

| Getränk | Einzelpreis | Verkaufte Menge |
|---|---|---|
| Milchcafé | 0,60 € | 810 |
| Latte macchiato | 1,00 € | 615 |

| Cappuccino | 0,60 € | 1.215 |
| Espresso | 0,60 € | 270 |
| ›Lehrer-Cappuccino‹ | 0,80 € | 450 |

Welcher durchschnittliche Verkaufspreis pro Getränk wurde unter Berücksichtigung der verkauften Menge für den Monat Mai erzielt?

**19** Folgende Kaffeemischungen wurden von den Schülerinnen für die Zubereitung der vorher beschriebenen Mengen benötigt:

| Menge | Sorte | Preis/kg |
| --- | --- | --- |
| 34 kg | Blue Mountain Ganja Special | 22,60 € |
| 52 kg | Hochland Bolivien Arabica | 14,40 € |
| 26 kg | Fair trade Nicaragua | 18,20 € |
| 10 kg | Quito-Kartell Robusta | 11,80 € |

Berechnen Sie den durchschnittlichen Einkaufspreis für 1 kg des im Mai verbrauchten Kaffees.

**20** Eine Druckerei bewertet zum Inventurstichtag ihre Papierbestände und entscheidet damit über dessen Wertansatz in Euro in der Schlussbilanz. Der Wertansatz wird zulässigerweise mithilfe des gewogenen Durchschnitts (§§ 256, 240 HGB) ermittelt.
Folgende Daten liegen Ihnen vor:

| Eingang/Bestand | Menge | Preis/kg |
| --- | --- | --- |
| 01.01. | 500 kg | 13,00 € |
| 30.01. | 300 kg | 13,30 € |
| 25.04. | 700 kg | 14,70 € |
| 17.07. | 400 kg | 13,80 € |
| 31.10. | 600 kg | 14,50 € |

Der Inventurbestand zum 31.12. beträgt 400 kg

Ermitteln Sie den Wertansatz des Bestandes zum Stichtag 31. 12.

## 1.3
## Währungsrechnen

Am 1. Januar 2000 wurde der Euro als europäische Währung in zwölf Staaten der Europäischen Union (EU) eingeführt. In einer Übergangsphase bis zum 1. Januar 2002 wurden die bisherigen Währungen der Euro-Länder zu einem einmal festgelegten Austauschverhältnis (Kurs) in Euro (€) umgerechnet. Im Januar 2002 wurden Euro-Scheine und Euro-Münzen eingeführt. Den Euro haben inzwischen (Stand 2015) 19 der 28

EU-Staaten eingeführt: Belgien, Deutschland, Estland, Finnland, Frankreich, Griechenland, Irland, Italien, Lettland, Litauen, Luxemburg, Malta, Niederlande, Österreich, Portugal, Slowakei, Slowenien, Spanien und Zypern (Euro-Zone). Nicht eingeführt wurde der Euro somit in: Bulgarien, Dänemark, Kroatien, Polen, Rumänien, Schweden, Tschechien, Ungarn und Großbritannien. Ob Griechenland die Euro-Zone 2015 verlassen wird, stand zur Drucklegung des Werkes noch nicht fest.

Für Geschäftsbeziehungen (Import und Export von Waren) und Auslandsreisen muss Geld in ausländische Währung umgetauscht bzw. Auslandswährung in Euro gewechselt werden. Ausländisches Bargeld (Münzen und Geldscheine) wird als **Sorten**, Zahlungsmittel in Form von Buchgeld (Überweisungen, Kreditkartenzahlungen, Schecks und Wechsel) werden als **Devisen** bezeichnet. **Möchte ein Kunde in der Euro-Zone eine ausländische Währung von seiner Bank kaufen, so wird der Tausch zum Ankaufs- oder Geldkurs abgerechnet** – in diesem Fall kauft die Bank Euro an. **Verkauft ein Kunde seiner Bank Fremdwährung, so spricht man vom Verkaufs- oder Briefkurs** – in diesem Fall verkauft die Bank Euro. Damit die Bank beim Handel mit ausländischer Währung Geld verdient, liegen die Verkaufskurse für einen Euro immer höher als die Ankaufskurse. Oftmals werden seitens der Bank die Verkaufskurse auch als der Kurs für den Verkauf der Fremdwährung angegeben (Bank verkauft Fremdwährung gegen Euro). In diesem Fall sind die solchermaßen deklarierten Verkaufskurse der Fremdwährung niedriger als die Ankaufskurse für die Fremdwährung. Die Sortenkurse sind für den Kunden ungünstiger als die Devisenkurse, weil die Banken im ersten Fall ausländisches Bargeld bevorraten müssen.

Der Umtausch der ausländischen Währung lässt sich somit aus zweierlei Perspektiven (aus Sicht der Bank und des Kunden) beschreiben:

| Bank | Kunde | Kurs | |
|---|---|---|---|
| | | Sorten (Bargeld) | Devisen (Buchgeld) |
| **kauft €** | **kauft** Fremdwährung | **Ankaufskurs** = | Geldkurs |
| **verkauft €** | **verkauft** Fremdwährung | **Verkaufskurs** = | Briefkurs |

Oft wird im Rahmen der Bezeichnung der Kurse nicht zwischen Sorten und Devisen unterschieden. Der Ankaufskurs bei Sorten wird (wie bei den Devisen) ebenfalls als ›Geldkurs‹ und der Verkaufskurs als ›Briefkurs‹ bezeichnet.

**Kurse** sind definiert als:
**Preis für 1 Euro, angegeben in ausländischer Währung**

Übersicht über die im Folgenden verwendeten Abkürzungen

| | | | |
|---|---|---|---|
| **CHF** | Schweizer Franken | **NOK** | Norwegische Kronen |
| **DKK** | Dänische Kronen | **SEK** | Schwedische Kronen |
| **GBP** | Englische Pfund (£) | **USD** | US-Dollar ($) |

**BEISPIEL**

| Devisenkurs CHF | | Sortenkurs | |
|---|---|---|---|
| Geld | Brief | Ankauf | Verkauf |
| 1,2060 | 1,2125 | 1,2038 | 1,2238 |

Möchte ein Kunde in Deutschland Schweizer Franken in Euro-Bargeld tauschen (er verkauft in diesem Fall der Bank ausländisches Bargeld), so erhält er für 1,2238 Schweizer Franken einen Euro. Soll eine Bank hingegen für einen Kunden in Deutschland eine Auslandsüberweisung in ein Nicht-Euro-Land tätigen, so wechselt sie zum Geld-Devisenkurs: Sie überweist für einen Euro 1,2060 Schweizer Franken.

## 1.3.1
## Umrechnung von Euro in Fremdwährungen

Bei Auslandsreisen in Nicht-Euro-Länder und bei Geschäften mit Kunden und Lieferanten aus diesen Ländern ergibt sich die Notwendigkeit, Euro in Fremdwährungen zu tauschen. Die Umrechnung von einer Währung in eine andere kann mit der Methode des Dreisatzes erfolgen. Beim Währungsrechnen wird immer von geraden (proportionalen) Verhältnissen ausgegangen.

**BEISPIEL**

Ein deutscher Buchhändler möchte nach England reisen und in Deutschland 500 € bar in Englische Pfund tauschen. Wie viel Pfund erhält er, wenn folgende Kurse gelten?

| Devisenkurs GBP | | Sortenkurs GBP | |
|---|---|---|---|
| Geld | Brief | Ankauf | Verkauf |
| 0,7878 | 0,7908 | 0,7842 | 0,7942 |

**LÖSUNGSWEG 1**

1 € $\triangleq$ 0,7842 GBP

500 € $\triangleq$ 0,7842 · 500 $\triangleq$ 392,10 GBP

**OPTIONAL LÖSUNGSWEG 2**

$$
\begin{array}{c|c}
\text{€} & \text{GBP} \\
\hline
1 & 0{,}7842 \\
500 & x
\end{array}
$$

$$x = \frac{500 \cdot 0{,}7842}{1} = 392{,}10\,\text{GBP}$$

$$\text{€} \xrightarrow{\text{Tausch}} \text{Fremdwährung} = \text{€} \cdot \text{Kurs}$$

## 1.3.2
## Umrechnung von Fremdwährungen in Euro

Die Umrechnung einer Fremdwährung in Euro ist erforderlich bei Auslandsreisen in Nicht-Euro-Länder und Geschäften mit Lieferanten und Kunden aus diesen Ländern. **Bei Überweisungen in das Ausland tauscht die Bank in Deutschland zunächst den Euro-Betrag zum Geldkurs (Devisen) in die Auslandswährung um und überweist dann den Betrag.**

**BEISPIEL**

Ein deutscher Buchhändler bezieht eine Lieferung von 40 Verkaufseinheiten Lernsoftware aus der Schweiz zu je 60 Schweizer Franken. Wie viel Euro müssen bei folgenden Kursen für die Überweisung in die Schweiz getauscht werden?

| Devisenkurs CHF | | Sortenkurs CHF | |
|---|---|---|---|
| Geld | Brief | Ankauf | Verkauf |
| 1,2060 | 1,2125 | 1,2038 | 1,2238 |

**LÖSUNGSWEG 1**

$$1{,}2060\,\text{CHF} \triangleq 1\,\text{€}$$

$$1\,\text{CHF} \triangleq \frac{1}{1{,}2060}$$

$$2.400\,\text{CHF} \triangleq \frac{1 \cdot 2.400}{1{,}2060} \triangleq 1.990{,}05\,\text{€}$$

**OPTIONAL LÖSUNGSWEG 2**

| CHF | € |
|---|---|
| 1,2060 | 1 |
| 2.400 | x |

$$x = \frac{2.4000 \cdot 1}{1,2060} = 1.990,05 \text{ €}$$

$$\text{Fremdwährung} \xrightarrow{\text{Tausch}} \text{€} = \frac{\text{Fremdwährung}}{\text{Kurs}}$$

## Aufgaben

**21** Ein Urlauber aus Deutschland plant eine Rundreise durch Kanada. Der Kurs für den Kanadischen Dollar liegt bei 1,4202. Wie viel Kanadische Dollar erhält der deutsche Urlauber für 2.000 €?

**22** Ein Kunde aus der Schweiz möchte in Deutschland eine CD-ROM für 38 € kaufen, aber in Schweizer Franken bar bezahlen. Wie viel muss der Buchhändler mindestens verlangen, damit er beim Verkauf der CHF an die Bank keinen Verlust macht?

| Devisenkurs CHF | | Sortenkurs CHF | |
|---|---|---|---|
| Geld | Brief | Ankauf | Verkauf |
| 1,2060 | 1,2125 | 1,1850 | 1,2230 |

**23** Zur Anzahlung einer größeren Buchbestellung aus Großbritannien lässt eine Buchhändlerin von ihrer Bank 200 € nach London überweisen. Wie viel Pfund erhält der britische Verlag?

| Devisenkurs GBP | | Sortenkurs GBP | |
|---|---|---|---|
| Geld | Brief | Ankauf | Verkauf |
| 0,7878 | 0,7908 | 0,7842 | 0,7942 |

**24** Ein Amerikaner kauft kurz vor seinem Heimflug in einer deutschen Buchhandlung einen Bildband für 75 €. Da er nicht über genügend Euro verfügt, nimmt die Buchhandlung einen 100 USD Schein von ihm an, welchen sie mit Hilfe der folgenden Kursinformationen umrechnet. Wie viel Euro bekommt der Amerikaner noch zurück?

| Devisenkurs USD | | Sortenkurs USD | |
|---|---|---|---|
| Geld | Brief | Ankauf | Verkauf |
| 1,2685 | 1,2735 | 1,2677 | 1,2877 |

**25** Vor Beginn ihrer Rundreise tauscht eine Urlauberin aus Frankfurt
400 € in Dänische Kronen und 300 € in Schweizer Franken um. Wie
viel Bargeld erhält sie in den jeweiligen Währungen?

| Devisenkurs DKK | | Sortenkurs DKK | |
|---|---|---|---|
| Geld | Brief | Ankauf | Verkauf |
| 7,4445 | 7,4725 | 7,4330 | 7,5530 |

| Devisenkurs CHF | | Sortenkurs CHF | |
|---|---|---|---|
| Geld | Brief | Ankauf | Verkauf |
| 1,2060 | 1,2125 | 1,1850 | 1,2230 |

**26** Die Urlauberin aus Frankfurt kommt von ihrer Rundreise zurück
und möchte das übrige Bargeld wieder zurücktauschen. Wie viel
Euro bekommt sie von ihrer Bank, wenn sie 500 Dänische Kronen
und 40 Schweizer Franken umtauscht?

| Devisenkurs DKK | | Sortenkurs DKK | |
|---|---|---|---|
| Geld | Brief | Ankauf | Verkauf |
| 7,4445 | 7,4725 | 7,4330 | 7,5530 |

| Devisenkurs CHF | | Sortenkurs CHF | |
|---|---|---|---|
| Geld | Brief | Ankauf | Verkauf |
| 1,2060 | 1,2125 | 1,1850 | 1,2230 |

**27** Ein Reise-Spezialsortiment hat für 7.919,25 Norwegische Kronen
Stadtpläne von einem Verlag in Norwegen bezogen. Ermitteln Sie
anhand der Kursinformationen, mit welchem Euro-Betrag das
Konto der Buchhandlung belastet wird.

| Devisenkurs NOK | | Sortenkurs NOK | |
|---|---|---|---|
| Geld | Brief | Ankauf | Verkauf |
| 8,3950 | 8,4670 | 8,3800 | 8,5300 |

**28** Eine Buchhandlung in Hamburg bezieht Bücher direkt von einem
Sortiment aus den USA. Der letzten Lieferung lag eine Rechnung
über 220 USD bei. Diese Rechnung wird durch Überweisung beglichen, wobei 6 % Bankspesen entstehen. Mit wie viel Euro wird das
Konto der Buchhandlung belastet, wenn die deutsche Hausbank
mit nachstehenden Kursen arbeitet?

Ankauf

| Devisenkurs USD | |
|---|---|
| Geld | Brief |
| 1,2635 | 1,2735 |

**29** Nach seiner Rückkehr aus England tauscht ein Buchhändler in
Stuttgart Englische Pfund in Euro zurück. Zum Umtausch werden

142 Englische Pfund eingereicht. Wie viel Euro werden ausgezahlt, wenn die Bank zu nachstehenden Kursen tauscht?

Sortenkurs GBP

| Ankauf | Verkauf |
|--------|---------|
| 0,7842 | 0,7942  |

**30** Ein Geschäftsmann aus Florida tauscht in Frankfurt 2.800 USD in Norwegische Kronen um. Wie viel NOK werden ausgezahlt, wenn folgende Kurse gelten?

| Sortenkurs USD | | Sortenkurs NOK | |
|--------|---------|--------|---------|
| Ankauf | Verkauf | Ankauf | Verkauf |
| 1,2677 | 1,2827  | 8,3800 | 8,5300  |

### 1.3.3
### Vergleich der Währungskurse

Vergleicht man die Währungskurse eines Euro-Landes mit einem Nicht-Euro-Land, so kann man feststellen, in welchem Land der Umtausch günstiger ist.

|                               | **Euro-Land** | **Nicht-Euro-Land** |
|-------------------------------|---------------|---------------------|
| Umtausch: Euro in Fremdwährung | Ankaufskurs   | Verkaufskurs        |
| Umtausch: Fremdwährung in Euro | Verkaufskurs  | Ankaufskurs         |

**BEISPIEL**

Ein Urlauber, der nach Norwegen reisen will, kann entweder in Deutschland oder in Norwegen Euro gegen Norwegische Kronen tauschen. In Deutschland verkauft die Bank Norwegische Kronen gegen Euro zum Ankaufskurs von 8,4415, d.h. ein Euro entspricht 8,4415 Norwegischen Kronen. In Norwegen kauft die Bank Euro gegen Norwegische Kronen zu einem Verkaufskurs von 0,1185. In welchem Land kauft er günstiger ein?

**LÖSUNGSWEG 1**

$0,1185 \,€ \quad ≙ \quad 1\,NOK$

$1\,€ \qquad ≙ \quad \dfrac{1}{0,1185} \quad ≙ \quad 8,4388\,NOK$

**OPTIONAL LÖSUNGSWEG 2**

| €      | NOK |
|--------|-----|
| 0,1185 | 1   |
| 1      | x   |

$$x = \frac{1 \cdot 1}{0,1185} = 8,4388 \, \text{NOK}$$

In Norwegen bekommt er für einen Euro nur 8,4388 Norwegische Kronen, während er in Deutschland für einen Euro 8,4415 Norwegische Kronen erhält. Der Umtausch des Euro in Norwegische Kronen ist in diesem Beispiel in Deutschland günstiger als in Norwegen.

## 1.4
## Prozentrechnen

Das Prozentrechnen spielt im Rahmen des kaufmännischen Rechnens eine wichtige Rolle. Viele häufig verwendete Größen, wie Rabatte, Skonti und Umsatzsteuer, werden in Prozent (%) angegeben. Außerdem ist die Prozentrechnung Grundlage für die Statistik (siehe Kap. 3.15.4) und die Kalkulation (siehe Kap. 4.5). **Die Prozentrechnung ist eine Vergleichsrechnung, bei der die Zahl Hundert als Bezugsgröße auftritt. Prozent bedeutet ›von Hundert‹: 10 % sind demnach 10 von Hundert.**

Als Dezimalzahl ausgedrückt bedeuten:

$100\,\%$ ≙ 1 (denn $\frac{100}{100}$ ergeben nach dem Kürzen = 1)

$10\,\%$ ≙ 0,1

$1\,\%$ ≙ 0,01 (das Komma wandert immer um 2 Stellen nach links)

Mittels Dezimalzahlen lassen sich Prozentwerte am einfachsten berechnen, so sind beispielsweise 7 % von 3.650 € = 255,50 € (0,07 · 3.650). Falls der Prozentsatz unter 1 liegt, verwendet man in der Regel statt der Prozentangabe die Promilleangabe 1.000 ‰.

Mit Hilfe der Prozentrechnung werden absolute Zahlen vergleichbar gemacht. Man rechnet hierbei mit drei Größen: dem Grundwert, dem Prozentwert und dem Prozentsatz.

**BEISPIEL**

Bei Einzelbestellungen über das Barsortiment werden vom Großhändler Nachlässe auf den Ladenpreis gewährt, die man Rabatte nennt. Diese handelsübliche Form der ›Nachlässe‹ kann man in absoluten Euro-Beträgen oder als Prozentangabe ausdrücken. In diesem Beispiel stehen zwei einzeln bezogene Büchern gegenüber, für die jeweils der Grundrabatt gewährt worden ist.

|          | **Ladenpreis** | **Rabatt in Euro** |
|----------|----------------|--------------------|
| Buch 1   | 58 €           | 14,50 €            |
| Buch 2   | 38 €           | 11,40 €            |

Wenn man die absoluten Euro-Beträge vergleicht, liegt der Rabatt bei dem ersten Buch mit 14,50 € höher als beim zweiten mit 11,40 €. Aber ist er es auch in Bezug auf den jeweiligen Ladenpreis, der als Vergleichsgröße mit 100 % anzusetzen ist?

**LÖSUNGSWEG 1**

**Buch 1**                                            **Buch 2**

$$58 \,€ \;\triangleq\; 100\,\%$$ $$\qquad\qquad 38 \,€ \;\triangleq\; 100\,\%$$

$$1 \,€ \;\triangleq\; \frac{100\,\%}{58}$$ $$\qquad\qquad 1 \,€ \;\triangleq\; \frac{100\,\%}{38}$$

$$14,50 \,€ \;\triangleq\; \frac{100 \cdot 14,50}{58} \;\triangleq\; 25\,\%$$ $$\qquad 11,40 \,€ \;\triangleq\; \frac{100 \cdot 11,40}{38} \;\triangleq\; 30\,\%$$

**OPTIONAL LÖSUNGSWEG 2**

**Buch 1**                                            **Buch 2**

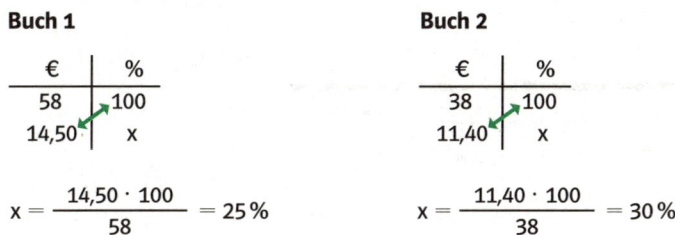

| €     | %   |   | €     | %   |
|-------|-----|---|-------|-----|
| 58    | 100 |   | 38    | 100 |
| 14,50 | x   |   | 11,40 | x   |

$$x = \frac{14,50 \cdot 100}{58} = 25\,\% \qquad\qquad x = \frac{11,40 \cdot 100}{38} = 30\,\%$$

Fazit: Der Rabatt des ersten Titels liegt zwar in absoluten Zahlen höher, ist aber prozentual niedriger als bei dem zweiten Titel.

**Buch 1:** Ladenpreis 58 € wird gekauft mit 14,50 € Rabatt oder 25 %.

**Buch 2:** Ladenpreis 38 € wird gekauft mit 11,40 € Rabatt oder 30 %.

↓ ↓ ↓

**Grundwert** **Prozentwert** **Prozentsatz**

## 1.4.1
## Prozentsatz

Bei der Berechnung des Prozentsatzes wird eine Teilgröße in eine prozentuale Beziehung zur Gesamtgröße gesetzt. Der Prozentsatz gibt die Anzahl der Anteile bezogen auf 100 Einheiten an. Hierzu ein Beispiel auf der nächsten Seite.

**BEISPIEL**

Eine Buchhandlung macht einen Umsatz von 850.000 € pro Jahr. Die Personalkosten liegen, inklusive des Unternehmerlohns, bei 153.000 €. Wie hoch ist der prozentuale Anteil der Personalkosten am Umsatz?

**LÖSUNGSWEG 1**

850.000 € ≙ 100 %

153.000 € ≙     x %

$$x = \frac{100 \cdot 153.000}{850.000} = 18\,\%$$

**OPTIONAL LÖSUNGSWEG 2**

| € | % |
|---|---|
| 850.000 | 100 |
| 153.000 | x |

$$x = \frac{153.000 \cdot 100}{850.000} = 18\,\%$$

$$\text{Prozentsatz} = \frac{100 \cdot \text{Prozentwert}}{\text{Grundwert}}$$

## 1.4.2
## Grundwert

Sind der Prozentsatz und der Prozentwert gegeben, so kann der Grundwert berechnet werden. Der Grundwert ist der Wert, der mit der Vergleichszahl 100 (bzw. 1.000 bei der Promillerechnung) verglichen wird. Er entspricht immer 100 % (bzw. 1.000 ‰).

**BEISPIEL**

Eine Verlagsrechnung weist für einen Bildband einen Rabatt von 35 % aus, was einem €-Betrag von 34,30 € entspricht. Wie hoch ist der Ladenpreis des Buches?

**LÖSUNGSWEG 1**

35 % ≙     34,30 €

1 % ≙ $\dfrac{34,30}{35}$

$$100\,\% \;\triangleq\; \frac{34{,}30 \cdot 100}{35} \;\triangleq\; 98\ \text{€}$$

**OPTIONAL LÖSUNGSWEG 2**

| %   | €     |
|-----|-------|
| 35  | 34,30 |
| 100 | x     |

$$x = \frac{100 \cdot 34{,}30}{35} = 98\ \text{€}$$

$$\text{Grundwert} = \frac{100 \cdot \text{Prozentwert}}{\text{Prozentsatz}}$$

### 1.4.3
### Prozentwert

Der Prozentwert ist eine Teilgröße des Grundwertes, die sich durch den Bezug des Prozentsatzes auf den Grundwert ergibt. Berechnungen dieser Art ergeben sich beispielsweise, wenn Umsatzsteuer oder Rabatt ausgewiesen werden, aber auch im Zusammenhang mit statistischen Auswertungen.

**BEISPIEL**
Eine Buchhandlung hatte im letzten Jahr einen Bruttoumsatz von 982.000 €. Dieser Umsatz soll in diesem Jahr um 5 % gesteigert werden. Wie viel Euro mehr müssen umgesetzt werden?

**LÖSUNGSWEG 1**

$$100\,\% \;\triangleq\; 982.000\ \text{€}$$

$$1\,\% \;\triangleq\; \frac{982.000}{100}$$

$$5\,\% \;\triangleq\; \frac{982.000 \cdot 5}{100} \;\triangleq\; 49.100\ \text{€}$$

**OPTIONAL LÖSUNGSWEG 2**

| % | € |
|---|---|
| 100 | 982.000 |
| 5 | x |

$$x = \frac{5 \cdot 982.000}{100} = 49.100 \, €$$

$$\text{Prozentwert} = \frac{\text{Grundwert} \cdot \text{Prozentsatz}}{100}$$

## Aufgaben

31 Die Miete einer Buchhandlung beträgt 14 € pro m². Sie erhöht sich um 1 € pro m². Wie viel Prozent beträgt die Erhöhung?

32 Von 160 Auszubildenden haben 150 die schriftliche Abschlussprüfung bestanden. Wie viele Auszubildende sind das in Prozent?

33 Durch besseren Verkauf und eine Optimierung des Einkaufs konnte ein Sortiment die Lagerdauer in Tagen von ursprünglich 90 auf 81 Tage reduzieren. Wie viel Prozent beträgt die Reduzierung?

34 Die Forderungen eines Verlages beliefen sich im letzten Jahr auf 6.400.000 €. 5,3 % davon mussten angemahnt werden. Wie viel Euro betrug der Gesamtbetrag der angemahnten Rechnungen?

35 Eine Buchhandlung hatte im vergangenen Jahr folgende Quartalsumsätze zu verzeichnen:

| | | | |
|---|---|---|---|
| 1. Quartal | 157.680 € | 3. Quartal | 175.680 € |
| 2. Quartal | 146.160 € | 4. Quartal | 184.320 € |

   a) Berechnen Sie, wie viel Prozent des Gesamtumsatzes auf das 4. Quartal entfiel.

   b) Berechnen Sie, um wie viel Prozent der Umsatz des 4. Quartals (in €) über dem des 2. Quartals (in €) lag.

36 Der Barumsatz einer Buchhandlung für den Monat Mai sank gegenüber dem Maiumsatz des Vorjahres um 8,1 %. Der Umsatzrückgang lag bei 3.888 €. Wie hoch war der Barumsatz im Mai des vergangenen Jahres?

37 Im Bereich Fachbuch wurden im Oktober die folgenden Umsätze erzielt:

| | |
|---|---|
| Geisteswissenschaften | 12.300 € |
| Naturwissenschaften | 18.600 € |
| Sozialwissenschaften | 23.200 € |

Wie hoch war der prozentuale Anteil der Sozialwissenschaften? Runden Sie auf eine Stelle hinter dem Komma.

**38** Ein Verlagsvertreter erhält neben seinem Fixgehalt von 2.800 € pro
Monat eine Umsatzprovision in Höhe von 8 ‰. Wie hoch war sein
Jahresgehalt im vergangenen Jahr, wenn sein Umsatz bei 250.000 €
lag (bei 12 Fixgehältern pro Jahr)?

**39** Eine leitende Angestellte verdient 3.200 € im Monat. Wie viel
verdient sie nach einer Gehaltserhöhung um 2,4 %?

**40** Wie viel kg beträgt das Nettogewicht einer Lieferung, wenn die Tara
(Fachterminus für das Gewicht der Verpackung) 5,6 % des Bruttoge-
wichts beträgt? Das Bruttogewicht der Lieferung beläuft sich auf
25 kg.

### 1.4.4
## Vermehrter Grundwert

Im kaufmännischen Bereich ergeben sich häufig Problemstellungen, da
der vorgegebene Wert nicht 100 % entspricht, sondern einem um einen
bestimmten Prozentsatz erhöhten Grundwert. Der ursprüngliche Grundwert soll dann berechnet werden. In Statistiken stellen sich diese Art von
Aufgaben, wenn der Wert nach einer prozentualen Erhöhung – beispielsweise bei Gehaltserhöhungen oder Umsatz- bzw. auch Kostensteig-
gerungen – gegeben ist und zum Ausgangswert zurückgerechnet werden
soll.

Besonders wichtig ist die richtige Berechnung der Umsatzsteuer (siehe Kap. 3.8.1). Da sie im Verkaufspreis an den Endabnehmer enthalten
ist, entspricht der Brutto(verkaufs)preis bei preisgebundenen Büchern
immer 107 %, während er bei Non-Books oder buchaffinen Nebenprodukten mit 119 % gleichzusetzen ist.

**BEISPIEL**

Der Ladenpreis eines Buches beträgt 19,90 € inklusive 7 % Umsatzsteuer. Wie
hoch ist der Nettoladenpreis (Verkaufspreis ohne Umsatzsteuer)?

**LÖSUNGSWEG 1**

107 % ≙ 19,90 €

$$1\,\% \triangleq \frac{19,90}{107}$$

$$5\,\% \triangleq \frac{19,90 \cdot 100}{107} \triangleq 18,60\ €$$

**OPTIONAL LÖSUNGSWEG 2**

| %   | €     |
|-----|-------|
| 107 | 19,90 |
| 100 | x     |

$$x = \frac{100 \cdot 19,90}{107} = 18,60 \, €$$

> $$\text{Grundwert} = \frac{\text{Vermehrter Grundwert} \cdot 100}{100 + \text{Prozentsatz}}$$

Eine Rechnung sieht folgendermaßen aus:

| Bücher, netto:    | 18,60 € | ≙ | 100 % |
|-------------------|---------|---|-------|
| + 7 % USt         | 1,30 €  | ≙ | 7 %   |
| Rechnungsbetrag:  | 19,90 € | ≙ | 107 % |

**Die Umsatzsteuer (hier 7 %) wird vom Nettobetrag der Rechnung erhoben. Dieser Betrag stellt die Berechnungsgrundlage der Umsatzsteuer dar** und wird im Umsatzsteuerrecht auch als ›steuerliche Bemessungsgrundlage‹ bezeichnet; auf Rechnungen ist er gleichbedeutend mit dem ›steuerlichen Entgelt‹. Der Gesamtbetrag (Rechnungsbetrag) ergibt somit – ausgehend vom Nettobetrag als Berechnungsgrundlage – 107 %. Er stellt für Zwecke der Herausrechnung des darin enthaltenden Umsatzsteuerbetrages einen erhöhten Grundwert von 107 % bzw. 119 % dar.

    **Merke:** Für andere Berechnungen, zum Beispiel für Skontoabzug (siehe Kap. 1.4.5), ist der Rechnungsbetrag kein erhöhter Grundwert, auch wenn die Umsatzsteuer darin enthalten ist.

## Begriffsklärungen

Folgende Begriffe werden u. a. auch für **Nettobetrag** (in unserem Beispiel 18,60 €) verwendet:

- Steuerliche Bemessungsgrundlage,
- Steuerliches Entgelt,
- Rechnungsbetrag netto,
- Rechnungsbetrag ohne USt,
- Verkaufspreis ohne USt,
- Nettoladenpreis.

Für den **Rechnungsbetrag** (in unserem Beispiel 19,90 €) werden u. a. folgende Begriffe verwendet:
- Bruttoverkaufspreis,
- Rechnungsbetrag inkl. USt,
- Verkaufspreis inkl. USt,
- Ladenpreis brutto,
- Ladenpreis,
- Endpreis (lt. *Buchpreisbindungsgesetz*).

## 1.4.5
## Verminderter Grundwert

Mit dem verminderten Grundwert wird insbesondere dann gerechnet, wenn auf einen Wert rückgeschlossen werden soll, der vor dem Abzug eines bestimmten Betrages zugrunde lag. Dies ist beispielsweise nach Rabatt- oder Skontoabzug der Fall, wenn der ursprüngliche Wert gesucht wird. Auch in Vergleichsrechnungen kann der verminderte Grundwert benötigt werden, wenn gegenüber dem Ausgangwert ein Rückgang zu verzeichnen war.

**Unter Rabatt versteht man einen Preisnachlass, der unter bestimmten Voraussetzungen in Form von Wiederverkäuferrabatten, Mengenrabatten oder Treuerabatten gewährt wird.** Als gängige **Wiederverkäuferrabatte** (= Händlerrabatte) gelten:
- *Originalverlagsgrundrabatt:* auch Grundrabatt bei Einzelbestellungen;
- *Reiserabatt:* Rabatt, der von Verlagsvertreter gegeben wird;
- *Aktionsrabatt:* Rabatt für temporäres Engagement (Lesungen etc.);
- *Staffelrabatt:* der Rabatt steigt mit der Abnahmemenge;
- *Naturalrabatt:* Rabatterhöhung durch Freiexemplare, wie im Fall einer Partie (siehe Kap. 1.5, Abschnitt Effektivrabatt).

**Unter Skonto versteht man eine prozentuale Preisreduzierung aufgrund eines vorzeitigen Zahlungszeitpunktes.** Dem Käufer wird eine bestimmte Frist (Zahlungszeitraum) vorgegeben, innerhalb der er preisreduziert zahlen kann.

**Merke: Der Abzug von Skonto erfolgt immer vom Rechnungsbetrag (inkl. USt).**

**BEISPIEL**

An einen Verlag wurde – nach Abzug von 2 % Skonto – ein Betrag von 209,72 € überwiesen. Auf wie viel Euro belief sich der ursprüngliche Rechnungsbetrag?

**LÖSUNGSWEG 1**

$98\,\% \; \triangleq \; 209{,}72\,€$

$1\,\% \; \triangleq \; \dfrac{209{,}72}{98}$

$100\,\% \; \triangleq \; \dfrac{209{,}72 \cdot 100}{98} \; \triangleq \; 214\,€$

**OPTIONAL LÖSUNGSWEG 2**

| % | € |
|---|---|
| 98 | 209,72 |
| 100 | x |

$x = \dfrac{100 \cdot 209{,}72}{98} = 214\,€$

$$\text{Grundwert} = \frac{\text{Vermehrter Grundwert} \cdot 100}{100 - \text{Prozentsatz}}$$

## Aufgaben

**41** Der Bruttoverkaufspreis eines buchaffinen Produkts beträgt 9,90 €. Wie hoch ist die darin enthaltene Umsatzsteuer?

**42** Der Umsatz einer Buchhandlung ist im laufenden Jahr um 6 % gesunken und beträgt nunmehr 927.366,40 €. Wie hoch war der Umsatz des Vorjahres?

**43** Durch Rationalisierungsmaßnahmen sind die Kosten einer Buchhandlung um 8,5 % auf 192.150 € gesunken.
a) Wie viel Euro betrugen die Kosten vor der Rationalisierung?
b) Wie viel Euro betrug die Kostensenkung?

**44** Eine Buchhandlung hat in den letzten drei Jahren ihren Jahresumsatz, der jetzt bei 2.395.800 € liegt, jedes Jahr im Vergleich zum Vorjahr um 10 % steigern können. Wie viel Umsatz erzielte sie vor drei Jahren?

**45** Nach Abzug von 3 % Skonto lautet der Überweisungsbetrag 1.746 €. Wie hoch ist der Rechnungsbetrag?

**46** In einer Verlagsrechnung sind bei einem USt-Satz von 7 % 84 € USt ausgewiesen. Wie viel Euro beträgt der Rechnungsbetrag?

**47** Der Ladenpreis eines Taschenbuches beträgt 12,99 € inkl. 7 % USt
a) Wie hoch ist der Nettoladenpreis in Euro?
b) Wie hoch ist die im Ladenpreis enthaltene Umsatzsteuer in Euro?

**48** Die Anzahl der Übersetzungen an der Titelproduktion der Verlage
ist zurückgegangen. Sie lag 2010 bei 11.439. Das waren 3,1 % weniger als im Vorjahr. Schon 2009 waren die Übersetzungen um 0,9 %
gegenüber dem Vorjahr zurückgegangen. Wie viele Titel wurden
2008 übersetzt? Runden Sie bei jedem Berechnungsschritt kaufmännisch auf ganze Zahlen.

**49** Im Lizenzgeschäft wurden 2010 30 % mehr Lizenzen an ausländische Partner verkauft als im Vorjahr. Dies entspricht dem Abschluss
von 8.191 Kaufverträgen. 2009 war die Anzahl der verkauften
Lizenzen um 17,4 % gesunken. Wie viele Lizenzverträge wurden
2009 und 2008 geschlossen? Runden Sie bei jedem Berechnungsschritt kaufmännisch auf ganze Zahlen.

**50** Der Bruttoumsatz der Non-Book-Abteilung lag im Dezember bei
97.580 €. Wie hoch war der Nettoumsatz bei 19 % USt-Satz?

**51** Eine Buchhandlung kauft bei einem Verlag ein Buch zum Abgabepreis von 172,50 € ein. Wie hoch ist der Ladenpreis, wenn 25 %
Rabatt gewährt worden sind?

**52** Nach Abzug von 20 % Rabatt und anschließend 2 % Skonto betrug
der Einkaufspreis für ein Spiel 31,28 €. Wie hoch war der Einkaufspreis vor Abzug der beiden Nachlässe?

## 1.5
## Einkaufskalkulation

Kalkulieren heißt rechnen. **Bei der Einkaufs- oder Bezugskalkulation
wird der Bezugspreis, häufig auch Einstandspreis genannt, berechnet**.
Dies ist der Preis, den der Käufer (z. B. die Buchhandlung) für die Ware
aufwenden muss, bis sie bei ihm im Geschäft steht. Im Fall der nicht
preisgebundenen Ware ist die Bezugskalkulation ein wichtiges Instrumentarium des Angebotsvergleichs. Der Bezugspreis ergibt sich hier aus
dem Listeneinkaufspreis abzüglich Rabatt und Skonto und zuzüglich der
anfallenden Bezugskosten. **Unter Bezugskosten versteht man alle Kosten, die bei der Beschaffung und dem Transport der Ware beim Einkauf anfallen,** wie Fracht, Porto, Nachnahmegebühren, Verpackung,
Versicherung, Zoll oder Rollgeld.

Rechentechnisch handelt es sich bei der Kalkulation in der Regel um
eine Anwendung des Prozentrechnens. Dabei sind die einzelnen Kalku-
lationsposten stufenweise in der richtigen Reihenfolge zu berücksichtigen. Die Übersicht auf der folgenden Seite stellt die unterschiedlichen
Einkaufskalkulationsschemata für preisgebundene Verlagserzeugnisse
(mit der Eselsbrücke: **R**olling **S**tones **U**nd **B**eatles) und für nicht preisgebundene Waren gegenüber.

| **Nicht preisgebundene Waren** | **Preisgebundene Verlagserzeugnisse** | |
|---|---|---|
| Listeneinkaufspreis (netto) | Endpreis (inklusive USt) | |
| — Lieferantenrabatt | — Lieferantenrabatt | **R**abatt |
| **Zieleinkaufspreis** ← RECHNUNGSBETRAG → | **Abgabepreis** | |
| — Lieferantenskonto | — Lieferantenskonto | **S**konto |
| **Bareinkaufspreis** ← ÜBERWEISUNGSBETRAG → | **Bareinkaufspreis** | |
| + Bezugskosten (netto) | — Umsatzsteuer (7 %) | **U**St |
| Bezugspreis/Einstandspreis | Nettowarenwert | |
| | + Bezugskosten (netto) | **B**ezugskosten |
| | Bezugspreis/Einstandspreis | |

**Exkurs ›Im Schicksal vereint‹:** Das Kalkulationsschema ist nicht anzuwenden, wenn der Lieferer auf seiner Rechnung die Fracht (Bezugskosten) in Rechnung stellt und Skonto auf den Rechnungsbetrag gewährt. In diesem Fall sind zwei Besonderheiten zu beachten.

1. Die Gesamtrechnung inkl. Frachtkosten wird skontiert.
2. Die Frachtkosten als im Vergleich zur Hauptleistung untergeordnete Nebenleistung teilen – nach *Umsatzsteueranwendungserlass* (UStAE, Abschnitt 3.10. Absatz 5) – das ›Schicksal der Hauptleistung‹ und unterliegen daher demselben Umsatzsteuersatz. Im Falle von Büchern sind dies 7 %; im Falle von Non-Books 19 %.

**BEISPIEL**

Einer Kunstbuchhandlung wird ein hochwertiger Ausstellungskatalog zu einem Ladenpreis von 78 € angeboten. Es dürfen 30 % Rabatt und 2 % Skonto abgezogen werden, weiterhin ist die im Verkaufspreis enthaltene Umsatzsteuer von 7 % zu berücksichtigen. Die Bezugskosten belaufen sich – gemäß der Gebührenstaffel des Büchersammelverkehrs – auf 2,50 € zuzüglich 19 % USt Wie hoch ist der Bezugspreis für den Buchhändler?

**LÖSUNGSWEG**

| | | | | |
|---|---|---|---|---|
| Endpreis (inklusive USt) | 78,00 € | ≙ 100 % | | |
| R — Liefererrabatt | 23,40 € | ≙ 30 % | | |
| Abgabepreis / Rechnungsbetrag | 54,60 € | ① ≙ 70 % | ≙ | 100 % |
| S — Liefererskonto | 1,09 € | | ≙ | 2 % |
| Bareinkaufspreis / Überweisungsbetrag | 53,51 € | ≙ 107 % | ② | ≙ 98 % |
| U — Umsatzsteuer (7 %) | 3,50 € | ≙ 7 % | | |
| Nettowarenwert | 50,01 € | ③ ≙ 100 % | | |
| B + Bezugskosten (netto) | 2,50 € | | ④ | Addition |
| Bezugspreis/Einstandspreis | 52,51 € | | | |

① Vom Ladenpreis werden 30 % Rabatt abgezogen, um zum Abgabepreis/Rechnungsbetrag ($\triangleq$ 70 %) zu gelangen.

**LÖSUNGSWEG 1**

$100\,\% \triangleq 78\,€$

$1\,\% \triangleq \dfrac{78}{100}$

$70\,\% \triangleq \dfrac{78 \cdot 70}{100} \triangleq 54{,}60\,€$

**OPTIONAL LÖSUNGSWEG 2**

| % | € |
|---|---|
| 100 | 78,00 |
| 70 | x |

$x = \dfrac{70 \cdot 78}{100} = 54{,}60\,€$    oder nach Kürzung: $0{,}7 \cdot 78{,}00$

② Der Abgabepreis muss für die Berechnung des Bareinkaufspreises/Überweisungsbetrages nunmehr auf 100 % gesetzt werden. Von ihm als Berechnungsgrundlage werden 2 % Skonto abgezogen, um den Überweisungsbetrag ($\triangleq$ 98 %) zu berechnen.

**LÖSUNGSWEG 1**

$100\,\% \triangleq 54{,}60\,€$

$1\,\% \triangleq \dfrac{54{,}60}{100}$

$98\,\% \triangleq \dfrac{54{,}60 \cdot 98}{100} \triangleq 53{,}51\,€$

**OPTIONAL LÖSUNGSWEG 2**

| % | € |
|---|---|
| 100 | 54,60 |
| 98 | x |

$x = \dfrac{98 \cdot 54{,}60}{100} = 53{,}51\,€$    oder nach Kürzung: $0{,}98 \cdot 54{,}60$

③ Aus dem Überweisungsbetrag (inkl. USt) wird die Umsatzsteuer herausgerechnet. Der Überweisungsbetrag ist ein erhöhter Grundwert (107 %).

**LÖSUNGSWEG 1**

107 % ≙ 53,51 €

1 % ≙ $\dfrac{53,51}{100}$

70 % ≙ $\dfrac{53,51 \cdot 100}{107}$ ≙ 50,01 €

**OPTIONAL LÖSUNGSWEG 2**

| % | € |
|---|---|
| 107 | 53,51 |
| 100 | x |

$$x = \dfrac{100 \cdot 53,51}{107} = 50,01 \text{ €}$$

④ Die Bezugskosten, in diesem Fall 2,50 € netto, sind zu addieren. Falls diese brutto angegeben sein sollten, müsste die Umsatzsteuer (i.d.R. 19 %) vorher aus ihnen herausgerechnet werden. Als Endergebnis steht in unserem Beispiel ein Bezugs- bzw. Einstandspreis von 52,51 €.

## Rückwärtskalkulation

In folgender Aufgabenstellung ist der Bezugspreis gegeben und es soll auf den Listeneinkaufspreis zurückgerechnet werden.

**BEISPIEL**

Der Bezugspreis einer preisgebundenen CD-ROM-Ausgabe beträgt 46 €. Wie hoch ist der Listeneinkaufspreis, wenn 10 % Rabatt und 3 % Skonto gewährt wurden und außerdem 2,35 € Bezugskosten (ohne USt) anfallen?

**LÖSUNGSWEG**

|   |   |   |   |   |   |   |
|---|---|---|---|---|---|---|
|   | Endpreis (inklusive USt) | 59,50 € |   | ≙ 100 % |   |   |
| R + | Lieferrabatt | 5,95 € |   | ≙ 10 % |   |   |
|   | Abgabepreis / Rechnungsbetrag | 53,55 € | ① | ≙ 90 % |   | ≙ 100 % |
| S + | Liefererskonto | 1,61 € |   |   |   | ≙ 3 % |
|   | Bareinkaufspreis / Überweisungsbetrag | 51,94 € |   | ≙ 119 % | ② | ≙ 97 % |
| U + | Umsatzsteuer (19 %) | 6,98 € |   | ≙ 19 % |   |   |
|   | Nettowarenwert | 43,65 € | ③ | ≙ 100 % |   |   |
| B − | Bezugskosten (netto) | 2,35 € |   |   |   | Sub- |
|   | Bezugspreis/Einstandspreis | 46,00 € |   |   | ④ | traktion |

④ Die Bezugskosten sind abzuziehen. 46,00 € −2,35 € = 43,65 €.

③ Der Nettowarenwert beträgt nach wie vor 100 %. Die Umsatzsteuer ist mit 19 % auf diesen Wert aufzuschlagen.

**LÖSUNGSWEG 1**

$100\% \; \triangleq \; 43,65\,€$

$1\% \; \triangleq \; \dfrac{43,65}{100}$

$119\% \; \triangleq \; \dfrac{43,65 \cdot 119}{100} \; \triangleq \; 51,94\,€$

**OPTIONAL LÖSUNGSWEG 2**

| %   | €     |
|-----|-------|
| 100 | 43,65 |
| 119 | x     |

x = 51,94 €   oder nach Kürzung 1,19 · 43,65

② Da vom Überweisungsbetrag 3 % Skonto abgezogen wurden, sind 3 % Skonto wieder hinzuzurechnen, um zum Rechnungsbetrag/Abgabepreis zu gelangen.

**LÖSUNGSWEG 1**

$97\% \; \triangleq \; 51,94\,€$

$1\% \; \triangleq \; \dfrac{51,94}{97}$

$100\% \; \triangleq \; \dfrac{51,94 \cdot 100}{97} \; \triangleq \; 53,55\,€$

**OPTIONAL LÖSUNGSWEG 2**

| %   | €     |
|-----|-------|
| 97  | 51,94 |
| 100 | x     |

x = 53,55 €

① Vom Rechnungsbetrag/Zieleinkaufspreis waren 10 % Rabatt abgezogen worden, die nunmehr wieder hinzuzurechnen sind.

**LÖSUNGSWEG 1**

$90\% \; \triangleq \; 53,55\,€$

$1\% \; \triangleq \; \dfrac{53,55}{90}$

$$100\,\% \;\triangleq\; \frac{53{,}55 \cdot 100}{90} \;\triangleq\; 59{,}50\,€$$

**OPTIONAL LÖSUNGSWEG 2**

| % | € |
|---|---|
| 90 | 53,55 |
| 100 | x |

$$x = 59{,}50\,€$$

## Aufgaben

**53** Ein wissenschaftliches Buch hat einen Ladenpreis von 48 €. Der Buchhändler erhält 25 % Rabatt und 2 % Skonto. Wie hoch ist der Bezugspreis, wenn 2,38 € Bezugskosten (inkl. 19 % USt) zu berücksichtigen sind?

**54** Ein Buchhändler kauft 5 Bücher zu einem Ladenpreis von 24 € pro Exemplar. Er erhält 40 % Rabatt und 3 % Skonto. Wie viel Euro muss er an den Verlag überweisen?

**55** Eine Druckerei kauft Papier vom Hersteller zu einem Listenpreis von 25.520 € inklusive 19 % USt Der Hersteller gewährt 20 % Rabatt und 2 % Skonto. Wie viel Euro muss der Verlag einschließlich 19 % USt innerhalb der Skontofrist an den Hersteller überweisen?

**56** Eine Verlagsrechnung wurde nach Abzug von 2 % Skonto bezahlt. Der Überweisungsbetrag lautete auf 129,36 €. Wie viel Euro betrug der Ladenpreis pro Exemplar, wenn 40 % Sortimenterrabatt gewährt und insgesamt 10 Exemplare eines Titels berechnet wurden?

**57** Eine Verlagsrechnung enthält folgende Angaben:

| Stückzahl | 20 | |
|---|---|---|
| Ladenpreis je Exemplar | 12,80 € | |
| Rabatt | 40 | % |
| Umsatzsteuer | 7 | % |

Wie viel Euro beträgt die in der Verlagsrechnung enthaltene Umsatzsteuer?

## Effektivrabatt

**Der vom Verlag gewährte Sortimenterrabatt für Novitäten wird häufig bei Abnahme einer größeren Stückzahl durch die Mitgabe von Freiexemplaren verbessert. Diese Form des Naturalrabats nennt man in der Buchbranche Partie.** Publikumsverlage bieten Partien 11/10 bei einem Vertreterrabatt von 40 % an, das bedeutet, dass 11 Exemplare geliefert werden, aber nur 10 Exemplare berechnet werden. Wissenschaftliche

Verlage gewähren 7/6, 6/5 oder andere niedrige Partiebezüge. Da das Freiexemplar mit 100 % rabattiert ist, erhöht sich der Rabatt für die gesamte Lieferung. Dieser gesamte Rabatt wird Effektivrabatt genannt und kann wie folgt berechnet werden.

**BEISPIEL**

Wie hoch ist der Effektivrabatt bei einer Partie 11/10 und einem Sortimenterrabatt von 40 %?

**LÖSUNGSWEG**

$$
\begin{array}{lll}
\text{10 Exemplare} \cdot & \text{40 \%} & = 400 \,\% \\
\underline{\text{ 1 Exemplar } \cdot \text{ 100 \%}} & & \underline{= 100 \,\%} \\
\text{11 Exemplare} & & = 500 \,\%
\end{array}
$$

$$500 : 11 \;=\; 45{,}45 \,\% \text{ Effektivrabatt}$$

## Aufgaben

**58** Ein Publikumsverlag bietet an: Reizpartie 23/20 bei einem Sortimenterrabatt von 40 %. Wie hoch ist der Effektivrabatt?

**59** Für eine Verlagsrechnung werden 156 € überwiesen. Als Konditionen waren Partie 11/10 und 35 % Sortimenterrabatt vereinbart worden.
   **a)** Wie hoch ist der Ladenpreis für ein Buch?
   **b)** Wie hoch ist der Effektivrabatt?

**60** Der Abgabepreis eines Titels liegt bei 16,20 €, der Ladenpreis bei 27 €. Der Titel wurde im Rahmen einer Reizpartie 35/30 eingekauft.
   **a)** Berechnen Sie den vereinbarten Sortimenterrabatt in Prozent.
   **b)** Berechnen Sie den effektiven Rabatt in Prozent.

**61** Ein Fachverlag bietet für einen Buchtitel mit 60 € Ladenpreis eine Partie 7/6 an. Der Buchhändler soll einen Effektivrabatt von 40 % erzielen.
   **a)** Von welchem Verlagsrabatt geht man in diesem Fall aus?
   **b)** Zu welchem Nettobezugspreis erhält der Buchhändler ein Exemplar, wenn für die Partie Bezugskosten über 6,30 € netto anfallen?

**62** Eine Buchhandlung erhält für eine Bestellung effektiv 87,75 € als Rabatt. Wie hoch ist der Ladenpreis eines einzelnen Exemplars, wenn eine Partie 6/5 bei einem Sortimenterrabatt von 25 % geliefert worden ist?

## 1.6
## Zinsrechnen

Im Geschäftsleben werden Zahlungsverpflichtungen nicht immer sofort und auch nicht immer mit eigenem Geld erfüllt. **Wird fremdes Geld in Anspruch genommen, so spricht man von einem Kredit. Der Kreditgeber wird als Gläubiger bezeichnet.** Als Gläubiger treten Kreditinstitute, wie Banken und Sparkassen, auf – aber auch Lieferanten, wenn sie einen Zahlungsaufschub in Form von Valuta und Zahlungsziel einräumen.

Für die Überlassung von Kapital verlangt der Kapitalgeber eine Vergütung bzw. Zinsen, deren Höhe abhängig ist von der Größe und der Überlassungsdauer des zur Verfügung gestellten Kapitals. **Der Zins ist die Vergütung, d. h. der Preis für eine bestimmte Geldmenge, die für einen bestimmten Zeitraum zur Verfügung gestellt wird. Er wird mit Hilfe eines Zinssatzes aus dem Kreditbetrag berechnet.**

> **Der Zinssatz bezieht sich immer auf ein Jahr**

Dies wird häufig mit dem Zusatz ›pro anno‹ – abgekürzt p. a. – deutlich gemacht. Die Zinsrechnung ist daher eine angewandte Prozentrechnung mit der zusätzlichen Größe *Zeit*. Folgende Größen werden mit den dazu angegebenen Abkürzungen verwendet:

Größe (Abkürzung):   **Kapital (k)**   **Zinssatz (p)**   **Zeit (t)**   **Zinsen (z)**

## 1.6.1
## Methoden der Zinsberechnung

Das Zinsrechnen lässt sich als Dreisatz lösen. Wenn drei der vier Größen **k**, **p**, **t** und **z** gegeben sind, kann ein zusammengesetzter Dreisatz aufgestellt werden. Hieraus lässt sich dann folgende Zinsformel herleiten, die sinnvollerweise zur Lösung von Zinsrechenaufgaben eingesetzt wird.

$$\text{Zinsen} = \frac{\text{Kapital} \cdot \text{Zinssatz} \cdot \text{Zeit}}{100} = \frac{k \cdot p \cdot t}{100}$$

Für t (wie englisch: time) wird in die Formel eingesetzt:

| Jahreszinsen | Monatszinsen | Tageszinsen |
|---|---|---|
| Ganze Jahre t = 1, 2, 3 etc. | $\dfrac{\text{Anzahl der Monate}}{12}$ | $\dfrac{\text{Anzahl der Tage}}{360\ (365/366)}$ |

**BEISPIEL**

Eine Bank gewährt einem Kunden einen Kredit (**k**) in Höhe von 5.000 € Die Laufzeit beträgt 3 Jahre (**t**) bei einem Zinssatz (**p**) von 8 % pro anno. Wie viel Zinsen fallen in drei Jahren an?

**LÖSUNGSWEG FÜR JAHRESZINSEN**

$$\text{Zinsen} = \frac{k \cdot p \cdot t}{100} = \frac{5.000 \cdot 8 \cdot 3}{100 \cdot 1} = 1.200\ €$$

**LÖSUNGSANSATZ FÜR MONATSZINSEN**

Das Kapital in Höhe von 5.000 € soll nunmehr bei 8 % Zinssatz pro anno für 9 Monate ausgeliehen werden.

Für **t** wird hier 9/12 eingesetzt. Somit wird durch 12 Monate geteilt, um zunächst die Zinsen für einen Monat zu erhalten. Anschließend wird der ganze Bruch mit der Anzahl der Monate multipliziert. Diese Berechnung der Monatszinsen wird bei der Zinsmethode act/act (siehe Kap. 1.6.2) nicht angewendet.

$$\text{Zinsen} = \frac{k \cdot p \cdot t}{100} = \frac{5.000 \cdot 8 \cdot 9}{100 \cdot 12} = 300\ €$$

$\leftarrow$ 9 Monate

**LÖSUNGSANSATZ FÜR TAGESZINSEN**

Das Kapital in Höhe von 5.000 € soll diesmal bei 8 % Zinssatz für 180 Tage ausgeliehen werden.

Für **t** wird 180/360 eingesetzt. Somit wird durch 180 Tage geteilt, um zunächst die Zinsen für einen Tag zu erhalten. Anschließend wird der ganze Bruch mit der Anzahl der Tage multipliziert. Auch diese Berechnung wird bei der Zinsmethode act/act (siehe Kap. 1.6.2) nicht angewendet; hier gilt stattdessen die taggenaue Zählung mit 365 bzw. 366 Tagen.

$$\text{Zinsen} = \frac{k \cdot p \cdot t}{100} = \frac{5.000 \cdot 8 \cdot 180}{100 \cdot 360} = 200\ €$$

## 1.6.2
# Tageszinsen

In historischer Hinsicht war in Deutschland nur die **kaufmännische Zinsmethode** üblich. Nach dieser wird das Jahr mit 360 Tagen und jeder Monat mit 30 Tagen gerechnet. Deshalb wird sie auch als ›30/360-Methode‹, mitunter auch als ›deutsche Methode‹ bezeichnet. Dieses Verfahren findet bzw. fand im internationalen Bereich wenig Anwendung, und auch bei Rechtsgeschäften in Deutschland konnten bereits früher grundsätzlich abweichende Vereinbarungen getroffen werden.

Bei der **englischen Zinsrechnung** werden die Zinstage kalendermäßig ausgezählt, Monate haben gegebenenfalls 31 Tage. Das Jahr wird mit den tatsächlichen Tagen (365 bzw. 366) angesetzt. Diese Methode wird in der Kurzform auch als ›act/act‹ bezeichnet, wobei act als Abkürzung für engl. actual (tatsächlich) steht und sich auf ein ›Normaljahr‹ bezieht. Deshalb auch die Bezeichnung ›365/365-Methode‹.

Die **Eurozinsrechnung**, auch als **französische Zinsrechnung** bezeichnet, bemisst die Anzahl der Zinstage nach dem Kalender, berücksichtigt für das Jahr aber grundsätzlich 360 Tage und wird daher auch mit ›act/360‹ oder ›365/360‹ bezeichnet.

Alle drei Zinsberechnungsmethoden, deren Anwendungsmöglichkeiten in der nebenstehenden Tabelle aufgeführt sind, sind nach Informationen der Bundesanstalt für Finanzdienstleistungsaufsicht (www.bafin.de) grundsätzlich zulässig und werden im Geschäftsverkehr genutzt. Eine bestimmte Zinsmethode ist gesetzlich nicht vorgeschrieben.

Die kaufmännische Zinsmethode hat heutzutage teilweise noch den Rang eines Gewohnheitsrechtes. Banken berechnen ihre den Gläubigern in Rechnung gestellten Zinsen nach wie vor nach dieser. Wegen ihrer Ungenauigkeit ist sie allerdings schon in vielen EU-Ländern per Gesetz durch die taggenaue Methode abgelöst worden, nach der das Jahr 365

**Übersicht über die Methoden der Zinsberechnung**

|  | **Kaufmännische Methode** (deutsche Methode) (30/360) | **Euromethode** (französische Methode) (act/360) | **Taggenaue Methode** ICMA-Rule 251 (englische Methode) (act/act) |
|---|---|---|---|
| Zinsmonat | 30 Tage | Kalendertage | Kalendertage |
| Zinsjahr | 360 Tage | 360 Tage | 365/366 Kalendertage (act) |
| Zinsformel | $z = \dfrac{k \cdot p \cdot t\,(30)}{100 \cdot 360}$ | $z = \dfrac{k \cdot p \cdot t\,(act)}{100 \cdot 360}$ | $z = \dfrac{k \cdot p \cdot t\,(act)}{100 \cdot 365/366\,(act)}$ |
| Anwendung | Deutschland: z. B. für Darlehen, Kontokorrentkonten, Ratenkredite | Frankreich, Benelux, Spanien, Italien, Österreich und Geldanlagen bei der Europäischen Zentralbank (EZB). Deutschland: für Tagesgeld, Anleihen mit variablem Zins | GB, USA und Portugal. Deutschland: für Bundesobligationen, Bundesschatzbrief, Verzugszinsen, börsennotierte Anleihen |

oder 366 Tage umfasst. Dies entspricht den Empfehlungen der Europäischen Kommission und ist Bestandteil der Icma Rule 251. Die Icma ist eine Organisation für den internationalen Wertpapiermarkt, deren Mitglieder aus (hauptsächlich europäischen) Banken und Finanzdienstleistern besteht.

Unseres Erachtens ist davon auszugehen, dass die kaufmännische Zinsmethode über früh oder lang auch in Deutschland generell durch die taggenaue Methode abgelöst wird. Bei kaufmännischen Abschlussprüfungen für Buchhändler und auch Medienkaufleute digital und print gilt die taggenaue oder act/act-Methode ab der Sommerprüfung 2016. Trotzdem lassen wir in diesem Buch in den Aufgaben sowohl nach der kaufmännischen als auch nach der act/act-Methode rechnen.

### Ermittlung der Zinstage

Für einen Verzinsungszeitraum, beispielsweise einen Kreditzeitraum, sind die Zinstage zu bestimmen. Nach §§ 187 und 188 BGB wird der erste Tag bei der Tagesberechnung nicht mitgezählt, wohl aber der letzte Tag. Vergleichen wir nun die kaufmännische mit der taggenauen Methode. Nach der kaufmännischen Methode zählt jeder Monat mit 30 Tagen. Der 31. eines Monats wird nicht berücksichtigt. Nur wenn die Verzinsung ›Ende Februar‹ endet, wird der Februar mit 28 oder mit 29 Tagen gerechnet.

| Nr. | Zeitraum | Kaufmännische Methode (30/360) | | Taggenaue-Methode (act/act) | |
|-----|----------|---------------------------------|---|------------------------------|---|
| 1 | 01.01.2014 – 30.05.2014 | Januar: 30 − 01 = 29 Tage<br>Februar – Mai  je  30 Tage | 149 Tage | Januar: 31 − 01 =  30 Tage<br>Februar :  28 Tage<br>März, Mai  31 Tage<br>April  30 Tage | 150 Tage |
| 2 | 01.01.2016 – 30.05.2016 (Schaltjahr) | Januar: 30 − 01 = 29 Tage<br>Februar – Mai  je 30 Tage | 149 Tage | Januar: 31 − 01 =  30 Tage<br>Februar  29 Tage<br>März, Mai  31 Tage<br>April  30 Tage | 151 Tage |
| 3 | 28.02.2014 – 02.03.2014 | Februar: 30 − 28 = 2 Tage<br>März  2 Tage | 4 Tage | Februar: 28 − 28 =  0 Tage<br>März  2 Tage | 2 Tage |

**BEISPIEL**

Bleiben wir bei unserem Beispiel: Kapital 5.000 € mit Zinssatz von 8 %, so ergeben sich jeweils folgende Zinsen:

| | | **Kaufmännische Methode** (30/360) | **Taggenaue Methode** (act/act) |
|---|---|---|---|
| Nr. | Zeitraum | Zinsen (z) | |
| 1 | 01.01.2014 – 30.05.2014 | $\dfrac{5.000 \cdot 8 \cdot 149}{100 \cdot 360} = 165,56\ €$ | $\dfrac{5.000 \cdot 8 \cdot 150}{100 \cdot 365} = 164,38\ €$ |
| 2 | 01.01.2016 – 30.05.2016 (Schaltjahr) | $\dfrac{5.000 \cdot 8 \cdot 149}{100 \cdot 360} = 165,56\ €$ | $\dfrac{5.000 \cdot 8 \cdot 151}{100 \cdot 366} = 165,03\ €$ |
| 3 | 28.02.2014 – 02.03.2014 | $\dfrac{5.000 \cdot 8 \cdot 4}{100 \cdot 360} = 4,44\ €$ | $\dfrac{5.000 \cdot 8 \cdot 2}{100 \cdot 365} = 2,19\ €$ |

## 1.6.3
## Berechnen von Kapital, Zinssatz und Zeit

In bestimmten Situationen ist es notwendig, die Zinsformel nach den Größen Kapital, Zinssatz oder Zeit aufzulösen. Daraus ergeben sich nach der act/act-Methode folgende Lösungswege oder Formeln.

$$z = \frac{k \cdot p \cdot t}{100 \cdot 365^{*}} \quad \Big| \cdot 100 \cdot 365^{*}$$

Beide Seiten der Gleichung werden mit den Werten des Nenners multipliziert.

$$\rightarrow z \cdot 100 \cdot 365^{*} = k \cdot p \cdot t$$

* Beim Schaltjahr muss die Zahl 366 eingesetzt werden.

Um **k**, **p** oder **t** zu isolieren, werden beide Seiten der Gleichung durch die jeweils restlichen Größen geteilt.

Für die Berechnung von Kapital, Zinssatz und Zeit ergeben sich dann die Formeln:

$$k = \frac{z \cdot 100 \cdot 365}{p \cdot t} \qquad p = \frac{z \cdot 100 \cdot 365}{k \cdot t} \qquad t = \frac{z \cdot 100 \cdot 365}{k \cdot p}$$

**BEISPIEL**

Ein Lieferant verlangt für eine verspätete Begleichung einer Rechnung 45 € Verzugszinsen. Der ursprüngliche Rechnungsbetrag lautete über 5.500 €. Der Verzugszinssatz beträgt 5 %. Wie viele Zinstage wurden ihm berechnet?

**LÖSUNGSWEG**

$$t = \frac{z \cdot 100 \cdot 365}{k \cdot p} \qquad t = \frac{45 \cdot 100 \cdot 365}{5.500 \cdot 5} = 60 \text{ Tage}$$

Auf rechtliche Aspekte des Themas Verzugszinsen wird an einer anderen Stelle im Buch eingegangen (siehe Kapitel 2.4.3).

**Aufgaben**

Berechnen Sie die Aufgaben 63 bis 70 jeweils
a) nach der kaufmännischen Methode (30/360)
b) nach der taggenauen Methode (act/act).

**63** Berechnen Sie die Zinstage für folgende Verzinsungszeiträume.
   **a)** 06.01.2014    bis    28.02.2014
   **b)** 28.02.2014    bis    31.03.2014
   **c)** 15.02.2016    bis    30.10.2016 (2016: Schaltjahr)
   **d)** 23.11.2014    bis    05.01.2015
   **e)** 04.02.2014    bis    31.07.2014
   **f)** 15.03.2014    bis    28.02.2015

**64** Berechnen Sie die Zinsen für ein Darlehen über 7.900 € bei einem Zinssatz von 6 % und einer Laufzeit von 4 Jahren.

**65** Ein Kapital über 4.860 € wird mit 8,5 % insgesamt 65 Tage verzinst. Wie viel Euro betragen die Zinsen für diesen Zeitraum?

**66** Eine Buchhandlung leiht sich bei ihrer Hausbank einen Darlehensvertrag von 25.000 € für den Zeitraum vom 15.10.13 bis 10.01.14. Die Bank berechnet einen Zinssatz von 9 %. Wie viel Euro sind am 10. Januar 2014 einschließlich Zinsen an die Bank zu zahlen?

**67** Für einen Kredit berechnete die Bank 73,75 € Zinsen sowie 7,50 € Gebühren. Die Buchhandlung überwies für den Kredit mit dem Zinszeitraum vom 10.01.2014 bis 8.05.2014 einschließlich der Zinsen und Gebühren 2.331,25 €. Wie viel Prozent Verzugszinsen wurden berechnet?

**68** Für einen kurzfristigen Kredit über 5.000 € für den Zeitraum 13.1 2014 bis 13.10.2014 muss eine Buchhandlung einschließlich Zinsen und 2 % Bearbeitungsgebühr von der Kreditsumme insgesamt 5.400 € zurückzahlen. Welchen Zinssatz hat die Bank zugrunde gelegt?

69 Welches Kapital erbringt in der Zeit vom 18. September 2014 bis
   31. Dezember 2014 bei einem Zinssatz von 9,5 % einen Zinsbetrag
   von 250 €?

70 Wie hoch war der Rechnungsbetrag, wenn die Verzugszinsen für 60
   Tage Überschreitung 21,80 € bei einem Zinssatz von 9 % betrugen?
   (Verzugszinsen sind nach der act/act-Methode zu berechnen.)

71 Ein Darlehensbetrag über 4.250 € wird einschließlich 8 % Zinsen mit
   4.335 € zurückgezahlt. Für wie viele Tage gewährte der Gläubiger
   den Kredit bei kaufmännischer Methode?

72 Ein Rechnungsbetrag über 7.300 € wird einschließlich 10 % Verzugszinsen mit 7.460 € zurückbezahlt. Auf wie viele Tage beziehen sich
   die Verzugszinsen nach der act/act-Methode?

73 Berechnen Sie die Zinsen für ein Kapital von 20.000 € für den
   Zeitraum vom 15.1.2016 bis 24.12.2016 (Schaltjahr), das zu einem
   Zinssatz von 6 % verzinst wird, nach
   a) der (30/360)-Methode
   b) der (act/360)-Methode
   c) der (act/act)-Methode

## 1.6.4
## Effektiver Jahreszins bei Liefererskonto

Eine Eingangsrechnung, die keinen Vermerk zu den Zahlungsbedingungen enthält oder den Vermerk **Zahlbar netto Kasse** trägt, **ist sofort ohne
Abzug zu zahlen.** Der Lieferer kann aber ein Zahlungsziel gewähren.
Das bedeutet, dass die Rechnung erst zum vereinbarten Zeitpunkt zu
zahlen ist. **Ziel 30 Tage** weist also darauf hin, dass die Rechnung erst
nach 30 Tagen zu zahlen ist bzw. – formaljuristisch – dass das Geld bis
zum 30. Tag beim Lieferer eingegangen sein muss. Um dennoch ein
schnelleres Zahlungsverhalten zu bewirken, gewährt der Lieferant **Skonto** – einen Preisnachlass für eine Zahlung zu einem bestimmten Termin
vor Ende des Zahlungsziels. Die Zahlungsbedingung *30 Tage Ziel oder
2 % Skonto bei Zahlung innerhalb von 8 Tagen* besagt, dass der Schuldner bis zum 8. Tag nach Rechnungsdatum 2 % vom Rechnungsbetrag abziehen darf. Nutzt der Kunde das gesamte Zahlungsziel aus, so entgeht
ihm der Skontoabzug.

**Kaufmännisch betrachtet stellt der Skontobetrag eine Verzinsung
für einen Lieferantenkredit dar, der für die Zeit nach dem Skontozeit-
raum bis zum Ablauf des Zahlungsziels gewährt wird.** Für unser Beispiel bedeutet dies, dass für die Zeit vom 9. bis zum 30. Tag (22 Tage)
2 % Zinsen vom Rechnungsbetrag als Aufwand für Zinsen anfallen. Um
diesen Aufwand für die Inanspruchnahme des Lieferantenkredits mit

dem Überziehungszins einer Bank vergleichen zu können, wird die Skontobedingung in einen Jahreszinssatz umgerechnet. **Der auf das Jahr bezogene Skontozins wird dann als effektiver Jahreszins der Skontobedingung bezeichnet,** häufig abgekürzt als effektiver Jahreszins. In den meisten Fällen ist der Lieferantenkredit gegenüber einem Bankkredit sehr teuer.

Zur Berechnung des effektiven Jahreszinses werden zwei Methoden verwendet. Die erste Methode ist einfacher, löst die Aufgabenstellung aber nur annähernd. Sie erfolgt über den Dreisatz (Lösungsweg 1). Die zweite Methode (Lösungsweg 2) ermittelt den effektiven Jahreszins über die Zinsformel.

**BEISPIEL**

Berechnung der Kredittage für die Zahlungsbedingung 30 Tage Ziel oder 2 % Skonto bei Zahlung innerhalb von 8 Tagen.

**LÖSUNGSWEG 1**

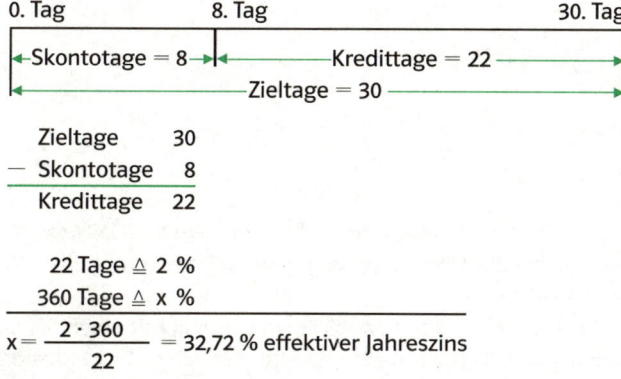

| Zieltage | 30 |
|---|---|
| − Skontotage | 8 |
| Kredittage | 22 |

22 Tage $\triangleq$ 2 %
365 Tage $\triangleq$ x %

$$x = \frac{2 \cdot 360}{22} = 32{,}72 \text{ \% effektiver Jahreszins}$$

oder act/act (taggenau):

22 Tage $\triangleq$ 2 %
365 Tage $\triangleq$ x %

$$x = \frac{2 \cdot 365}{22} = 33{,}18 \text{ \% effektiver Jahreszins}$$

Bezogen auf 360 oder 365 Tage entspricht die Skontobedingung somit einem Zinssatz von 32,72 % oder 33,18 %. Durch den Bezug auf ein Jahr kann nun der Aufwand für den Lieferantenkredit mit dem eines Bankkredits näherungsweise verglichen werden.

**LÖSUNGSWEG 2**

Man geht von einem konkreten Rechnungsbetrag aus. Die im Rechnungsbetrag enthaltene Umsatzsteuer stellt einen durchlaufenden Posten dar und vermindert als Vorsteuer die Umsatzsteuerzahllast des Unternehmens für den laufenden Voranmeldungszeitraum (i. d. R. der Monat). Infolgedessen müsste lediglich der Nettobetrag der Rechnung über einen Kredit der Bank finanziert werden. Da jedoch die Verrechnung des Vorsteuerbetrages seitens der Finanzbehörde erst zum 10. des darauffolgenden Monats erfolgt, wird im Weiteren davon ausgegangen, dass zunächst der gesamte Rechnungsbetrag (brutto) abzüglich des Skontoabzuges seitens der Bank finanziert werden muss.

Für einen fiktiven Rechnungsbetrag über 3.000 € ergibt sich dabei folgende Berechnung.

Skontoabzug:                         2 % von 3.000 €  =      60 €
Überweisungsbetrag am 8. Tag:    3.000 € − 60 €  =  2.940 €
Aus der nach dem Zinssatz aufgelösten Zinsformel ergibt sich:

$$p = \frac{60 \cdot 100 \cdot 360}{2.940 \cdot 22} = 33{,}4\,\%$$

$$\text{oder act/act:} \quad p = \frac{60 \cdot 100 \cdot 365}{2.940 \cdot 22} = 33{,}86\,\%$$

Der genaue Wert für den effektiven Jahreszins liegt bei 33,4 % (33,86 %). Er liegt also höher als bei der Überschlagsrechnung mit dem ermittelten Näherungswert von 32,72 % (33,18 %).

Der Zinssatz von 33,4 % bzw. 33,86 % kann nun mit einem Zinssatz für einen Überziehungskredit (Kontokorrentkredit) bei einer Geschäftsbank verglichen werden. Gehen wir in unserem Beispiel von einem Bankkreditzinssatz in Höhe von 6 % aus, so ist auf einen Blick erkennbar, dass der Lieferantenkredit viel teurer ist. Es ist also günstiger, innerhalb der Skontofrist die Liefererrechnung zu bezahlen, auch wenn dafür das Kontokorrentkonto (Girokonto des Kaufmanns) überzogen werden muss. Die durch dieses Zahlungsverhalten erwirtschaftete Ersparnis wird als Finanzierungsgewinn bezeichnet und kann in Euro berechnet werden.

Skontoertrag: 3.000 € · 2 % = 60 €

Zinskosten bei Überziehung des Bankkontos vom 8.–30. Tag und einem Zinssatz von 6 % p. a.:

$$z = \frac{2.940 \cdot 6 \cdot 22}{360 \cdot 100} = 10,78 \text{ €} \quad \text{oder act/act:} \quad z = \frac{2.940 \cdot 6 \cdot 22}{365 \cdot 100} = 10,63 \text{ €}$$

|  |  |  |  |
|---|---|---|---|
| Skontoertrag | 60,00 € |  | 60,00 € |
| − Zinsaufwand | 10,78 € | bzw. | − 10,63 € |
| Finanzierungsgewinn | 49,22 € |  | 49,37 € |

## Aufgaben

**74** Eine Druckerei bietet ihren Kunden die Zahlungsbedingung *Bei Zahlung innerhalb von 14 Tagen 2 % Skonto innerhalb 30 Tagen netto Kasse* an. Welchem effektiven Jahreszins entspricht diese Zahlungsbedingung bei näherungsweiser Lösung (Lösungsweg 1)?

**75** Eine Zahlungsbedingung lautet: Zahlbar innerhalb von 10 Tagen mit 2 % Skonto oder spätestens nach 60 Tagen ohne Abzug. Welchem effektiven Jahreszins entspricht diese Zahlungsbedingung bei näherungsweiser Lösung (Lösungsweg 1)?

**76** Ein Kaufmann zahlt eine Rechnung mit 3 % Skontoabzug innerhalb von 8 Tagen. Der Rechnungsbetrag liegt bei 10.000 €. Das Zahlungsziel betrug 30 Tage. Um den Skontoertrag nutzen zu können, musste er einen Bankkredit in Anspruch nehmen, der mit einem Zinssatz von 4,5 % verzinst wurde.

**a)** Berechnen Sie den Skontoabzug in Euro.

**b)** Berechnen Sie den Überweisungsbetrag.

**c)** Berechnen Sie die Zinstage für den erforderlichen Bankkredit.

**d)** Berechnen Sie die Zinsen für den Bankkredit.

**e)** Berechnen Sie den Finanzierungserfolg in Euro.

**77** Ein Kaufmann zahlt eine Rechnung mit 2,5 % Skontoabzug innerhalb von 10 Tagen und überweist 5.128,50 €. Das Zahlungsziel betrug 30 Tage. Um den Skontoertrag ausnutzen zu können, musste er einen Bankkredit in Anspruch nehmen, für den er 39,89 € Zinsen bezahlte.

**a)** Berechnen Sie den Skontoabzug in Euro.

**b)** Berechnen Sie den ursprünglichen Rechnungsbetrag in Euro.

**c)** Berechnen Sie die Zinstage für den erforderlichen Bankkredit.

**d)** Berechnen Sie den Zinssatz, der dem Bankkredit zugrunde liegt.

**e)** Berechnen Sie den Finanzierungserfolg in Euro (Lösungsweg 1).

**78** Eine Sortimentsbuchhandlung ließ verkaufsfördernde Regale für ihre Verkaufsräume anfertigen. Die Rechnung lautet über 12.424 € und ist zahlbar innerhalb von 30 Tagen Ziel oder innerhalb von 10 Tagen mit 2 % Skonto. Um Skonto in Anspruch zu nehmen, müsste der

Buchhändler einen Bankkredit aufnehmen. Seine Hausbank bietet ihm den Kredit zu einem Zinssatz von 3,8 % an.

a) Wie hoch ist der Finanzierungsgewinn bei in Anspruch genom-menem Skonto?

b) Welchem effektiven Jahreszins entspricht der Skontosatz (Lösungsweg 1)?

# 2
# Geld- und Zahlungsverkehr

Jeder Kaufmann ist zu ordnungsgemäßer Buchführung verpflichtet (siehe Kap. 3.1), nach der betriebliche Vorgänge im Ein- und Verkauf anhand von Belegen dokumentiert werden müssen. Hierzu gehört auch die Abwicklung des Bar- und Rechnungsgeschäfts mit den entsprechenden Zahlungsvorgängen inkl. des Mahnwesens bei nicht fristgerecht bezahlter Ware. Die **Belege in Form von Kassenbons, Quittungen und Rechnungen werden unter Beachtung entsprechender (umsatzsteuerlicher) Vorschriften ordnungsgemäß erstellt und unter Berücksichtigung gesetzlich festgelegter Fristen aufbewahrt.** Die Auswertung der Einnahmen, vor allem die des Bargeschäfts, lässt eine Analyse des Kundenverhaltens der Buchhandlung zu. Gleichzeitig führt die Erfassung und Auswertung der Daten mit Hilfe marktüblicher Warenwirtschaftssysteme zu sortimentspolitischen Entscheidungen.

Quittungen, Rechnungen oder ähnliche Belege, die (Bar-)Einnahmen oder (Bar-)Ausgaben dokumentieren, sind also Bestandteil der Buchführung und dienen zur Ermittlung der Umsatzsteuer und Vorsteuer, deren Differenz als Zahllast an das Finanzamt abzuführen ist (siehe Kap. 3.8.3). In der Regel liegen die Verkaufsbelege im Bargeschäft als Kassenbon vor, im Rahmen des Rechnungsgeschäfts als Ausgangsrechnung und die Einkaufsbelege für Waren als Eingangsrechnung. Aber es gibt zahlreiche andere Geschäftsfälle, die den Geld- und Zahlungsverkehr beeinflussen, beispielsweise der Kauf von Deko-Material, dessen Bezahlung bar über Geldbestände der Kasse erfolgt, oder auch (Bar-)Einnahmen, die das nicht-operative Geschäft betreffen, wie der Barverkauf eines ausgedienten PC oder Einnahmen aus der Vermietung einer Garage, die sich auf dem Geschäftsgrundstück befindet.

Belege können auch selbst erstellt und dann in Form von ›Eigenbelegen‹ vorliegen, sofern entsprechende Quittungen nicht existieren. Wie jedoch mit derartigen Geschäftsfällen umzugehen ist und ob diese in steuerlicher Hinsicht als Betriebsausgaben anerkannt werden können, muss ggf. durch den Steuerberater und durch das für das jeweilige Unternehmen zuständige Finanzamt geprüft werden.

In diesem Kapitel liegt der Fokus auf beleghaften Vorgängen im Rahmen einseitiger und zweiseitiger Handelskäufe. Zum einen geht es also um Verkäufe, für die die Paragrafen des Bürgerlichen Gesetzbuches (BGB) Anwendung finden (= einseitiger Handelskauf). Zum anderen handelt es sich um Vorgänge im Rahmen von Kaufverträgen zwischen Kaufleuten, für die die Bestimmungen des Handelsgesetzbuches (HGB) maßgeblich sind, in unserem Fall zwischen einer Buchhandlung und ihren Lieferanten (= zweiseitiger Handelskauf). Jeder Kaufvertrag basiert dabei auf der Einigung zwischen Käufer und Verkäufer über die Ware und deren Kaufpreis; immer geht es um zwei übereinstimmende Willenserklärungen.

## 2.1
## Bargeschäft

Die Kasse ist das ökonomische Herzstück einer Buchhandlung. Hier werden die Barverkäufe durchgeführt, dokumentiert und mittels eines Kassenabschlusses auch kumuliert. Damit erfüllt man nicht nur gesetzliche Vorgaben in Bezug auf die Ermittlung der abzuführenden Umsatzsteuer, sondern erhält auch statistisches Zahlenmaterial für betriebsinterne Auswertungen. In diesem Sinne gelten Kassenstatistiken als das preiswerteste Instrumentarium interner sekundärer Marktforschung: ›intern‹, weil die Daten im eigenen Unternehmen generiert werden, und ›sekundär‹, weil die Daten nicht primär (in erster Linie) für eine Marktforschungsuntersuchung generiert worden sind, aber ein mehr als sinnvolles ›Abfallprodukt‹ darstellen.

Allerdings kann nur das ausgewertet werden, was die Kasse erfassen kann. Und so ist die Auswahl einer Kasse bzw. in größeren Unternehmen die Wahl eines Kassensystems in Bezug auf ihre Leistungsfähigkeit eine wichtige betriebliche Entscheidung. Wie differenziert, das heißt mit wie vielen Warengruppen, sollen die Umsätze erfasst werden? Gibt es nur eine Registriermöglichkeit für die Bezahlung bestellter Bücher (Besorgungsgeschäft), oder besteht die Möglichkeit, für jede Warengruppe gesondert Wert und Anzahl der verkauften Artikel über das Lager und über das Abholfach getrennt zu erfassen? Derartige Überlegungen gehören in den Bereich der Sortimentspolitik und werden in den Kapiteln 3.3 und 8 des Buchs *Wirtschaftsunternehmen Sortiment* thematisiert.

## 2.1.1
## Kassen- und Quittungsbelege

Schauen wir uns den Verkaufs- bzw. Kassiervorgang in einer technisch modern ausgestatteten Buchhandlung näher an. Hier werden Anzahl

```
  Buchecke Schierstein              Buchecke Schierstein           Arbuthnott, Vanessa
 Inh.: Andreas Dieterle           Inh.: Andreas Dieterle          Dekorative Wohnideen selbst genäht
  Reichsapfelstrasse 1             Reichsapfelstrasse 1           978-3-8310-2450-6           16,95   1
     65201 Wiesbaden                  65201 Wiesbaden             Kochen und backen mit der Maus
   Tel.: 0611/89078634             Tel.: 0611/89078634           978-3-89883-432-2           10,00   1
  eMail: info@buchecke.de         eMail: info@buchecke.de         Schmid, Wilhelm
      Q U I T T U N G                 Q U I T T U N G             Gelassenheit
                                                                 978-3-458-17600-8            8,00   1
                                                                 Total:                  3  34,95 EUR
08.01.15/0008 13:00  Kasse: 01 EUR  08.01.15/0009 13:00  Kasse: 01 EUR
                                                                 Bar:                         5,00 EUR
Artikel Mg.  Preis MwSt.   Summe   Artikel Mg.  Preis MwSt.   Summe   Bücherscheck                30,00 EUR
                                                                 1398093926                  30,00 EUR
Zen 2015 Lesezeichen & Kalender    Zen 2015 Lesezeichen & Kalender    Zurück:                    0,05 EUR
WGR 1500 978-3-8401-2913-1         WGR 1500 978-3-8401-2913-1
      1    2,99 19,00%     2,99          1    2,99 19,00%     2,99 STO  Typ    MwSt    Netto   Brutto
                                                                 1: 7,00%   2,28    32,67    34,95
 TOTAL         0,48       2,99      TOTAL         0,48       2,99 STO  Steuernummer:      147/241/10089
 Nettoentgelt: EUR 2,51            Nettoentgelt: EUR 2,51         19.12.2014 14:45:40     359-3-1271
 GEGEBEN Bar              2,99      RÜCKGELD                 2,99                              5555

                                                                 Vielen Dank für Ihren Einkauf!  3
Vielen Dank für Ihren Besuch.      Vielen Dank für Ihren Besuch.
USt.ID: OF                         USt.ID: OF                    Heinrich Hugendubel GmbH & Co.KG
Öffnungszeiten:                    Öffnungszeiten:                Buchhandlung und Antiquariat
Mo.-Fr. 09:00-13:00 und 15:00-18:30 Uhr  Mo.-Fr. 09:00-13:00 und 15:00-18:30 Uhr  Hilblestrasse 54 | 80636 München
     Sa. 09:00 - 13:00                  Sa. 09:00 - 13:00
     und 24 h unter:                    und 24 h unter:
     www.buchecke.de     1              www.buchecke.de     2
```

**Belege 1-3 (Kasse)**
1 Verkauf, 2 Stornobeleg, 3 Teilzahlung mit Branchenbücherscheck

und Preis der verkauften Artikel mithilfe einer elektronischen Speicherkasse manuell über eine Kassentastatur eingegeben, oder eine computerbasierte Ladenkasse erfasst die Angaben per Scanner-Technik (mobiler Hand-Scanner, Lesepistole, Ablesefeld o. Ä.). Sofern Buchhandlungen mit Warenwirtschaftssystemen arbeiten, registriert die Daten- oder Computerkasse nicht nur den Preis, sondern mithilfe des Barcodes (EAN-Code im Rahmen des GTIN-Nummernsystems; GTIN steht für Global Trade Item Number) auch den einzelnen Artikel und weitere artikelrelevante Angaben, unter anderem die Warengruppe

Basis hierfür ist die **PLU-Technik** (price-lock-up): Kassen rufen nach Erfassen des Strich- bzw. Barcodes den Preis und die Artikelbezeichnung direkt aus dem Zentralrechner oder Server der Buchhandlung ab. Aufgrund der genauen Artikelbezeichnung kann der Kunde den **Kassenbon** als Fachbuchbeleg beim Finanzamt einreichen; bei anderen Kassenlösungen erhält der Kunde auf Wunsch zuzüglich zum Kassenbon einen separaten Verkaufsbeleg mit Verfasser- und Titelangabe in Form einer **Quittung**. Je nach Kassenlösung und Warenwirtschaftssystem enthalten Kassenbons folgende Angaben:
- Artikelbezeichnung,
- Menge des gekauften Artikels,
- Ladenpreis des Artikels,
- USt-Satz des Artikels,
- ggf. USt-Betrag in Euro (Pflichtangabe nur bei Beträgen über 150 €),

• vom Kunden zur Zahlung gegebener Betrag,
• Rückgeld,
• ggf. Verweis auf unbare Zahlungsmittel (siehe weiter unten),
• Kassennummer (falls mehrere Kassen im Betrieb),
• Datum und Uhrzeit,
• Name der Buchhandlung / des Unternehmens,
• ggf. UID-Nummer (Umsatzsteuer-Identifikationsnummer, auch mit
  USt-IdNr. abgekürzt)
• laufende, für das Finanzamt identifizierbare Bon-Nummer,
• ggf. die Kennzeichnung oder Nennung des Verkäufers (Nummer oder
  Name[nskürzel]),
• ggf. Werbetextfeld für Öffnungszeiten, Internetadresse etc.

**Ambulanter Verkauf**

Neben fest installierten stationären Kassenlösungen werden für den am-
bulanten Verkauf **mobile Kassen** eingesetzt. Diese bieten sich vor allem
bei Verkäufen auf Sonderflächen in Shopping-Malls an oder bei Veranstaltungen, die nicht in den Räumen der Buchhandlung stattfinden, wie
im Falle von Lesungen oder Kongressen. Mobile Kassen sind entweder
mit dem Kassensystem der Buchhandlung verknüpft oder werden in
Form separater elektronischer Registrierkassen oder mobiler Handkas-
sen verwendet. Zahlreiche Anbieter für Kassenlösungen offerieren hier
höchst unterschiedliche (Detail-)Lösungen; auch Verknüpfungen mit
mobilen Kartenlesegeräten sind technisch möglich. Je nach technischer
Ausstattung sind dem Kunden anlässlich eines Verkaufs mitzugeben:
• ein einfacher Kassenstreifen (evtl. um einen Quittungsbeleg ergänzt)
  oder
• ein auf die stationäre Kassenlösung der Buchhandlung abgestimmter
  Kassenbon mit Verfasser- und Titelangabe bei zugrunde liegender
  PLU-Technik.

Natürlich kann ein ambulanter Verkauf auch ohne technische Hilfsmittel durchgeführt werden. Belege gibt es dann nur auf Kundenwunsch
und – falls überhaupt – auch nur in Form einer **Quittung**, aus der die er-
brachte Leistung hervorgeht. Das Wort ›Fachbuch‹ hat auf einem derartigen Beleg genauso wenig verloren wie auf einer Quittung, die in der
Buchhandlung erstellt wird. Denn das Finanzamt verlangt die genaue
Beschreibung der Ware, bei Büchern also Verfasser und Buchtitel.
    Auch wenn die Ware durch einen Boten zugestellt wird, der den zu
zahlenden Betrag bar in Empfang nimmt, wird der Erhalt des Geldes auf
Wunsch per Beleg (= Quittung) bescheinigt. Eine **Quittung** ist in juris-

tischer Hinsicht eine Empfangsbestätigung für den Erhalt einer Leistung; mit ihrem Erhalt kann der Schuldner (Käufer der Ware) belegen, dass die dazugehörige Forderung erfüllt ist. Nach § 126 BGB bedarf die Quittung der Schriftform. Sie muss also vom Aussteller eigenhändig unterschrieben sein. Der Gesetzgeber hat wenige Vorgaben zum Inhalt der Quittung vorgegeben. Im Einzelhandel haben sich jedoch Mindestangaben herausgebildet. Hierzu gehören:

• das Wort ›Quittung‹,
• Betrag in Zahlen und Buchstaben,
• Umsatzsteuersatz der verkauften Ware oder der erbrachten Leistung,
• über 150 € den konkreten Umsatzsteuerbetrag, sofern der Käufer –
  beispielsweise als Gewerbetreibender – den Umsatzsteuerbetrag als
  Vorsteuer bei seinem Finanzamt geltend machen kann,
• Name des Käufers (nicht zwangsläufig dessen Anschrift),
• Zahlungsgrund (Vermerk),
• Zahlungsbestätigung (ggf. ›im Auftrag‹ [i.A.] einfügen),
• Ort und Datum,
• Unterschrift des Zahlungsempfängers.

Handschriftliche Quittungen werden in der Regel auf einem **Quittungsblock** ausgestellt. Dabei sind die Vordrucke häufig selbstdurchschreibend, sodass mit dem Zahlungsbeleg gleichzeitig ein Buchhaltungsbeleg für die Buchhandlung entsteht. Dabei bekommt der Zahlende das Original, während der Empfänger den Durchschlag für seine Unterlagen behält.

Der Empfang einer Ware oder Dienstleistung kann selbstverständlich auch auf einer Rechnung (siehe Kap. 2.2.1) quittiert werden. Eine entsprechende Formulierung oder ein Stempelaufdruck (»Betrag dankend erhalten, Frankfurt, den … «) sowie die Unterschrift des Empfängers sind ausreichend. Auch hier erhält der Kunde das Original, ein Duplikat befindet sich bereits in den Unterlagen der Buchhandlung.

**Quittung**

Netto EUR

+ ☐ %MwSt./EUR

Nr.                    Gesamt EUR

EUR
in Worten
von

für

dankend erhalten.

Ort/Datum

Buchungsvermerke          Stempel/Unterschrift des Empfängers

**Beleg 4** Quittungsformular

## 2.1.2
## Kassenabschluss und -auswertung

Barumsätze werden über die Ladenkasse abgewickelt: Geld kommt herein und Geld wird herausgegeben / entnommen. Nach Geschäftsschluss oder nach Ende einer Verkaufsaktion werden alle baren Zahlungsvorgänge addiert und in einem (automatisiert erstellten) Kassenabschluss zusammengefasst. Die im Laufe eines Tages entgegengenommenen beleghaften Zahlungsmittel im Rahmen des elektronischen Zahlungsverkehrs (siehe Kap. 2.3), aber auch Stornobelege, werden separat erfasst, ggf. fortlaufend durchnummeriert und beleghaft dem **Kassenbericht** hinzugefügt. Im Laufe des Tages bar bezahlte Rechnungen haben zwar mit dem Geldfluss zu tun, werden aber ebenfalls separat erfasst; entsprechende Belege sind umgehend an die Buchhaltung weiterzureichen, um dort verbucht zu werden.

```
Finanz-Bericht (lokal) Kassenabschluss
Kasse: 01      Abschluss Nr.: 5
Am 07.01.15 um 19:10
Ab Datum: 06.01.15 Zeit: 18:51:36
Bis Datum: 07.01.15 Zeit: 24:00
Währung: EUR

Bezeichnung           Anzahl    Wert EUR


Summe Umsatz              37      507,66
   Steuer                          33,56

Umsatz ( 0,00%)            5       61,38
Umsatz ( 7,00%)           26      399,99
   Steuer                          26,16
Umsatz (19,00%)            6       46,29
   Steuer                           7,40
- - - - - - - - - - - - - - - - - - - -
Nachlass                   1        6,25
Gutschein-Storno          -3       53,62
Kunden                    22      507,66
- - - - - - - - - - - - - - - - - - - -
Bez. Bar                  21      480,68
Bez. Kreditkarte           1       26,98
   EC-Cash                 1       26,98
```

**Beleg 5** Auszug aus einem Kassenabschluss

Der täglich anfallende Arbeitsaufwand für einen Kassenbericht ist beträchtlich und variiert je nach Ablauforganisation und Kassensystemen. So macht es schon einen bedeutenden Unterschied aus, ob in kleineren Geschäften ein Mitarbeiter die Geldmittel einzeln durchzählt und den abschließenden Kassenbericht allein ausfüllt, oder ob in größeren, oft mehrstöckigen Buchhandlungen mit mehreren Kassen(anlagen) eine Kassiererin ihre geschlossene Geldkassette mit den während ihrer Arbeitszeit getätigten Einnahmen in das Büro der Hauptkassiererin bringt, wo die Münzen gewogen werden und die Geldscheine durch eine Zählmaschine laufen. Wie auch immer eine Buchhandlung organisiert sein mag: Der ermittelte Buch-Bestand muss am Ende des Tages mit dem tatsächlichen Geldmittelbestand der Kasse übereinstimmen. Soll- und Ist-Bestände müssen identisch sein.

Wie man mit **Kassendifferenzen** umgeht, regelt jeder Betrieb intern. Häufig wird ein abhängig vom Umsatzvolumen geringer Geldrahmen vorgegeben (5 € bis maximal 10 €), innerhalb dessen keine weitere Nachforschungen über Differenzen erfolgen. Es gibt allerdings auch Betriebe, die von ihren Mitarbeitern eine Kasse ohne Differenzen, umgangssprachlich auch ›Nuller-Kasse‹ genannt, verlangen. Auf jeden Fall muss das Unternehmen nach den Grundsätzen ordnungsgemäßer Buchführung die

Differenzen anzeigen und hat sich letzten Endes den Fragen des Finanzamts zu stellen. Nicht nur für Kassendifferenzen, sondern auch für Stornobelege (siehe Beleg 2)und Bon-Abbrüche gibt es unterschiedliche betriebliche Handreichungen bzw. Vorgaben des Kassensystems.

Der **Kassenbericht**, der mit der **Tageslosung** als Summe der Barverkäufe des Tages endet und gleichzeitig alle Belege dokumentiert, besteht aus folgenden Positionen:

> Kassenbestand am Abend (Summe der nach Geschäftsschluss in der Kasse
> befindlichen Bargeldbestände inklusive der bargeldlosen Geldbelege)
> + Tagesausgaben lt. Belegen (bar ausgezahlte Beträge)
> − sonstige Einnahmen lt. Belegen (keine Warenverkäufe)
> + Privatentnahmen in bar gegen Belege
> − Wechselgeld
> ─────────────────────────────────────────────────────
> − **Tageslosung (Barverkäufe des Tages)**

Diese täglich generierten Kassenberichte werden für frei definierte Zeiträume kumuliert, d. h. zusammengefasst. Derartige **Finanzberichte** (auf der folgenden Seite ist einer abgedruckt) relativieren die durchaus schwankenden Zahlen der Tagesberichte und bieten damit verlässliches Zahlenmaterial für statistische Auswertungen, auf die weiter unten eingegangen wird.

Größere Geldeinnahmen, die zu einem beachtlichen Teil erst nach dem Ende der Öffnungszeiten der Bank eingenommen werden, gehören in den Nachttresor der Hausbank; hierfür benötigte ›Geldbomben‹ werden von der Bank zur Verfügung gestellt. Ansonsten dient der Tresor zur Aufbewahrung der Einnahmen und / oder des Wechselgelds. Für Kleingeld reicht mitunter auch eine Geldkassette.

Während die Kasse durch Kassenberichte regelmäßig kontrolliert wird, steht der Begriff **Kassensturz** für eine außerplanmäßige Kassenkontrolle. Der Kassensturz dient dem Abgleich des Betrags, den die Kasse auswirft, mit dem tatsächlich in der Kasse vorhandenen Geldbetrag. Ein solcher Vergleich stellt glücklicherweise eine Ausnahme im Tagesgeschäft dar. Er ist aber erforderlich, wenn beispielsweise geklärt werden muss, ob von der Kassiererin ein falscher Betrag herausgegeben worden ist, oder ob der Kunde tatsächlich einen höheren Betrag bezahlt hat, als er behauptet. Um einem Kassensturz zuvorzukommen, sollte das Bargeld des Kunden immer erst dann in die Kasse eingelegt werden, nachdem der Kunde Ware und Wechselgeld erhalten hat – eine Verhaltensregel, die jede neue Kassenkraft lernt.

**Finanzbericht für Buchhandlung Schätzle - Rheinfelden**

| Von | 01.01.2015 00:00:01 | Bis | 31.01.2015 23:59:00 |
|---|---|---|---|

**Kassenumsätze**

| Von Kasse:...... 1 | | Bis Kasse ,,,,, 1 | |
|---|---|---|---|
| Artikel 19 % .................. | 2.977,75 EUR + | Auszahlungen 19 % .. | -86,48 EUR - |
| Artikel 7 % .................. | 16.519,29 EUR + | Auszahlungen 7 % .... | -285,36 EUR - |
| Artikel 0% .................. | 0,00 EUR + | Auszahlungen 0% ... | -647,38 EUR - |
| Einzahlungen .................. | 0,00 EUR + | Gutschriften ............. | -754,17 EUR - |
| Gutscheine .................. | 581,82 EUR + | | |
| Bezahlte Rechnungen | 182,37 EUR | | |
| **Summe Eingänge**........... | **20.078,86 EUR** | **Summe Ausgänge** .. | **-1.773,39 EUR** |
| Saldo Kasse .................. | 18.305,47 EUR | | |
| Umsatz Laden .............. | 10.823,63 EUR | Besorgungsumsatz ...' | 9.255,23 EUR |
| Anzahl Kunden .............. | 918 | Umsatz pro Kunde .... | 21,87 EUR |

**Rechnungsumsätze**　　　　　　　　　　　**Zur Info: Rechnungsgutschriften**

| Artikel 19 % ................. | 93,90 EUR + | Artikel 19 % ............. | 0,00 EUR + |
|---|---|---|---|
| Artikel 7 % ................ | 3.784,74 EUR + | Artikel 7 % .............. | 0,00 EUR + |
| Artikel 0% .................. | 276,45 EUR + | Artikel 0% ............. | 0,00 EUR + |
| **Summe Rechnungen***..... | **4.155,09 EUR** | **Summe Gutschriften** | **0,00 EUR** |

**Umsatzsummen ˉ**

| Artikel 19 % .................. | 3.071,65 EUR + | Telecash Vorgänge. | 62 |
|---|---|---|---|
| Artikel 7 % .................. | 20.304,03 EUR + | Telecash Umsatz...... | 2.392,74 EUR |
| Artikel 0% .................. | 276,45 EUR + | | |
| Gutscheine .................. | 581,82 EUR + | Gutschriften ........... | -754,17 EUR - |
| **Saldo Gesamtumsatz** ..... | **23.479,78 EUR** | | |
| **Saldo Gesamtumsatz** ..... | **23.479,78 EUR** | | |

* Die berechneten Rechnungsumsätze sind bereits um die gegebenen Gutschriften bereinigt. Das Ausweisen der Rechnungsgutschrift dient nur der Information.

**Beleg 6** Finanzbericht

## Statistische Auswertungen

Ist Kundenzufriedenheit an der Höhe des Wertes der getätigten Käufe festzumachen? Auf der Suche nach einem diesbezüglichen Anhaltspunkt, nämlich dem durchschnittlichen Bon-Umsatz (Barumsatz je Barverkauf), hilft *Buch und Buchhandel in Zahlen*. In der Ausgabe 2015 wird das statistische Mittel mit 16,24 € pro Kassiervorgang angegeben; allerdings dürfte es starke Abweichungen nach unten und nach oben geben – in Abhängigkeit von der jeweiligen Betriebsgröße, der Kundenstruktur, der Angebotsstruktur und anderen Faktoren.

Aber nicht nur der durchschnittliche Bon-Umsatz ist ein Indikator für die Attraktivität des Geschäfts. Ergänzend hilft ein Blick auf die Anzahl der zahlenden Barkunden, der von größerer Bedeutung sein kann als die rein wertmäßige Umsatzbeobachtung. Denn die Kundenzahl steht für die Kernsubstanz einer jeden Sortimentsbuchhandlung – so das Statement der Betriebsberaterin Gudula Buzmann. Eine abnehmende Kundenzahl ist demnach weitaus alarmierender als ein temporärer Umsatzrückgang.

Im Rahmen des Kassenabschlusses können die Umsätze auch getrennt nach Warengruppen erfasst werden. Diese Auswertung wird dann zu Wochen-, Monats-, Quartals- und Tertialsberichten kumuliert. Wichtig ist, dass das Kassensystem die ›besorgten Bücher‹ in Kombination mit einer entsprechenden Warengruppe erfasst. Denn nur so erschließen sich der Buchhandlung relevante Sortimentszusammenhänge. Eine betriebswirtschaftlich sinnvolle Kasse liefert demnach unter Vorgabe zeitlich definierter Rahmenwerte (Monate, andere Zeiträume):

```
Warengruppen-Bericht
Ab Datum: 01.01.15 Zeit: 08:00
Bis Datum: 08.01.15 Zeit: 24:00
08.01.15 13:21          Kasse: 01 EUR

WGR/Bezeichnung         Lager    Bestellt

Summe                   141      66
              2054,61    1090,35  964,26
              100,0%     53,1%    46,9%
- - - - - - - - - - - - - - - - - - -
Belletrisitk
100                     26       24
                        287,97   312,28
              29,2%      26,4%    32,4%
Krimi
110                     11       2
                        135,45   19,98
              7,6%       12,4%    2,1%
Regionalia
130                     2        0
                        38,80    0,00
              1,9%       3,6%     0,0%
Sachbuch
150                     17       14
                        211,71   223,11
              21,2%      19,4%    23,1%
Bilderbuch
200                     8        0
                        60,74    0,00
              3,0%       5,6%     0,0%
Kinderbuch
210                     5        4
                        41,79    50,88
              4,5%       3,8%     5,3%
```

**Beleg 7** Auszug aus einem Warengruppenbericht

• Umsatz (gesamt und pro Warengruppe),
• Anteil der einzelnen Warengruppen am Gesamtumsatz in Prozent,
• Anteil des Durchlaufgeschäfts (bestellte, nicht über das Lager verkaufte Exemplare) je Warengruppe in Prozent des erreichten Umsatzes der Warengruppe.

Aber dies sind Fragen, die im Rahmen der Sortimentspolitik, des Marketings und des Controllings vertieft und geklärt werden müssen. Das betriebliche Rechnungswesen liefert hierfür Daten als Rohmaterial.

### Aufgaben

1 Sie arbeiten in einer Buchhandlung, in der an mehreren Kassen bezahlt werden kann. Welche Angaben sind bei einem Kassenbon über 78,60 € aus steuerlicher Sicht auf einem Kassenbon relevant?
   a) Ladenpreise der einzelnen Artikel
   b) Kennzeichnung der Verkäuferin

c) Kennzeichnung der Kasse

d) Internetadresse der Buchhandlung

e) Genaue Artikelbezeichnung

f) USt-Betrag der einzelnen Artikel

2 Eine Auszubildende kauft in einem Fahrradgeschäft für 15 € eine neue Beleuchtung für das ›Botendienst-Fahrrad‹ der Buchhandlung und lässt sich den Kauf quittieren. Der Verkäufer stellt einen Quittungsbeleg aus, auf dem folgende Angaben stehen:
   • Zahlbetrag in Euro (Zahlen und Buchstaben),
   • Firmenstempel und Unterschrift,
   • Ort und Datum,
   • Gegenstand der Leistung,
   • Name der Buchhandlung (als Käufer der Leistung).
   Welche Angabe fehlt auf dem Quittungsbeleg, damit dieser vom Steuerbüro der Buchhandlung anstandslos (ein)gebucht werden kann?

3 Ermitteln Sie die Tageslosung, wenn Ihnen folgende Kassendaten und Belege vorliegen:

| | |
|---|---:|
| Privatentnahme (bar) | 300,00 € |
| Deko-Material (bar bezahlt) | 28,00 € |
| Kassenbestand (am Abend) | 16.300,00 € |
| Wechselgeld (am Morgen) | 400,00 € |
| Reinigungsmittel (bar bezahlt) | 19,00 € |

4 Bearbeiten Sie folgende Fragen anhand des Tagesabschlusses einer kleineren Buchhandlung vom 17.01.2015 (Beleg 5).

   a) Wie hoch ist der durchschnittliche Bon-Wert der am Tag verkauften Waren?

   b) Welchen USt-Betrag muss die Buchhandlung von den Tageseinnahmen abführen?

   c) Wie hoch ist der Anteil der zum vollen USt-Satz verkauften Waren? Runden Sie auf zwei Stellen nach dem Komma.

5 Bearbeiten Sie folgende Fragen anhand des Finanzberichts einer kleineren Buchhandlung für den Monat Januar (Beleg 6).

   a) Wie ermittelt sich der Saldo Gesamtumsatz?

   b) Wie hoch ist der prozentuale Anteil am Umsatz, der bar über das Abholfach abgewickelt wurde? Runden Sie auf zwei Stellen nach dem Komma.

6 Ermitteln Sie anhand des Warengruppenberichts (Beleg 7) den durchschnittlichen Ladenpreis der vom Lager und der über das Abholfach verkauften Artikel. Welche Gründe (zwei) können für die stark voneinander abweichenden Werte vorliegen?

## 2.2
## Rechnungsgeschäft

Das Rechnungsgeschäft nimmt in Buchhandlungen einen unterschiedlichen Stellenwert ein. Bei einigen Betrieben spielt es eine völlig untergeordnete Rolle, in anderen hingegen eine bedeutende – vor allem bei den Unternehmen, die Schulen, Behörden und Fachinstitutionen beliefern. Trotzdem bietet *Buch und Buchhandel in Zahlen* in der Ausgabe 2015 einen Durchschnittswert an, der bei den 167 beim Kölner Betriebsvergleich beteiligten Buchhandlungen bei 29 Prozent liegt. Der durchschnittliche Wert für den Kreditumsatz je Kreditverkauf wird mit 148,11 € angegeben.

Der Verkauf von Waren wird – unabhängig von ihrer Bezahlung durch den Käufer – im Moment der Leistungserfüllung als Umsatzerlös gebucht. Noch nicht bezahlte Waren müssen jedoch bis zur vollständigen Abwicklung des Kaufvorgangs durch die Zahlung des Schuldners buchhalterisch weiterverfolgt und dokumentiert werden. Rechnungen dienen hierbei als Warenbegleitpapiere. Auch Lieferscheine sind Warenbegleitpapiere im Warenausgang; sie ziehen jedoch keine Zahlungsverpflichtung nach sich.

### 2.2.1
### Rechnungen

Rechnungen stellen eine Zahlungsaufforderung dar. Sie müssen numerisch lückenlos fortgeschrieben werden, damit sie späteren Zahlungseingängen eindeutig zuzuordnen sind. Dabei unterscheidet man Ausgangsrechnungen an Kunden (Schuldner oder Debitoren), die buchhalterisch als ›Forderungen‹ bezeichnet werden, und Eingangsrechnungen für die vom Buchhändler von Lieferanten (Kreditoren) bezogenen Waren, die buchhalterisch ›Verbindlichkeiten‹ genannt werden.

Bei den Ausgangsrechnungen unterscheidet man zwischen Einzel- und Sammelrechnungen. **Einzelrechnungen** werden vom Händler im Einzelfall erstellt. Hier bestehen keine regelmäßigen oder periodischen Geschäftskontakte zwischen der Buchhandlung und dem Kunden. Das sieht bei einer **Sammelrechnung** anders aus. Denn hier handelt es sich um gewerbliche oder institutionelle Kunden, wie Firmen oder Bibliotheken, die als Stamm- oder Vorzugskunden mit einem **Monatskonto** (siehe Kap. 2.3) eine besondere Zahlungsbedingung in Anspruch nehmen. Entweder es werden die mit einem Lieferschein im Laden mitgenommenen oder mit Lieferschein ausgelieferten (und nicht fristgerecht remittierten) Bücher unter Angabe der Lieferscheindaten auf einer Rechnung zusammengefasst und die Zahlungsaufforderung – für die eine *sofortige* Zahlung gilt,

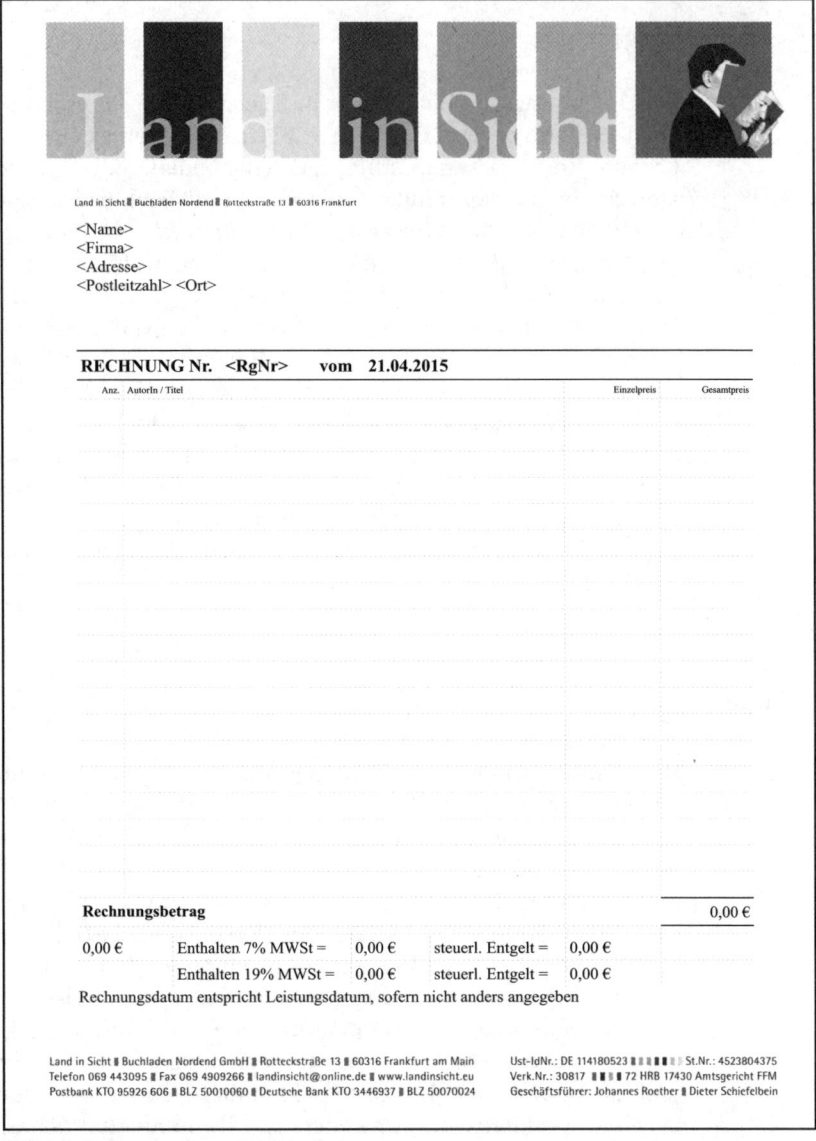

Land in Sicht ▮ Buchladen Nordend ▮ Rotteckstraße 13 ▮ 60316 Frankfurt

<Name>
<Firma>
<Adresse>
<Postleitzahl> <Ort>

**RECHNUNG Nr.   <RgNr>      vom   21.04.2015**

| Anz. | AutorIn / Titel | | Einzelpreis | Gesamtpreis |
|---|---|---|---|---|
| | | | | |
| | | | | |
| | | | | |
| | | | | |
| | | | | |
| | | | | |
| | | | | |
| | | | | |
| | | | | |
| | | | | |
| | | | | |
| | | | | |
| | | | | |
| | | | | |

**Rechnungsbetrag**                                                                                    0,00 €

0,00 €      Enthalten 7% MWSt =    0,00 €      steuerl. Entgelt =   0,00 €
            Enthalten 19% MWSt =   0,00 €      steuerl. Entgelt =   0,00 €
Rechnungsdatum entspricht Leistungsdatum, sofern nicht anders angegeben

Land in Sicht ▮ Buchladen Nordend GmbH ▮ Rotteckstraße 13 ▮ 60316 Frankfurt am Main          Ust-IdNr.: DE 114180523 ▮ ▮ ▮ ▮ ▮ ▮ St.Nr.: 4523804375
Telefon 069 443095 ▮ Fax 069 4909266 ▮ landinsicht@online.de ▮ www.landinsicht.eu          Verk.Nr.: 30817 ▮ ▮ ▮ 72 HRB 17430 Amtsgericht FFM
Postbank KTO 95926 606 ▮ BLZ 50010060 ▮ Deutsche Bank KTO 3446937 ▮ BLZ 50070024          Geschäftsführer: Johannes Roether ▮ Dieter Schiefelbein

**Beleg 8** Rechnungsformular (blanko)

denn preisgebundene Verlagserzeugnisse sind Barzahlungspreise – ergeht über die Gesamtsumme. Oder das Monatskonto des Kunden ist (in der Regel nach einer Bonitätsprüfung) mit einem Lastschriftverfahren verknüpft. Das zuletzt genannte Verfahren wird auch in Verbindung mit hauseigenen Kunden(kredit)karten praktiziert; in diesem Fall ist die

**Buchecke Schierstein**

Homepage: www.buchecke.de

Buchecke Schierstein   Reichsapfelstrasse 1   65201 Wiesbaden-Schierstein

Firma
Testkunde
Musterstraße 1
65201  Wiesbaden

Reichsapfelstrasse 1
65201 Wiesbaden-Schierstein
Tel : 0611 89078634
Fax : 0611 89078636
Mail: info@buchecke.de

**Rechnung**

| Kunden-Nr.: | 150 |
| Rg.Nummer: | 7 |
| Rg.Datum: | 26.11.2014 |

Seite 1 von 1

| Pos | Anzahl | Artikelnr. | Bezeichnung | Einzelpreis in € | Gesamt in € | MwSt % |
|---|---|---|---|---|---|---|
| 1 | 1 | 9783442481354 | Riley, Lucinda: Der Engelsbaum | 9,99 | 8,99 | 7,00 |
| | | | Nachlass:      10% | | | |
| | | | aus Lieferschein 7      vom 26.11.2014 | | | |
| 2 | 1 | 9783844515886 | Riley, Lucinda: Der Engelsbaum | 14,99 | 13,49 | 19,00 |
| | | | Nachlass:      10% | | | |
| | | | aus Lieferschein 7      vom 26.11.2014 | | | |

| | 0,00% | 7,00% | 19,00% | | |
|---|---|---|---|---|---|
| Warenwert Netto | € \| | 8,40 € \| | 11,34 € | Gesamtbetrag netto | 19,74 € |
| Mehrwertsteuer | € \| | 0,59 € \| | 2,15 € | | |
| Warenwert Brutto | € \| | 8,99 € \| | 13,49 € | **Gesamtbetrag brutto** | **22,48 €** |

Anzahl Positionen: 2          Anzahl Exemplare : 2
Ist in der Position ein Lieferscheindatum angegeben, gilt dieses als Leistungsdatum.
Andernfalls gilt das Rechnungsdatum als Leistungsdatum.          Eigentumsrecht nach § 449 BGB vorbehalten.

Wiesbadener Volksbank
IBAN: DE68 5109 0000 0035 9596 02

BIC: WIBADE5W

USt-IdNr: DE296494330

Handelsregistereintrag: Wiesbaden HRA 10192

**Beleg 9**  Rechnung (Warenverkauf mit Nachlass)

Rechnung keine Zahlungsaufforderung, sondern ein Beleg für einen anstehenden Geldabgang vom Konto der Kunden, die Ware ›auf Kredit‹ bezogen haben.

Im Rahmen des Rechnungsgeschäftes sollten alle verkaufsrelevanten Kundendaten, wie Rechnungsadressen (ggf. abweichende Lieferadresse),

Zustellbesonderheiten (Selbstabholer, Zustellung per Bote, bestimmte Wochentage o. Ä.), besondere Zahlungsmodalitäten (Bankeinzug, Sammelrechnung) in einer Kundendatei bzw. direkt in der Rechnungs- oder Fakturierungssoftware (lat. factura = Handwerk, Leistung; also: das Geleistete) abgespeichert sein. Vorzugskunden (Firmen, Behörden, Institute oder kaufintensiven Privatkunden) erhalten eine hausintern vergebene Kundennummer; jetzt müssen nur noch die objektbezogenen Daten der verkauften Waren (Anzahl, Titel, ISBN, Preis) erfasst werden bzw. man lässt diese in die Rechnung einfließen. Je nach technischer Ausstattung der Expeditions- oder Rechnungsabteilung errechnet ein Kalkulationsprogramm die Rechnungssumme, das steuerliche Entgelt (Rechnungsbetrag exklusiv USt) sowie den USt-Betrag in Euro.

Der mit der Software korrespondierende Drucker erstellt bestenfalls parallel zum Ausdruck der Rechnung automatisch einen Überweisungs- oder Zahlscheinvordruck inkl. Rechnungsnummer und -datum für den Kunden. Oder es erfolgt eine terminierte SEPA-Lastschrift vom Konto des Kunden. Was also die Bezahlung einer Rechnung anbetrifft, so sind alle Zahlungsarten anzutreffen, die im folgenden Kapitel thematisiert werden: die Barzahlung durch die Bezahlung der Rechnung in der Buchhandlung (= Kasseneinnahme), die halbbare Zahlung über einen Zahlscheinvordruck und Bareinzahlung des Betrages durch den Käufer auf der Bank sowie die bargeldlose Zahlung des Käufers über das Girokonto oder über Kreditkarten.

### SEPA-Überweisung

Mit Jahresbeginn 2008 wurde der einheitliche europäische Zahlungsraum Realität. Nunmehr sind SEPA-Überweisungen und SEPA-Lastschriften innerhalb der EU-Mitgliedsstaaten sowie von und nach Island, Liechtenstein, Norwegen und der Schweiz (Stand 2014) wie Inlandsvorgänge zu behandeln. **SEPA** ist die Abkürzung für Single Euro Payments Area und indiziert diesen einheitlichen Euro-Zahlungsverkehrsraum. Im Zuge der Umstellungen mussten ehemalige nationale Kontonummern und Bankleitzahlen durch einheitliche neue Formate ersetzt werden. Zu diesem Zweck wurde die **IBAN**, eine Abkürzung für International Bank Account Number, als neue europäische Kontonummer eingeführt. Diese 22-stellige Nummer setzt sich zusammen aus einem Länderkennzeichen (2 Stellen), einer Prüfziffer (2 Stellen), der Bankzeitzahl (8 Stellen) und der Kontonummer (10 Stellen). An die Stelle der bisherigen Bankleitzahlen tritt der 8- bzw. 11-stellige **BIC** (Bank Identifier Code, auch SWIFT-Code genannt), der für die internationale Bankleitzahl steht. Der BIC setzt sich zusammen aus einem Bankkürzel (4 Stellen), einem Länder-

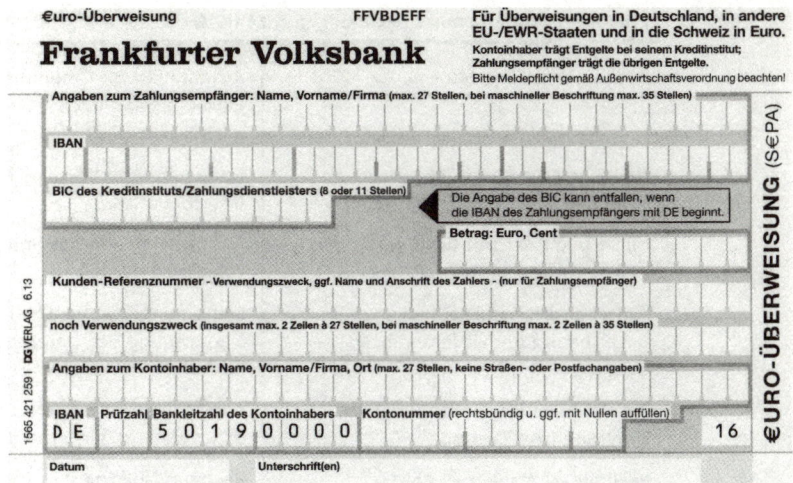

**Beleg 10** SEPA-Überweisungsträger

code (2 Stellen), einem Ortscode (2 Stellen) sowie einem dreistelligen Filial- oder Abteilungskürzel, das – sofern eine entsprechende Angabe fehlt – durch XXX ersetzt werden kann. Folgende Daten sind Bestandteile der SEPA- oder **Euro-Überweisung**:

• Name des Empfängers bzw. Begünstigten,
• IBAN des Empfängers bzw. Begünstigten,
• BIC des Empfängers bzw. Begünstigten (kann bei einer Inlandsüberweisung entfallen),
• Überweisungsbetrag in Euro und Cent,
• Verwendungszweck,
• Angaben (Name, Vorname, Firma, Ort) zum Absender bzw. Kontoinhaber,
• IBAN des Absenders bzw. Kontoinhabers,
• Datum und Unterschrift.

**Gesetzliche Besonderheiten bei Rechnungen**

Das Umsatzsteuerrecht listet in § 14 UStG **Pflichtbestandteile einer Rechnung** auf und unterscheidet dabei zwischen Rechnungen über 150,– € und Rechnungen bis 150,– €, für die das Gesetz nicht so strenge Regelungen vorsieht. Siehe hierzu die tabellarische Gegenüberstellung auf der nächsten Seite. Nicht ordnungsgemäß ausgestellte Rechnungen werden vom Finanzamt beanstandet, und der Rechnungsempfänger ist dann nicht zum Vorsteuerabzug nach § 15 UStG berechtigt.

**Pflichtbestandteile einer Rechnung lt. § 14 UStG** (Stand Januar 2015)

| Rechnungen über 150,– € | Ausnahmen für Rechnungen bis 150,– Euro (= Rechnungen über Kleinbeträge nach §33 UStDV) |
|---|---|
| Name und Anschrift des leistenden Unternehmers | Name und Anschrift des leistenden Unternehmers |
| Name und Anschrift des Empfängers | Auf die Nennung des Empfängers kann verzichtet werden |
| Liefermenge, handelsübliche Bezeichnung der Lieferung bzw. Leistung | Liefermenge, handelsübliche Bezeichnung der Lieferung bzw. Leistung |
| Ausstellungsdatum und Tag der Lieferung bzw. Leistung | Ausstellungsdatum. Tag der Lieferung bzw. Leistung darf entfallen |
| Rechnungsbetrag inkl. USt (wg. Buchpreisbindung) | Rechnungsbetrag inkl. USt (wg. Buchpreisbindung) |
| Netto-Entgelt ohne Umsatzsteuer | Netto-Entgelt und Umsatzsteuer in einer Summe |
| Umsatzsteuer-Ausweis als Betrag in € mit anzuwendendem Steuersatz | Ausweis des Umsatzsteuersatzes (oder Betrag) |
| Angabe der Steuer- oder Umsatzsteuer-Identitätsnummer | Diese Angabe kann entfallen |
| Fortlaufende Rechnungsnummer | Diese Angabe kann entfallen |
| Hinweis auf die Befreiungsvorschrift bei steuerfreien Lieferungen und Leistungen | Hinweis auf die Befreiungsvorschrift bei steuerfreien Lieferungen und Leistungen |

Stellt eine Buchhandlung **Versandkosten** (Portokosten oder Pauschalbeträge für Porto- und Verpackung) in Rechnung, muss sie für diese Position einen Betrag inkl. Umsatzsteuer ausweisen. Sie muss also – obwohl Postgebühren in der Regel umsatzsteuerfrei sind – den Wert der aufgeklebten Briefmarke um die Umsatzsteuer kalkulatorisch erhöhen. Dabei hat sich der Umsatzsteuersatz nach dem Inhalt der Sendung zu richten: Es gilt der ermäßigte Satz bei einem Buchversand und der volle bei Non-Book-Verkäufen (siehe Kap. 3.9.2). Schlägt die Buchhandlung den Umsatzsteuerbetrag nicht auf, erfüllt sie den Tatbestand der Steuerminderung. Denn der Rechnungsbetrag fällt geringer aus, und das Finanzamt erhält weniger Steuereinnahmen. Eine Vereinheitlichung bei gemischten Sendungen (Warenverkäufe mit zwei Umsatzsteuersätzen) lässt sich aus dem Umsatzsteuerrecht nicht herleiten.

Ferner ist bei der Rechnungsstellung für preisgebundene Verlagserzeugnisse darauf zu achten, dass **kein Zahlungsziel** eingeräumt wird.

Denn nach geltender Rechtsprechung sind die Ladenpreise dieser Waren Barzahlungspreise, für die eine sofortige Zahlung vorgesehen ist. Insofern ist nur die Zahlungsanweisung ›zahlbar sofort ohne Skonto‹ in legaler Hinsicht richtig. Nach Auskunft der Rechtsabteilung des Börsenvereins wird jedoch nicht beanstandet, wenn die Käufe gewerblicher oder institutioneller Kunden über ein Monatskonto (siehe Kap. 2.3) abgerechnet werden.

Bei Verkauf auf Rechnung kann der **Eigentumsvorbehalt** nach § 449 BGB zum Tragen kommen. Danach geht das Eigentum an der Ware erst nach vollständiger Zahlung des Kaufpreises auf den Käufer über, wenn der Verkäufer einer beweglichen Sache das Eigentum bis zur Zahlung des Kaufpreises vorbehalten hat und dies Bestandteil des Kaufvertrags geworden ist. Das heißt: Fest gelieferte und berechnete Waren bleiben bis zur vollständigen Zahlung Eigentum des liefernden Unternehmens. Von einem erweiterten Eigentumsvorbehalt, auch Kontokorrentvorbehalt genannt, spricht man, wenn der Eigentumsvorbehalt so lange bestehen bleibt, bis alle Forderungen eines Verkäufers gegenüber einem Käufer beglichen sind, bis also das laufende Konto (Kontokorrentkonto) ausgeglichen ist. Ein solcher Eigentumsvorbehalt muss allerdings auf das Rechnungsformular eingedruckt, sprich beim Abschluss des Kaufvertrags ausdrücklich vereinbart werden, um wirksam zu sein.

Bei den bisher genannten Fällen geht man davon aus, dass in ›offener Rechnung‹ geliefert wird. Dabei handelt es sich um eine Form von Kundenkredit, denn es besteht Vertrauen (lat. credere) in die Zahlungswilligkeit und die fristgerechte bzw. bei Büchern sofortige Zahlung des Käufers. Fehlt – beispielsweise wegen bekannt schlechter Zahkungsmoral des Schuldners oder bei Unsicherheiten mit nicht bekannten Kunden – dieses Vertrauen, kann die Buchhandlung die Rechnung auch vorab versenden und erst nach Zahlungseingang liefern. Diese Zahlungsbedingung wird **Vorkasse** genannt, oder auch Vorauskasse oder Vorauszahlung. **Nachnahme** hingegen stellt formal keine Vorauszahlung dar, weil es zur gleichzeitigen Übergabe von Geld und Ware durch die Post kommt; allerdings fällt hier eine nicht unerhebliche Nachnahmegebühr an.

## 2.2.2
## Lieferscheine

Im Unterschied zu Rechnungen ziehen Lieferscheine keine Zahlungsverpflichtung nach sich. Ein Lieferschein ist vielmehr ein Warenbegleitpapier zur Dokumentation eines Warenabgangs und indiziert damit einen ›vor-buchhalterischen‹ Vorgang. Es reicht also, auf einem Lieferschein zu erfassen:

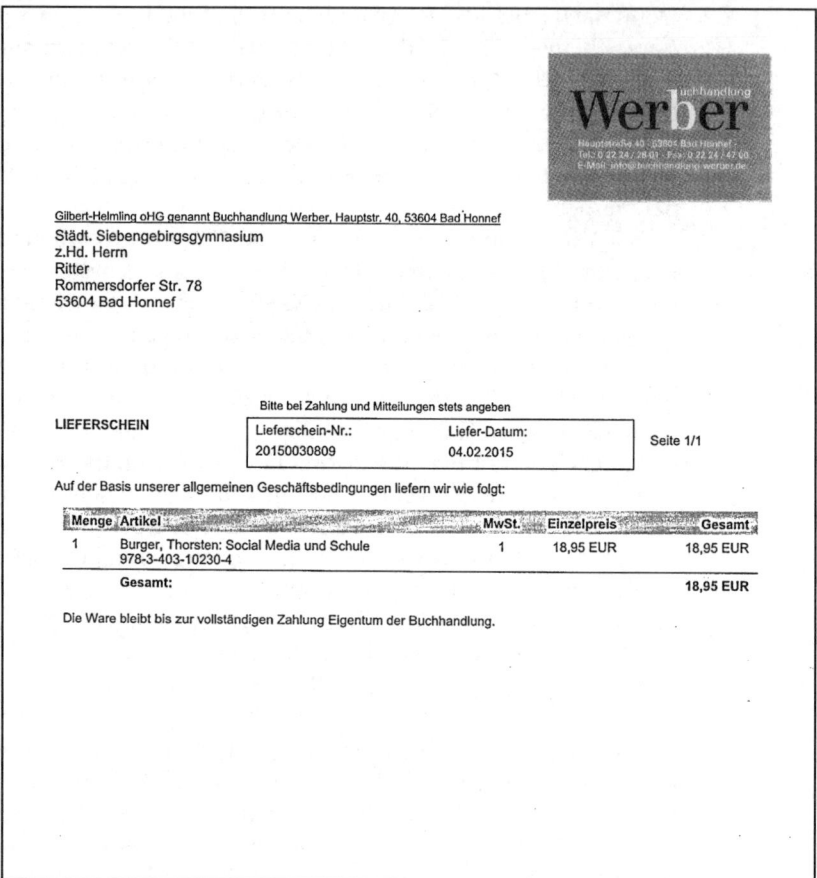

Beleg 11  Lieferschein (Warenausgang)

- Adresse des Belieferten,
- Lieferscheindatum,
- Autor, Kurztitel und die Anzahl der beigefügten Ware(n),
- Preis der beigefügten Ware(n).

Darüber hinaus sollten Lieferscheine betriebsintern mit fortlaufenden Lieferscheinnummern erstellt werden. Denn nur so können eingehende Remittenden und die im Folgemonat über das Monatskonto abzurechnenden Waren ohne größere Mühe zugeordnet werden. Das Lieferscheinverfahren wird aber nicht nur bei Vorzugskunden praktiziert. Es wird auch bei Sendungen angewendet, die zur Ansicht zugestellt werden, sowie bei Packstücken, deren Inhalt für einen auswärtigen Büchertischverkauf bestimmt ist.

**Aufgaben**

7 Auf welche Angabe kann bei einer Überweisung an ein deutsches
Unternehmen per SEPA-Überweisung verzichtet werden?

a) Angaben zum Zahlungsempfänger

b) IBAN des Zahlungsempfängers

c) BIC des Zahlungsempfängers

d) IBAN des Schuldners

e) Unterschrift

8 Sie verkaufen ein Buch per Rechnung. Die Ware versenden Sie per
Büchersendung (Gewicht der Sendung: 650 Gramm). Wie viel Porto
stellen sie in Rechnung, damit das Finanzamt die Rechnung nicht
beanstandet?

9 Ermitteln Sie den Rechnungsbetrag, das steuerliche Entgelt und den
USt-Betrag bei einer Belieferung der Stadtbibliothek über einen
Gesamtwert von 18.500,00 € zu Ladenpreisen (Bücher) und porto-
freier Anlieferung. Berücksichtigen Sie hierbei den maximalen
Bibliotheksrabatt.

10 Als Bote quittieren Sie eine zugestellte Sendung. Der Kunde bezahlt
die ausgestellte Rechnung in bar und bittet Sie um einen Quittungs-
vermerk auf der Rechnung. Welche Angaben muss dieser Vermerk
enthalten?

## 2.3
## Zahlungsverkehr

In Deutschland kennt das Gesetz nur die Barzahlung als gesetzliches
Zahlungsmittel für die Erfüllung einer Geld- oder Zahlschuld. Die Tilgung mit anderen Zahlungsmitteln, beispielsweise die Zahlung mit einer
Kreditkarte oder eine Zahlung in ausländischer Währung, ist nur dann
gestattet, wenn dies zwischen Verkäufer und Käufer im Rahmen ihrer
Vertragsfreiheit vorher vereinbart worden ist. Gemeinhin unterscheidet
man **Zahlungsarten** nach Barzahlung, halbbarer Zahlung und bargeldloser (unbarer) Zahlung, wobei die halbbare Zahlung im Einzelhandel eine eher untergeordnete Rolle spielt.

**Barzahlung**  Bei einer Zahlung mit Bargeld übergibt der Käufer gesetzliche Zahlungsmittel in Form von Münzen oder Banknoten. Hierzu
benötigt er kein Konto. Die Zahlschuld kann entweder bar an der Kasse
beglichen werden oder durch Zahlung an einen Überbringer, der den
Empfang des Geldes quittiert. Die Annahmepflicht bei Euro- und Cent-
münzen ist auf maximal 50 Münzen begrenzt.

**Bargeldlose Zahlung**  Bei einer bargeldlosen Zahlung benutzen sowohl Verkäufer als auch Käufer ihr Konto. In der Regel wird das Konto des Käufers mit dem Zahlbetrag belastet und dem Konto des Verkäufers gutgeschrieben. Die Zahlung erfolgt mittels vorgegebener Formulare schriftlich per Überweisung oder Verrechnungsscheck, via Online-Banking, mittels EC-Karte durch Unterschrift bzw. PIN-Identifizierung, mittels Benutzung einer Kreditkarte oder einer firmeneigenen Kundenkarte mit Zahlungsfunktion durch Kartennachweis und Unterschrift oder unter Hinzuziehung eines Zahlungsverkehr-Dienstleisters im Internet, beispielsweise PayPal.

**Halbbare Zahlung**  Bei einer halbbaren Zahlung benötigen entweder der Verkäufer oder der Käufer ein Konto. Beispielsweise zahlt der Schuldner bar auf ein Konto des Zahlungsempfängers ein (Bareinzahlung per Zahlschein), oder vom Konto des Zahlenden (Abbuchung) wird an den Zahlungsempfänger bar ausgezahlt (Barauszahlung).

Die häufig an der Kasse gestellte Frage lautet somit nicht ohne Grund: »Zahlen Sie bar oder mit Karte?« – Als Zahlungsmittel im Buchhandel überwiegt immer noch das Bargeld. Allerdings gewinnt der bargeldlose Zahlungsverkehr, auch Electronic Cash genannt, immer mehr an Bedeutung. In den meisten Buchhandlungen kann heutzutage mit EC-Karten bezahlt werden, und auch die Akzeptanz von Kreditkarten unterschiedlicher Anbieter nimmt zu. Neben diesem ›Plastikgeld‹ werden weitere bargeldlose Zahlungsmittel akzeptiert, wie Gutschriften oder Geschenkgutscheine.

## BARGELDLOSER ZAHLUNGSVERKEHR (›Plastikgeld‹)

EC-KARTE  Die **Deutsche Kreditwirtschaft (DK)** als Einrichtung der Kreditinstitute zur gemeinsamen Meinungs- und Willensbildung propagiert das **EC-Cash-Verfahren,** bei dem die verdeckte Eingabe einer PIN (personal identity number) des Kunden notwendig ist. Dadurch erfolgt ein direkter Zugriff auf das Girokonto des Käufers, und die Buchhandlung erhält infolge der Online-Abfrage bei der Bank des Kunden eine Zahlungsgarantie. Die Umbuchung erfolgt sofort bargeldlos, für die Buchhandlung fallen (geringe) Transaktionskosten an. Dieses Verfahren nennt man auch EC-Cash am POS (Point of Sale).

Hiervon zu unterscheiden ist das **ELV-Verfahren** (elektronisches Lastschriftverfahren). Hier kann der Kunde mit seiner EC-Karte ohne PIN zahlen. Die Karte wird durch den Kartenleser des Terminals gezogen und die Kontonummer sowie die Bankleitzahl aus dem Magnetstreifen ausgelesen, ggf. erfolgt eine

Abfrage der händlereigenen Sperrdatei. Bei positiver Abfrage wird ein Beleg für eine einmalige Lastschrift-Einzugsermächtigung erstellt, den der Kunde unterschreibt.

Dieses Verfahren ist kostengünstiger als EC-Cash, geht aber auch mit einer gewissen Unsicherheit bezüglich der Zahlungsgarantie einher. Unter Umständen muss die Buchhandlung bei späterer Nicht-Einzugsmöglichkeit alle rechtlichen Mittel ausnutzen, um an ihr Geld zu kommen.

**GELDKARTE** Eine bisher wenig genutzte Variante des bargeldlosen Zahlungsverkehrs ist die GeldKarte, eine Art elektronische Geldbörse. Der Benutzer kann bis zu einem bestimmten Betrag ein Chip-Feld aufladen. Beim Bezahlen verringert das Kassenmodem das Chip-Guthaben automatisch um den Zahlbetrag. Die Beträge werden in dem Chipkartengerät der Buchhandlung gespeichert und regelmäßig an eine Abrechnungsstelle übermittelt.

**KREDITKARTE** Kreditwürdige Personen erhalten von Kreditkartenunternehmen eine Ausweiskarte, mit der sie Rechnungen oder Barbeträge bei Vertragsunternehmen bezahlen können. Die Unternehmen – VISA, MasterCard/EuroCard, American Express, Diners Club, um nur die größten zu nennen – belasten den Kreditkarteninhaber im Rahmen einer Monatsrechnung und buchen den Betrag vom Bankkonto des Kunden per Einzugsermächtigung ab. Mit einer Verzögerung von bis zu drei Monaten nach Umsatztätigkeit (hinsichtlich des Zeitkorridors unterscheiden sich die Vertragsbedingungen der Kreditkartenunternehmen erheblich) bekommen die Vertragsunternehmen, in unserem Fall die Buchhandlungen, unter Abzug von einer Provision, die zwischen 2 Prozent und 5 Prozent vom Umsatz liegt, den Betrag gutgeschrieben.

Wegen dieser Erlösschmälerung und weil die Provision nicht auf die Endabnehmer umgelegt werden kann, lehnen viele Buchhandlungen Kartenzahlungen über Kreditkartenorganisationen ab. Diejenigen Unternehmen, die trotzdem Kreditkarten annehmen, müssen selbst darüber entscheiden, ob die Kreditkartenakzeptanz einen verstärkten Abfluss gut rabattierter Lagertitel bewirkt, ob der bargeldlose Verkehr generell zu größeren Einkäufen (ver)führt oder ob die Vertragspartnerschaft mit einem weltweit agierenden Kreditkartenunternehmen einen Imagegewinn darstellt, der aus Marketinggründen für die Buchhandlung wichtig ist.

**MONATSKONTO** Im Buchhandel ist es eine gängige Praxis, gewerblichen und institutionellen Kunden einen Kreditrahmen einzuräumen. Dies geschieht mit Hilfe eines Monatskontos (siehe Kap. 2.2.1), das für die Benutzer eingerichtet wird. In diesem Fall verlässt der Kunde die Buchhandlung mit der Ware und einem Lieferschein (oder einer Rechnung), auf dem Kundendaten, Titel und Menge notiert sind, oder die bestellte Ware wird ihm mit Lieferschein (oder einer Rechnung) zugestellt. Die aufgelaufenen Lieferscheine bzw. Rechnungen eines Monats werden addiert. Zu Beginn des nächsten Monats wird für die nicht remittierte Ware eine (Sammel-)Rechnung erstellt, und die Buchhandlung erhält den Zahlungseingang in der Regel mittels Lastschriftverfahren. Dieses Prozedere gilt auch für Kundenkarten ohne Zahlungsfunktion.

Ein derartig kurzfristiges Kreditgeschäft verstößt übrigens nach Auffassung der Rechtsabteilung des Börsenvereins nicht gegen die Bestimmungen des *Buchpreisbindungsgesetzes*. Denn es wird nicht aktiv mit einem Kreditrahmen geworben, wie etwa mit der Zahlungskondition ›30 Tage Ziel‹, sondern es wird lediglich die Zahlungsweise vereinfacht. Die Spielregeln in Bezug auf die Endabnehmerpreise preisgebundener Verlagserzeugnisse, die als Barzahlungspreise für das Zug-um-Zug-Geschäft an der Kasse gelten, werden somit nicht verletzt.

KUNDENKARTE UND UNTERNEHMENSBEZOGENE KREDITKARTE   Bei unternehmensbezogenen Kreditkarten mit Zahlungsfunktion werden die Verkäufe im Laufe eines Monats über ein Lesegerät erfasst. Zu Beginn des Folgemonats wird der fällige Gesamtbetrag per Einzugsermächtigung vom Konto des Kunden abgebucht. Der große Vorteil bei einem solchen Verfahren: jegliche Art von Provision an Kreditkartenunternehmen entfällt.

Auch **(Bücher-)Gutscheine** oder **Restgutschriften** zählen zu den bargeldlosen Zahlungsmitteln, da die Buchhandlung vom Kunden kein Bargeld erhält, sondern ein zuvor gegebenes, aber nicht näher konkretisiertes Warenversprechen einlöst. Umsatzsteuerliche Aspekte (ermäßigter oder voller Umsatzsteuersatz) müssen erst bei der Einlösung des Gutscheins berücksichtigt werden. Dies sieht nur dann anders aus, falls ein Gutschein auf eine konkret benannte Leistung ausgestellt wird: Dieses wird im Buchhandel jedoch relativ selten praktiziert; allerdings könnte es beispielsweise im Rahmen eines Prämienkatalogs bei Kundenbindungssystemen vorkommen.

Die **firmeneigenen Büchergutscheine** kann man in finanztechnischer Hinsicht mit unternehmensbezogenen Kreditkarten mit Zahlungsfunktion vergleichen. Denn die Buchhandlung braucht an keine Organisation irgendwelche Provision abzuführen – ihr Aufwand besteht einzig darin, ihre eigenen Büchergutscheine zu layouten, sie drucken zu lassen, zu verkaufen und letztendlich einzulösen.

Dies sieht bei einem von der MVB im Rahmen des **BuchSchenkService** angebotenen Gutscheins anders aus. Hier fällt nur dann keine Provision an, wenn der ausgegebene Bücherscheck in der ausgebenden Buchhandlung selbst eingelöst wird. Sind jedoch scheckausgebende und scheckeinlösende Buchhandlung zwei Unternehmen, so erfolgt die Verteilung des Gewinns über die zentrale Verrechnungsstelle. Die MVB

**BuchSchenkService**

Bankverbindungen
Frankfurter Sparkasse
BLZ 500 502 01  Kto.Nr. 360 163
IBAN: DE 67 5005 0201 0000 3601 63
BIC: HELADEF1822

Postbank Frankfurt
BLZ 500 100 60  Kto.Nr. 234032602
IBAN: DE 95 5001 0060 0234 0326 02
BIC: PBNKDEFFXXX

02080 Verkehrsnummer BSS

MVB Marketing- und
Verlagsservice des Buchhandels GmbH
Braubachstraße 16
60311 Frankfurt am Main

Postfach 10 04 28
60004 Frankfurt am Main

Telefon: +49 (0)69-1306-383
Telefax: +49 (0)69-1306-405

ID-Nummer: DE114130036
Steuernummer: 045 224 10700

BuchSchenkService  -  Postfach 10 04 28  -  60004 Frankfurt am Main

38812

Buchhandlung
Karl Werber
Hauptstr. 40
53604 Bad Honnef

BuchSchenkService

Abrechnungs-Nr. 01/2015 vom 31.01.2015
Rechnung Nr. 97151967
Verkehrs-Nr. 38812
**Abrechnung der bis zum 15.01.2015 eingereichten BücherSchecks**

| | Anzahl | Scheckwert | BSS Verrech.-betrag (84%) | Summe |
|---|---|---|---|---|
| A. Gutgeschriebene Schecks | 0 | 0,00 € | 0,00 € | |
| B. Belastete Schecks | - 3 | - 145,00 € | - 121,80 € | |
| *Zwischensumme* | | | | - 121,80 € |
| D. Abrechnungskosten insgesamt | | | | - 7,25 € |
| 5,00% aus Gruppe B | - 7,25 € | | | |
| Inklusive 19,00% MwSt. | - 1,16 € | | | |
| Abrechnungskosten netto | - 6,09 € | | | |
| BSS Verrechnungsbetrag  ( '-' = von Teilnehmer zu zahlen | '+' = wird an Teilnehmer ausgezahlt ) | | | | - 129,05 € |

**Falls kein Bank-Einzug vorliegt, ist der Betrag in Höhe von 129,05 € zahlbar bis zum 10.02.2015**

Aufstellung der abgerechneten Schecks: siehe Anlage

Anlage:

Anlage zur BSS Abrechnung Nr. 01/2015 vom 31.01.2015
Rechnung Nr. 97151967, Verkehrs-Nr. 38812

**B. Belastete Schecks**

| Eingangs-Nr. | BücherScheck-Nr. | VKN des Partners | Scheckwert | 84% BSS Verrechng.betrag | Bemerkung |
|---|---|---|---|---|---|
| 000336 | 1190767102 | 26324 | 100,00 € | 84,00 € | |
| 000281 | 1290849381 | 33261 | 20,00 € | 16,80 € | |
| 000237 | 1290941652 | 31248 | 25,00 € | 21,00 € | |
| **Gesamt** | **3 Scheck(s)** | | **145,00 €** | **121,80 €** | |

Unsere Liefer- und Zahlungsbedingungen sind Vertragsbestandteil und werden auf Wunsch umgehend zugesandt.
Sitz der Gesellschaft ist Frankfurt/M. Eingetragen unter der Nr. B9240 beim Registergericht Frankfurt/M. Geschäftsführung: Ronald Schild.
www.mvb-online.de

**Beleg 12** BuchSchenkService (Abrechnung)

Marketing- und Verlagsservice des Buchhandels GmbH behält hierbei
5 Prozent für den eigenen Aufwand und für Werbung ein. Gewinnschmä-
lerungen entstehen bei beiden beteiligten Buchhandlungen, wie die Grafik auf der folgenden Seite belegt. Die Abrechnung kann finanztechnisch
über das BAG-Abrechnungsverfahren abgewickelt werden.

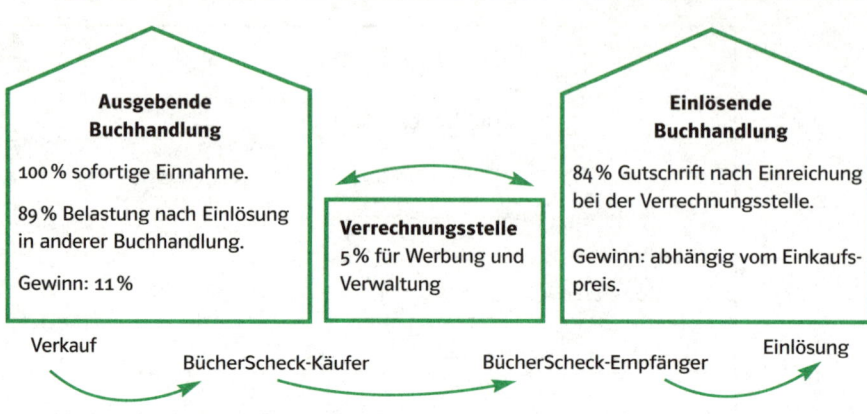

**Verrechnungsmodalität:** *BuchSchenkService*

Bücherschecks müssen beim Verkauf mit Ausgabedatum, Firmenstempel (soweit nicht bereits bedruckt) und Unterschrift des Ausstellers versehen werden. Am besten sind sie durchnummeriert (bei den von der MVB ausgegebenen Bücherschecks sind fortlaufende Nummern bereits eingedruckt; siehe Belege 3 und 9), was eine spätere beleghafte Zuordnung erleichtert. Diese ausgegebenen Bücherschecks sind separat – ohne(!) Umsatzsteuer – über die Kasse zu erfassen: Denn man weiß ja noch nicht, ob der beschenkte Kunde später ein Buch oder einen Artikel aus dem Non-Book-Bereich erwirbt.

**Juristisch gesehen stellt ein Bücherscheck ein Waren- und kein Geldversprechen dar.** Falls also bei einem Kauf der volle Scheckbetrag nicht eingelöst wird, besteht für die Buchhandlung keine Verpflichtung der Herausgabe von Bargeld; stattdessen kann sie eine Gutschrift über den Restbetrag ausstellen. Bücherschecks sind zeitlich nicht unbegrenzt einlösbar. Ihre Gültigkeit richtet sich nach der gesetzlichen Verjährungsfrist, und diese beläuft sich auf drei Jahre, beginnend mit dem Ende des Ausstellungsjahres.

## 2.3.1
## Online-Banking

Anfang 2015 nutzten mehr als 30 Millionen Deutsche die Internet-Kontodienste ihrer Bank. Das sind rund 50 Prozent der Deutschen, die damit im Bereich des EU-Durchschnitts liegen. Electronic Banking wird aber selbstverständlich auch von Unternehmen benutzt, in denen komplexe Sicherheitsstandards gelten. Hier müssen für die gesamte EDV- bzw. IT-Anlage Berechtigungsprofile erstellt werden, in denen festgelegt wird, welcher Mitarbeiter mit welchem Benutzernamen und welchem Kennwort welches Zugriffsrecht auf welche Daten und Programme hat. Dabei setzt sich der Benutzername in der Regel aus Nachname, eventuell Vorname und vielleicht noch der Abteilungsbezeichnung zusammen. Das Kenn- bzw. **Passwort** (engl. = password) wird sorgfältiger definiert, um Entschlüsselungen von Hackern entgegen zu wirken. Denn ein Passwort sollte nie ...

- den eigenen Namen oder den von Familienmitgliedern enthalten;
- aus Geburtsdatum oder der eigenen Telefonnummer bestehen;
- den Namen eines Unternehmens oder einer Abteilung beinhalten;
- ein Wort aus dem Wörterbuch sein;
- Namen von bekannten Persönlichkeiten, Städten, Ländern etc. enthalten;
- aus Nachbartasten bestehen: 12345, qwertz usw.;
- aus Abkürzungen bestehen;
- rückwärts lesbar sein, beispielsweise hcuB;
- ein Wort sein, welches nur durch Voranstellen oder Anhängen einer Zahl oder eines anderen Zeichens verändert wird, wie im Falle von Buch2018.

Ein derartiges Passwort kann mit jedem frei aus dem Internet erhältlichen Entschlüsselungsprogramm innerhalb kürzester Zeit auf jedem normalen PC bzw. Rechner geknackt werden. Deshalb sollte ein sicheres Passwort muss anderen Anforderungen genügen. Es sollte möglichst ...

- mindestens 8 Zeichen enthalten;
- aus Buchstaben, Sonderzeichen und / oder Zahlen bestehen;
- monatlich gewechselt werden;
- nicht aufgeschrieben werden (kein Post-it am Bildschirm, kein Zettel unter der Schreibunterlage oder als Datei auf dem eigenen PC).

Ein kleiner Tipp: Man denke sich einen Satz aus und verwende die Anfangsbuchstaben. Danach ersetzt man einzelne Wörter durch vergleichbare Zeichen. Als Satz könnte beispielsweise dienen: »Ein großer Stern beleuchtet vier Dächer zu 80 Prozent«. In einem ersten Schritt würde hieraus: ›EgSbvDz80P‹. Ein noch größerer Sicherheitsgrad würde aber mit der Zeichenfolge ›1>*b4^z80%‹ vorliegen.

**Phishing** ist die Kurzform für englisch Password-Fishing. Kriminelle versuchen, mithilfe gefälschter E-Mails an vertrauliche, persönliche Daten zu gelangen. So werden Bankkunden zu einem ›Sicherheitscheck‹ aufgefordert. Die Mails enthalten Links zu gefälschten Webseiten, die der Original-Website des Geldinstituts zum Verwechseln ähnlich sehen. Dort sollen die Kunden ihre persönliche Geheimnummer (PIN) und ihre

Transaktionsnummer (TAN) eingeben. Nach einer polizeilichen Kriminalstatistik wurden 2013 in Deutschland 136.034 Fälle von Diebstahl bargeldloser Zahlungsmittel mit einer Schadenssumme von 56,3 Mio. € erfasst – Tendenz steigend. Die Aufklärungsquote bei derartigen Delikten lag bei unter 10 Prozent. Aber auch Trojaner (unbemerkte Hintergrundprogramme) können einen PC ausspionieren und PINs oder TANs an Unbefugte weiterleiten. Kein Wunder, dass auch in diesem Bereich Datensicherung höchste Priorität hat und Legitimationsverfahren entwickelt worden sind, um Transaktionen zu sichern.

### LEGITIMATIONSVERFAHREN BEIM ELECTRONIC BANKING

PIN/TAN   Der Kunde erhält von seinem Kreditinstitut eine persönliche Identifikationsnummer (PIN), die verhindern soll, dass nicht autorisierte Personen Zugriff auf seine Konten haben. Die einzelnen Bankaufträge werden dann nochmals mit einer nur einmal zu verwendenden Transaktionsnummer (TAN) unterschrieben, die der Kunde einer für ihn individuell zusammengestellten Liste entnimmt. Vereinfachungen bietet das **mobileTAN**-Verfahren; hier erhält der Kunde für den jeweils aktuellen Buchungsvorgang per SMS eine Transaktionsnummer zum einmaligen Gebrauch.

Ein anderes Verfahren bietet die **photoTAN**. Nachdem der Online- oder Mobile-Banking-Kunde den Auftrag eingegeben hat, erscheint auf der TAN-Eingabeseite eine farbige Grafik, die mithilfe einer separaten Smartphone-App (photoTAN-App für Android, Apple iOS und Windows Phone) oder einem Lesegerät gescannt wird. Nach der Entschlüsselung zeigt das Gerät die Auftragsdetails sowie eine **TAN** zur Autorisierung an

ITAN   Die Weiterentwicklung der TAN. Im herkömmlichen TAN-Verfahren erfolgt die Freigabe von Online-Transaktionen über die Eingabe einer beliebigen unverbrauchten TAN. Beim iTAN-Verfahren wird man aufgefordert, eine iTAN mit einer bestimmten laufenden Nummer einzugeben. Die jeweilige Nummer wird nach dem Zufallsprinzip aus dem noch unverbrauchten iTAN-Kontingent ermittelt. Jede Transaktionsnummer ist wie beim herkömmlichen TAN-Verfahren nur einmal gültig und wird nach der Verwendung entwertet. Dies steigert die Sicherheit, weil Kriminelle die gesamte Liste mit allen iTAN-Zahlen besitzen müssten.

HOME BANKING COMPUTER INTERFACE (HBCI)   Legitimation per Chipkarte oder Schlüsseldiskette. Es muss ein spezielles Computerprogramm installiert werden, das für die Verschlüsselung und den Austausch der Daten mit dem Bankrechner sorgt. Die zurzeit sicherste Homebanking-Lösung: Nutzung einer HBCI-Chipkarte mit einem Chipkartenleser, der die sichere PIN-Eingabe unterstützt.

**FILE TRANSFER AND ACCESS MANAGEMENT (FTAM)**     FTAM ist vor allem im Unternehmenssektor mit elektronischer Unterschrift (EU) verbreitet. Es erfolgt eine Direkteinwahl zum Bankrechner.

**BANKING COMMUNICATION STANDARD (BCS)**     BCS ist in der Regel identisch mit FTAM. BCS findet meist unter Verwendung von elektronischen Unterschriften bei größeren Unternehmen statt.

**ELECTRONIC BANKING INTERNET COMMUNICATION STANDARD (EBICS)** Erweiterung des Banking Communication Standard für die Kommunikation. Gilt als zukünftiger Multibankenstandard für das Geschäft mit Firmenkunden im Internet.

Biometrische Verfahren zur Überprüfbarkeit der Zugangsberechtigung zu Sicherheitssystemen werden derzeit entwickelt und erprobt, können aber nicht Gegenstand eines Buches zum Thema Rechnungswesen sein

## 2.3.2
## Payment-Systeme im Internet

E-Commerce ist ein wachsendes Marktsegment. Und mit steigender Anzahl von Webshops, die für das Online-Geschäft eingesetzt werden, wird dieses Geschäftsfeld auch für Buchhandlungen immer wichtiger. Dabei bietet das Phänomen Multi-Channeling eine Vielzahl von Kombinationsmöglichkeiten sowohl beim Bestellen als auch beim Bezahlen der Ware. Gehen wir von drei Grundmodellen aus:

**Modell 1** Recherche im Laden oder online. Online-Bestellung. Abholung im Laden. Barzahlung oder bargeldlose Bezahlung.

**Modell 2** Recherche im Laden oder online. Online-Bestellung. Warenzustellung mit Rechnung; ggf. Vorkasse oder Nachnahme. Bargeldloser Geldeingang (Bankeinzug, Lastschrift oder mittels PIN/TAN-Verfahren im Rahmen des Online-Banking) auf ein Konto der Buchhandlung.

**Modell 3** Recherche im Laden oder online. Online-Bestellung. Warenzustellung. Bezahlung und Abrechnung durch spezielle ›Payment-Dienstleister‹.

Die Modelle 1 und 2 sind in den vorangegangenen Kapiteln näher vorgestellt worden, sodass sich die folgenden Ausführungen auf online-spezifische Bezahlmodelle beschränken, die im Rahmen des E-Commerce Anwendung finden. Diese können als Payment-Systeme im engeren Sinn bezeichnet werden. Einige Verfahren oder Bezahlmethoden haben sich bereits am Markt etabliert und sind Bestandteil gängiger Praxis, von denen PayPal – zumindest von Kundenseite her – am bekanntesten sein dürfte.

1998 in Luxemburg als Kreditinstitut lizenziert, steht **PayPal** Privatkunden und Unternehmen gleichermaßen zur Verfügung. Weltweite Bedeutung erhielt das Institut und das nach ihm benannte Zahlungsverfahren im Jahr 2002, als es von eBay übernommen und Teil des kalifornischen Konzerns wurde. Seit 2007 besitzt PayPal in Europa eine Banklizenz und unterliegt der Regulierung durch die luxemburgische Bankaufsicht CSSF und damit dem Europäischen Recht.

Im Jahr 2015 benutzten über 15 Millionen Kunden in Deutschland den Bezahlmodus PayPal. Sie bezahlen online nur mit ihrer E-Mail-Adresse und ihrem Passwort – entweder von ihrem Rechner aus oder auch mobil mithilfe einer PayPal-App (= mobile Payment). Wenn einem Kunden das normale Passwort nicht sicher erscheint, kann er einen so genannten Sicherheitsschlüssel anfordern: einen bei jeder Transaktion neu erzeugten sechsstelligen Zahlencode, der per SMS zugestellt und beim Einloggen zusätzlich angegeben wird. Daneben gibt es das Verfahren durch Sicherheitsfragen, die Kunden zuvor selbst festgelegt haben und die die Benutzung eines Codes ersetzen.

Zuvor haben PayPal-Kunden bei ihrer Anmeldung Bankdaten oder Informationen hinsichtlich ihrer Kreditkarte(n) hinterlegt. Diese Kundendaten werden nicht an den Händler weitergegeben, sondern bei PayPal gespeichert und unter anderem durch das SSL-Protokoll geschützt. (SSL steht für Secure Sockets Layer und bezeichnet ein Verschlüsselungsprotokoll zur sicheren Datenübertragung im Internet, das seit seiner Version 3.0 unter der neuen Bezeichnung Transport Layer Security, kurz TLS, weiterentwickelt und standardisiert wird.) Jede Zahlung wird per E-Mail bestätigt, sodass der Kunde stets den Überblick über seine aktuellen Kontobewegungen behält.

Die große Akzeptanz von PayPal dürfte aber nicht in erster Linie auf seine Sicherheitsvorkehrungen zurückzuführen sein, sondern auf seine kundenfreundlichen Käuferschutzrichtlinien. Hier wird unter anderem festgelegt, dass der Käufer von PayPal den gesamten Kaufpreis sowie die Versandkosten zurückerhält, falls die Bestellung nicht kommt, die Ware nicht in einwandfreiem Zustand angeliefert wird, die Ware nicht der Beschreibung entspricht oder die Ware in gebrauchtem (statt bestelltem neuen) Zustand angeliefert wird. Zuvor muss er jedoch mit dem Verkäufer Kontakt aufgenommen haben, um den Fall gütlich in beidseitigem Einverständnis zu klären.

Da Kunden für ihr PayPal-Konto nichts bezahlen, werden die Unternehmen, die eine PayPal-Zahlung anbieten, mit den Gebühren belastet,

wie es in ählicher Weise bei den Kreditkartenorganisationen geschieht. Sie variieren bei allen E-Commerce-basierten Payment-Systemen nach Umfang der Leistung und fallen an für:
- Einrichtungskosten;
- monatliche Grundgebühren für die Nutzung (Lizenzkosten);
- monatliche Payment-Gebühren für die Zahlungsabwicklung (Transaktionskosten).

PayPal dürfte für viele Buchhandlungen zu teuer sein. Und doch haben einige indirekt mit diesem Unternehmen zu tun, falls sie nämlich mit einem Webshop-Dienstleister zusammenarbeiten, der seinerseits einen Vertrag mit PayPal geschlossen hat. Neben PayPal sei auf zwei weitere Bezahlmodelle hingewiesen, die im Einzelhandel – im Buchhandel jedoch nur vereinzelt – Fuß gefasst haben. Zunächst einmal auf das Modell, das mit einer **Paysafecard** oder vergleichbaren Kartenmodellen funktioniert. Hier zahlt der Kunde aus einem persönlichen Zahlungskonto mit Benutzernamen und Passwort, nachdem er zuvor ›Guthaben-PIN‹ erworben und sein Konto damit aufgeladen hat. Die Summe aller hochgeladenen Paysafecard-PIN steht dann für Einkäufe zur Verfügung. Tausende von Webshops sind diesem System weltweit angeschlossen, bei dem die Privatsphäre der Kunden garantiert ist, da dieser – vergleichbar mit PayPal – keine persönlichen Informationen, wie Bank- oder Kreditkartendaten, angeben muss.

Zu guter Letzt sei auf **Plattform-Lösungen** hingewiesen, die Kontakte zu allen marktrelevanten bargeldlosen Bezahlmodellen im E-Commerce pflegen und diese in die Webshops der Online-Händler integrieren. Das Unternehmen Payone, das jährlich mehrere Milliarden Euro Clearingvolumen im internationalen Geschäft realisiert, betreibt beispielsweise eine derartige Plattform. Sie bietet entsprechende Softwarelösungen für alle Online-Unternehmen an, die diesen Service einzusetzen wünschen – egal ob aus Wettbewerbssicht oder aus Gründen der Kundenorientierung.

**Aufgaben**

11 Welche Zahlungsart liegt jeweils in folgenden Fällen vor?
  a) Der Käufer überweist eine Rechnung fristgerecht.
  b) Der Käufer zahlt die fällige Rechnung mittels Zahlschein bei der Bank bar ein.
  c) Der Käufer zahlt an der Kasse mit Bargeld.
  d) Der Käufer zahlt an der Kasse mit seiner Kreditkarte.
12 Ein Kunde zahlt mit ›Plastikgeld‹. Erläutern Sie für Ihre Buchhandlung zwei wichtige ökonomische Unterschiede zwischen einer

Abrechnung mit einer VISA-Card und einer unternehmensspezifischen Kundenkarte mit Zahlungsfunktion.

13 Was versteht man unter EC-Cash, Phishing, PIN und TAN.

14 Welche Kosten fallen für Payment-System im E-Commerce an?

15 Erläutern Sie den Satz: »Ein Bücherscheck ist ein Waren-, aber kein Geldversprechen.«

16 Die Buchhandlung Werber verrechnet Bücherschecks im Rahmen des BuchScheckService. Nach Beleg 12 wird sie im Rahmen der Abrechnung 01/2015 für drei Schecks, die in anderen Buchhandlungen eingelöst worden sind, vertragsgemäß mit 89% des Ausstellungswerts belastet. Erklären Sie auf diesem Abrechnungsbeleg die Beträge 7,25 € und 1,16 €.

## 2.4
## Mahnwesen

Jedes Unternehmen braucht die Geldeingänge, die sich aus der Erfüllung von Kaufverträgen ergeben – nicht nur, weil es einen Rechtsanspruch auf sie hat, sondern auch weil es seinen eigenen Verpflichtungen nachkommen können muss. Damit die **Liquidität** (flüssige Mittel, die zur Begleichung von Rechnungen zur Verfügung stehen) nicht gefährdet ist, müssen Zahlungstermine laufend überwacht und bei Bedarf Maßnahmen ergriffen werden, um ausstehende Forderungen einzutreiben. Die Mittel hierfür sind das außergerichtliche und das gerichtliche Mahnverfahren.

### 2.4.1
### Außergerichtliches Mahnverfahren und Zahlungsverzug

Wird im Kaufvertrag ein bestimmter Zahlungsmodus vereinbart, wie Zahlungszeitpunkt (»zahlbar bis ...«, » zahlbar sofort« o. Ä.) oder ein Zeitrahmen (»zahlbar binnen acht Tagen nach Erhalt der Sendung/ Rechnung« o. Ä.), so ist der Schuldner automatisch nach Verstreichen der Frist in Verzug – spätestens aber 30 Tage nach Fälligkeit und Zugang der Rechnung. Dies gilt für Kaufleute, aber auch für Privatpersonen, sofern diese auf der Rechnung ausdrücklich darauf hingewiesen worden sind.

Auf die Besonderheiten für preisgebundene Verlagserzeugnisse ist bereits unter dem Stichwort ›Monatskonto‹ an anderer Stelle eingegangen worden (siehe Kap. 2.3). Denn hier darf kein aktives Zahlungsziel (»zahlbar in x Tagen«) gewährt werden, sondern eine Rechnung ist immer sofort fällig. Falls also die Buchhandlung nach 30 Tagen mahnen sollte, ist der Kunde ohnehin bereits in Zahlungsverzug.

Mahnungen oder Mahnschreiben als ›Erinnerungsschreiben‹ stellen eine formlose Aufforderung des Gläubigers an den Schuldner dar, seinen Verpflichtungen endlich nachzukommen. Je nach Liquiditätslage, Bonität des Käufers und Erfahrungen mit gleichgelagerten Fällen wird dieses Verfahren zwischen Unternehmen und ihren Kunden immer noch vielfach verfolgt – schließlich möchten Buchhandlungen ihre Kunden durch ein gerichtliches Mahnverfahren nicht ›vergraulen‹. Trotzdem sollten die Unternehmen freundlich, aber bestimmt auf die Folgen des Zahlungsverzugs hinwiesen. Formvollendet sind Mahnschreiben, wenn sie die folgenden Punkte enthalten:

• Hinweis auf die sofortige Zahlung (lt. Rechnung);
• Rechnungsbetrag und Rechnungsnummer;
• Aufforderung zur unverzüglichen Zahlung;
• Hinweis auf den Eintritt des Zahlungsverzugs.

Durch ein solches Mahnschreiben mit Fristsetzung gerät der Käufer in Zahlungsverzug – sofern er sich nicht bereits durch seine Nicht-Rechtzeitig-Zahlung im Verzug befindet. Nun kann der Verkäufer ab dem Verzugsdatum Verzugszinsen und Ersatz für die ihm entstandenen und entstehenden Mahnkosten verlangen.

## 2.4.2
## Gerichtliches Mahnverfahren

Bleiben Mahnschreiben ohne Erfolg und der Kunde reagiert nicht, bietet sich das Mahnverfahren mit Hilfe eines **Mahnbescheids** an. Dieser wird bei dem für den Wohnort des Schuldners zuständigen Amtsgericht ohne Rücksicht auf den Streitwert beantragt und vom Amtsgericht dem Schuldner zugeschickt. Hierin wird der Schuldner aufgefordert, die geforderte Summe (Rechnungsbetrag, Verzugszinsen sowie Gerichtskosten) binnen zwei Wochen zu zahlen, anderenfalls soll er beim Amtsgericht Widerspruch innerhalb der Widerspruchsfrist erheben. Nun ergeben sich drei Möglichkeiten des Fortgangs:

**Der Käufer zahlt.** Die Buchhandlung erhält ihr Geld und kann nun in eigenem Ermessen entscheiden, ob der Kunde erneut in offener Rechnung beliefert werden soll oder nur noch gegen Vorkasse.

**Der Käufer legt Widerspruch ein.** Es kommt zu einer mündlichen Gerichtsverhandlung, die mit einem Vergleich oder einem Urteil endet.

**Der Käufer zahlt nicht.** Die Buchhandlung kann beim Amtsgericht einen **Vollstreckungsbescheid** beantragen – ohne Erhebung einer Klage. Das Amtsgericht erlässt daraufhin den Vollstreckungsbescheid. Zahlt der Schuldner, ist die Sache für das Gericht erledigt. Legt der Schuldner Einspruch ein, wird eine Gerichtsverhandlung anberaumt. Reagiert der Schuldner überhaupt nicht, kommt es zur Zwangsvollstreckung.

Zu einer **Zwangsvollstreckung** – hier wird die Geldforderung mit Hilfe eines Gerichtsvollziehers oder des Gerichts eingetrieben – kommt es auch, falls der Schuldner rechtskräftig zu einer Zahlung verurteilt worden ist und nicht zahlt.

Befürchtet der Gläubiger, dass ein Mahnbescheid nicht zum Ziel führt, so erhebt er sofort **Klage**. (Ein Klageverfahren wird auch in den Fällen geführt, falls der Schuldner dem Mahnbescheid widersprochen oder Einspruch gegen einen Vollstreckungsbescheid eingereicht hat.) Zuständig für die Erhebung der Klage ist das Gericht, in dessen Bezirk der Schuldner seinen Wohnsitz oder seine Geschäftsniederlassung hat – nur Kaufleute können vertraglich einen anderen Gerichtsstand vereinbaren. Bei einem Streitwert bis zu 5.000 € ist das Amtsgericht zuständig, bei höheren Werten das Landgericht. Die Zivilprozessordnung (ZPO) regelt das weitere Verfahren, das entweder durch eine Zurücknahme der Klage, durch einen Vergleich oder durch ein Urteil beendet wird.

Rechtsansprüche unterliegen gemäß BGB § 194ff der Verjährung. Nach Ablauf einer festgesetzten **Verjährungsfrist** bleibt der Anspruch zwar bestehen, aber der Schuldner erwirbt das Leistungsverweigerungsrecht, die ›Einrede der Verjährung‹. Die Verjährungsfrist bei Geldforderungen beträgt grundsätzlich drei Jahre und beginnt am Ende des Jahres, in dem der Rechtsanspruch entstanden ist. Wird die Verjährung unterbrochen, beginnt die Verjährungsfrist von neuem. Juristisch kann diese Unterbrechung nur durch einen Mahn- oder Vollstreckungsbescheid, eine Klage, die Anmeldung von Forderungen in der Insolvenz, aber auch durch eine Abschlags- oder Teilzahlung sowie ein Schuldanerkenntnis gerichtlich geltend gemacht werden.

### 2.4.3
### Verzugszinsen

Laut Kaufvertrag verpflichtet sich der Käufer zur fristgerechten Zahlung des Kaufpreises. Ein Zahlungsverzug liegt demnach vor, wenn der Käufer den vereinbarten Kaufpreis schuldhaft nicht rechtzeitig bezahlt. Im Falle des Zahlungsverzugs können geltend gemacht werden, deren Höhe häufig vertraglich festgelegt wird. Nach dem BGB liegen die Verzugszinsen 5 Prozent über dem Basiszinssatz der Europäischen Zentralbank (EZB) gegenüber Verbrauchern, unter Kaufleuten belaufen sie sich seit 2014 auf 9 % über dem Basiszinssatz (BGB § 288). Für ihre Berechnung wird in der Praxis oft die kalendergenaue act/act-Methode (siehe Kap.

1.6.2) verwendet. Für die Berechnung der Zinstage gilt: Der Verzug (und zugleich die Verzinsung des unfreiwilligen Darlehens) beginnt am Tag nach der Fälligkeit (dann jedoch um 0:00 Uhr) und endet am Tag der Leistung, wobei dieser unabhängig vom Zeitpunkt der Leistung als voller Zinstag anzurechnen ist.

Unabhängig von den anfallenden Verzugszinsen müssen weitere Kosten für den Verkäufer berücksichtigt werden; denn wenn der Verkäufer aufgrund des ausstehenden Zahlungseinganges einen Kredit aufnimmt, so wird er die zusätzlich anfallenden Kosten in Form von Kreditzinsen und Kreditkosten in Rechnung stellen.

## Aufgaben

17 Ein Privatkunde kaufte in Ihrer Buchhandlung am 18. Juli 2015 Bücher auf Rechnung im Wert von 224 €; er zahlte jedoch nicht. Wann beginnt die Verjährung?

18 Nach einer Mahnung hat Ihre Buchhandlung beim zuständigen Amtsgericht einen Mahnbescheid beantragt. Der säumige Kunde reagiert aber auch darauf nicht. Wie verfolgen Sie diese Angelegenheit weiter?

   a) Sie unternehmen nichts, denn das Amtsgericht erlässt von sich aus einen Vollstreckungsbescheid.

   b) Sie unternehmen nichts, weil ein Mahnbescheid bei Nichtbeachtung durch den Schuldner gleichzeitig ein Vollstreckungsbescheid ist.

   c) Sie können beim Amtsgericht einen Vollstreckungsbescheid beantragen.

   d) Sie können beim Gerichtsvollzieher einen Vollstreckungsbescheid beantragen.

19 Ihre Buchhandlung hatte mit Rechnung mit Fälligkeit 10.10.2016 (Schaltjahr) mit einem Betrag über 940 € an einen Privatkunden geliefert. Wie viel hat der Kunde am 29.12.2016 zu zahlen, wenn neben der Hauptforderung, Zinsen (der Basiszins liegt bei 0,12 %) und Mahngebühren in Höhe von 20 € zu berücksichtigen sind. Rechnen Sie nach der taggenauen Methode.

20 Die Buchhandlung MegaBytes schuldet einem Fachverlag lt. Rechnung vom 10.1.2015 (gleichzeitig Zugangsdatum) 8.200 €. Als Zahlungsbedingung wurden 60 Tage Valuta, 30 Tage Ziel oder 2 % Skonto bei Zahlung binnen 8 Tagen vereinbart. Der Verlag hatte in seinen Liefer- und Zahlungsbedingungen keinen Passus über Erfüllungsort und Gerichtsstand stehen. Der Betrag wurde bis zum 20.6.2015 nicht beglichen. Eine Mitarbeiterin in der Vertriebsabteilung des Verlages soll den offenen Posten auf gerichtlichem Weg

einfordern. Auf welchen Gesamtbetrag beläuft sich die Forderung am 22.6.2015, wenn 24 € Kosten für das Mahnverfahren und Verzugszinsen (der Basiszins liegt bei 0,12 %) berücksichtigt werden müssen? Rechnen Sie nach der taggenauen Methode.


## 2.5
## Geld- und Zahlungsverkehr im Warenbezug

Nach dem Kölner Betriebsvergleich erfolgen rund zwei Drittel des Warenbezugs über Verlage. Das restliche Drittel steht für den Einkauf über das Barsortiment oder über Einkaufsgemeinschaften. Im **Wareneingang** erfolgt die Kontrolle eingehender Sendungen. Je nach Größe und Organisationsstruktur kann diese Kontrolle bei Filialunternehmen auch über einen ›zentralen Wareneingang‹ abgewickelt werden; hier nehmen entweder Mitarbeiter der Buchhandlung oder Logistik-Beauftragte im Rahmen des betrieblichen Outsourcing die Waren entgegen. Die Aufgaben sind jedoch identisch. Immer geht es um:
• die Überprüfung der gelieferten Titel mit den berechneten Titeln;
• die Überprüfung, ob die gelieferten Titel mit den Bestellunterlagen übereinstimmen;
• die Überprüfung der ausgehandelten Konditionen.

Es würde den Rahmen dieses Kapitels sprengen, auf die vielfältigen Konditionen und fachspezifischen Besonderheiten im B2B-Geschäftsverkehr (Business-to-Business) zwischen Verlag und Sortiment näher einzugehen. Diese werden unter Berücksichtigung unterschiedlicher Aspekte in dem bereits erwähnten Buch *Wirtschaftsunternehmen Sortiment* gleich an mehreren Stellen thematisiert (siehe dort Kap. 1.2.7 und 8.2). Hier treten allein Aspekte des Geld- und Zahlungsverkehrs in den Vordergrund.


## 2.5.1
## Rechnungen und Lieferscheine

Gesetzliche und kaufmännische Bestandteile von Rechnungen und Lieferscheinen auf der Seite des Warenbezugs entsprechen denen des Warenverkaufs (siehe Kap. 2.2). Die Anzahl der ›Begleitpapiere‹ variiert von Buchhandlung zu Buchhandlung. So ordern einige große Mengen im Direktbezug und haben es dementsprechend mit einer Vielzahl von **Verlagsrechnungen** zu tun – auch wenn sie von den zahlreichen Bündelungsbestrebungen profitieren, die sich ihnen bieten (siehe Kap. 2.5.2).

arvato media GmbH
VVA

arvato media GmbH
Eintragung: AG Gütersloh HRB 3824
Geschäftsführer: Stephan Schierke, Dr. Ulrich Cordes

Zahlungen ausschließlich an:
arvato media GmbH
Commerzbank Gütersloh

BIC: COBA DEFF 470
IBAN DE70478400806002437827

302353645

VERLAGSGRUPPE
RANDOM HOUSE
BERTELSMANN

Verlagsgruppe Random House GmbH
Neumarkter Str. 28, 81673 München
GLN 4399901735620

Steuernummer: 　　351/5900/0010

## Rechnung und Auftragsbestätigung　101

Bitte bei Zahlung und Schriftwechsel angeben　Ihr Ansprechpartner:

| | |
|---|---|
| Kunden-Nr. | 243782 |
| Rechnungs-Nr. | 63140866 |
| Rechnungs-Datum | 02.02.2015 |
| Sendungsnummer | 27726604 |
| Versandweg | KNV Köln |

Anette Beyer
Tel. 05241 80-88212
Fax 05241 46463
Anette.Beyer@bertelsmann.de

USt-IdNr. des Verlages　DE811148890
GLN:　4330931307920

arvato media GmbH · 33333 Gütersloh

Buchhandlung
Werber
Gilbert - Helmling OHG
Hauptstr. 40
53604 Bad Honnef

Bezüglich berechtigter Entgeltminderungen verweisen wir auf die Zahlungs- und Konditionsvereinbarungen mit dem Verlag. arvato media GmbH/Verlagseinheit München GmbH handelt im Namen und für Rechnung der sie beauftragenden Verlage.
Leistender Unternehmer ist der Verlag. Es gelten die Liefer-ungs- und Zahlungsbedingungen. Diese finden Sie Online unter http://www.vra-online.net im Bereich Handelsinfo.
Die Forderungen der Verlage, einschließlich der Eigentumsvorbehaltsrechte, wurden an die arvato media GmbH / VVA abgetreten. Zahlungen müssen ausschließlich an die arvato media GmbH / VVA erfolgen.

| Menge | ISBN bzw. EAN VVA-Titelnummer | Titel / Verfasser / Verlag | Bestellzeichen | Bestelldatum | Ladenpreis in EUR | Rabatt | Nettopreis in EUR Einzel | Gesamt | MwSt.-Satz in % |
|---|---|---|---|---|---|---|---|---|---|
| | | Gebühr für Verkaufsverpackung gem. VerpackV wurde vom Verlag entrichtet. | | | | | | | |
| | | **Aus früherer Bestellung** | | | | | | | |
| | | cbj HC Verlag | | | | | | | |
| 1 | 978-3-570-13153-4 | MausWissen 09 - Pferde | RA_KERST03 | 06.01.14 | 12,95 | 42,00 | 7,51 | 7,51 | 7,0 |

Zahlbar abzüglich 2,00% (EUR 0,15) Skonto bis 08.04.2015, netto zahlbar bis 20.05.2015

| Mwst.-Satz | Bruttobetrag | Steuerliches Entgelt (*Exd. MWST) | Mehrwertsteuer | | Rechnungsbetrag |
|---|---|---|---|---|---|
| 7,0% | 7,51 EUR | 7,02 EUR | 0,49 EUR | | 7,51 EUR |

* = *unverb. Preisempf.* / ohne * = preisgeb. Titel
Rechnungsdatum = Leistungsdatum

| | Netogewicht | Bruttobetrag | | |
|---|---|---|---|---|
| 1 Packstück(e) | 0,533 | 7,51 EUR | 42892358 | arvato |

1

**Beleg 13** Rechnung (Wareneingang)

14647128

## ᐯᐯ Brockhaus/Commission

Brockhaus Kommissionsgeschäft GmbH, Kreidlerstraße 9, D-70806 Kornwestheim
Telefon: +49 (0)7154-13270   Fax: +49 (0)7154-132713
UStID: DE146124076   GLN: 4399901595248
E-Mail: bestell@brocom.de   Internet: www.brocom.de
VN.: 14160      EORI: DE4019016

Brockhaus/Commission Kreidlerstr. 9 70806 Kornwestheim

Brockhaus Kommissionsgeschäft GmbH
Abt. German Books
Kreidlerstr. 9
70806 Kornwestheim

**Bei Zahlungen und Rückfragen bitte unbedingt angeben!**

| | |
|---|---|
| Kundennummer | 54590 |
| Rechnungsnummer | 00236860 |
| Rechnungs-/Lieferdatum | 13.07.2015 |
| Ihre USTID / Steuernr. | - / - |
| Seite | 001/001 |

**Rechnung und Auftragsbestätigung**

Die nachfolgenden Firmen haben uns mit der Auslieferung zu ihren Konditionen betraut.
Es gelten die Liefer- und Zahlungsbedingungen der Brockhaus Kommissionsgeschäft GmbH. (http://www.brocom.de/agbs-b2b-b2c/agbs/)

| Menge | Titel-Nr. | Kurztitel/Bestellangaben/ISBN | Ladenpreis in EUR | Rabatt in % | Preis in EUR einzeln | gesamt | MWST 1=Voll 2=Halb |
|---|---|---|---|---|---|---|---|
| | | Bramann - Verlag und Beratung | | | | | |
| | | *Bestellung vom 10.07.2015* | | | | | |
| 10 | 61 | 978-3-934054-61-5 | 28,00 | 25,0 | 21,00 | 210,00 | 2 |
| | | Books & Bookster | | | | | |
| 1 | 61 | 978-3-934054-61-5 | 28,00 | | | 0,00 | 2 |
| | | Books & Bookster | | | | | |
| | | Partieexemplar | | | | | |
| | | Zahlbar abzüglich 2,00% Skonto (EUR 205,80) bis 23.07.2015, netto (EUR 210,00) bis 12.08.2015 | | | | | |

| 11 | 4,686 Kg | Versandweg: Abholer | | | Versandkosten: | |
|---|---|---|---|---|---|---|

| MwSt.-Satz | Bruttobetrag | St. Entgelt | Mehrwertsteuer | Endbetrag |
|---|---|---|---|---|
| 7,0% | 210,00 EUR | 196,26 EUR | 13,74 EUR | 210,00 EUR |

Zahlung mit befreiender Wirkung nur an:
Kontoinhaber: Brockhaus Kommissionsgeschäft GmbH
Postbank Stuttgart, BIC: PBNKDEFFXXX, IBAN: DE39 6001 0070 0951 6157 05
Deutsche Bank Stuttgart, BIC: DEUTDESSXXX, IBAN: DE15 6007 0070 0132 4094 00

**Beleg 14** Rechnung (Wareneingang)

**Brockhaus**/Commission

Brockhaus Kommissionsgeschäft GmbH, Kreidlerstraße 9, D-70806 Kornwestheim
Telefon: +49 (0)7154-13270  Fax: +49 (0)7154-132713
UStID: DE146124076  GLN: 4399901595248
E-Mail: bestell@brocom.de  Internet: www.brocom.de
VN.: 14160    EORI:

Brockhaus/Commission Kreidlerstr. 9 70806 Kornwestheim 25700

Brockhaus Kommissionsgeschäft GmbH
Abt. German Books
Kreidlerstr. 9
70806 Kornwestheim

Bei Zahlungen und Rückfragen bitte unbedingt angeben!

| | |
|---|---|
| Kundennummer | 54590 |
| Rechnungsnummer | 00237859 |
| Gutschriftsdatum | 14.07.2015 |
| Ihre USTID / Steuernr. | - / - |
| Seite | 001/001 |

**Rechnungskorrektur**

Die nachfolgenden Firmen haben uns mit der Auslieferung zu ihren Konditionen betraut.
Es gelten die Liefer- und Zahlungsbedingungen der Brockhaus Kommissionsgeschäft GmbH. (http://www.brocom.de/agbs-b2b-b2c/agbs/)

| Menge | Titel-Nr. | Kurztitel/Bestellangaben/ISBN | Ladenpreis in EUR | Rabatt in % | Preis in EUR einzeln | gesamt | MWST 1=Voll 2=Halb |
|---|---|---|---|---|---|---|---|
| | | Bramann - Verlag und Beratung | | | | | |
| | | *Ihr Zeichen: vom 10.07.2015* | | | | | |
| 3 | 61 | 978-3-934054-61-5 | 28,00 | 25,0 | 21,00 | 63,00 | 2 |
| | | Books & Bookster | | | | | |
| 1 | 61 | 978-3-934054-61-5 | 28,00 | | | 0,00 | 2 |
| | | Books & Bookster | | | | | |
| | | Partieexemplar | | | | | |

| 4 | 1,704 Kg | Versandweg: | | Versandkosten: |
|---|---|---|---|---|

| MwSt-Satz | Bruttobetrag | St. Entgelt | Mehrwertsteuer | Endbetrag |
|---|---|---|---|---|
| 7,0% | 63,00 EUR | 58,88 EUR | 4,12 EUR | 63,00 EUR |

Zahlung mit befreiender Wirkung nur an:
Kontoinhaber: Brockhaus Kommissionsgeschäft GmbH

Postbank Stuttgart, BIC: PBNKDEFFXXX, IBAN: DE39 6001 0070 0951 6157 05
Deutsche Bank Stuttgart, BIC: DEUTDESSXXX, IBAN: DE15 6007 0070 0132 4094 00

**Beleg 15** Rechnungskorrektur

Unternehmen mit einem hohen Barsortimentsanteil (auch für Lagerbestellungen) haben es hingegen mit einem hohen Anteil an **Lieferscheinen** zu tun, die in den täglich eintreffenden Barsortimentswannen liegen
und die bereits zuvor über einen elektronischen Lieferschein (ELS) in das
Warenwirtschaftssystem der Buchhandlung eingespielt worden sind. Die
Abrechnung / Bezahlung erfolgt zeitversetzt über Sammelrechnungen,
die alle zehn oder vierzehn Tage zu begleichen sind. Beim Verlagsbezug
wird das Lieferscheinverfahren nur vereinzelt praktiziert; anzutreffen ist
es bei Kommissionslieferungen (àc-Bezug), bei Gewährung von Monatskonten sowie – in Einzelfällen – bei Ansichtslieferungen, die aufgrund im
Internet verfügbarer digitaler Leseproben immer seltener anzutreffen
sind.

Werden Bücher aus Fest-Bezügen remittiert, erhält die Buchhandlung
eine **Rechnungskorrektur** (vormals Gutschrift; siehe Beleg 12). Für den
Verlag ist dies eine ›Negativ-Rechnung‹, denn er gibt (Teile seiner) Umsatzerlöse zurück. Seit 2013 dürfen derartige Rechnungskorrekturen, die
im Zusammenhang mit Rücksendungen stehen, aus umsatzsteuerrechtli-
chen Gründen nicht mehr Gutschrift genannt werden, sondern müssen
de jure mit ›Rechnungskorrektur‹ (oder ›Korrekturrechnung‹) gekennzeichnet werden. Auf einer Rechnungskorrektur werden der Gesamtbetrag und die Umsatzsteuer ausgewiesen; die Buchhandlung korrigiert die
Aufwendungen für Ware und die Vorsteuer.

## 2.5.2
## Bündelungsaspekte im Warenbezug

Die Struktur des Buchbranche ist kleinteilig – von wenigen Großunter-
nehmen einmal abgesehen. So gibt es auf Seite der Verlage mehr als
20.000 inländische Lieferanten, die für das umfangreiche Angebot von
weit mehr als 1 Million Medien stehen, die vom Bucheinzelhandel im
Rahmen seines Besorgungsgeschäftes bestellt werden können. Nur ein
Bruchteil von ihnen ist für das Lagersortiment einer Buchhandlung relevant. Im Bereich des Einzelhandels trifft man auf über 3.500 Buchhandlungen, die – teils filialisiert, überwiegend jedoch nicht – ihr Sortiment
und ihre Dienstleistungen am Markt anbieten.

Allein der Zwischenbuchhandel kennt das Oligopol: Hier dominieren
wenige Unternehmen den Markt. So gibt es mit KNV, Libri, Umbreit und
der Könemann Vertriebsgesellschaft vier Barsortimente sowie eine über-
schaubare Anzahl von Verlagsauslieferungen. Das Barsortiment führt
verkaufsrelevante Titel am Lager und liefert diese just-in-time von heute
auf morgen. Ausgehend von dieser Kerndienstleistung hat sich ein Be-
stell- und Zustellsystem etabliert, das in der Fachliteratur unter den Be-

griffen Bestellanstalt / Clearing Center, Büchersammelverkehr und Kommissionsgeschäft Eingang gefunden hat. Dass die Prozesse für die Abwicklung von Bestellungen und Lieferungen unter dem Gesichtspunkt
der Optimierung ständig weiterentwickelt werden und damit stets neuen
EDV- bzw. IT-Entwicklungen unterliegen, versteht sich von selbst. Dies
gilt auch für die Verlagsauslieferungen, die als Logistik-Dienstleister die
Läger der Verlage verwalten.

Seit Bestehen praktiziert der Zwischenbuchhandel den Gedanken der
**Bündelung** und vermarktet ihn verkaufswirksam, indem er die Vorteile
herausstellt, die er seinen Kunden bietet. Für den Bucheinzelhandel bedeutet Bündelung **Optimierung der Lieferanten- und Bestellstruktur**.
Von Bündelung spricht man, wenn
• eine Auswahl von wenigen Lieferanten das Kernsortiment der Buchhandlung bilden (verschiedene Einkaufsmodelle);
• weit über 90 Prozent des Warenbezugs von einem ›Branchenspedi-
  teur‹ angeliefert werden (Büchersammelverkehr);
• wenn alle anstehenden Bestellungen an eine Adresse abgesetzt werden
  und die notwendige Feinsortierung automatisiert über nachgelagerte
  Schnittstellen erfolgt (Bestellanstalt / Clearing Center);
• wenn Verlagsauslieferungen verschiedene Verlage in einem Paket oder
  in einer Sendung zustellen und verlagsübergreifend fakturieren
  (Versand- und Fakturgemeinschaft; siehe Beleg 16);
• wenn Verlage oder Verlagsauslieferungen ihre Zahlungsziele verein-
  heitlichen (standardisierte Abrechnungstermine).

Der letztgenannte Fall ist für den Geld- und Zahlungsverkehr relevant.
Denn er bedeutet jeweils im konkreten Fall:
• Bezahlung der Barsortimentslieferung via Sammelrechnung über eine
  Dekaden- oder 14-Tages-Rechnung (siehe Beleg 17);
• Bezahlung der Büchersammelverkehr-Zustellgebühren via Sammel-
  rechnung im Monatsturnus (siehe Beleg 18);
• Bezahlung der Verlagsrechnungen über im Einzelfall vereinbarte
  Monatskonten oder über feste Abrechnungstermine der Verlagsauslie-
  ferungen (so rechnet die VVA als eine der größten Verlagsauslieferun-
  gen monatlich immer zweimal ab: jeweils zum 8. eines Monats mit
  Skonto und jeweils zum 20. die nicht skontierfähigen Rechnungen
  unter Berücksichtigung von Zahlungszielen und Valutierung [siehe
  Beleg 13]).

Servicecenter Publikumsverlage für:
Argon Verlag GmbH
Campus Verlag GmbH
Diogenes Verlag AG
Rowohlt Verlag GmbH
S. Fischer Verlag GmbH
Verlag Kiepenheuer & Witsch GmbH & Co. KG
Verlagsgruppe Droemer Knaur GmbH & Co. KG

ILN　4330931307920

*ZL M3131Y Y5*

hgv . Weidestraße 122a . 22083 Hamburg

**Buchhandlung Werber**
**Gilbert Helmling OHG**
**Hauptstr. 40**
**53604 Bad Honnef**

publishing services

HGV Hanseatische Gesellschaft für Verlagsservice mbH
Weidestraße 122a • 22083 Hamburg

Auftragsbearbeitung
Fon +49 (0) 40 / 84 00 08-88
bestellung@hgv-online.de

Reklamationsbearbeitung
Fon +49 (0) 40 / 84 00 08-77
reklamationen@hgv-online.de

Debitoren
Fon +49 (0) 40 / 84 00 08-66
Fax +49 (0) 40 / 84 00 08-55

webshop.hgv-online.de

Geschäftsführer Ludger W cher • HRB 42576 AG Hamburg

**BEZAHLT**
**PSK / SpK / Voba**
**3 0. Sep. 2014**

## Abrechnung

Bitte bei Zahlungen und Rückfragen angeben!

| Kunden-Nr./Debitor | Belegnr. | Belegdatum |
|---|---|---|
| 2037971 | 16985590 | 11.09.2014 |

Seite　1 von 1

| Menge | Titelnummer | Kurztitel * Beste-Datum * Bestellzeichen * Hinweise | Auftr.Art STO(F) | Ladenpreis | Rabatt % | Ladenpreis abzg. Rabatt einzeln | gesamt | USt. | Netto-Preis einzeln | gesamt |
|---|---|---|---|---|---|---|---|---|---|---|
| | | Leistender: Rowohlt Verlag GmbH | | | | | | | | |
| | | Hamburger Straße 17. 21465 Reinbek | | | | | | | | |
| | | USt-Id DE 135095805 | | | | | | | | |
| | | Rechnung Nr. 16985254 vom 11.09.2014 | | | | | | | | |
| 1 | 978-3-499-20368-8 | Osterwalder, Bobo Siebenschläfer (1) 10.09.2014 hgv | NF | 5,99 | 42,00 | 3,47 | 3,47 | 7,0 % | 3,24 | 3,24 |
| 2 | 978-3-499-26661-4 | Hjorth/Rosenfeldt, Die Toten, die niemand vermis 10.09.2014 hgv | NF | 9,99 | 42,00 | 5,79 | 11,58 | 7,0 % | 5,41 | 10,82 |
| | | Zwischensumme | | | | | | | | 14,06 |
| | | Zus. Versandkosten (anteilig zum Gesamt-Gewicht) | | | | | | | | 0,00 |
| | | Gesamt Netto-Preis | | | | | | | | 14,06 |
| | | Darauf zu entrichtende USt. | | | | | | 7,0 % | | 0,98 |
| | | Leistender: S.Fischer Verlag GmbH | | | | | | | | |
| | | Hedderichstraße 114, 60596 Frankfurt am Main | | | | | | | | |
| | | USt-Id DE 811175682 | | | | | | | | |
| | | Rechnung Nr. 16985255 vom 11.09.2014 | | | | | | | | |
| 1 | 978-3-596-51273-7 | Bänk Z.,Die hellen Tage ATB 10.09.2014 HGV | NF | 13,00 | 43,50 | 7,35 | 7,35 | 7,0 % | 6,87 | 6,87 |
| | | Zwischensumme | | | | | | | | 6,87 |
| | | Zus. Versandkosten (anteilig zum Gesamt-Gewicht) | | | | | | | | 0,00 |
| | | Gesamt Netto-Preis | | | | | | | | 6,87 |
| | | Darauf zu entrichtende USt. | | | | | | 7,0 % | | 0,48 |
| | | Leistender: Verlag Kiepenheuer & Witsch | | | | | | | | |
| | | GmbH & Co. KG, Bahnhofsvorplatz 1 | | | | | | | | |
| | | 50667 Köln; USt-Id DE 123047959 | | | | | | | | |
| | | Rechnung Nr. 16985253 vom 11.09.2014 | | | | | | | | |
| 3 | 978-3-462-04527-7 | Schätzing, Breaking News 10.09.2014 HGV | NF | 26,99 | 40,00 | 16,19 | 48,57 | 7,0 % | 15,13 | 45,39 |
| | | Zwischensumme | | | | | | | | 45,39 |
| | | Zus. Versandkosten (anteilig zum Gesamt-Gewicht) | | | | | | | | 0,00 |
| | | Gesamt Netto-Preis | | | | | | | | 45,39 |
| | | Darauf zu entrichtende USt. | | | | | | 7,0 % | | 3,18 |
| | | Die Lieferung erfolgte im Monat der Rechnungsstellung | | | | | | | | |
| | | Achtung - Rücksendeadresse beachten am Seitenende! | | | | | | | | |

| Ges. Exempl. | Gesamtgewicht | Packungs-Einheit | Letweg | Warenwert für Zoll EUR | Summa Versandkosten EUR | Zahlbetrag EUR |
|---|---|---|---|---|---|---|
| 7 | 5.060 g | 1 | KNV Köln | | 0,00 | 70,96 |

| Fällig am | Valutatage | BAG-Einzug fällig | Unsere BAG-Nr. | Ihre BAG-Nr. | Steuerfrees Entgelt | Summe USt 7% | 4.64 |
|---|---|---|---|---|---|---|---|
| 28.09.2014 | | 28.09.2014 | 11274 | 30792 | 66,32 | Summe USt 19% | |

**Commerzbank Stuttgart**
BLZ 600 400 71 Kto. 5 25 54 19
IBAN DE73 60040071 0525541900
BIC COBADEFF600

**Commerzbank AG Wien**
BLZ 19675 Kto. 1 00 21 61 00
IBAN AT35 19675001 00216100
SWIFT BIC COBAATWXXXX

Bemerkung

BAG 2,00 % Skonto

Mit Annahme der Sendung verpflichtet sich der Empfänger zur Einhaltung der Ladenpreise und erkennt die Liefer- und Zahlungsbedingungen des jeweils Leistenden als Vertragsbestandteil an. Rabatt- und Zahlungsziel entsprechen den Weisungen des jeweils Leistenden. Die HGV Hanseatische Gesellschaft für Verlagsservice mbH zieht die Forderungen des jeweils Leistenden als inkassobeauftragte ein.

Die HGV Hanseatische Gesellschaft für Verlagsservice mbH (nachfolgend HGV) handelt-soweit nicht anders genannt-im Namen und auf Rechnung der sie beauftragenden Verlage. Die Leistungsbeziehung kommt-soweit nicht anders genannt-unmittelbar zwischen dem jeweiligen Verlagen und dem Händler zustande. Der Leistende im umsatzsteuerlichen Sinne ist mit "Leistender" gekennzeichnet. Soweit die HGV im eigenen Namen auftritt ist sie nachfolgend als Leistener aufgeführt. In diesem Fall kommt die Leistungsbeziehung zwischen der HGV und dem Händler zustande. Die Liefer- und Zahlungsbedingungen im Kommissionsgeschäft der HGV sind auf Sie unter www.hgv-online.de einsehbar.

* Preis: unverbindliche Preisempfehlung　*** Menge: Mitteilung　# Subskriptionspreis
Rechnung und Inkasso erfolgt nur im Namen der Verlage. Zahlungen mit befreiender Wirkung auf die oben genannten Konten

**Beleg 16** Rechnung (Versand- und Fakturgemeinschaft)

**Koch, Neff & Volckmar GmbH**
Postfach 710454 · 50744 Köln

Verkehrsnr. 13540
GLN: 40 26743 00000 4

K·N·V

Koch, Neff & Volckmar GmbH · Postfach 710454 · 50744 Köln

Lieferschein-Reklamation:
Telefon:                        0221/7025-366
Fax:                            0221/7025-323
E-Mail:                   kundenservice@knv.de
Buchhaltung:              0221/7025 358

427

Buchhandlung Werber
Inh.:Ursula Gilbert&Ulrike Helmling
Hauptstr. 40
53604 Bad Honnef

**Sammelrechnung**

Ihre USt-ID/Steuernummer:        22257691354
Kundennummer:                          30792
Rechnungsnummer:                     12476569
Datum:                    31.01.2015    Seite 1

| Lieferdatum | Lieferschein-Nummer | Lieferscheine EUR | MWSt | Gewicht kg | Remittenden EUR | Bemerkung |
|---|---|---|---|---|---|---|
| 21.01.2015 | 2483207 | 181,92 | 1 | | | |
| 21.01.2015 | 2484563 | 18,69 | 1 | | | |
| 22.01.2015 | 2490456 | 68,84 | 1 | | | |
| 23.01.2015 | 2493022 | 164,48 | 1 | | | |
| 23.01.2015 | 2493022 | 5,88 | 2 | | | |
| 23.01.2015 | 2495146 | 18,83 | 1 | | | |
| 23.01.2015 | 2495292 | 69,37 | 1 | | | |
| 24.01.2015 | 55706 | 13,93 | 1 | | | |
| 24.01.2015 | 55708 | 159,22 | 1 | | | |
| 26.01.2015 | 2499373 | 206,56 | 1 | | | |
| 26.01.2015 | 2501920 | 109,67 | 1 | | | |
| 26.01.2015 | 2501920 | 12,71 | 2 | | | |
| 27.01.2015 | 2506662 | 78,98 | 1 | | | |
| 27.01.2015 | 2506662 | 6,49 | 2 | | | |
| 27.01.2015 | 2506663 | 71,38 | 1 | | | |
| 27.01.2015 | 2506664 | 112,44 | 1 | | | |
| 27.01.2015 | 2508569 | 36,91 | 1 | | | |
| 28.01.2015 | 2513089 | 237,15 | 1 | | | |
| 29.01.2015 | 2517751 | 210,93 | 1 | | | |
| 29.01.2015 | 2517751 | 9,59 | 2 | | | |
| 29.01.2015 | 2519635 | 20,36 | 1 | | | |
| 29.01.2015 | 2519635 | 11,76 | 2 | | | |
| 30.01.2015 | 2522464 | 185,15 | 1 | | | |
| 30.01.2015 | 2523958 | 196,24 | 1 | | | |
| 31.01.2015 | 23078 | 257,89 | 1 | | | |
| 31.01.2015 | 23078 | 15,00 | 2 | | | |
| 31.01.2015 | 8774 | 6,93 | 1 | | | |
| 28.01.2015 | 9435 | 9,62- | 2 | (1-) | | Rückgabe WG |
| 28.01.2015 | 9435 | | 1 | 8 | 138,64- | Remittende |
| 28.01.2015 | 9435 | | 2 | | 31,62- | Remittende |
| 28.01.2015 | 9435 | | 1 | | 1,00- | Remittende |

| | | | | | | |
|---|---|---|---|---|---|---|
| Summen Lieferungen | | 2.487,30 | | | | |
| Summen Remi/Rückgabe | | 9,62- | | 8 | 171,26- | |

| | ermäßigter Steuersatz (1) 7 % | | | voller Steuersatz (2) 19 % | | |
|---|---|---|---|---|---|---|
| | incl. MWSt | ohne MWSt | MWSt | incl. MWSt | ohne MWSt | MWSt |
| Lieferscheine | 2.425,87 | 2.267,17 | 158,70 | 51,81 | 43,55 | 8,26 |
| Remittenden | 139,64- | 130,50- | 9,14- | 31,62- | 26,57- | 5,05- |
| Remittendengebühr | | | | 1,79 | 1,50 | 0,29 |
| Gesamt | 2.286,23 | 2.136,67 | 149,56 | 21,98 | 18,48 | 3,50 |

| | | | |
|---|---|---|---|
| Zahlbar: sofort mit 2,5 % Skonto | | Bankeinzug Betrag EUR | 2.308,21 |

Koch, Neff & Volckmar GmbH, Sitz Stuttgart, Amtsgericht Stuttgart HRB 11907, Geschäftsführer: Uwe Ratajczak, Frank Thurmann, Oliver Voerster, USt-ID DE147816562
Deutsche Bank AG Köln Konto 1165349 BLZ 37070060, BIC/Swift DEUTDEDK, IBAN DE71 3707 0060 0116 5349 00
Im Rahmen unserer Geschäftsbeziehung finden unsere jeweils gültigen AGB Anwendung

Haben Sie eine Reklamation zur Lieferung oder benötigen Sie eine Lieferscheinkopie? Unser
Kundenservice hilft Ihnen unter den im Rechnungskopf genannten Kontaktdaten gerne weiter.
Buchhaltungsfragen beantwortet Ihnen Frau Marx (Tel.: 0221/7025 358,
Fax: 0711/7819838 358, E-Mail: Franca.Marx@knv.de).

Bezüglich der Entgeltminderung verweisen wir auf die aktuellen Zahlungs- und Konditionsvereinbarungen.

**Beleg 17** Dekaden-Sammelrechnung (Barsortiment)

## Koch, Neff & Volckmar GmbH
Postfach 710454 · 50744 Köln

Verkehrsnr. 13540
GLN: 40 26743 00000 4

**K·N·V**

Avis-Reklamation:
Telefon:            0221/7025-366
Fax:                0221/7025-323
E-Mail:             kundenservice@knv.de
Buchhaltung:        0221/7025 358

Koch, Neff & Volckmar GmbH · Postfach 710454 · 50744 Köln

427

Buchhandlung Werber
Inh.:Ursula Gilbert&Ulrike Helmling
Hauptstr. 40
53604 Bad Honnef

### Rechnung Bücherwagendienst

Ihre USt-ID/Steuernummer:   22257691354
Kundennummer:               30792
Rechnungsnummer:            12486168
Datum:            31.01.2015        Seite 1

| Datum | Avis-Nummer | VB Paletten St | VB Paletten kg | VB Staffel St | VB Staffel kg | VB 1 kg St + | VB 1 kg | VB 2-3 kg St | VB 2-3 kg | VB 4-5 kg St | VB 4-5 kg | Barsortiment kg | Stopps | Import kg |
|---|---|---|---|---|---|---|---|---|---|---|---|---|---|---|
| 06.12.2014 | Z 7001 | | | 2 | 15 | 1 | | | | 2 | 8 | 32 | 1 | |
| 08.12.2014 | Z 7418 | | | | | 1 | | | | | | 19 | 1 | |
| 03.01.2015 | Z 14065 | | | | | | | | | | | 24 | 1 | |
| 05.01.2015 | Z 9077 | | | | | | | | | | | 11 | 1 | |
| 06.01.2015 | Z 14371 | | | | | | | | | | | 5 | 1 | |
| 06.01.2015 | Z 14830 | | | 1 | 8 | | | | | | | 15 | | |
| 07.01.2015 | Z 14762 | | | 2 | 14 | | | | | | | 38 | 1 | |
| 08.01.2015 | Z 15052 | | | 1 | 12 | | | | | 1 | 5 | 16 | 1 | |
| 08.01.2015 | Z 21274 | | | | | | | | | | | 1 | | |
| 09.01.2015 | Z 15532 | | | 2 | 19 | | | | | 1 | 5 | 10 | 1 | |
| 10.01.2015 | Z 15909 | | | 1 | 9 | | | | | | | 9 | 1 | |
| 12.01.2015 | Z 9192 | | | | | | | | | | | 9 | 1 | |
| 13.01.2015 | Z 16362 | | | 1 | 12 | | | 1 | 2 | | | 1 | 1 | |
| 13.01.2015 | Z 21787 | | | | | | | | | | | 10 | | |
| 14.01.2015 | Z 16734 | | | 3 | 31 | | | 1 | 3 | | | 19 | 1 | |
| 14.01.2015 | Z 22380 | | | | | | | | | | | 9 | | |
| 15.01.2015 | Z 17094 | | | 1 | 23 | | | | | | | 12 | 1 | |
| 16.01.2015 | Z 17431 | | | 6 | 78 | | | 2 | 4 | 1 | 5 | 7 | 1 | |
| 16.01.2015 | Z 22869 | | | | | | | | | | | 2 | 1 | |
| 17.01.2015 | Z 17780 | | | | | | | | | | | 12 | 1 | |
| 19.01.2015 | Z 9254 | | | | | | | | | | | 13 | 1 | |
| 20.01.2015 | Z 18216 | | | 3 | 46 | | | 1 | 4 | | | | | |
| 20.01.2015 | Z 23469 | | | | | | | | | | | 14 | | 1 |
| 21.01.2015 | Z 18547 | | | 3 | 32 | | | | | | | 9 | 1 | |
| 22.01.2015 | Z 18893 | | | 3 | 27 | | | 1 | 3 | | | | | 1 |
| 22.01.2015 | Z 23968 | | | | | | | | | | | 8 | | 1 |
| 23.01.2015 | Z 19261 | | | 1 | 15 | | | | | | | 3 | 1 | |
| 24.01.2015 | Z 19648 | | | | | | | | | | | 13 | 1 | |
| 26.01.2015 | Z 9343 | | | | | | | | | | | 7 | 1 | |
| 27.01.2015 | Z 19947 | | | | | | | 1 | 2 | | | 16 | 1 | |
| 28.01.2015 | Z 20494 | | | 2 | 23 | | | | | 1 | 5 | 13 | 1 | |
| 29.01.2015 | Z 20758 | | | | | 1 | | | | | | 9 | 1 | |
| 30.01.2015 | Z 21210 | | | 6 | 81 | 1 | | | | 1 | 5 | 15 | 1 | |
| 30.01.2015 | R 30792 | | | 1 | 9 | | | | | | | | | |
| 31.01.2015 | Z 21389 | | | 3 | 44 | | | 1 | 2 | | | 18 | 1 | |
| 31.01.2015 | G 888888 | | | | | | | | | | | 85- | | |
| 31.01.2015 | R 30792 | | | 8 | 99 | 1 | | 2 | 5 | 2 | 8 | | | |
| 12.01.2015 | S 30792 | Remi/Rückgabe | SR Buchhandlung Werber, Bad Honnef | | | | | | | | | 4 | | |
| 21.01.2015 | S 30792 | Remi/Rückgabe | SR Buchhandlung Werber, Bad Honnef | | | | | | | | | 7 | | |
| 31.01.2015 | S 30792 | Remi/Rückgabe | SR Buchhandlung Werber, Bad Honnef | | | | | | | | | 8 | | |
| **Summen** | | | | 50 | 597 | 5 | | 9 | 21 | 10 | 45 | 333 | 27 | |

| | | EUR | Sperrgutzuschlag (*) | EUR |
|---|---|---|---|---|
| Abrechnungszeitraum 01/2015 | | | | |
| Kommissionsgebühr | | | | 30,00 |
| Staffelgewichte Basis: 1.001 | kg | 597 x 0,317 | 16 x 0,317 | 194,32 |
| Kleingewichte    1 kg | St. | 5 x 1,55 | | 7,75 |
| Kleingewichte 2-3 kg | St. | 9 x 2,45 | | 22,05 |
| Kleingewichte 4-5 kg | St. | 10 x 2,70 | | 27,00 |
| Zufuhr Barsortiment | kg | 333 x 0,22 | | 73,26 |
| Stopps | Anz. | 27 x 1,25 | | 33,75 |
| Maut | EUR | 324,38 x 5,0 % | | 16,22 |
| Diesel-Floater | EUR | 324,38 x 0,0 % | | 0,00 |
| Bestellanstalt  20 x gratis | Pos. | 5 x 0,05 | | 0,25 |
| Rückmeldungen | Pos. | 25 x 0,03 | | 0,75 |

|  | | EUR | |
|---|---|---|---|
| | Summe | EUR | 405,35 |
| | + 19 % MWSt | EUR | 77,02 |
| Zahlbar sofort ohne Abzug    Bankeinzug | Rechnungsbetrag | EUR | 482,37 |

Koch, Neff & Volckmar GmbH, Sitz Stuttgart, Amtsgericht Stuttgart HRB 11907, Geschäftsführer: Uwe Ratajczak, Frank Thurmann, Oliver Voerster, USt-ID DE147816562
Deutsche Bank AG Köln Konto 1165349 BLZ 37070060, BIC/Swift DEUTDEDK, IBAN DE71 3707 0060 0116 5349 00
Im Rahmen unserer Geschäftsbeziehung finden unsere jeweils gültigen AGB Anwendung

**Beleg 18** Monatsrechnung (Büchersammelverkehr)

### 2.5.3
### BAG-Abrechnungsverfahren

Bis zum Jahr 2010 gehörte die Buchhändler-Abrechnungsgesellschaft (BAG) zu den Wirtschaftsbetrieben des Börsenvereins. Danach stand die DZB Bank, eine Spezialbank für den Handel und mittelständische Unternehmen, hinter der BAG und praktizierte das BAG-Abrechnungsverfahren. 2014 fusionierte die ›neue‹ BAG Buchhändler-Abrechnungsgesellschaft mit dem Buchbereich der EK-Servicegroup und wurde in Buchwert GmbH & Co. KG umbenannt. Das Unternehmen Buchwert unterhält nunmehr neben dem Geschäftsbereich ›Verbund‹ einen eigenständigen Geschäftsbereich ›Abrechnung‹, in dem die klassische BAG-Abrechnung weiterhin praktiziert und von Sortimentern und Verlagen wie bisher genutzt werden kann. Denn bereits seit 1922 schätzt die Buchbranche das BAG-Abrechnungsverfahren als **Zahlungsclearing** – als den Ausgleich von Rechnungen und Gutschriften zwischen Marktteilnehmern des herstellenden und des verbreitenden Buchhandels. 2014 waren ca. 3.000 Buchhandlungen und 1.500 Verlage sowie sonstige Lieferanten part of the game. Die Regulierung der Finanzströme leistet die DZB Bank.

Das Prozedere des Abrechnungsverfahren funktioniert wie folgt: Verlage übergeben Buchwert | Geschäftsbereich Abrechnung alle an Buchhandlungen in Rechnung gestellten Forderungen und bekommen die Rechnungsbeträge nach Fälligkeit in *einer* Summe ausbezahlt. Buchhandlungen ihrerseits erhalten im Rahmen des BAG-Abrechnungsverfahrens *eine* Sammelabrechnung für viele Verlags-Einzelrechnungen und gleichen sie mit nur *einer* Zahlung aus.

Mit Hilfe dieses Verfahrens kann jede Buchhandlung ihre buchhalterischen Arbeiten auf ein Minimum reduzieren. Denn jeden Monat aufs Neue kommen Hunderte von Rechnungen aus einer Vielzahl von Verlagen. Und jede dieser Rechnungen, oft mit sehr geringen Rechnungsbeträgen, muss auf die vereinbarten Konditionen hin kontrolliert, verbucht, bezahlt und abgelegt werden. Teilnehmer am BAG-Abrechnungsverfahren erhalten dagegen zweimal monatlich eine Sammelabrechnung sowie eine Gesamtübersicht über die bei Lieferanten ausstehenden Zahlungen. Der jeweils aufgelaufene fällige Zahlbetrag zum Abrechnungsstichtag wird in einer Summe an die DZB Bank bezahlt. Diese Sammelabrechnung hat **Grundbuchfunktion**. So werden mit nur zwei Buchungen im Monat anlässlich der beiden **Abrechnungsstichtage** (15. und Ultimo, d. h. der letzte Tag im Monat) alle Rechnungen ver- bzw. eingebucht.

Zur Verdeutlichung der Zusammenhänge dienen die Musterformulare ›Kontoauszug / Rechnung‹ und ›Buchungsvorschlag / DATEV‹ auf der folgenden Doppelseite.

**⫼⫼⫼ DZB BANK**

DZB BANK GmbH · Nord-West-Ring-Straße 11 · 63533 Mainhausen

> Kontoauszug/Rechnung mit Übersicht, Zahlungsinformationen, Beleg für Entgelte zur BAG-Abrechnung

### Kontoauszug / Rechnung

⫼⫼⫼ **BAG**   Seite 1

| Abrechnung / Datum | Kundennummer |
|---|---|
| 24 / 31.12.2012 | 1190020865... |
| Sachbearbeiter | Telefonnummer |
| Brigitte Schmidt | 0049 (0) 6182 928 - 4170 |

### Saldo

| Vorgang | Beleg | Datum | Betrag Whrg. | Abrechnungsbetrag |
|---|---|---|---|---|
| Saldovortrag aus Abrechnung vom 15.12.2012 | | | | 19.569,85 EUR |
| 2012-23, ... | | | | |
| Saldo vor Abrechnung (sofort fällig) | 0001000168 | 02.01.2013 | 19.569,85- EUR | 19.569,85- EUR |
| | | | | 0,00 EUR |

**Rechnung BAG 20122420...**

| | Leistungsdatum | Netto Kosten | Steuer Kosten | MwSt | Brutto Kosten |
|---|---|---|---|---|---|
| Skontozins Basis 2.393,14 | 09.01.2013 | 5,26 EUR | 1,03 EUR | 19,00 % | 6,29 EUR |
| Summe Entgelte und Zinsen | | | | | 6,29 EUR |
| Saldo heutige Abrechnung | | | | | 4.745,21 EUR |

**Neuer Abrechnungssaldo (Gesamtfälligkeit)** — 4.751,50 EUR

| | | Abrechnungsbetrag |
|---|---|---|
| Saldo aus Valuten | | 12.185,84 EUR |
| Saldo gesamt | | 16.937,34 EUR |

### Zahlbetrag aus heutiger Abrechnung

| | |
|---|---|
| Zahlbar bis | 15.01.2013 |
| Skontoumsatz 19,00 % MwSt. | 738,80 |
| Skontoabzug | 14,77 |
| Skontoumsatz 7,00 % MwSt. | 1.703,17 |
| Skontoabzug | 34,06 |
| Zahlbetrag skontofähig | 2.393,14 |
| nicht skontofähiger Umsatz | 2.352,07 |
| Entgelte und Zinsen | 6,29 |
| Gesamtbetrag, fällig am 15.01.2013 | 4.751,50 |

Diesen Betrag ziehen wir per Lastschrift von Ihrem Konto ... bei der Stadtsparkasse ... ein.

Geschäftsführung: Günter Althaus, Gerhard Giesel, Frank Schuffelen, Hans Erich Seum   Sitz: Mainhausen(D)   Amtsgericht Offenbach HRB 2 2365   Ust-Id Nr. DE114104476
Bankverbindung: WGZ BANK AG   Kto: 77112   BLZ 300 600 10   IBAN: DE553006000100000077112   BIC: GENODEDXXX

**Beleg 19** Kontoauszug / Rechnung (BAG-Abrechnungsverfahren)

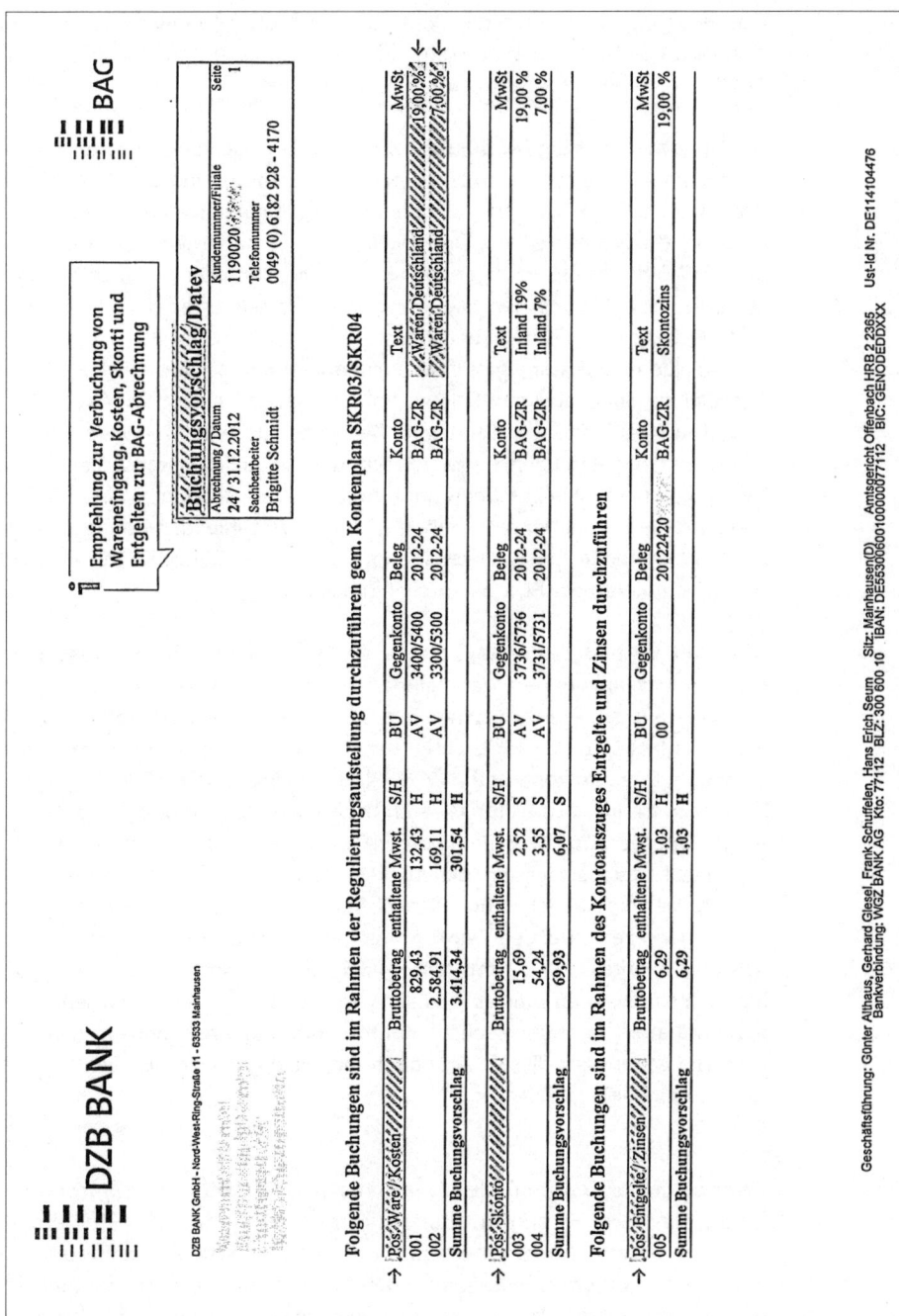

**DZB BANK**

DZB BANK GmbH · Nord-West-Ring-Straße 11 · 63533 Mainhausen

**BAG**

Empfehlung zur Verbuchung von Wareneingang, Kosten, Skonti und Entgelten zur BAG-Abrechnung

**Buchungsvorschlag/Datev**

| | |
|---|---|
| Abrechnung / Datum | Kundennummer/Filiale |
| 24 / 31.12.2012 | 1190020/ |
| Sachbearbeiter | Telefonnummer |
| Brigitte Schmidt | 0049 (0) 6182 928 - 4170 |

Seite 1

Folgende Buchungen sind im Rahmen der Regulierungsaufstellung durchzuführen gem. Kontenplan SKR03/SKR04

| Pos./Ware/Kosten | Bruttobetrag | enthaltene Mwst. | S/H | BU | Gegenkonto | Beleg | Konto | Text | MwSt |
|---|---|---|---|---|---|---|---|---|---|
| 001 | 829,43 | 132,43 | H | AV | 3400/5400 | 2012-24 | BAG-ZR | Waren Deutschland | 19,00 % |
| 002 | 2.584,91 | 169,11 | H | AV | 3300/5300 | 2012-24 | BAG-ZR | Waren Deutschland | 7,00 % |
| Summe Buchungsvorschlag | 3.414,34 | 301,54 | H | | | | | | |

| Pos./Skonto | Bruttobetrag | enthaltene Mwst. | S/H | BU | Gegenkonto | Beleg | Konto | Text | MwSt |
|---|---|---|---|---|---|---|---|---|---|
| 003 | 15,69 | 2,52 | S | AV | 3736/5736 | 2012-24 | BAG-ZR | Inland 19% | 19,00 % |
| 004 | 54,24 | 3,55 | S | AV | 3731/5731 | 2012-24 | BAG-ZR | Inland 7% | 7,00 % |
| Summe Buchungsvorschlag | 69,93 | 6,07 | S | | | | | | |

Folgende Buchungen sind im Rahmen des Kontoauszuges Entgelte und Zinsen durchzuführen

| Pos./Entgelte/Zinsen | Bruttobetrag | enthaltene Mwst. | S/H | BU | Gegenkonto | Beleg | Konto | Text | MwSt |
|---|---|---|---|---|---|---|---|---|---|
| 005 | 6,29 | 1,03 | H | 00 | | 20122420 | BAG-ZR | Skontozins | 19,00 % |
| Summe Buchungsvorschlag | 6,29 | 1,03 | H | | | | | | |

Geschäftsführung: Günter Althaus, Gerhard Giesel, Frank Schuffelen, Hans Erich Seum   Sitz: Mainhausen(D)   Amtsgericht Offenbach HRB 2 2365   Ust-Id Nr. DE114104476
Bankverbindung: WGZ BANK AG   Kto: 77112   BLZ: 300 600 10   IBAN: DE55300600100000077112   BIC: GENODEDDXXX

**Beleg 20** Buchungsvorschlag (BAG-Abrechnungsverfahren)

Buchwert|Geschäftsbereich Abrechnung bietet für das Verständnis der Musterformulare ›Kontoauszug/Rechnung‹ und ›Buchungsvorschlag/ DATEV)‹ folgende erläuternde Kommentare:

Das Blatt **Kontoauszug/Rechnung** informiert den Buchhändler in zusammengefasster und übersichtlicher Form über seinen Kontosaldo und die valutierten Rechnungen. Das Blatt setzt sich dabei regelmäßig aus zwei Abschnitten zusammen. Der (1) ›Saldo‹ stellt die eigentliche Konto-Saldenentwicklung dar, während der (2) ›Zahlbetrag aus heutiger Abrechnung‹ die Darstellung der Zahlbeträge umfasst. Je nach Nutzung der BAG-Abrechnungsverfahren erscheinen auf diesem Blatt auch die BAG-Entgelte und Zinsen.

Die Saldenentwicklung gibt dem Buchhändler darüber Auskunft, wie der neue Abrechnungssaldo aus dem Saldovortrag der letzten Abrechnung abzüglich der geleisteten Zahlungen ermittelt wird. Der Saldo aus Valuten wird separat ausgewiesen und bildet mit dem neuen Abrechnungssaldo den Gesamtsaldo. Der ›Zahlbetrag aus heutiger Abrechnung‹ informiert den Buchhändler über die Zusammensetzung des mit der aktuellen Abrechnung zu zahlenden Betrages unter Angabe des letztendlichen Fälligkeitsdatums. Der aktuell fällige Betrag wird 14 Tage später vom Konto der Buchhandlung eingezogen.

Das Blatt **Buchungsvorschlag/DATEV** enthält einen zusammenfassenden Buchungsvorschlag, um den Wareneingang sowie eventuelle Kosten und Entgelte einfacher und sicherer zu buchen. Der Buchungsvorschlag basiert auf der Systematik der DATEV und berücksichtigt dabei die am häufigsten im Buchhandel verwendeten Standardkontenrahmen (SKR03 bzw. SKR04). Der Buchungsvorschlag ist dazu getrennt nach Waren/Kosten-Buchungen, Skonto oder Entgelte/Zinsen der BAG-Abrechnungsverfahren aufbereitet. Je Bereich gibt es ferner eine Aufteilung nach Steuerschlüsseln. Durch diese Unterteilung gewährleistet der Vorschlag, dass eine einfache und sichere Verbuchung der MwSt-Sätze vorgenommen werden kann. Bei den Warenkonten gibt es einen automatischen Vorschlag des Gegenkontos, wie sie im Buchhandel normalerweise anzutreffen sind. Bei den Aufwandskonten kann es – je nach Vorgaben des Rechnungswesens oder des Steuerberaters – unterschiedliche Konten aufgrund eines individuellen Kontenrahmens geben. Aus diesem Grunde ist das Feld ›Gegenkonto‹ bei den Kostenrechnungen nicht gefüllt.

Der auf der ersten Seite des Kontoauszugs stehende ›Gesamtbetrag, fällig am xx.xx.xxxx‹ stimmt dabei nie mit der Summe des Buchungsvorschlags überein. Denn jene Summe beinhaltet sowohl Rechnungen aus aktuellem Abrechnungseingang, die sofort fällig werden, als auch Rechnungen mit späteren Valuten, gegebenenfalls zuzüglich Buchscheckabrechnungen. Der Gesamtbetrag hingegen sich setzt immer aus Beträgen zusammen, die bereits in vorangegangen BAG-Abrechnungen gebucht worden sind und mit dieser Abrechnung fällig werden, zuzüglich der Rechnungen, die in der laufenden Abrechnung sofort fällig werden (nur diese Beträge sind auch im Buchungsvorschlag enthalten).

Die Spalte ›Saldo aus Valuten‹ gibt kumuliert die offenen Posten (OP) an: die aufgrund ihrer späteren Fälligkeit noch nicht zur Zahlung anstehenden Rechnungen. Die Verwaltung der offenen Posten (OP) ist besonders wichtig für die Liquiditätsplanung der Buchhandlung, die jederzeit einen Überblick darüber haben sollte, welche valutierten Rechnungen zu welcher Zeit bezahlt werden müssen.

Buchhandlungen zahlen für dieses Zahlungsclearing jährlich eine geringe Kontoführungspauschale (im Jahr 2015: 5 € pro Monat). Für sie ist ansonsten – abgesehen von etwaigen Verzugszinsen oder Vorfälligkeitsentgelten für skontobegünstigte Beträge – die weitere Teilnahme am BAG-Abrechnungsverfahren kostenlos. Die von den Verlagen zugesicherten Zahlungskonditionen bleiben auf jeden Fall erhalten und werden beim näheren Hinsehen sogar verbessert. Denn aufgrund der festgelegten Abrechnungsstichtage verlängern sich Skonto-, Ziel- und Valutatermine zugunsten der Buchhandlung. So wird eine zum 8. eines Monats fällige Verlagsrechnung via BAG zum 15. des Monats abgerechnet, eine zum 19. des Monats fällige Rechnung zum Monatsletzten etc.

### Aufgaben

21 Bei der Arvato-Rechnung (Beleg 13) handelt es sich um eine Nachlieferung aus einer früheren Bestellung.
   a) Auf der Rechnung werden keine Versandkosten ausgewiesen. Handelt es sich damit um eine portofreie Nachlieferung?
   b) Falls Arvato per Post geliefert und Porto berechnet hätte (Büchersendung-Gebühr zwischen 500 und 1.000 Gramm: 1,65 € [Stand 2015]) – wie hoch wäre der prozentuale Anteil der Versandkosten am Gesamtrechnungsbetrag?
22 Die Abteilung German Books beim Brockhaus Kommissionsgeschäft bestellt aufgrund der Prämierung des Titels *Books & Bookster* zu den Schönsten Büchern des Jahres 2015 (Stiftung Buchkunst) eine Partie des Titels (Beleg 14), remittiert jedoch wenig später 4 Exemplare (Beleg 15). Wie hoch ist letztendlich der Rohertrag für German Books, wenn die Bezugskosten unberechnet bleiben?
23 Die Buchhandlung Werber erhält am 31.1.2015 von KNV sowohl eine Rechnung (Beleg 18) als auch eine Sammelrechnung (Beleg 17).
   a) Erklären Sie den Begriff Sammelrechnung anhand des Belegs 17.
   b) Erklären Sie, warum KNV die Sammelrechnung skontiert und die Rechnung sofort per Bankeinzug einzieht.

**c)** Wie hoch ist die Remittendenquote (für Remittenden und Rückgaben) beim Barsortiment?

**d)** Warum wird auf der Rechnung des Büchersammelverkehrs mit 19% nur ein Steuersatz ausgewiesen und auf der Sammelrechnung des Barsortiments mehrere?

**e)** Wie hoch ist der Anteil der Bezugskosten für Kleinbeischlüsse bezogen auf den Gesamtwert der zugestellten Verlegerbeischlüsse? Lassen Sie die Angaben für Stopps und Mauts sowie die monatliche Kommissionsgrundgebühr unberücksichtigt.

**24** Bearbeiten Sie die folgenden Aufgaben anhand der HGV-Rechnung (Beleg 16).

**a)** Erklären Sie, warum auf der Rechnung drei unterschiedliche Rabatte ausgewiesen werden.

**b)** Werden die Bezugskosten für diese Sendung als Kleinbeischluss abgerechnet?

**c)** Welcher Betrag wird über das BAG-Abrechnungsverfahren eingezogen?

**d)** Der ›BAG-Einzug‹ ist fällig am 28.09.2014. Wann wird der Betrag de facto vom Konto der Buchhandlung eingezogen?

# 3
# Buchführung

Die Hauptaufgabe einer Buchhandlung besteht in dem An- und Verkauf von Büchern und anderen Verlagsprodukten. Durch diese und andere Transaktionen, die im Folgenden **Geschäftsfälle** genannt werden, verändert sich jedes Mal aufs Neue die finanzielle Lage oder auch die Zusammensetzung des Vermögens und der Schulden des Unternehmens.

Weil niemand diese zahlreichen Veränderungen im Kopf behalten kann, werden sie schriftlich festgehalten. Aufzeichnungen erfolgen bereits seit ungefähr 3 000 v. Chr. in Mesopotamien auf Tontafeln, später in gebundenen Büchern, weshalb dieser Vorgang seitdem als Buchführung bezeichnet wird. Die Ursprünge unserer heutigen ›doppelten Buchführung‹ liegen im 14. Jahrhundert in Italien und Deutschland.

Geschäftsfälle werden ›gebucht‹, das heißt, in der Buchführung festgehalten. Dabei geht immer ein **Buchungssatz** voraus – eine Anweisung, wie dieser Geschäftsfall zu erfassen ist.

**In der Buchführung oder Buchhaltung werden alle Geschäftsfälle vollständig erfasst und verwaltet. Sie werden chronologisch im Grundbuch und nach sachlichen Kriterien im Hauptbuch geordnet.**

Durch die systematische Verwaltung dieser Daten werden der Geschäftsleitung die folgenden Informationen geliefert:
• Übersicht über Vermögen und Schulden,
• Überblick über die Geschäftslage, z. B.
  ◦ die Einkäufe – die Verkaufserlöse,
  ◦ alle anfallenden Aufwendungen – alle weiteren Erträge,
  ◦ die Forderungen an Kunden – die Schulden gegenüber Lieferanten,
• Gewinn oder Verlust,
• Grundlagen für die Kalkulation,
• Grundlagen für inner- und außerbetriebliche Vergleiche,
• Beweismittel in gerichtlichen Streitfällen.

Neben der internen Information für das Unternehmen fordern aber auch Außenstehende Informationen aus der Buchführung (Buchhaltung):

1. Für den **Staat** ist die Buchführung die Voraussetzung zur Festsetzung verschiedener Steuern (Einkommensteuer, Körperschaftsteuer, Gewerbesteuer, Umsatzsteuer, Lohnsteuer etc.)
2. Die **Banken und andere Gläubiger** benötigen die Daten der Buchhaltung als Basis für die Vergabe von Krediten.

Weil die Buchhaltung, die auf der Grundlage gesetzlicher Bestimmungen geführt werden muss, insbesondere für Außenstehende von Interesse ist, bezeichnet man sie auch als **externes Rechnungswesen** oder **Finanzbuchhaltung (Fibu)**. Insbesondere Steuer- und Handelsrecht schreiben vor, was als Aufwand im Unternehmen verbucht werden darf (z. B. das Gehalt des Geschäftsführers), mit welchem Wert bestimmte Vermögensgegenstände zu erfassen sind etc.

Für den internen Gebrauch werden die Daten der Buchhaltung in anderer Form aufbereitet. Unabhängig von jeglichen gesetzlichen Vorschriften werden sie auf die eigenen Bedürfnisse zugeschnitten und erfasst. Die Aufbereitung der Daten erfolgt realitätsnäher in der Kosten- und Leistungsrechnung (KLR) und in der Betriebsstatistik. Die Daten dienen ausschließlich als Informationsgrundlage für die ökonomischen Entscheidungsträger im Betrieb. Man bezeichnet sie deshalb als **internes Rechnungswesen.**

## 3.1
## Gesetzliche Grundlagen

Ob und wie Bücher zu führen sind, liegt nicht im Ermessen des Unternehmers. Die Buchführungspflicht ist gesetzlich geregelt. Die Buchführungsvorschriften sind sowohl im Handelsrecht als auch im Steuerrecht zu finden. Wer buchführungspflichtig ist, ist im Handelsgesetzbuch (HGB) und in der Abgabenordnung (AO) festgelegt.

**Was versteht man unter ›doppelter Buchführung‹?**
Dazu gibt es mehrere Erklärungen:
1. Buchungstechnisch gesehen wird jeder Geschäftsfall mit seinem Wert doppelt erfasst, jeweils links im ›Soll‹ und rechts im ›Haben‹ auf mindestens zwei verschiedenen Konten.
   Beispiel: Die Buchhandlung kauft Briefmarken für 10 € und zahlt bar: ›Porto‹ 10 € im Soll, ›Kasse‹ 10 € im Haben.
2. Jeder Geschäftsfall wird sowohl im Grundbuch als auch im Hauptbuch erfasst.
3. Der Erfolg (Gewinn oder Verlust) eines Unternehmens kann auf doppelte Art und Weise ermittelt werden: durch die GuV-Rechnung

und durch Vergleich des Eigenkapitals am Schluss des Geschäftsjahres mit dem des Vorjahres.

Unter **Buchführung** (auch **Buchhaltung** genannt) – oder der »Verpflichtung, Bücher zu führen« – wird die **doppelte Buchführung** verstanden. Diese wird auch als **Finanzbuchführung (Fibu)** bzw. **Finanzbuchhaltung** bezeichnet. Aus den vorliegenden Daten des Geschäftsjahres erstellt man den Jahresabschluss, der sich aus einer Bilanz sowie einer Gewinn- und Verlustrechnung (GuV) zusammensetzt. Bei juristischen Personen wird ein Anhang und ein Lagebericht mit näheren Erläuterungen hinzugefügt.

### Laut HGB ist jeder Kaufmann verpflichtet, Bücher zu führen:
§238 Abs.1 HGB lautet: »Jeder Kaufmann ist verpflichtet, Bücher zu führen und in diesen seine Handelsgeschäfte und die Lage seines Vermögens nach den Grundsätzen ordnungsmäßiger Buchführung ersichtlich zu machen. Die Buchführung muss so beschaffen sein, dass sie einem sachverständigen Dritten innerhalb angemessener Zeit einen Überblick über die Geschäftsvorfälle und über die Lage des Unternehmens vermitteln kann. Die Geschäftsvorfälle müssen sich in ihrer Entstehung und Abwicklung verfolgen lassen.«

Der §241a HGB entbindet nur diejenigen Einzelkaufleute von der Pflicht zur Buchführung und Erstellung eines Inventars, die an den Abschlussstichtagen von zwei aufeinander folgenden Geschäftsjahren nicht mehr als 500.000 € Umsatzerlöse und(!) 50.000 € Jahresüberschuss aufweisen. Personen, die bereits nach HGB zur Buchführung verpflichtet sind, müssen dies auch nach Steuerrecht tun.

Nach § 141 (1) AO sind **gewerbliche** Unternehmer **steuerrechtlich** zur Buchführung verpflichtet, wenn sie bereits eine(!) der folgenden Voraussetzungen erfüllen:
- der Umsatz übersteigt 500.000 €,
- der Gewinn übersteigt 50.000 €.

*[handschriftliche Anmerkung: veraltet; 600 000 €; 60 000 €]*

Freiberufler – hierzu gehören alle natürlichen Personen mit selbstständig ausgeübter wissenschaftlicher, künstlerischer, schriftstellerischer, unterrichtender oder erzieherischer Tätigkeit sowie Ärzte, Rechtsanwälte, Journalisten etc. – sind generell nicht zur doppelten Buchführung verpflichtet. Es besteht demnach auch keine Verpflichtung, einen Jahresabschluss zu erstellen. Allerdings müssen sie ihre Einnahmen und Ausgaben in Form einer einfachen Buchführung festhalten, einer so genannten Einnahmen-Überschussrechnung.

### Die Führung der Handelsbücher ist in §239 HGB geregelt:
(1)　Bei der Führung der Handelsbücher und bei den sonst erforder-

lichen Aufzeichnungen hat sich der Kaufmann einer lebenden Sprache zu bedienen.

(2) Die Eintragungen in Büchern und die sonst erforderlichen Aufzeichnungen müssen vollständig, richtig, zeitgerecht und geordnet vorgenommen werden.

(3) Eine Eintragung oder eine Aufzeichnung darf nicht in einer Weise verändert werden, dass der ursprüngliche Inhalt nicht mehr feststellbar ist.

(4) Die Handelsbücher und die sonst erforderlichen Aufzeichnungen können auch in der geordneten Ablage von Belegen bestehen oder auf Datenträgern* geführt werden […].

* Der Jahresabschluss (Bilanz und GuV) ist im Original aufzubewahren.

### In der AO § 146 wird ergänzend festgelegt:

(1) […] Kasseneinnahmen und Kassenausgaben sollen* täglich festgehalten werden.

(2) Bücher und die sonst erforderlichen Aufzeichnungen sind im Geltungsbereich dieses Gesetzes zu führen und aufzubewahren. Ausnahmen dazu regelt Absatz 2 a.

(3) […] Wird eine andere als die deutsche Sprache verwendet, so kann die Finanzbehörde Übersetzungen verlangen.

* bei einem Unternehmen, dessen Umsätze hauptsächlich aus Bareinnahmen bestehen, müssen diese täglich aufgezeichnet werden. Ausnahmen von der täglichen Kassenführung sind – gemessen am Umsatz – nur bei verschwindend geringen Bargeschäften möglich.

Weitere Vorschriften finden sich in den Einzelsteuergesetzen (Einkommensteuergesetz, Körperschaftsteuergesetz, Gewerbesteuergesetz, Umsatzsteuergesetz) und in der Konkursordnung. Je nach Rechtsform des Unternehmens gibt es darüber hinaus spezifische Vorschriften: bei einer GmbH im GmbH-Gesetz, bei einer Aktiengesellschaft im Aktiengesetz und bei einer Genossenschaft im Genossenschaftsgesetz.

Weiterhin sind die Grundsätze ordnungsgemäßer Buchführung (GoB) zu beachten. Diese Grundsätze stellen die Regeln zur Buchführung und Bilanzierung dar. Sie sind teils in Gesetzen (z.B HGB) verankert teils durch Rechtssprechung und Praxis entwickelt worden. Sie stehen in der Übersicht auf der folgenden Seite.

### Welche Unterlagen müssen wie lange aufbewahrt werden?
Allgemein gibt es zwei Aufbewahrungsfristen gemäß §§ 257 HGB, 147 AO: 10 Jahre und 6 Jahre

| 10 Jahre | 6 Jahre |
|---|---|
| • Hauptbuch, Grundbuch<br>• Nebenbücher<br>• Inventare<br>• Jahresabschlüsse (nur im Original)<br>• Buchungsbelege | • Handels- oder Geschäftsbriefe<br>z. B. Lieferscheine, Frachtbriefe, Verträge |

Die Aufbewahrungsfrist beginnt lt. §257 (5) HGB mit dem Schluss des Kalenderjahres, in dem die aufzubewahrenden Unterlagen angefertigt wurden.

---

**ZUSAMMENFASSUNG**

**AUFGABEN DER BUCHFÜHRUNG**
• Feststellung des Vermögens, der Schulden und des Erfolgs.

**GESETZLICHE BESTIMMUNGEN**
• HGB § 238 ff, Abgabenordnung § 141ff, Einzelsteuergesetze;
• GmbH-Gesetz;
• Aktien-Gesetz;
• Konkurs (Insolvenz) Ordnung.

**GRUNDSÄTZE ORDNUNGSGEMÄSSER BUCHFÜHRUNG (GOB)**
• Die Bücher müssen klar und übersichtlich sein.
• Die Eintragungen in den Büchern müssen vollständig, richtig, zeitgerecht und geordnet erfolgen.
• Keine Buchung ohne Beleg!
• Fortlaufende Nummerierung der Belege.
• Die Buchführung muss in einer ›lebenden‹ Sprache und in € geführt werden.
• Die Unterlagen müssen während der Aufbewahrungsfrist jederzeit verfügbar sein.

**AUFBEWAHRUNGSFRISTEN**
• 10 Jahre Aufbewahrungspflicht von Rechnungen und Jahresabschluss.
• 6 Jahre Aufbewahrungspflicht für Handels- u. Geschäftsbriefe (Korrespondenz).

---

Der Jahresabschluss muss unterzeichnet werden: bei Einzelunternehmen persönlich, bei der GmbH von allen Geschäftsführern (siehe Kap. 3.2).

## Aufgaben

1 Nennen Sie fünf mögliche Geschäftsfälle, die die Vermögenszusammensetzung eines Unternehmens verändern.

2 Welche unternehmensexternen Personen oder Institutionen haben Interesse an der Buchführung einer Unternehmung und wodurch ist dieses Interesse begründet?

3 Kennzeichnen Sie die richtigen Aussagen auf der folgenden Seite mit einer **1** und die falschen Aussagen mit einer **2**.

2   ☐ Handelsbücher, Bilanzen und Buchungsbelege müssen 6 Jahre
      aufbewahrt werden.
2   ☐ Buchführungsunterlagen müssen in Papierform aufbewahrt
      werden.
1   ☐ Falsche Buchungen dürfen nicht gelöscht oder in anderer Weise
      unkenntlich gemacht werden.
2   ☐ Kassenbestände können wöchentlich erfasst werden.
2   ☐ Sämtliche Buchungen eines Jahres können am Jahresende
      gemacht werden.
1   ☐ Buchungsunterlagen müssen in Deutschland (oder auf Antrag
      in einem anderen EU-Staat) aufbewahrt werden.
1   ☐ Handelsbücher müssen in einer lebenden Sprache geführt werden.
1  2  ☐ Handelsbücher können auch in der Sprache eines anderen
      EU-Staates geführt und so der Finanzbehörde übergeben werden.
2   ☐ Handelsbriefe müssen 10 Jahre aufbewahrt werden.
1   ☐ Werden Handelsbücher in einer fremden Sprache geführt, so
      kann von den Behörden eine Übersetzung verlangt werden.
1   ☐ Buchführungsunterlagen dürfen auch auf Datenträgern gespei-
      chert werden, wenn sie innerhalb der Aufbewahrungsfrist
      innerhalb einer angemessenen Frist lesbar gemacht werden
      können.
2   ☐ Jeder Buchhalter darf seine eigene Systematik verwenden und
      muss diese gegebenenfalls einem anderen Sachverständigen
      erläutern.
2   ☐ Wenn ein Beleg verloren gegangen ist, kann auch ohne Beleg
      gebucht werden.

## 3.2
## Inventur, Inventar und Bilanz

Die Voraussetzung einer jeden ordnungsgemäßen Buchführung ist die
Inventarisierung von Vermögen und Schulden. Nur so können die Wirtschaftsgüter vollständig erfasst, sachgerecht bewertet und die steuerliche
Gewinnermittlung vorgenommen werden. Diese Bestandsaufnahme erfolgt im Rahmen der Inventur, die regelmäßig für den Schluss des Geschäftsjahres gesetzlich vorgeschrieben ist. Für Kaufleute besteht ferner
eine Pflicht zur Inventur bei Gründung, bei Geschäftsübernahme sowie
bei Verkauf und Auflösung eines Unternehmens. Die Inventur ist nach
allgemeiner Auffassung Bestandteil der Buchführung. Fehlt sie, so liegt
ein ›Systemfehler‹ vor; die Buchführung gilt dann als nicht ordnungsgemäß. Die steuerrechtliche Konsequenz: Das Finanzamt ist zur Schätzung des Gewinns berechtigt. Sämtliche Inventurunterlagen sind nach

den Vorschriften des HGB zehn Jahre lang aufzubewahren (siehe Kap. 3.1), wobei die Frist mit Schluss des Geschäftsjahrs beginnt, in der die Unterlagen erstellt wurden (§ 257 Abs. 5 HGB). Inventar und Bilanz müssen darüber hinaus unterschrieben werden: vom Inhaber des Einzelunternehmens (Kaufmann nach § 245 HGB), von allen persönlich haftenden Gesellschaftern bei Personengesellschaften (= OHG, KG) oder vom Geschäftsführer bzw. allen Geschäftsführern einer GmbH.

**Inventur**

**Inventur** (lat. invenire = finden) nennt man die **körperliche und wertmäßige Bestandsaufnahme von Vermögen und Schulden.** Die körperliche Inventur ermittelt den Bestand der körperlichen Vermögensteile nach Art, Menge und Wert, während die Buchinventur den Bestand aller nicht körperlichen Vermögensteile und Schulden, wie etwa Bankguthaben, Forderungen und Verbindlichkeiten, anhand von Belegen nach Art und Wert erfasst.

Im Buchhandel wird die Inventur in der Regel als **Stichtagsinventur** zum Ende des Geschäftsjahres, also zum 31. 12. durchgeführt. Von einer Stichtagsinventur zum 31. 12. spricht man auch dann, wenn sie zeitnah abgewickelt wird. In einem solchen Fall kann man die Inventur auch bis zu zehn Tage später (oder auch bis zu zehn Tage früher) durchführen, wobei alle zwischenzeitlichen Warenzugänge und -abgänge anhand von Belegen mengen- und wertmäßig auf den 31. 12. zurückzuschreiben (bzw. bei früherer Inventur fortzuschreiben) sind. Abweichungen von dieser Regelung sind aufgrund unternehmensinterner Geschäftsjahre möglich. Weitere Besonderheiten sind mit dem für das Unternehmen zuständigen Finanzamt abzusprechen (§ 241 HGB). Nicht-bilanzierungspflichtigen Unternehmen (Einzelunternehmen mit einem Umsatz unter 500.000 € und einem Gewinn unter 50.000 € an zwei aufeinander folgenden Bilanzstichtagen sowie Freiberufler) genügt eine Einnahmen-Überschussrechnung ohne Bestandsaufnahme (siehe Kap. 3.1).

Buchhandlungen, die mit Warenwirtschaftssystemen arbeiten, praktizieren in der Regel eine **permanente Inventur.** Hier reicht die buchmäßige Ermittlung der Bestände zum Schluss des Geschäftsjahres, das heißt, der am Bilanzstichtag vorliegende buchmäßige Bestand (Soll-Bestand) darf als tatsächlicher Ist-Bestand angesetzt werden. Dieses Verfahren ist allerdings an zwei Voraussetzungen geknüpft. Erstens müssen sämtliche Zu- und Abgänge dateimäßig abgespeichert, einsehbar und nachprüfbar sein. Zweitens muss einmal im Laufe des Jahres eine körperliche Inventur erfolgen, die zu prüfen hat, ob der zu diesem Zeitpunkt ausgewiesene buchmäßige Soll-Bestand mit dem Ist-Bestand übereinstimmt. Gegebenenfalls ist der buchmäßige Bestand zu berichtigen. Auf diese Art können die Inventurarbeiten über das ganze Jahr verteilt werden, und einzelne Warengruppen können dann aufgenommen werden, wenn es für den Geschäftsablauf am günstigsten ist.

### Inventar

Die Inventur (Bestandsaufnahme) findet ihren schriftlichen Niederschlag in einem **Inventar** (Bestandsverzeichnis). Das Inventar ist eine **ausführliche, systematisch geordnete, schriftliche Bestandsaufnahme der Vermögens- und Schuldenwerte nach Art, Menge, Einzel- und Gesamtwerten.** Die Werte werden in Staffelform, also untereinander dargestellt. Aufgrund der klaren Trennung von Vermögen und Schulden kann auf das Eigenkapital (Reinvermögen) geschlossen werden, das aus der Differenz zwischen Vermögen und Schulden resultiert. Daraus leitet sich die obligatorische Dreiteilung des Inventars in Vermögen, Schulden und Eigenkapital ab.

Das **Vermögen (Teil A des Inventars)** wird in das Anlage- und das Umlaufvermögen gegliedert, deren einzelne Posten (Konten) nach zunehmender Liquidität geordnet sind. An erster Stelle wird das **Anlagevermögen** aufgeführt. Hierzu gehören alle Vermögensteile, wie Gebäude, Verkaufsmöbel, PC-Ausstattung, Fahrzeuge etc. Es handelt sich um Wirtschaftsgüter, die eine langjährige Nutzungsdauer haben, und ohne die die eigentlichen Aufgaben des Betriebes, nämlich Einkauf, Lagerung und Verkauf, nicht angegangen werden können. Mit dem **Umlaufvermögen** wird der eigentliche wirtschaftliche Erfolg erzielt oder – salopp formuliert – schlichtweg Geld verdient. Hier geht es um Warenbestände, Bankguthaben und Bargeld, die sich im Laufe des Jahres ständig wertmäßig verändern. Auch Forderungen aus Lieferungen und Leistungen, in den folgenden Ausführungen kurz Forderungen genannt, zählt man zum Umlaufvermögen. Unter dem Begriff Forderungen werden alle noch offenen (nicht bezahlten) Kundenrechnungen zusammengefasst; man spricht in diesem Zusammenhang auch von offenen Posten der Debitoren (Schuldner bzw. ›Kredit-Nehmer‹).

Die **Schulden (Teil B des Inventars)** werden ebenfalls in zwei Teile aufgeteilt. Hier gilt als Ordnungsprinzip die Fristigkeit, wobei die langfristigen vor den kurzfristigen Schulden aufgelistet werden. Man kann auch sagen: Die Schulden werden nach steigender Rückzahlung angeordnet. Langfristige Verbindlichkeiten bestehen in der Regel gegenüber Kreditinstituten und haben eine Kreditdauer von mindestens sechs Monaten. Zu den kurzfristigen Schulden zählen u. a. die Verbindlichkeiten aus Lieferungen und Leistungen, im Folgenden mit Verb. a. LL abgekürzt,

**INVENTAR DER BUCHHANDLUNG LIBERA, BREMTHAL, 31. 12. 2015**

| Vermögens- und Schuldenarten, Eigenkapital | Einzelwerte | Gesamtwerte |
|---|---|---|
| **A Vermögen** | | |
| I. Anlagevermögen | | |
|   1. Grundstücke und Gebäude | | 180.000 |
|   2. Fuhrpark | | 40.000 |
|   2. Geschäftsausstattung laut AV* | | |
|     Ladenausstattung | 50.000 | |
|     Büromaschinen | 30.000 | 80.000 |
| II. Umlaufvermögen | | |
|   1. Waren | | |
|     Belletristik | 87.000 | |
|     Kinder- und Jugendbuch | 82.000 | |
|     Fachbücher | 98.000 | |
|     Sachbücher | 84.000 | |
|     Taschenbücher | 106.000 | |
|     Non-Books | 23.000 | 480.000 |
|   2. Forderungen aus Lieferungen und Leistungen | | |
|     Germanistisches Seminar, Frankfurt | 15.000 | |
|     Stadtbücherei, Eppstein | 8.000 | |
|     Sonstige Kunden | 47.000 | 70.000 |
|   3. Bankguthaben | | |
|     Nassauische Sparkasse | 80.000 | |
|     Postbank | 50.000 | 130.000 |
|   4. Kasse laut Kassenbericht | | 20.000 |
|   SUMME DES VERMÖGENS | | 1.000.000 |
| **B Schulden** | | |
| I. Langfristige Schulden | | |
|   1. Hypothekendarlehen bei der Hypobank | 130.000 | |
|   2. Darlehen bei der Nassauischen Sparkasse | 70.000 | 200.000 |
| II. Kurzfristige Schulden | | |
|   1. Verbindlichkeiten aus Lieferungen und Leistungen | | |
|     DZB-Bank (BAG-Abrechnung) | 120.000 | |
|     Barsortiment | 50.000 | |
|     Schulbuchverlag | 20.000 | 190.000 |
|   2. Sonstige Verbindlichkeiten laut AV* 2 | | 10.000 |
|   SUMME DER SCHULDEN | | 400.000 |
| **C Eigenkapital oder Reinvermögen** | | |
|   Summe des Vermögens | | 1.000.000 |
|   — Summe der Schulden | | 400.000 |
|   EIGENKAPITAL | | 600.000 |

*AV = Anlagenverzeichnis

Bremthal, 31.12.2015        Unterschrift der Inhaberin/des Inhabers oder der Geschäftsführung

*[handwritten note]* Buchhändler – Abrechnungsgesellschaft → Buchwert

das heißt alle noch nicht bezahlten Rechnungen von Lieferanten. Man
spricht hier auch von offenen Posten der Kreditoren (Gläubiger bzw.
›Kredit-Geber‹).

Das **Eigenkapital** oder **Reinvermögen (Teil C des Inventars)** ergibt
sich rechnerisch aus der Differenz von Vermögen und Schulden. Der Begriff Vermögen umfasst also alle Werte, die einer Unternehmung zur Erfüllung ihres Betriebszwecks zur Verfügung stehen – ungeachtet dessen,
wie sie finanziert sind. Denn erst, wenn der Schuldenanteil abgezogen
worden ist, wird ersichtlich, wie viel durch Eigenkapital finanziert worden ist. Siehe hierzu das Inventar der Buchhandlung Libera auf der vorhergehenden Seite. Das Inventar ist die Basis für die Bilanz.

**Bilanz**

Das Inventar als ausführliche Darstellung der einzelnen Vermögens- und
Schuldenwerte kann – abhängig von der Größe des Unternehmens – sehr
umfangreich und damit auch unübersichtlich werden. § 242 HGB verlangt deshalb von jedem Kaufmann neben dem Inventar noch die **Bilanz,
eine kurzgefasste Übersicht über Vermögen und Schulden.** Hier verzichtet man auf jede mengenmäßige Darstellung von Vermögen und
Schulden und beschränkt sich auf eine rein wertmäßige Darstellung.
Neben dem Umfang unterscheiden sich Inventar und Bilanz auch in der
Darstellungsweise der Posten, die – obwohl in der heutigen Praxis häufig
die tabellarische Form anzutreffen ist – der Übersichtlichkeit halber in
Lehrbüchern in so genannten T-Konten dargestellt werden.

|  | Inventar | Bilanz |
|---|---|---|
| **Umfang** | Umfangreiche Auflistung des Vermögens und der Schulden unter Angabe von Mengen, Einzelwerten und Gesamtwerten | Kurzübersicht der Gesamt-werte von Vermögen und Schulden |
| **Art der Darstellung** | Staffelform (Vermögen und Kapital werden untereinander dargestellt) | T-Kontenform (Vermögen und Kapital werden optisch gegenübergestellt) |

Bei der Darstellung der Bilanz in Konten wird die linke Seite als **Aktivseite (Aktiva)** bezeichnet. Dort stehen stets die Vermögenswerte, die anzeigen, in welche Bereiche oder wo das Geld investiert worden ist (Mittelverwendung). Wie bei dem Inventar sind hier die einzelnen Positionen
nach steigender Liquidität sortiert. Die rechte Seite wird **Passivseite
(Passiva)** genannt. Hier stehen die Posten, die über die Quellen (Her-
kunft) der Geld- und Sachmittel Auskunft geben. Im Anschluss an das Ei-

genkapital sind weitere Kapitalquellen in Form von Fremdkapital nach dem Prinzip der abnehmenden Fälligkeit aufgelistet; langfristige Verbindlichkeiten stehen demnach vor kurzfristigen Verbindlichkeiten. Dies ergibt folgende Übersicht.

| Aktiva | Bilanz | Passiva |
|---|---|---|
| I. Anlagevermögen<br>II. Umlaufvermögen | I. Eigenkapital<br>II. Fremdkapital (= Schulden) | |
| | Bilanzsumme | Bilanzsumme |

**Wie ist das Kapital angelegt?**          **Woher stammt das Kapital?**

Zusammenfassend kann man sagen: die Aktivseite der Bilanz (= das Vermögen) zeigt die Mittelverwendung auf, während die Passivseite (= das Kapital) Aufschluss über die Mittelherkunft gibt. Oder in Kurzform: Die Aktivseite zeigt, wie das Kapital der Passivseite angelegt worden ist.

Da das Eigenkapital die Differenz zwischen Vermögen und Schulden ist, muss die Bilanzsumme – sprich die Summe der Aktiva und die Summe der Passiva – immer gleich sein. In diesem Zusammenhang spricht man von der Bilanzwaage. Die Bilanzsumme kann auch als Gleichung dargestellt werden:

**Aktiva = Passiva     oder     Vermögen = Kapital**

Aus dem ganzseitigen Inventar der Buchhandlung Libera lässt sich nun die folgende Bilanz erstellen:

| Aktiva | | Bilanz | Passiva |
|---|---|---|---|
| I. Anlagevermögen | | I. Eigenkapital | 600.000 |
| Gebäude | 180.000 | II. Fremdkapital | |
| Fuhrpark | 40.000 | Hypothekenschulden | 130.000 |
| Geschäftsausstattung | 80.000 | Darlehensschulden | 70.000 |
| II. Umlaufvermögen | | Verb. a. LL | 190.000 |
| Waren | 480.000 | Sonstige Verbindlichkeiten | 10.000 |
| Forderungen | 70.000 | | |
| Bank | 130.000 | | |
| Kasse | 20.000 | | |
| | 1.000.000 | | 1.000.000 |

**Aufgaben**

4 Markieren Sie Positionen des Anlagevermögens mit einer **1**, die des Umlaufvermögens mit einer **2** und Positionen des Fremdkapitals mit einer **3**.

*2* ☐ Kasse.

*3* ☐ Verb. a. LL.

*1* ☐ Gebäude

*2* ☐ Waren

*3* ☐ kurzfristige Bankverbindlichkeiten

*2* ☐ Forderungen

*2* ☐ Bank

*1* ☐ Fuhrpark

*3* ☐ langfristige Bankverbindlichkeiten

5 Wo werden die Vermögensquellen einer Unternehmung ausgewiesen?

   **a)** Auf der Aktivseite der Bilanz

   **b)** Im Eigenkapitalkonto

   **c)** Auf der Passivseite der Bilanz

   **d)** Im Teil A des Inventars

   **e)** Im Anlagenverzeichnis

6 Welche Aussage über den Unterschied zwischen Inventar und Bilanz ist richtig?

   **a)** Im Inventar ist die Höhe des Eigenkapitals nicht zu erkennen.

   **b)** Im Inventar wird nach Fristigkeit, in der Bilanz nach Liquidität gegliedert.

   **c)** Im Inventar werden alle Positionen einzeln aufgelistet (z. B. alle PKWs), in der Bilanz werden sie zusammengefasst.

   **d)** In der Bilanz werden die Positionen nach ihrem Euro-Wert sortiert.

   **e)** Eine Bilanz muss erstellt werden, auf ein Inventar kann verzichtet werden.

7 Welche Jahresabschlussdokumente müssen unterschrieben werden?

   **a)** Bilanz

   **b)** Inventur

   **c)** Inventur, sofern die Bilanz nicht unterschrieben wurde

   **d)** Inventar

8 Bis zu welchem Datum muss die Bilanz der Buchhandlung Libera vom 31. 12. 2015 aufbewahrt werden?

9 Bei der Inventur der Buchhandlung *Buch & Medien* in Eppstein am 31. 12. 2015 wurden folgende Werte ermittelt:

| | |
|---|---|
| Darlehen bei der Nassauischen Sparkasse | 50.000 |
| Warenwert: Belletristik | 24.000 |
| Warenwert: Kinder- und Jugendbuch | 17.000 |

| | |
|---|---:|
| Warenwert: Fachbücher | 26.000 |
| Warenwert: Sachbücher | 24.000 |
| Warenwert: Taschenbücher | 34.000 |
| Warenwert: Non-Books | 8.000 |
| Sonstige Verbindlichkeiten | 5.000 |
| Offene Kundenrechnung Statist. Bundesamt, Wiesbaden | 4.000 |
| Offene Kundenrechnung Stadtbücherei, Vockenhausen | 2.000 |
| Offene Rechnungen bei weiteren Kunden | 8.000 |
| Ladenausstattung | 30.000 |
| Taunussparkasse | 20.000 |
| Postbank | 9.000 |
| Büromaschinen | 10.000 |
| Kasse laut Kassenbericht | 7.000 |
| Offene Rechnungen bei DZB Bank (BAG-Abrechnungsverfahren) | 25.000 |
| Offene Rechnungen beim Barsortiment | 10.000 |

a) Erstellen Sie aus diesen Werten ein Inventar.

b) Fassen Sie die Werte zusammen und erstellen Sie daraus eine Bilanz.

## 3.3
## Bestandskonten

Unternehmen sind verpflichtet, jede einzelne Veränderung ihrer Bestände zu dokumentieren. Jeder Geschäftsfall, beispielsweise der Einkauf von Waren, die Begleichung einer Rechnung etc., muss in einer bestimmten Form notiert – gebucht – werden.

Dieses Buchen von Geschäftsfällen geschieht nicht regellos, sondern in zwei festgelegten Stufen. Zunächst werden alle Belege in der Reihenfolge gebucht, in der sie eintreffen oder erstellt werden. Dies geschieht im so genannten **Grundbuch**, auch Journal genannt (siehe Kap. 3.5.1). Parallel werden die Buchungen im **Hauptbuch** in eine sachliche Ordnung gebracht (siehe ebd.). Hier existieren für alle Positionen, wie Waren oder Kasse, eigene Konten, die einen Überblick über die Veränderungen innerhalb gleicher Vorgänge bieten.

## 3.3.1
## Bestandsveränderungen

Zwar werden die einzelnen Geschäftsfälle nicht in der Bilanz festgehalten – eine Betrachtung jedoch, wie sich die Verbuchung in der Bilanz auswirken würde, zeigt uns, dass grundsätzlich vier Fälle der Bilanzveränderung zu unterscheiden sind. Zur Erläuterung dieser vier Möglichkeiten wird im Folgenden von einer überschaubaren Bilanz ausgegangen. Dabei verändert jeder Geschäftsfall die Bilanz gegenüber dem Ausgangspunkt um mindestens zwei Positionen.

| Aktiva | Eröffnungbilanz | | Passiva |
|---|---|---|---|
| Geschäftsausstattung | 80.000 | Eigenkapital | 70.000 |
| Warenbestand | 20.000 | Darlehen | 25.000 |
| Bank | 8.000 | Verb. a. LL | 15.000 |
| Kasse | 2.000 | | |
| | 110.000 | | 110.000 |

### 3.3.2
### Erfolgsneutrale Geschäftsfälle

Von erfolgsneutralen Geschäftsfällen spricht man, wenn lediglich Sach- oder Geldwerte in der Bilanz umgetauscht werden ohne dass diese Vorgänge Einfluss auf den Erfolg (Gewinn oder Verlust) des Unternehmens haben. Buchungen, die nur auf Bestandskonten (= Bilanzkonten) getätigt werden, sind immer erfolgsunwirksam bzw. erfolgsneutral.

Im Folgenden gehen wir näher auf den Aktivtausch, die Aktiv-Passiv-Mehrung, die Aktiv-Passiv-Minderung und den Passivtausch ein.

#### Aktivtausch

Ein gebrauchter Computer im Wert von 200 € wird zum Buchwert bar verkauft. Auf der Aktivseite der Bilanz kommt es zu zweierlei Veränderungen: Das Konto Kasse nimmt um 200 € zu, gleichzeitig nimmt der Bestand der Geschäftsausstattung ab. Somit liegt ein Aktivtausch vor. Auf der Passivseite und bei der Bilanzsumme ändert sich nichts. Die neu zu erstellende Bilanz hat jetzt folgendes Aussehen:

| Aktiva | Bilanz | | Passiva |
|---|---|---|---|
| Geschäftsausstattung | 79.800 | Eigenkapital | 70.000 |
| Warenbestand | 20.000 | Darlehen | 25.000 |
| Bank | 8.000 | Verb. a. LL | 15.000 |
| Kasse | 2.200 | | |
| | 110.000 | | 110.000 |

**Aktiv-Passiv-Mehrung** (Bilanzverlängerung)

Es wird Geschäftsausstattung auf Rechnung im Wert von 2.000 € eingekauft. Diesmal kommt es auf beiden Seiten der Bilanz zu einer Veränderung: Auf der Aktivseite nimmt das Konto Geschäftsausstattung um
2.000 € zu, gleichzeitig nimmt auf der Passivseite das Konto Verb. a. LL
um denselben Betrag zu. Diese Veränderung wird als Aktiv-Passiv-Mehrung oder – da sich dabei die Bilanzsumme erhöht – auch als Bilanzverlängerung bezeichnet.

| Aktiva | Bilanz | | Passiva |
|---|---|---|---|
| Geschäftsausstattung | 81.800 | Eigenkapital | 70.000 |
| Warenbestand | 20.000 | Darlehen | 25.000 |
| Bank | 8.000 | Verb. a. LL | 17.000 |
| Kasse | 2.200 | | |
| | 112.000 | | 112.000 |

**Aktiv-Passiv-Minderung** (Bilanzverkürzung)

Eine Lieferantenrechnung im Wert von 3.000 € wird per Banküberweisung bezahlt. Auf der Aktivseite nimmt das Bankkonto um 3.000 € ab,
gleichzeitig nehmen auch die Verb. a. LL auf der Passivseite um denselben
Betrag ab. Durch diese Aktiv-Passiv-Minderung verändert sich die Bilanz
wie folgt:

| Aktiva | Bilanz | | Passiva |
|---|---|---|---|
| Geschäftsausstattung | 81.800 | Eigenkapital | 70.000 |
| Warenbestand | 20.000 | Darlehen | 25.000 |
| Bank | 5.000 | Verb. a. LL | 14.000 |
| Kasse | 2.200 | | |
| | 109.000 | | 109.000 |

Die Bilanzsumme ist kleiner. Der Vorgang wird deshalb auch als Bilanzverkürzung bezeichnet.

**Passivtausch**

Eine Lieferantenrechnung über 5.000 € wird durch Aufnahme eines
Darlehens beglichen. Dadurch kommt es zu zwei Veränderungen auf der

Passivseite: Die Verb. a. LL nehmen um 5.000 € ab, gleichzeitig erhöht sich das Bankdarlehen um denselben Betrag. Dieser Passivtausch verändert die Bilanz wie folgt:

| Aktiva | | Bilanz | Passiva |
|---|---|---|---|
| Geschäftsausstattung | 81.800 | Eigenkapital | 70.000 |
| Warenbestand | 20.000 | Darlehen | 30.000 |
| Bank | 5.000 | Verb. a. LL | 9.000 |
| Kasse | 2.200 | | |
| | 109.000 | | 109.000 |

### 3.3.3
### Buchen in (T)-Konten

In der Praxis kann nicht nach jedem Geschäftsfall eine neue Bilanz erstellt werden. Dies geschieht nur zu bestimmten Stichtagen, mindestens am Ende des Geschäftsjahres, in größeren Betrieben aber auch quartalsweise oder sogar monatlich. Damit auch in der Zwischenzeit ein Überblick über die Veränderungen der einzelnen Posten des Vermögens und der Schulden möglich ist, werden aus der Bilanz zu Beginn eines neuen Abrechnungszeitraumes Konten abgeleitet. Jede Position der Bilanz erhält ein eigenständiges Konto. Die Konten der Buchführung dienen zur sachlichen Aufnahme der Geschäftsfälle und sind nicht mit einem Giro- bzw. Bankkonto zu verwechseln, auch wenn die Bezeichnung ›Konto‹ dieselbe ist. Die beiden Seiten werden nicht als Aktiva und Passiva weitergeführt, sondern als Aktiv- und Passivkonten, deren zwei Seiten die Bezeichnungen Soll (S) und Haben (H) erhalten. Soll steht für die linke Kontenseite, Haben für die rechte Seite des Kontos. Eine weitere Bedeutung haben die Begriffe nicht. Da die Konten in der Form an ein T erinnern, bezeichnet man diese auch als T-Konten.

### Auflösung der Bilanz in Konten

Die in der Bilanz aufgeführten Werte der einzelnen Konten stellen die Anfangs- oder auch Eröffnungsbestände dar und werden auf der gleichen Seite eingetragen, auf der sie auch in der Bilanz stehen. Bei den Aktivkonten wird der Anfangsbestand auf der linken Seite, der Soll-Seite eingetragen. Umgekehrt gilt: Bei den Passivkonten wird der Anfangsbestand auf der rechten Seite, der Haben-Seite eingetragen.

**BEISPIEL**

Im Folgenden wird noch einmal auf die Werte der im vorigen Kapitel genannten Eröffnungsbilanz zurückgegriffen. Die Ableitung aus der Bilanz in die entsprechenden Bestandskonten stellt sich dann wie folgt dar:

| Aktiva | | Eröffnungsbilanz | | Passiva |
|---|---|---|---|---|
| Geschäftsausstattung | 80.000 | Eigenkapital | 70.000 | |
| Warenbestand | 20.000 | Langfr. Bankverb. | 25.000 | |
| Bank | 8.000 | Verb. a. LL | 15.000 | |
| Kasse | 2.000 | | | |
| | 110.000 | | 110.000 | |

| Soll | Geschäftsausstattung | Haben | Soll | Eigenkapital | Haben |
|---|---|---|---|---|---|
| EBK | 80.000 | | | EBK | 70.000 |

| Soll | Warenbestand | Haben | Soll | Langfr. Bankverb. | Haben |
|---|---|---|---|---|---|
| EBK | 20.000 | | | EBK | 25.000 |

| Soll | Bank | Haben | Soll | Verb. a. LL | Haben |
|---|---|---|---|---|---|
| EBK | 8.000 | | | EBK | 15.000 |

| Soll | Kasse | Haben |
|---|---|---|
| EBK | 2.000 | |

Die Abkürzung EBK steht für Eröffnungsbilanzkonto. Statt EBK findet man auch die Bezeichnungen EB für Eröffnungsbilanz oder AB für Anfangsbestand. Die Anfangsbestände der Eröffnungsbilanz werden mit Hilfe des Eröffnungsbilanzkontos, als Gegenkonto bei den Eröffnungsbuchungen, auf die aktiven und passiven Bestandskonten übertragen. Buchungssatz, z. B.: Geschäftsausstattung an EBK, allgemein: Aktive Bestandskonten an EBK bzw. EBK an passive Bestandskonten. Das EBK stellt somit ein Spiegelbild der Eröffnungsbilanz dar.

| Soll | | Eröffnungsbilanzkonto | | Haben |
|---|---|---|---|---|
| Eigenkapital | 70.000 | Geschäftsausstattung | | 80.000 |
| Langfr. Bankverb. | 25.000 | Warenbestand | | 20.000 |
| Verb. a. LL | 15.000 | Bank | | 8.000 |
| | | Kasse | | 2.000 |
| | 110.000 | | | 110.000 |

Zwingend notwendig ist das EBK-Konto nicht, man könnte die Konten auch direkt ohne Buchung aus der Eröffnungsbilanz übertragen. Es wird jedoch vor allem als Hilfsmittel der EDV-gestützten Buchführung benötigt.

## Buchen in den Bestandskonten

In die neu eröffneten Konten werden während des der Eröffnungsbilanz folgenden Abrechnungszeitraums alle Geschäftsfälle gebucht. Um diese richtig buchen zu können, müssen einige Vorüberlegungen angestellt werden:

### ÜBERLEGUNGEN VOR DEM BUCHEN

#### WELCHE KONTEN
Welche Konten werden durch den Geschäftsfall berührt?

#### WELCHEN CHARAKTER HABEN KONTEN
Zu welcher Kontenart gehört das jeweilige Konto? Ist es ein Aktiv- oder ein Passivkonto?

#### ZU- ODER ABNAHME
Erhöht oder mindert der Geschäftsfall den Wert des jeweiligen Kontos?

#### BUCHUNGSSEITE
Bestandszunahmen werden bei Aktivkonten im Soll gebucht, weil der Anfangsbestand ebenfalls im Soll steht, und die Zunahme, die unter ihm steht, addiert wird. Bei Passivkonten gilt das Umgekehrte: Der Anfangsbestand steht im Haben und deshalb werden auch alle Zugänge im Haben gebucht. Bestandsminderungen werden bei Passivkonten im Soll und bei Aktivkonten im Haben gebucht.

## Buchungsregeln für Bestandskonten

| Soll | Aktivkonten | Haben | Soll | Passivkonten | Haben |
|------|-------------|-------|------|--------------|-------|
| AB<br>+ Zugänge | | − Abgänge | − Abgänge | | AB<br>+ Zugänge |

**BEISPIEL**

Die folgenden Konten weisen die angegebenen Anfangsbestände aus:

| Soll | **Geschäftsausstattung** | Haben | | Soll | **Langfr. Bankverb.** | Haben |
|---|---|---|---|---|---|---|
| EBK | 80.000 | | | | EBK | 25.000 |

| Soll | **Bank** | Haben | | Soll | **Verb. a. LL** | Haben |
|---|---|---|---|---|---|---|
| EBK | 8.000 | | | | EBK | 15.000 |

| Soll | **Kasse** | Haben |
|---|---|---|
| EBK | 2.000 | |

Vier Geschäftfälle sollen in Konten gebucht werden:
1. Barverkauf von Geschäftsausstattung über 200 €.
2. Kauf von Geschäftsausstattung auf Rechnung über 2.000 €.
3. Bezahlung einer Lieferantenrechnung per Banküberweisung im Wert von 3.000 €.
4. Umwandlung einer Lieferantenrechnung in ein Darlehen, Wert 5.000 €.

**VORGEHENSWEISE**

Im 1. Geschäftsfall ›Barverkauf von Geschäftsausstattung über 200 €‹ werden folgende Vorüberlegungen angestellt:

| | |
|---|---|
| • Welche Konten werden berührt? | ➡ Kasse und Geschäftsausstattung |
| • Welchen Charakter haben die Konten? | ➡ Kasse = Aktiv, Geschäftsausstattung = Aktiv |
| • Zu- oder Abnahme? | ➡ Kasse nimmt zu (+), Geschäftsausstattung nimmt ab (–) |
| • Buchungsseite? | ➡ Kasse im Soll, Geschäftsausstattung im Haben |

① Die 200 € werden zunächst beim Konto Kasse im Soll eingetragen, vor dem Betrag wird das Gegenkonto notiert, auf dem die 200 € noch gebucht werden müssen, in diesem Fall die Geschäftsausstattung. Außerdem werden die 200 € im Konto Geschäftsausstattung im Haben gebucht, als Gegenkonto wird die Kasse notiert.

| Soll | **Kasse** | Haben | | Soll | **Geschäftsausstattung** | Haben |
|---|---|---|---|---|---|---|
| EBK | 2.000 | | | EBK | 80.000 | ① Kasse 200 |
| ① Geschäftsausstattung | 200 | | | | | |

② Für den zweiten Geschäftsfall ›Kauf von Geschäftsausstattung auf Rechnung über 2.000 €‹ gilt: Die 2.000 € werden im Konto Geschäftsausstattung im Soll gebucht, Gegenkonto Verb. a. LL, und außerdem im Konto Verb. a. LL im Haben, Gegenkonto Geschäftsausstattung.

| Soll | **Geschäftsausstattung** | Haben | | Soll | **Verb. a. LL** | Haben |
|---|---|---|---|---|---|---|
| EBK | 80.000 | ① Kasse 200 | | | EBK | 15.000 |
| ② Verb. | 2.000 | | | | ② Geschäfts-ausstattung 2.000 | |

③ Für den dritten Geschäftsfall ›Bezahlung einer Lieferantenrechnung per Banküberweisung im Wert von 3.000 €‹ gilt: Die 3.000 € werden im Konto Verb. a. LL auf der Soll-Seite gebucht, als Gegenkonto wird die Bank vermerkt. Im Konto Bank wird der Betrag im Haben gebucht mit Gegenkonto Verb. a. LL.

| Soll | **Bank** | Haben | | Soll | **Verb. a. LL** | Haben |
|---|---|---|---|---|---|---|
| EBK | 8.000 | ③ Verb. 3.000 | | ③ Bank 3.000 | EBK | 15.000 |
| | | | | | ② Geschäfts-ausstattung 2.000 | |

④ Die Buchungen für ›Umwandlung einer Lieferantenrechnung in ein Darlehen Wert 5.000 €‹ lauten: 5.000 € in Verb. a. LL im Soll, Gegenkonto Langfristige Bankverbindlichkeiten. Langfr. Bankverb. im Haben, Gegenkonto Verb. a. LL.

| Soll | **Verb. a. LL** | Haben | | Soll | **Langfr. Bankverb.** | Haben |
|---|---|---|---|---|---|---|
| ③ Bank | 3.000 | EBK 15.000 | | | EBK | 25.000 |
| ④ Langfr. Bankverb. | 5.000 | ② Geschäfts-ausstattung 2.000 | | | ④ Verb. a. LL 5.000 | |

## Abschluss der Bestandskonten

Nachdem alle Geschäftsfälle verbucht sind, werden am Ende eines Abrechnungszeitraums (Monat, Quartal oder Jahr) alle Konten abgeschlossen und die rechnerischen Schlussbestände (Salden) ermittelt. Der Saldo wird in drei Schritten errechnet. Zunächst die wird von der Betragssumme her größere Seite addiert, wobei die Summe unter einem Strich notiert wird. Anschließend wird die Summe der betragsmäßig kleineren Gegenseite davon abgezogen. Diese Differenz zwischen beiden Kontenseiten wird daraufhin auf der jeweils kleineren Seite eingetragen, sodass deren Summe wieder mit der der anderen Seite identisch ist. Soll und Haben sind damit ausgeglichen. Die Salden der einzelnen Konten werden dann in das Schlussbilanzkonto (SBK) gebucht. Das SBK ist der buchhalterische Abschluss der Bestandskonten. Die Schlussbilanz hingegen wird aus dem Inventar erstellt und steht außerhalb des Kontensystems.

Schlussbilanzkonto und die Schlussbilanz stimmen zahlenmäßig überein. Differenzen zwischen den buchhalterischen Soll-Beständen und den tatsächlich ermittelten Beständen lt. Inventur (Ist-Beständen) sind vor Abschluss der Bestandskonten an die Inventurwerte anzupassen.

Die Vorgehensweise für den Abschluss eines einzelnen Kontos sei im Folgenden anhand des Kontos Geschäftsausstattung dargestellt. Der vollständige Weg von der Eröffnungsbilanz bis zum Schlussbilanzkonto ist auf der nächsten Seite ganzseitig dargestellt.

### Abschluss des Kontos Geschäftsausstattung
Die Summe der größeren Seite beläuft sich im Soll über 82.000 €.

① Summe unter den Strich (Soll-Seite) notieren

② Summe auf die andere Seite (Haben) unter den Strich übertragen. Die kleinere Seite (Haben = 200 €) von größerer Seite (Soll = 82.000 €) abziehen.

③ Die Differenz zwischen beiden Kontenseiten (Saldo = 81.800 €) auf kleinerer Seite eintragen. Damit sind Soll und Haben gleich groß.

④ Gegenkonto (hier: SBK) davor schreiben. Der Saldo steht beim Konto Geschäftsausstattung im Haben. Dieser wird auf die Soll-Seite des Kontos SBK übertragen (siehe folgende Seite).

| Soll | **Geschäftsausstattung** | Haben |
|------|--------------------------|-------|
| EBK  80.000 | Kasse | 200 |
| Verb. a. LL  2.000 | ③④ SBK | 81.800 |
| ① 82.000 | ② 82.000 | |

Alle weiteren Bestandskonten werden, wie weiter oben beschrieben, abgeschlossen und umgebucht.

### Aufgaben
10 Kennzeichnen Sie die folgenden Geschäftsfälle mit einer

**1**, wenn es sich um eine Aktiv-Passiv-Mehrung handelt

**2**, wenn es sich um eine Aktiv-Passiv-Minderung handelt

**3**, wenn es dadurch zu einem Aktivtausch kommt

**4**, wenn es dadurch zu einem Passivtausch kommt

**VON DER ERÖFFNUNGSBILANZ ZUM SCHLUSSBILANZKONTO**

| Aktiva | Eröffnungsbilanz | | Passiva |
|---|---|---|---|
| Geschäftsausstattung | 80.000 | Eigenkapital | 70.000 |
| Warenbestand | 20.000 | Langfr. Bankverb. | 25.000 |
| Bank | 8.000 | Verb. a. LL | 15.000 |
| Kasse | 2.000 | | |
| | 110.000 | | 110.000 |

| Soll | Gesch.ausstattung | | Haben | | Soll | Eigenkapital | | Haben |
|---|---|---|---|---|---|---|---|---|
| EBK | 80.000 | Kasse | 200 | | SBK | 70.000 | EBK | 70.000 |
| Verb. a. LL | 2.000 | SBK | 81.800 | | | 70.000 | | 70.000 |
| | 82.000 | | 82.000 | | | | | |

| Soll | Warenbestand | | Haben | | Soll | Langfr. Bankverb. | | Haben |
|---|---|---|---|---|---|---|---|---|
| EBK | 20.000 | SBK | 20.000 | | SBK | 30.000 | EBK | 25.000 |
| | 20.000 | | 20.000 | | | | Verb. a. LL | 5.000 |
| | | | | | | 30.000 | | 30.000 |

| Soll | Bank | | Haben | | Soll | Verb. a. LL | | Haben |
|---|---|---|---|---|---|---|---|---|
| EBK | 8.000 | Verb. | 3.000 | | Bank | 3.000 | EBK | 15.000 |
| | | SBK | 5.000 | | L. B.v. | 5.000 | Waren | 2.000 |
| | 8.000 | | 8.000 | | SBK | 9.000 | | |
| | | | | | | 17.000 | | 17.000 |

| Soll | Kasse | | Haben |
|---|---|---|---|
| EBK | 2.000 | SBK | 2.200 |
| Bank | 200 | | |
| | 2.200 | | 2.200 |

| Soll | Schlussbilanzkonto | | Haben |
|---|---|---|---|
| Geschäftsausstattung | 81.800 | Eigenkapital | 70.000 |
| Warenbestand | 20.000 | Langfr. Bankverb. | 30.000 |
| Bank | 5.000 | Verb. a. LL | 9.000 |
| Kasse | 2.200 | | |
| | 109.000 | | 109.000 |

**10** (Fortsetzung)

*1* ☐ Kauf einer Registrierkasse gegen Rechnung

*4* ☐ Zur Begleichung einer offenen Liefererrechnung wird ein Darlehen aufgenommen

*1* ☐ Kauf eines Grundstücks durch Aufnahme einer Hypothek

*3* ☐ Die Kasseneinnahmen des Tages werden zur Bank gebracht

*3* ☐ Kunde bezahlt noch offene Rechnung durch Banküberweisung

*1* ☐ Firmen-PKW wird auf Rechnung gekauft

*2* ☐ Liefererrechnung wird per Bank überwiesen

*3* ☐ Computer wird gekauft und bar bezahlt ✓

**11** Finden Sie für die folgenden Geschäftsfälle heraus, welche Konten betroffen sind und ob im Soll oder im Haben gebucht werden muss!

a) Verkauf eines PC in bar *Kasse Soll*

b) Kauf neuer Regale gegen Bankscheck *Ausst. Haben*

c) Tilgung (Rückzahlung) eines Darlehens per Banküberweisung

d) Verkauf eines gebrauchten Geschäftswagens bar

e) Kunde bezahlt offene Rechnung per Banküberweisung

f) Bezahlung einer Lieferantenrechnung per Banküberweisung

**12**

| Aktiva | | Eröffnungsbilanz | Passiva |
|---|---|---|---|
| Geschäftsausstattung | 10.000 | Eigenkapital | ? |
| Forderungen aus LL | 6.000 | Langfr. Bankverb. | 15.000 |
| Warenbestand | 40.000 | Verb. a. LL | 4.000 |
| Bank | 5.000 | | |
| Kasse | 3.000 | | |

**Geschäftsfälle:**

| | |
|---|---|
| 1. Barkauf eines Computers | 2.500 € |
| 2. Die Tageseinnahmen werden zur Bank gebracht | 1.400 € |
| 3. Verkauf einer Registrierkasse bar zum Buchwert | 1.200 € |
| 4. Tilgung einer Darlehensschuld per Bank | 1.000 € |
| 5. Kunde begleicht Rechnung durch Banküberweisung | 500 € |

a) Vervollständigen Sie die Eröffnungsbilanz.

b) Notieren Sie, auf welcher Seite die in den Geschäftsfällen betroffenen Konten gebucht werden.

c) Eröffnen Sie die benötigten Konten und tragen Sie die Eröffnungsbestände ein.

d) Buchen Sie die Geschäftsfälle in T-Konten.

e) Schließen Sie die Konten ab und erstellen Sie die Schlussbilanz.

**13**

| Aktiva | | Eröffnungsbilanz | Passiva |
|---|---|---|---|
| Geschäftsausstattung | 30.000 | Eigenkapital | ? |
| Warenbestand | 70.000 | Langfr. Bankverb. | 50.000 |
| Forderungen | 8.000 | Verb. a. LL | 18.000 |
| Bank | 20.000 | | |
| Kasse | 2.000 | | |

**Geschäftsfälle:**

1. Überweisung einer Lieferantenverbindlichkeit  1.500 €
2. Verkauf eines Computers zum Buchwert auf Ziel  300 €
3. Kunde begleicht Rechnung bar  250 €
4. Ein Kunde überweist eine offene Rechnung  1.200 €
5. Kauf einer Regaleinheit auf Rechnung  2.500 €
6. Darlehenstilgung per Banküberweisung  800 €
7. Bareinzahlung auf Bankkonto  1.000 €

**a)** Vervollständigen Sie die Eröffnungsbilanz.
**b)** Notieren Sie, auf welcher Seite die in den Geschäftsfällen betroffenen Konten gebucht werden.
**c)** Eröffnen Sie die benötigten Konten und tragen Sie die Anfangsbestände ein.
**d)** Buchen Sie die Geschäftsfälle in T-Konten.
**e)** Schließen Sie die Konten ab und erstellen Sie die Schlussbilanz.

## 3.3.4
## Der Buchungssatz

Bevor ein Geschäftsfall in T-Konten verbucht werden kann, sind in der Praxis einige Vorarbeiten zu leisten. Statt eines in Worten formulierten Geschäftsfalls liegt jeder Buchung ein Beleg zugrunde. Dieser Beleg gilt gegenüber dem Finanzamt als Nachweis über die Richtigkeit der Buchung. Er gibt an, wann, warum und in welcher Höhe eine Wertveränderung stattgefunden hat. Daher gilt: **Keine Buchung ohne Beleg!**

Alle Belege werden innerhalb jeder Belegart, z. B. Quittung oder Rechnung (siehe Kap. 2 und 3.1), fortlaufend nummeriert und mit einem Kontierungsstempel versehen. Hier wird bereits vermerkt, in welchen Konten

| Konto | Soll | Haben |
|---|---|---|
| | | |
| | | |
| Gebucht: | | |

und ob im Soll oder Haben gebucht wird. Im nächsten Schritt werden alle Buchungen dann in zeitlicher (chronologischer) Reihenfolge als ›Buchungssatz‹ aufgeschrieben. Das geschieht im **Grundbuch** oder auch **Journal** (französisch jour = Tag).

## Der einfache Buchungssatz

Der Buchungssatz gibt die Konten an, auf denen zu buchen ist. An erster Stelle wird immer das Konto genannt, in dem im Soll (auf der linken Seite) gebucht, und an zweiter Stelle das Konto, in dem im Haben (auf der rechten Seite) gebucht werden soll. Beide Kontenbezeichnungen werden durch das Wort ›an‹ verknüpft. Hieraus ergibt sich der formale Aufbau eines jeden Buchungssatzes:

**Soll an Haben**

**BEISPIEL**
Zur Verbuchung des Barverkaufs eines Computers liegt der Kassenbericht vor. Dieser weist eine Einnahme von 500 € aus.

**VORGEHENSWEISE**

| | |
|---|---|
| **Welche Konten werden berührt?** | ➡ Kasse und Geschäftsausstattung |
| **Welchen Charakter haben die Konten?** | ➡ Kasse = Aktiv, Geschäftsausstattung = Aktiv |
| **Zu- oder Abnahme?** | ➡ Kasse nimmt zu (+) Geschäftsausstattung nimmt ab (−) |
| **Buchungsseite?** | ➡ Kasse im Soll, Waren im Haben |

**LÖSUNG**
Buchungssatz
**Kasse** 500 an **Geschäftsausstattung** 500

Alternative Schreibweise: Schrägstrich anstatt des Wortes ›an‹:
**Kasse** 500 / **Geschäftsausstattung** 500

## Der zusammengesetzte Buchungssatz

Einfache Buchungssätze liegen immer dann vor, wenn der Geschäftsfall nur zwei Konten betrifft. In der Praxis können aber auch Geschäftsfälle auftreten, bei denen mehr als zwei Konten berührt werden – z.B. wenn eine größere Verbindlichkeit über zwei verschiedene Kreditinstitute bezahlt wird oder wenn für einen größeren Einkauf eine Anzahlung in bar geleistet und über den Rest eine Rechnung ausgestellt wird. In derartigen Fällen entstehen zusammengesetzte Buchungssätze. Während bei einfachen Buchungssätzen der Betrag der Sollbuchung dem Betrag der

Habenbuchung entspricht, gilt bei zusammengesetzten Buchungssätzen die Formel:

---

**Summe der Sollbuchungen = Summe der Habenbuchungen**

---

**BEISPIEL**

Ein Wandregal wird für 2.000 € gekauft. 500 € werden bar bezahlt, und über den Rest wird ein Bankscheck ausgestellt.

**VORGEHENSWEISE**

| | |
|---|---|
| **Welche Konten werden berührt?** | ➡ Geschäftsausstattung, Kasse, Bank |
| **Welchen Charakter haben die Konten?** | ➡ Geschäftsausstattung = Aktiv, Kasse = Aktiv, Bank = Aktiv |
| **Zu- oder Abnahme?** | ➡ Geschäftsausstattung (+), Kasse (−), Bank (−) |
| **Buchungsseite?** | ➡ Geschäftsausstattung = Soll, Kasse = Haben, Bank = Haben |

**LÖSUNG**

**Geschäftsausstattung** 2.000 an   **Kasse**    500
                                          **Bank**     1.500

             Summe: 2.000    =    Summe: 2.000

Neben der in der Schulbuchführung üblichen Art Buchungssätze darzustellen, indem erst die Soll-Kontenbezeichnung und hinter dem Wort ›an‹ die Nennung des Haben-Kontos folgt, ist in den Grundbüchern (Journalen) eine eher tabellarische Form vorzufinden. Bei dieser Darstellungsweise werden die Kontenbezeichnungen alle untereinander geschrieben und die Zuordnung nach Soll und Haben erfolgt über den Eintrag des Betrages in der richtigen Spalte. Für oben genanntes Beispiel ergibt sich folgende Darstellung:

| Grundbuch | | | | |
|---|---|---|---|---|
| Datum | Beleg | Konto | Soll | Haben |
| 15.07. | ER 102 | Geschäftsausstattung | 2.000 | |
| | | Kasse | | 500 |
| | | Bank | | 1.500 |

**Übernahme einer Buchung vom Grundbuch ins Hauptbuch**

Jede Buchung, die chronologisch im Journal erfasst ist, muss im **Hauptbuch** sachlich zugeordnet werden. Für das vorher genannte Beispiel werden drei T-Konten benötigt, in denen bereits ein Anfangsbestand gebucht ist. Das Buchen in den T-Konten kann direkt aus dem Buchungssatz heraus erfolgen, indem zunächst das Konto gesucht wird, in dem der zu buchende Betrag auf der Soll-Seite einzutragen ist. Vor dem Betrag wird/werden das/die Gegenkonto/en notiert, damit bei einer Kontrolle die gesamte Buchung nachvollzogen werden kann. In der Praxis würden sinnvollerweise auch noch Datum und Belegnummer angegeben, damit der zugehörige Beleg schneller gefunden werden kann. Für unser Beispiel ergeben sich die folgenden Eintragungen in die T-Konten:

| Soll | **Geschäftsausstattung** | Haben |
|---|---|---|
| EBK | 80.000 | |
| Ka/Ba | 2.000 | |

| Soll | **Kasse** | Haben |
|---|---|---|
| EBK | 2.000 | Ga 500 |

| Soll | **Bank** | Haben |
|---|---|---|
| EBK | 8.000 | Ga 1.500 |

**Aufgaben**

**14** Bilden Sie die Buchungssätze zu folgenden Geschäftsfällen:

|   |   |   |
|---|---|---|
| a) | Verkauf von Büromöbeln zum Buchwert, bar | 1.200 € |
| b) | Verkauf eines Computers zum Buchwert auf Ziel | 340 € |
| c) | Kunde überweist unsere Rechnung | 2.200 € |
| d) | Banküberweisung an einen Lieferer | 1.870 € |
| e) | Barabhebung vom Bankkonto | 1.500 € |
| f) | Kauf eines Fotokopierers gegen Bankscheck | 570 € |
| g) | Aufnahme eines Darlehens bar | 4.000 € |
| h) | Ausgleich einer Kundenrechnung durch Banküberweisung | 560 € |
| i) | Umwandlung einer Liefererschuld in ein Darlehen | 2.400 € |
| j) | Bareinzahlung der Tageslosung auf das Bankkonto der Buchhandlung | 1.600 € |
| k) | Tilgung einer Hypothekenschuld durch Banküberweisung | 3.000 € |
| l) | Barkauf eines gebrauchten Wandregals | 1.130 € |

| | | |
|---|---|---|
| **m)** | Zahlungseingang von einem Kunden auf dem Bankkonto | 400 € |
| **n)** | Barzahlung an einen Lieferer | 1.150 € |
| **o)** | Kauf eines Grundstücks gegen Banküberweisung | 350.000 € |
| **p)** | Kunde begleicht offene Rechnung bar | 170 € |
| **q)** | Tilgung eines Darlehens bar | 2.500 € |
| **r)** | Barkauf eines Computers | 5.600 € |
| **s)** | Aufnahme eines Darlehens, Gutschrift auf dem Bankkonto | 10.000 € |

**15** Welche Geschäftsfälle liegen den folgenden Buchungssätzen zugrunde?

- **a)** Kasse an Bank
- **b)** Geschäftsausstattung an Verb. a. LL
- **c)** Bank an Kasse
- **d)** Langfristige Bankverbindlichkeiten an Bank
- **e)** Forderungen an Geschäftsausstattung
- **f)** Verb. a. LL an Bank
- **g)** Kasse an Geschäftsausstattung
- **h)** Kasse an Forderungen
- **i)** Fuhrpark an Bank
- **j)** Bank an Forderungen
- **k)** Bebaute Grundstücke an Bank
- **l)** Bank an langfristige Bankverbindlichkeiten
- **m)** Geschäftsausstattung an Kasse
- **n)** Kasse an Fuhrpark

**16** Bilden Sie die Buchungssätze zu folgenden Geschäftsfällen:

| | | |
|---|---|---|
| **a)** | Kauf eines PC für | 2.000 € |
| | Anzahlung bar | 500 € |
| | Rest auf Rechnung | 1.500 € |
| **b)** | Kunde begleicht Rechnung, Rechnungsbetrag insgesamt | 250 € |
| | Barzahlung | 50 € |
| | Bankscheck | 200 € |
| **c)** | Wir begleichen die Rechnung unseres Lieferers, Rechnungsbetrag | 1.200 € |
| | Barzahlung | 400 € |
| | durch Banküberweisung | 800 € |
| **d)** | Kauf eines PKW für | 20.000 € |
| | Anzahlung per Bankscheck | 1.000 € |
| | Rest auf Ziel | 19.000 € |
| **e)** | Tilgung einer Darlehensschuld über | 10.000 € |
| | Bar | 2.000 € |
| | Rest per Banküberweisung | 8s.000 € |

**17** Welcher Geschäftsfall lag den folgenden Buchungssätzen zugrunde?

| a) | Verb. a. LL | 3.000 € | an | Bank | 2.000 € |
|---|---|---|---|---|---|
| | | | | Kasse | 1.000 € |
| b) | Fuhrpark | 15.000 € | an | Kasse | 2.000 € |
| | | | | Verb. a. LL | 13.000 € |
| c) | Bank | 5.000 € | an | Langfr. Bankverb. | 10.000 € |
| | Kasse | 5.000 € | | | |
| d) | Beb. Grundstücke | 150.000 € | an | Bank | 20.000 € |
| | | | | Langfr. Bankverb. | 130.000 € |
| e) | Gesch.ausstattung | 8.000 € | an | Bank | 6.000 € |
| | | | | Kasse | 2.000 € |

**18** Für die Eröffnungsbilanz einer Buchhandlung liegen folgende Anfangsbestände vor:

Waren 60.000 €, Eigenkapital 160.000 €, Ladenausstattung 75.000 €, Langfr. Bankverb. 110.000 €, Fuhrpark 25.000 €, Forderungen 20.000 €, Bank 35.000 €, Verb. a. LL 45.000 €, Gebäude 90.000 €, Kasse 10.000 €.

**Geschäftsfälle:**

| | | |
|---|---|---|
| 1. | Barverkauf von gebrauchten Regalen und Mobiliar zum Buchwert von | 800 € |
| 2. | Verkauf eines gebrauchten Geschäftswagens | 10.000 € |
| | Bezahlung durch Banküberweisung | 6.000 € |
| | bar | 4.000 € |
| 3. | Umwandlung einer Verbindlichkeit in ein Darlehen | 3.000 € |
| 4. | Begleichung einer Eingangsrechnung durch Banküberweisung | 6.000 € |
| 5. | Verkauf einer gebrauchten Ladeneinrichtung gegen Bankscheck | 10.000 € |
| 6. | Kauf eines Geschäftswagens | 14.000 € |
| | durch Banküberweisung | 9.000 € |
| | bar | 5.000 € |
| 7. | Einlage des Inhabers | 10.000 € |
| | in Form von Bargeld | 2.500 € |
| | Bankeinlage | 7.500 € |
| 8. | Tilgung einer Hypothekenschuld per Banküberweisung | 10.000 € |

**a)** Erstellen Sie die Eröffnungsbilanz.
**b)** Bilden Sie die Buchungssätze zu den Geschäftsfällen.

c) Eröffnen Sie die benötigten Konten und tragen Sie die Anfangsbestände ein.

d) Buchen Sie die Geschäftsfälle in T-Konten.

e) Schließen Sie die Konten ab und erstellen Sie die Schlussbilanz.

## 3.4
## Kontenrahmen und Kontenplan

Die Buchführung dient sowohl der internen als auch der externen Kontrolle eines Unternehmens. Für die interne Kontrolle ist von Bedeutung,
die Entwicklung der Unternehmung sowohl mit früheren Rechnungsperioden (Zeitvergleich) als auch mit anderen Betrieben der gleichen Branche (Betriebsvergleich) vergleichen zu können. Dazu muss die Buchführung nach einheitlichen Grundsätzen organisiert werden, und die Geschäftsfälle müssen in allen Rechnungsjahren und allen Betrieben einer
Branche in den gleichen Konten gebucht werden. Zu diesem Zweck wurde für jeden Wirtschaftszweig (Industrie, Großhandel, Einzelhandel,
Banken etc.) ein branchenspezifischer Kontenrahmen geschaffen. **Der
Kontenrahmen ist ein unternehmensunabhängiger Organisations-
bzw. Gliederungsplan der branchenspezifisch üblichen Konten.** Im
Sortimentsbuchhandel wird der **Einzelhandelskontenrahmen (EKR)** verwendet, der nach dem Dezimalsystem aufgebaut und diesem Buch bei-
liegt ist. Er gliedert sich in:
- 10 Kontenklassen, z. B. Kontenklasse 0 für Anlagevermögen;
- 10 Kontengruppen, z. B. 08 für Andere Anlagen, Betriebs- und
  Geschäftsausstattung;
- 10 Kontenarten, z. B. 086 Büromaschinen und
- 10 Kontenunterarten, z. B. 0861 PC, Notebook, Rechner.

Die Informationen werden absteigend immer differenzierter. Die drei-
stellige Kontenart ist nicht zwingend erforderlich und die vierstellige
Kontengliederung ist ebenfalls nicht verpflichtend. Beispielhaft sei die
(Fein-)Gliederung der Kontenklasse 6 aufgezeigt:

| | | | |
|---|---|---|---|
| Einstellig: | Kontenklasse | 6 | Betriebliche Aufwendungen |
| Zweistellig: | Kontengruppe | 68 | Aufwendungen für Kommunikation |
| Dreistellig: | Kontenart | 680 | Büromaterial |
| Vierstellig: | Kontenunterart | 6801 | Kopierpapier |

In der Kontenklasse 8 sind die für die Eröffnung und den Abschluss notwendigen Konten aufgeführt. Die Kontenklasse 9 kann für das interne
Rechnungswesen, insbesondere für die Kosten- und Leistungsrechnung
(siehe Kap. 4) verwendet werden.

Der Kontenrahmen ist inhaltlich nach dem Abschlussgliederungsprinzip (Gliederung entsprechend dem handelsrechtlichen Aufbau in Bilanz / § 266 HGB und GuV / § 275 HGB) aufgebaut. Die Kontenklassen 0 bis 4 enthalten die Bestandskonten, die über das Schlussbilanzkonto abgeschlossen werden. Innerhalb dieser fünf Kontenklassen ist die Reihenfolge nach der Vorschrift des § 266 HGB über Aufbau und Gliederung der Bilanz festgelegt. Daraus ergibt sich für die Bestandskonten folgende Aufteilung:

| Bestandskonten | | | | |
|---|---|---|---|---|
| **Aktiva** | | | **Passiva** | |
| Anlagevermögen | | Umlaufvermög. | | |
| Kontenklasse 0 | Kontenklasse 1 | Kontenklasse 2 | Kontenklasse 3 | Kontenklasse 4 |
| Immaterielle Vermögensgegenstände und Sachanlagen | Finanzanlagen | Umlaufvermögen und aktive Rechnungsabgrenzung | Eigenkapital und Rückstellungen | Verbindlichkeiten und passive Rechnungsabgrenzung |

Die Kontenklassen 5, 6 und 7 (siehe Kap. 3.6) sind entsprechend der in § 275 HGB aufgeführten Reihenfolge geordnet. Daraus ergibt sich folgende Einteilung:

| Erfolgskonten | | |
|---|---|---|
| Kontenklasse 5 | Kontenklasse 6 | Kontenklasse 7 |
| Erträge | Betriebl. Aufwendungen | Weitere Aufwendungen |

### Kontenplan

Der vom Hauptverband des Deutschen Einzelhandels vorgegebene Kontenrahmen versucht, mit seiner Kontenauswahl den Bedürfnisse des gesamten Einzelhandels zu entsprechen. Er kann daher zwangsläufig nicht auf die Besonderheiten der Buchhandels und schon gar nicht auf die besonderen Bedürfnisse der einzelnen Sortimentsbuchhandlung zugeschnitten sein. Und so ist in der Buchbranche jedes einzelne Unternehmen aufgefordert, für sich – in Anlehnung an den Kontenrahmen – einen individuell auf die eigenen Bedürfnisse zugeschnitten Kontenplan aufzustellen, in dem nur Konten vorkommen, die das Unternehmen für seine Geschäftsfälle braucht. Diese Konten werden aus dem branchenspezifischen Kontenrahmen übernommen. Unter Umständen wird der Kontenplan sogar um eigene Konten ergänzt, die der Kontenrahmen nicht enthält. (Die Kontenunterart ist frei wählbar).

Die Buchführung wird inzwischen fast ausschließlich über EDV durchgeführt. Die Kontenbezeichnungen werden bei der Erfassung der Buchungen durch die i. d. R. 4-stelligen Kontennummern des Kontenplans ersetzt. Fehlende Nummern, falls es sich nicht ohnehin um eine Kontenunterart handelt, werden durch Nullen ergänzt. **Der Kontenplan stellt die tatsächliche spezifische Kontenorganisation des jeweiligen Unternehmens dar.**

## Aufgaben

19 Kennzeichnen Sie die richtigen Aussagen mit einer **1**
und die falschen Aussagen mit einer **2**.

☐ Alle Unternehmen in Deutschland verwenden den gleichen Kontenrahmen.

☐ Inhalte, Reihenfolge und Unterteilung der Konten im Kontenrahmen entsprechen den Vorschriften über Aufbau und Gliederung von Bilanz und Gewinn- und Verlustrechnung im HGB.

☐ Ein einheitlicher Kontenrahmen ist die Voraussetzung für Zeit- und Branchenvergleiche.

☐ Die Auswahl und Reihenfolge der Konten im Kontenrahmen kann der einzelne Betrieb festlegen.

☐ Der Kontenrahmen ist nur für die Finanzbuchhaltung, also das externe Rechnungswesen zu verwenden.

20 Ordnen Sie die folgenden Begriffe den im Einzelhandelskontenrahmen vorgesehenen Kontenklassen zu:

☐ Ergebnisrechnungen

☐ Verbindlichkeiten und passive Rechnungsabgrenzung

☐ Betriebliche Aufwendungen

☐ Umlaufvermögen und aktive Rechnungsabgrenzung

☐ Immaterielle Vermögensgegenstände und Sachanlagen

☐ Finanzanlagen

☐ Kosten- und Leistungsrechnung

☐ Erträge

☐ Eigenkapital und Rückstellungen

☐ Weitere Aufwendungen

21 Welche Aussage über den Kontenplan ist zutreffend?

☐ Der Kontenplan ist die für den Einzelhandel zusammengestellte Variante des Kontenrahmens.

☐ Der Kontenplan ist für alle Branchen gleich.

☐ Der Kontenplan wird vom Buchhalter eines Betriebes frei nach dessen Bedürfnissen zusammengestellt.

☐ Der Kontenplan ist die betriebsspezifische Zusammenstellung der Konten in Anlehnung an den Kontenrahmen.

☐ Die Grundlage für die Reihenfolge der Konten ist in der Abgabenordnung festgelegt.

## 3.5
## Organisation der Finanzbuchhaltung

Jeder Kaufmann und jede Kauffrau ist gesetzlich zur Buchführung verpflichtet (siehe Kap. 3.1). Die Buchungen müssen so organisiert sein, dass sie jederzeit nachvollziehbar sind. Um die Buchungen sowohl in der zeitlichen Reihenfolge, als auch nach sachlichen Gesichtspunkten aufzuführen, werden verschiedene Bücher verwendet. Der Begriff Bücher stammt noch aus der Zeit, als die Buchführung tatsächlich im Form von gebundenen Büchern oder geordneten Loseblatt-Sammlungen erfolgte. Heute liegen sie meist in digitaler Form vor, was allerdings an der sachlichen Organisation nichts geändert hat. Auch die Belege, die als Nachweis für die Richtigkeit der Buchung dienen, liegen inzwischen teilweise digital vor.

### 3.5.1
### Bücher der Finanzbuchhaltung

Zu den Büchern einer vollständigen Buchhaltung gehören zum einen das Grundbuch (Journal), das den zeitlichen Ablauf der Buchungen dokumentiert, und zum anderen das Hauptbuch, in dem die Buchungen sachlich nach Konten geordnet sind. Ferner die Nebenbücher, in denen wichtige Einzelheiten zu bestimmten Konten näher erläutert sind.

#### Grundbuch

Im Grundbuch (Journal) werden die einzelnen Geschäftsfälle zunächst in zeitlicher (chronologischer) Reihenfolge auf Grundlage der vorkontierten Buchungsbelege erfasst. So können die einzelnen Buchungen gut nachvollzogen und mit dem dazugehörigen Beleg überprüft werden. Ein Journal muss folgende Daten ausweisen: Belegdatum, Belegnummer, Buchungstext, Kontierung und Betrag.

**BEISPIEL**

| Journal | | | Monat: Juni | | | Seite ... | |
|---|---|---|---|---|---|---|---|
| **Datum** | **Beleg** | **Buchungstext** | **Konten** | | **Betrag in €** | | |
| | | Übertrag von Seite... | Soll | Haben | Soll | Haben | |
| 07. 06. | Bankauszug 12 | Darlehenstilgung | 4250 | 2800 | 250,00 | 1.150,00 | |
| | | Zinsaufwendungen | 7510 | | 875,00 | | |
| | | Gebühren, Spesen | 6750 | | 25,00 | | |
| ... | ... | ... | | | | | |

Die Buchungen des Journals müssen außerdem in den Sachkonten des Hauptbuches erfolgen, und unter Umständen sind Vermerke in den Nebenbücher einzutragen. In einer EDV-gestützten Buchführung erfolgt die Buchung in den Sachkonten automatisch mit der Journalbuchung.

## Hauptbuch

In dem Hauptbuch werden alle Buchungen sachlich nach einzelnen Konten aufgeführt, sodass sich zu jedem beliebigen Zeitpunkt der Stand (Saldo) der einzelnen Konten ablesen lässt. Die hierfür verwendeten Sachkonten entsprechen den Bestands- und Erfolgskonten des im Betrieb verwendeten Kontenplans. **Das Hauptbuch entspricht den verwendeten T-Konten.** Ähnlich wie im Grundbuch werden auch im Hauptbuch die Informationen Belegdatum, Belegnummer, Buchungstext, Gegenkonto sowie der Betrag in Euro im Soll und im Haben erfasst.

**BEISPIEL**

| | 2800 Bank | | | | |
|---|---|---|---|---|---|
| **Seite 15** | | | | **Betrag in €** | |
| Datum | Beleg | Buchungstext | Gegenkonto | Soll | Haben |
| 07. 06. | Bankauszug 12 | Überweisung Zahllast | 4800 | 350,00 | |
| 07. 06. | Bankauszug 12 | Gutschrift für Miete | 5400 | | 800,00 |
| ... | ... | ... | | | |

**Nebenbücher**

Um nähere Informationen zu notieren, werden für einige Sachkonten entsprechende Nebenbücher geführt. Hier ein Überblick über die wichtigsten Nebenbücher:

| Sachkonto | Nebenbücher |
|---|---|
| Ford. a. LL | **Kontokorrentbuch Debitoren** – für jeden Kunden wird ein eigenes Personenkonto geführt |
| Verb. a. LL | **Kontokorrentbuch Kreditoren** – Personenkonten für alle Lieferer |
| Löhne und Gehälter | **Lohn- und Gehaltsbuchhaltung** – Lohn- und Gehaltskonten für jeden Mitarbeiter |
| Anlagekonten | **Anlagenkartei** – Für jeden Gegenstand des Anlagevermögens wird ein digitaler Anlagendatensatz geführt, auf dem Anschaffungskosten, Anschaffungszeitpunkt, Nutzungsdauer und jeweils der letzte Buchwert ausgewiesen werden. |

Die in der Kontokorrentbuchhaltung geführten Personenkonten haben fünfstellige Nummern. Die Unterteilung von Forderungen und Verbindlichkeiten in einzelne Kunden- bzw. Lieferantenkonten ermöglicht das Führen von Offenen-Posten-Listen (für offene Posten wird häufig die Abkürzung OP verwendet). Hierin können Zahlungstermine überwacht werden. In der EDV-gestützten Buchhaltung wird zunächst nur in den Personenkonten gebucht. Für den Jahresabschluss werden die Debitoren im Konto 2400 **Forderungen a. LL** und die Kreditoren im Konto 4400 **Verbindlichkeiten a. LL** zusammengefasst.

## 3.5.2
## Buchen nach Belegen

Um die Richtigkeit von Buchungen überprüfen zu können, muss zu jeder Buchung ein Beleg vorliegen. Daher lautet der wichtigste Grundsatz ordnungsgemäßer Buchführung: **Keine Buchung ohne Beleg!**

Nicht alle Belege liegen heutzutage in Papierform vor. So genügt im Rahmen der elektronischen Banküberweisung auch eine entsprechende Datei als Nachweis. Für fehlende Belege müssen ggf. Ersatzbelege ausgestellt werden. Je nachdem ob die Belege im Geschäftsverkehr mit Außenstehenden oder aus innerbetrieblichen Geschäftsfällen entstanden sind, unterscheidet man externe und interne Belege, die auf der folgenden Seite gegenübergestellt sind.

| **Externe Belege** (von Außenstehenden erstellt) | **Interne Belege** (innerbetrieblich erstellt) |
|---|---|
| **BEISPIELE** • Quittungen • Eingangsrechnungen (ER) • Geschäftsbriefe über Rücksendungen, Preisnachlässe oder nachträgliche Belastungen • Bankbelege (z. B. Kontoauszüge) | **BEISPIELE** • Quittungsdurchschriften • Kopien von Ausgangsrechnungen (AR) • Durchschrift der Geschäftsbriefe an Kunden über Rücksendungen, Preisnachlässe oder nachträgliche Belastungen • Kassenbericht • Lohn- und Gehaltslisten • Belege über Privatentnahmen • Belege über Umbuchungen und Abschlussbuchungen |

Die Belege werden nach den folgenden Arbeitsstufen bearbeitet:
1. Überprüfung der Belege auf ihre sachliche und wertmäßige Richtigkeit.
2. Sortierung der Belege nach Belegart, z. B. nach Ausgangsrechnungen, um Sammelbuchungen zu ermöglichen.
3. Fortlaufende Nummerierung der Belege nach Belegart.
4. Vorkontierung der Belege durch einen Buchungsstempel auf dem Beleg. Im Kontierungsstempel ist bereits die Buchung auf dem Beleg vermerkt (siehe nebenstehende Abbildung).
5. Die Belege werden abgelegt und müssen 10 Jahre aufbewahrt werden, gerechnet vom Ende des Kalenderjahres, in dem der Beleg entstanden ist (siehe Kap. 3.1). Traditionell werden die Belege in Ordnern aufbewahrt. Um Platz zu sparen, können sie auch auf elektronischen Medien gespeichert werden.

### Aufgaben
22 Kennzeichnen Sie die richtigen Aussagen mit einer **1** und die falschen Aussagen mit einer **2**.
☐ Im Grundbuch werden wichtige Einzelheiten zu den Konten näher erläutert.
☐ Im Hauptbuch sind die Buchungen sachlich geordnet.
☐ In den Nebenbüchern sind Geschäftsfälle chronologisch aufgeführt.
☐ Im Hauptbuch lässt sich jederzeit der Saldo der Sachkonten ermitteln.
☐ In der Kontokorrentbuchhaltung werden Personenkonten geführt.
☐ In der Anlagenkartei werden nähere Informationen für jeden Gegenstand des Anlagevermögens ausgewiesen.

**Land in Sicht**

Land in Sicht ▮ Buchladen Nordend ▮ Rotteckstraße 13 ▮ 80316 Frankfurt

Frau
Kirsten Dehler
Unter den Linden 7
**D 65183 Wiesbaden**

Belegvermerk:
Ausgangsrechnung 194464

| **Rechnung Nr.** 194464 | **vom** 31.05.2015 | | **Kundennr.** | 23166 | | |
|---|---|---|---|---|---|---|
| Anz. AutorIn/Titel | | | | | Einzelpreis | Gesamtpreis |
| 1 Franz Hinze/ Gründung und Führung einer Buchhandlung | | | | | | |
| ISBN 978-3-934054-86-8 | | | | | 60,00 € | 60,00 € |

Vorkontierung →

| Konto | Soll | Haben |
|---|---|---|
| 2400 | 60,00 | |
| 5000 | | 56,07 |
| 4800 | | 3,93 |

Buchungsvermerk:
J VI/1 = Journal Juni Seite 1 → Gebucht: 02.06.2015 JVI/1/SK
SK = Kurzzeichen der Buchhalterin

Bitte geben Sie bei jeder Überweisung immer Kunden- und Rechnungsnummer an.
Zahlbar sofort ohne jeden Abzug.
Wir danken für Ihren Auftrag.

**Rechnungsbetrag** _____ 60,00 €

| 60,00 € | Enthalten 7% MWSt = | 3,93 € | steuerl. Entgelt = | 56,07 € |
|---|---|---|---|---|
| | Enthalten 19% MWSt = | 0,00 € | steuerl. Entgelt = | 0,00 € |

Rechnungsdatum entspricht Leistungsdatum, sofern nicht anders angegeben

Land in Sicht  ▮ Buchladen Nordend GmbH  ▮ Rotteckstraße 13  ▮ 60316 Frankfurt am Main
Telefon 069 443095  ▮ Fax 069 4909266  ▮ landinsicht@online.de  ▮ www.landinsicht.eu
Postbank KTO 502221601  ▮ BLZ 50010060  Frankf. Sparkasse KTO 55533523  BLZ 50050201

USt-IdNr.: DE 115280621  ▮▮▮▮ ▮▮St.Nr.  45 136 5896
Verk.Nr.: 32516  ▮▮72 HRB 17430  Amtsgericht FFM
Geschäftsführer:Johannes Roether ▮Dieter Schiefelbein

☐ Wenn ein Beleg verloren geht, wird ohne Beleg gebucht.

☐ Belege müssen zehn Jahre aufbewahrt werden.

☐ Belege müssen fortlaufend nach Belegart nummeriert werden.

**23** Kennzeichnen Sie mit einer

**1**, wenn es sich um einen externen Beleg handelt, und mit einer

**2**, wenn es sich um einen internen Beleg handelt.

☐ Kontoauszug

☐ Kassenbuch

☐ Lohn- und Gehaltslisten

☐ Eingangsrechnungen

☐ Quittungsdurchschriften

**24** Wozu dient das Führen von Kontokorrentbüchern?

**25** In welchen Konten werden beim Jahresabschluss

**a)** die Debitoren,

**b)** die Kreditoren zusammengefasst?

**26** Nennen Sie die Arbeitsstufen, in denen Belege bearbeitet werden.

## 3.6
## Erfolgswirksame Geschäftsfälle

Die im Kapitel 3.3.2 besprochenen Geschäftsfälle wirken sich – bis auf das Konto Eigenkapital – auf die Zusammensetzung von Vermögen und Schulden aus, sodass die Schlussbilanz in fast allen Konten Abweichungen zur Eröffnungsbilanz aufweist. Ziel und Zweck einer Unternehmung ist es jedoch, Eigenkapital zu mehren, wobei der Unternehmer immer auch gleichzeitig das Risiko trägt, dieses zu verlieren.

Das Eigenkapital wird durch Gewinne vermehrt und durch Verluste gemindert. Gewinne werden in erster Linie dadurch erzielt, dass Bücher oder andere Handelswaren teurer verkauft werden, als sie eingekauft wurden. Außer durch den Einkauf von Waren wird der Gewinn aber auch noch durch den Gebrauch oder Verbrauch von Gütern und Dienstleistungen geschmälert, z. B. durch die Miete von Geschäftsräumen, Gehälter, Werbung etc. Man spricht in diesen Fällen von **Aufwendungen** und bucht die entsprechenden Geschäftsfälle in den Aufwandskonten der Kontenklassen 6 und 7. Die Einnahmen, die durch den Verkauf von Waren entstehen, nennt man **Umsatzerlöse.** Diese zählen – ebenso wie Mieterträge und Zinsgutschriften – zu den **Erträgen.** Alle Erträge werden in der Kontenklasse 5 gebucht.

Aufwands- und Ertragskonten sind Unterkonten des Kontos Eigenkapital. Daraus lässt sich die Buchungsregel ableiten, die für diese Konten gilt: Alle Aufwendungen mindern das Passivkonto Eigenkapital und werden daher im Soll gebucht. Erträge hingegen erhöhen das Eigenkapital und werden folgegemäß im Haben gebucht. Da sowohl Aufwendungen als auch Erträge den Erfolg einer Unternehmung verändern, werden sie als **Erfolgskonten** bezeichnet.

Damit man am Ende einer Rechnungsperiode einen schnellen Überblick über den Erfolg der Unternehmung erhält, werden die Erfolgskonten nicht direkt über das Eigenkapitalkonto abgeschlossen, sondern zunächst im **Gewinn- und Verlustkonto (GuV-Konto)** gesammelt. Der Saldo dieses Kontos weist dann den Gewinn oder Verlust des Abrechnungszeitraums aus, der dann wiederum auf das Eigenkapitalkonto umgebucht wird.

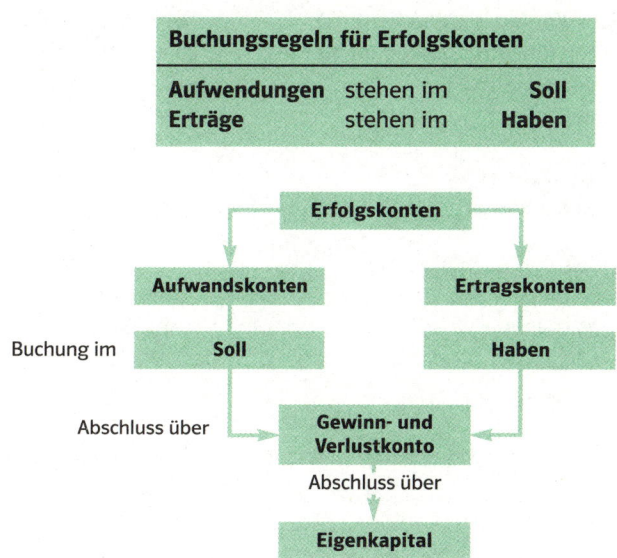

In Anlehnung an die Bilanzgliederungsvorschrift des §266 HGB (für große und mittelgroße Kapitalgesellschaften) wird unter der Position Eigenkapital der Gewinn bzw. Verlust des abgeschlossenen Geschäftsjahres als Jahresüberschuss bzw. Jahresfehlbetrag separat ausgewiesen.

**BEISPIEL**
Anhand einer kleinen Eröffnungsbilanz und vier Geschäftsfällen wird der komplette Buchungsgang inklusive des Abschlusses der Konten erläutert:

| Aktiv | Eröffnungsbilanz | | Passiv |
|---|---|---|---|
| Bank | 12.000 | Eigenkapital | 15.000 |
| Kasse | 3.000 | | |
| | 15.000 | | 15.000 |

**Geschäftsfälle**

1. Banküberweisung der Kfz-Steuer           200 €
2. Zinsgutschrift auf das eigene Bankkonto 800 €
3. Banküberweisung der Gehälter             8.000 €
4. Mieteinnahmen bar                        9.000 €

**VORGEHENSWEISE**

Zunächst werden die Buchungssätze zu den Geschäftsfällen gebildet. Vor den Konten werden die Nummern aus dem Kontenrahmen angegeben. Für den 1. Buchungssatz müssen folgende Überlegungen angestellt werden:

| | |
|---|---|
| **Welche Konten werden berührt?** | ► 7030 Kfz-Steuer und 2800 Bank |
| **Welchen Charakter haben die Konten?** | ► 7030 = Aufwand,   2800 = Aktiv |
| **Zu- oder Abnahme?** | ► Bank nimmt ab (—) |
| **Buchungsseite?** | ► 7030 im Soll        2800 im Haben |

Buchungssatz

1. 7030 **Kfz-Steuer**              an   2800 **Bank**                          200

Die weiteren Buchungssätze:

2. 2800 **Bank**               an   5710 **Zinserträge**              800
3. 6300 **Gehälter**           an   2800 **Bank**                     8.000
4. 2880 **Kasse**              an   5400 **Mieterträge**              9.000

Nun wird in den Sachkonten (Bestands- und Erfolgskonten) gebucht.

Bestandskonten:

| Soll | 2800 **Bank** | | Haben |
|---|---|---|---|
| EBK | 12.000 | 7030 | 200 |
| 5710 | 800 | 6300 | 8.000 |
| | | ③ 8010 | 4.600 |
| | 12.800 | | 12.800 |

| Soll | 3000 **Eigenkapital** | | Haben |
|---|---|---|---|
| ③ 8010 | 16.600 | EBK | 15.000 |
| | | ② 8020 | 1.600 |
| | 16.600 | | 16.600 |

| Soll | 2880 **Kasse** | | Haben |
|---|---|---|---|
| EBK | 3.000 | ③ 8010 | 12.000 |
| 5400 | 9.000 | | |
| | 12.000 | | 12.000 |

Erfolgskonten:

| Soll | 7030 **Kfz-Steuer** | Haben | | Soll | 5710 **Zinserträge** | Haben |
|---|---|---|---|---|---|---|
| 2800 | 200 | ① 8020  200 | | ① 8020  800 | 2800 | 800 |
| | 200 | 200 | | | 800 | 800 |

| Soll | 6300 **Gehälter** | Haben | | Soll | 5400 **Mieterträge** | Haben |
|---|---|---|---|---|---|---|
| 2800 | 8.000 | ① 8020  8.000 | | ① 8020  9.000 | 2880 | 9.000 |
| | 8.000 | 8.000 | | | 9.000 | 9.000 |

| Soll | 8020 **GuV** | | | Haben |
|---|---|---|---|---|
| ① 7030 Kfz-Steuer | 200 | ① 5710 Zinserträge | | 800 |
| ① 6300 Gehälter | 8.000 | ① 5400 Mieterträge | | 9.000 |
| ② 3000 Eigenkapital | 1.600 | | | |
| | 9.800 | | | 9.800 |

| Aktiv | 8010 **Schlussbilanzkonto** | | | Passiv |
|---|---|---|---|---|
| ③ 2800 Bank | 4.600 | ③ 3000 Eigenkapital | | 16.600 |
| ③ 2880 Kasse | 12.000 | | | |
| | 16.600 | | | 16.600 |

① Wenn alle Geschäftsfälle gebucht sind, werden zunächst die Erfolgskonten abgeschlossen und die jeweiligen Salden auf das Gewinn- und Verlustkonto umgebucht. Der Saldo des Kontos 7030 Kfz-Steuer beispielsweise beträgt 200 €. Er steht im Haben und wird daher auf die Sollseite des GuV-Kontos gebucht.

Auch für diese Umbuchungen, auch vorbereitende Abschlussbuchungen genannt, können Buchungssätze gebildet werden. Sie lauten:

| | | | |
|---|---|---|---|
| 8020 **GuV** | an | 7020 **Kfz-Steuer** | 200 |
| 8020 **GuV** | an | 6300 **Gehälter** | 8.000 |
| 5710 **Zinserträge** | an | 8020 **GuV** | 800 |
| 5400 **Mieterträge** | an | 8020 **GuV** | 9.000 |

Zunächst wird das Konto genannt, in dem der Betrag im Soll steht, dann das Konto, in dem er im Haben steht.

Nachdem alle Erfolgskonten abgeschlossen und umgebucht sind, stehen im GuV-Konto wieder alle Aufwendungen im Soll und alle Erträge im Haben.

② Im GuV-Konto wird jetzt der Gewinn oder Verlust ermittelt. Dazu wird zunächst die betragsmäßig größere Seite addiert und als Summe auf der entsprechenden Seite notiert. Dann wird auf der anderen Seite der Saldo gebucht. Steht der Saldo im Soll, so hat das Unternehmen einen Gewinn erzielt (die Ertragsseite ist betragsmäßig größer). Ein Saldo im Haben entsteht, wenn das Unternehmen mehr Aufwendungen als Erträge hat, also einen Verlust erwirtschaftet hat. Der Gewinn oder Verlust wird auf das Eigenkapitalkonto umgebucht. Im Falle des Gewinns, wie im vorliegenden Beispiel, lautet der Buchungssatz für die Umbuchung:

| 8020 **GuV** | an | 3000 **Eigenkapital** | 1.600 |

Der Gewinn von 1.600 €, der am Ende des Geschäftsjahres festgestellt wird, vermehrt das vorhandene Eigenkapital vom Anfang des Geschäftsjahres. Er steht deswegen unmittelbar im Haben des Kontos Eigenkapital unter dem Anfangsbestand und ergibt mit diesem zusammen den neuen Endbestand.

Bei Kapitalgesellschaften dagegen hat sich der Gesetzgeber aus Gründen der Bilanzklarheit entschieden, das gesamte Eigenkapital in seine Bestandteile aufzugliedern. Nach § 266 Abs. 3 A HGB besteht das gesamte Eigenkapital zumindest aus

- gezeichnetem Kapital (AG: Grundkapital, GmbH: Stammkapital)
- Kapitalrücklagen
- Gewinnrücklagen
- Gewinn- oder Verlustvortrag
- Jahresüberschuss oder –fehlbetrag

Der Abschluss des Periodenerfolgs des GuV-Kontos (Jahresüberschuss oder Jahresfehlbetrag) erfolgt über einen separaten Posten des Eigenkapitals im Schlussbilanzkonto und wird in der Bilanz gesondert ausgewiesen.

③ Im letzten Schritt werden die Bestandskonten abgeschlossen und ihr Saldo auf das Schlussbilanzkonto umgebucht. Daraus ergeben sich die folgenden Buchungssätze:

| 8010 **Schlussbilanzkonto** | an | 2800 **Bank** | 4.600 |
| 8010 **Schlussbilanzkonto** | an | 2880 **Kasse** | 4.000 |
| 3000 **Eigenkapital** | an | 8010 **Schlussbilanzkonto** | 16.600 |

Die Differenz zwischen Aufwendungen und Erträgen innerhalb des Geschäftsjahres ergibt entweder einen Gewinn (Erträge > Aufwendungen) oder einen Verlust (Aufwendungen > Erträge). Der Gewinn steht links im GuV-Konto, der Verlust rechts. Es heißt ja auch GuV und nicht etwa VuG.

| Soll | GuV | Haben |
|---|---|---|
| **Gewinn** | | **Verlust** |
| Erträge > Aufwendungen | | Aufwendungen > Erträge |

Das GuV-Konto ist Teil der Buchhaltung. Kapitalgesellschaften müssen ihre GuV-Rechnung gemäß § 275 HGB in Staffelform (tabellarisch, untereinander) erstellen.

**Aufgaben**

27 Bilden Sie Buchungssätze zu folgenden Geschäftsfällen:

- **a)** Stromrechnung (Abschlag), vom Bankkonto
  abgebucht                                                          450 €
- **b)** Wertpapierzinsen werden dem Bankkonto
  gutgeschrieben                                                   1.200 €
- **c)** Rechnung für eine buchhändlerische Fachzeitschrift
  (keine Ware). Preis für das Jahresabonnement        320 €
- **d)** Telefonrechnung vom Bankkonto abgebucht         360 €
- **e)** Miete wird dem eigenen Bankkonto gutgeschrieben   1.400 €
- **f)** Lastschrift über Grundsteuer auf eigenes Bankkonto   240 €
- **g)** Kontoführungsgebühr und                                    36 €
  Überziehungszinsen                                              180 €
  werden dem Bankkonto belastet; insgesamt            216 €
- **h)** Kauf eines Computers                                      5.600 €
  Zahlung: bar                                                      1.600 €
  Rest per Bankscheck
- **i)** Werbeprospekte und Rechnung von Druckerei
  erhalten                                                            550 €
- **j)** Paketschachteln bar bezahlt                                100 €
- **k)** Zugfahrkarte für Abteilungsleiterin,
  die auf einem Fortbildungsseminar war, bar             180 €
- **l)** Einen Kanister ›Meister-Blitz-Blank‹ bar gekauft      45 €
- **m)** Mitgliedsbeitrag für den Börsenverein per Bank
  überwiesen                                                        345 €
- **n)** Sekt für Autorenlesung bar bezahlt                        98 €
- **o)** Neuer Auspuff für Betriebsmotorrad bar bezahlt     220 €

28 Für die Eröffnungsbilanz einer Buchhandlung liegen folgende Anfangsbestände vor:

Kasse 1.000 €, Ladenausstattung 40.000 €, Waren 100.000 €, Langfristige Bankverbindlichkeiten 160.000 €, Bankguthaben 20.000 €, Forderungen 10.000 €, Verbindlichkeiten 20.000 €, Wertpapiere 5.000 €, Bebaute Grundstücke 150.000 €, Eigenkapital ?, Büromaschinen 25.000 €.

**Geschäftsfälle:**

1. Kontoauszug der Bank
   Gutschriften:
   Einzahlung von einem Kunden                            200 €
   Überweisung des Mieters                               1.200 €
   Zinserträge für Wertpapiere                             400 €
   Lastschriften:
   Telefonrechnung                                          300 €
   Darlehenstilgung                                          200 €

| Zinsen | 1.000 € |
|---|---|
| Kontoführungsgebühr | 100 € |
| Gehälter | 5.000 € |
| 2. Kauf eines Scanners und Druckers gegen | |
| Bankscheck | 500 € |
| 3. Wareneinkauf auf Rechnung | 800 € |
| 4. Tageslosung | 2.000 € |
| 5. Bareinzahlung bei der Bank | 2.000 € |
| 6. Barzahlung von Briefmarken und Paketgebühren | 100 € |

a) Erstellen Sie die Eröffnungsbilanz unter Berücksichtigung der im Kontenrahmen vorgegebenen Reihenfolge der Konten.

b) Bilden Sie die Buchungssätze zu den Geschäftsfällen.

c) Eröffnen Sie die benötigten Konten und tragen Sie die Anfangsbestände ein.

d) Buchen Sie die Geschäftsfälle in T-Konten.

e) Schließen Sie die Erfolgskonten ab, buchen Sie den Saldo auf das GuV-Konto um und bilden Sie die Buchungssätze für die Umbuchungen.

f) Schließen Sie die Bestandskonten ab, bilden Sie die Buchungssätze für die Umbuchungen und erstellen Sie die Schlussbilanz.

29 Bei der folgenden Eröffnungsbilanz steht der Anfangsbestand des Kontos Bank im Haben, obwohl dieses Konto bisher als Aktiv-Konto eingeführt wurde. Das Bankkonto ist ein sogenanntes Wechselkonto. Wenn es überzogen ist, also eine Bankschuld vorliegt, erscheint es in der Eröffnungsbilanz auf der Passiv-Seite. Überwiegen am Ende die Einzahlungen, so wird es in der Schlussbilanz wieder auf der Aktiv-Seite stehen. Ein zweites Konto für die Bank muss nicht eröffnet werden.

| Aktiva | | Eröffnungsbilanz | Passiva |
|---|---|---|---|
| Büromaschine | 12.000 | Eigenkapital | ? |
| Waren | 40.000 | Verbindlichkeiten | 11.000 |
| Forderungen | 15.000 | Bank | 4.000 |
| Kasse | 3.000 | | |

**Geschäftsfälle:**

| | | |
|---|---|---|
| 1. Telefonrechnung bar bezahlt | | 80 € |
| 2. Warenverkauf gegen Barzahlung | 2.000 € | |
| auf Ziel | 7.000 € | |
| | | 9.000 € |
| 3. Die Bank belastet Zinsen | | 210 € |
| 4. Kauf einer Büromaschine gegen Bankscheck | | 1.200 € |
| 5. Aushilfsgehälter bar bezahlt | | 1.300 € |

|  |  |  |
|---|---|---|
| 6. | Bankgutschrift von Kunden | 10.000 € |
| 7. | Banküberweisung für Miete an Vermieter | 3.600 € |
| 8. | Bareinzahlung bei der Bank | 2.000 € |
| 9. | Zinserträge werden dem Bankkonto gutgeschrieben | 700 € |
| 10. | Banküberweisung an einen Lieferer | 1.800 € |

**a)** Vervollständigen Sie die Eröffnungsbilanz.

**b)** Bilden Sie die Buchungssätze zu den Geschäftsfällen.

**c)** Eröffnen Sie die benötigten Konten und tragen Sie die Anfangsbestände ein.

**d)** Buchen Sie die Geschäftsfälle in T-Konten.

**e)** Schließen Sie die Erfolgskonten ab, buchen Sie den Saldo auf das GuV-Konto um und bilden Sie die Buchungssätze für die Umbuchungen.

**f)** Schließen Sie die Bestandskonten ab, bilden Sie die Buchungssätze für die Umbuchungen und erstellen Sie das Schlussbilanzkonto.

## 3.7 Warenbuchungen

Der Warenverkauf (Umsatz) ist die wichtigste Quelle des Erfolgs. Gewinne werden dadurch erzielt, dass Bücher und Non-Books (buchaffine Produkte) zu höheren Preisen verkauft werden als sie zuvor eingekauft wurden. Bei Büchern wird der Verkaufspreis (Ladenpreis) als Endpreis lt. Buchpreisbindungsgesetz vom Verlag vorgegeben. Der Einkaufspreis wird durch den Rabatt bestimmt, den der Verlag dem Buchhändler gewährt. Dieser Rabatt muss dann ausreichen, um alle weiteren Kosten der Buchhandlung, wie Gehälter und Miete etc., zu decken, und – wenn möglich – noch einen Gewinn zu erwirtschaften.

Bei den bisherigen Buchungsbeispielen blieb der Umsatz als Erfolgsfaktor unberücksichtigt. Wenn Waren zu unterschiedlichen Preisen ein- und verkauft werden, so können sie nicht im gleichen Konto gebucht werden. Das Konto 2000 (Warenbestand) enthält nur den Anfangs- und Schlussbestand laut Inventur. Alle Wareneinkäufe mindern den Erfolg, sprich letztendlich das Eigenkapital, und stellen daher einen Aufwand dar. Sie werden in folgendem Konto gebucht:

6000 **Aufwendungen für Waren** (Abkürzung: **AfW**).

| Soll | 6000 **AfW** | Haben |
|---|---|---|
| Wareneinkäufe (netto) |  | **AUFWANDSKONTO** |

Auf dem Konto Aufwendungen für Waren (AfW) werden u. a. auch noch Nebenkosten des Einkaufs (Bezugskosten) sowie Rücksendungen aus Warenbezügen und nachträgliche Minderungen des Einkaufspreises (Skonti, Boni, Mängelrügen) erfasst. Den Preis, der sich dann ergibt, nennt man **Bezugspreis oder Einstandspreis.**

Erfasst man auf diesem Konto weiterhin die Warenbestandsveränderungen, denen ab der folgenden Seite ein größerer Absatz gewidmet ist, ergibt sich der Saldo des Kontos AfW. Diesen Saldo nennt man **Wareneinsatz,** und dieser wird als Aufwand in das Konto GuV gebucht.

Die Warenverkäufe (Umsätze) erhöhen den Erfolg und damit ebenfalls das Eigenkapital. Auch sie gehören daher in die Kategorie der Ertragskonten. Alle Buchungen von Warenverkäufen erfolgen im nachstehenden Konto:

5000 **Umsatzerlöse** (Abkürzung **Ue**)

| Soll | 5000 **Umsatzerlöse** | Haben |
|---|---|---|
| | Warenverkäufe (netto) | **ERTRAGSKONTO** |

Ähnlich wie auf dem Konto AfW werden hier auch Rücksendungen und nachträgliche Minderungen des Verkaufspreises erfasst (siehe Kap. 3.9). Der Saldo des Kontos wird dann als Ertrag ebenfalls in das GuV-Konto gebucht.

Auf dem Konto 2000 **Warenbestand** bucht man nur den Anfangs- und den Schlussbestand laut Inventur. Dieses Konto ist ein reines Bestandskonto.

| Soll | 2000 **Warenbestand** | Haben |
|---|---|---|
| **EBK** Anfangsbestand 01.01 | **SBK** Schlussbestand 31.12. lt. Inventur | **BESTANDSKONTO** |

Am Schluss des Geschäftsjahres vergleicht man den Schlussbestand (SB) lt. Inventur mit dem Anfangsbestand (AB) und hat entweder mehr Ware am Lager (SB > AB → Mehrbestand) oder weniger Ware am Lager (SB < AB → Minderbestand). Derartige Bestandsveränderungen werden auf der folgenden Seite vertieft.

In den meisten Einkäufen und Verkäufen eines Unternehmers ist auch Umsatzsteuer (USt) enthalten. Die Umsatzsteuer stellt für das Unternehmen weder Aufwand noch Ertrag dar und muss sowohl bei den Eingangsrechnungen als auch bei den Verkäufen herausgerechnet werden (siehe Kap. 3.8). Einfachheitshalber werden im Folgenden zunächst alle Beträge ohne Umsatzsteuer, somit ›netto‹ angegeben.

**BEISPIELE**

| | |
|---|---|
| 1. Wareneinkauf auf Ziel | 1.000 € |
| 2. Warenverkauf auf Ziel | 200 € |
| 3. Tageslosung | 2.000 € |
| 4. Wareneinkauf gegen Bankscheck | 500 € |

Daraus ergeben sich folgende Buchungssätze:

| | | | | | |
|---|---|---|---|---|---|
| 1. | 6000 **AfW** | an | 4400 | **Verb. a. LL** | 1.000 |
| 2. | 2400 **Forderungen** | an | 5000 | **Ue** | 200 |
| 3. | 2880 **Kasse** | an | 5000 | **Ue** | 2.000 |
| 4. | 6000 **AfW** | an | 2800 | **Bank** | 500 |

In den Sachkonten ergibt sich folgende Darstellung:

| Soll | 6000 **AfW** | Haben | | Soll | 5000 **Ue** | Haben |
|---|---|---|---|---|---|---|
| 4400 | 1.000 | | | | 2400 | 200 |
| 2800 | 500 | | | | 2880 | 2.000 |

**Bestandsveränderungen**

Addiert man die Aufwendungen für Waren im vorliegenden Beispiel, so ergibt sich eine Summe von 1.500 €. Die Summe der Umsatzerlöse liegt bei 2.200 €. Daraus könnte man den Schluss ziehen, dass die Differenz zwischen beiden Summen, nämlich 700 €, dem ›Verdienst‹ aus diesen Geschäftsfällen entspricht. Dieser Schluss ist aber nur dann richtig, wenn alle Waren, die in einer Rechnungsperiode eingekauft worden sind, auch in dieser wieder verkauft werden. Das ist in der Realität meistens nicht der Fall.

Wie viele von den in einer Periode eingekauften Waren tatsächlich verkauft bzw. wie viele von den umgesetzten Waren in der entsprechenden Periode auch tatsächlich eingekauft wurden, ist aus diesem Beispiel nicht zu erkennen, weil nirgends eine Lagerbestandsveränderung vermerkt ist. Wenn aber nicht alle eingekauften Waren auch tatsächlich verkauft wurden und der nichtverkaufte Anteil stattdessen den Lagerbestand erhöht hat, so muss der ›Verdienst‹ (Rohertrag) von 700 € um genau diesen Teil (nach oben hin) korrigiert werden. Der Verdienst (Rohertrag) muss höher sein, denn der ins Lager genommene Teil führt zu einer Erhöhung des Vermögens an Waren und kann in einer späteren Periode verkauft werden. Buchungstechnisch wird dieser ›Mehrertrag‹ durch eine Kürzung des Wareneinsatzes auf dem Konto AfW erzielt.

Wie sich der Lagerbestand im Laufe eines Jahres verändert hat, kann aus dem Konto 2000 Warenbestand abgelesen werden. In diesem Konto werden jeweils die Anfangs- und Endbestände, die bei der Inventur ermittelt wurden, und die Bestandsveränderungen gebucht. Der Unterschied zwischen den beiden Inventurbeständen zeigt uns an, welcher Teil der Einkäufe nicht verkauft wurde (Mehrbestand) bzw. ob zusätzlich zu den Einkäufen noch etwas vom Lager verkauft wurde (Minderbestand). Die Preise, die den Inventurbeständen zugrunde liegen, hängen von der Bewertung des Lagerbestandes ab (siehe Kap. 3.13.3).

| Soll | 2000 **Warenbestand** | Haben |
|---|---|---|
| **EBK** 01.01. | **SBK** 31.12. lt. Inventur | |
| **Mehrbestand** | | ⇦ SALDO |

oder

| Soll | 2000 **Warenbestand** | Haben |
|---|---|---|
| **EBK** 01.01. | **SBK** 31.12. lt. Inventur. | |
| | **Minderbestand** | ⇦ SALDO |

**BEISPIEL**

Der Anfangsbestand der Rechnungsperiode wird mit 830 € in der Eröffnungsbilanz angenommen, der Schlussbestand in dem Schlussbilanzkonto (SBK) mit 900 €. Die Bewertungen der Bestände erfolgen im Rahmen der jeweiligen Inventur. Daraus ergeben sich im Konto Warenbestand folgende Buchungen:

| Soll | | 2000 **Warenbestand** | | Haben |
|---|---|---|---|---|
| 8000 Eröffnungsbilanzkonto | 830 | ① 8010 Schlussbilanzkonto | 900 | |
| ② 6000 AfW | 70 | | | |
| **Mehrbestand** | 700 | | 900 | |

① Der Schlussbestand lt. Inventur wird in das Schlussbilanzkonto gegengebucht mit dem Buchungssatz:

   8010 **Schlussbilanzkonto**          an     2000 **Warenbestand**          900

| Soll | 8010 **SBK** | Haben |
|---|---|---|
| ① Warenbestand | 900 | |

② Aus der Differenz von Anfangs- und Schlussbestand ergibt sich ein Mehrbestand von 70 €, der als Saldo auf der Soll-Seite des Kontos 2000 Warenbestand ermittelt wird. Wenn also am Ende der Periode für 70 € mehr Waren gezählt wurden als am Anfang, müssen diese Waren zwar eingekauft, nicht aber verkauft worden sein. Wenn wir dieses Beispiel mit dem vorher genannten Beispiel verbinden, bedeutet dies, dass von Einkäufen der Periode 70 € von 1.500 € abzuziehen sind, weil sie auf Lager gegangen sind und daher noch nicht als Aufwand (Werteverzehr) zu betrachten sind. Der Mehrbestand von 70 € wird mit folgendem Buchungssatz auf das Konto 6000 Aufwendungen für Waren umgebucht (vorbereitende Abschlussbuchung):

2000 **Warenbestand**          an     6000 **AfW**                 70

In den Erfolgskonten ergibt sich dann folgendes Bild:

| Soll | 6000 **AfW** | Haben | | Soll | 5000 **Ue** | Haben |
|---|---|---|---|---|---|---|
| 4400 | 1.000 | ② 2000 | 70 | | 2400 | 200 |
| 2800 | 500 | | | | 2880 | 2.000 |

Falls in einer Rechnungsperiode mehr Ware verkauft als eingekauft wurde, so wurde diese zwangsläufig aus den Beständen vorangegangener Perioden verkauft. In diesem Fall ergibt sich im Konto 2000 Warenbestand ein Minderbestand, der dann auf die Soll-Seite des Kontos 6000 Aufwendungen für Waren umgebucht wird.

**BEISPIEL**

Der Anfangsbestand wird für diesen Fall mit 1.000 € angenommen.

| Soll | 2000 **Warenbestand** | | Haben |
|---|---|---|---|
| 8000 Eröffnungsbilanzkonto | 1.000 | 8010 Schlussbilanzkonto | 900 |
| | | 6000 AfW | 100 |
| | 1.000 | Minderbestand | 1.000 |

Für die vorbereitende Abschlussbuchung ergibt sich der Buchungssatz:

6000 **AfW**                          an     2000 **Warenbestand**        100 €

Zusammenfassend kann gesagt werden:

**Schlussbestand > Anfangsbestand ⇨ Mehrbestand**
**Schlussbestand < Anfangsbestand ⇨ Minderbestand**

**Ein Mehrbestand führt zu Minderaufwand**
**Ein Minderbestand führt zu Mehraufwand**

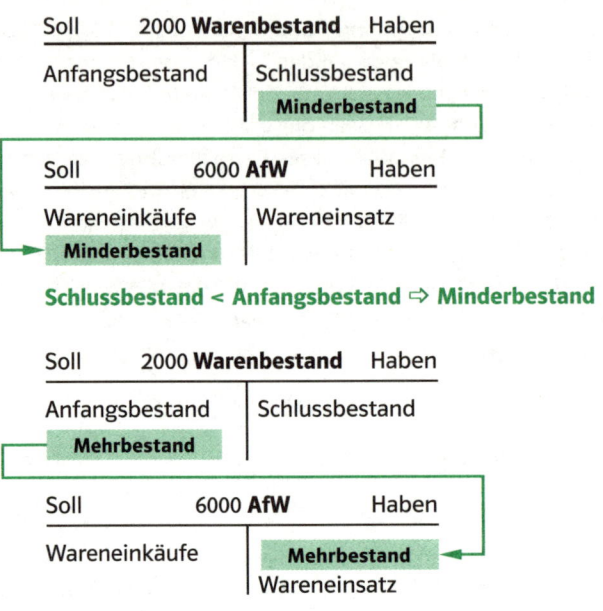

**Schlussbestand < Anfangsbestand ⇨ Minderbestand**

**Schlussbestand > Anfangsbestand ⇨ Mehrbestand**

### Abschluss der Warenkonten

Wenn die Bestandsveränderungen aus dem Konto 2000 Warenbestand umgebucht sind, können auch die Erfolgskonten 6000 AfW und 5000 Ue abgeschlossen werden. Der Saldo des Kontos 6000 Aufwendungen für Waren wird als **Wareneinsatz** bezeichnet.

> **Der Wareneinsatz entspricht**
> **1. dem Saldo des Kontos AfW**
> **2. der verkauften Ware zum Einstandspreis**

Dieser Wareneinsatz (siehe Kap. 3.9) wird dann ebenso wie der Saldo des Kontos 5000 Ue auf das Gewinn- und Verlustkonto umgebucht.

**BEISPIEL**

| Soll | 6000 **AfW** | | Haben | | Soll | 5000 **Ue** | | Haben |
|---|---|---|---|---|---|---|---|---|
| 4400 | 1.000 | 2000 | 70 | | 8020 GuV | 2.200 | 2400 | 200 |
| 2800 | 500 | 8020 GuV | 1.430 | | | | 2880 | 2.000 |
| | 1.500 | | 1.500 | | | 2.200 | | 2.200 |

**Wareneinsatz**

| Soll | 8020 **Gewinn- und Verlustkonto** | | Haben |
|------|------|------|------|
| 6000 AfW | 1.430 | 5000 Ue | 2.200 |

Die vorbereitenden Abschlussbuchungen lauten:

| | | | |
|------|------|------|------|
| 8020 **Gewinn- und Verlustkonto** | an | 6000 **AfW** | 1.430 |
| 5000 **Ue** | an | 8020 **Gewinn- und Verlustkonto** | 2.200 |

## Rohgewinn

Vereinfacht gesagt gibt der Rohgewinn an, um wie viel Euro die Ware teurer verkauft wird als eingekauft. Das GuV-Konto gibt dabei die beiden wichtigen Größen vor, die zur Ermittlung des Rohgewinns (auch Rohertrag oder Rohergebnis genannt) benötigt werden.

> Umsatzerlöse = verkaufte Ware zum Verkaufspreis (netto)
> Wareneinsatz = verkaufte Ware zum Einstandspreis (netto)

| Die Differenz zwischen den | Umsatzerlösen | 2.200 € |
|------|------|------|
| und dem | Wareneinsatz | 1.430 € |
| ergibt das Rohergebnis | **Rohgewinn** | **770 €** |

> **Rohgewinn = Umsatzerlöse – Wareneinsatz**

Der Mehrbestand aus unserem Beispiel (70 €) führt zu einem Minderaufwand (AfW: statt 1.500 € lediglich 1.430 €) und dies wiederum zu einem um 70 € höheren Rohgewinn (770 € statt 700 €).

Der Rohgewinn – bezogen auf den Handel mit Büchern – entspricht annähernd dem durchschnittlichen Rabatt, der von den Lieferanten (Verlag, Barsortiment) eingeräumt wurde. Abweichungen ergeben sich vor allem durch anfallende Bezugskosten, durch in Anspruch genommene Skonti, aber auch durch nachträglich gewährte Boni oder Gutschriften aufgrund berechtigter Mängelrügen (siehe Kap. 3.9). Mit dem erwirtschafteten Rohgewinn müssen alle Aufwendungen gedeckt werden.

## Im Einkauf liegt der Gewinn

Aufgrund der Buchpreisbindung kann eine Buchhandlung den Gewinn bei Büchern nicht über eine Kalkulation der Verkaufspreise aktiv beeinflussen. Die Möglichkeiten, die sich ihr im Bereich preisgebundener Bücher bieten, beschränken sich auf eine Reduzierung der Kosten und eine Verbesserung der Rabattstruktur im Einkauf.

Der Rohgewinn hat eine herausragende Bedeutung für eine Buchhandlung. Deshalb gilt es, alle Faktoren, die ihn beeinflussen, positiv im Sinne der Buchhandlung zu verbessern. (Nicht beeinflussbar sind Nachlässe an Kunden lt. Buchpreisbindungsgesetz.) Hierzu zählen:
- Erhöhung der Rabatte, Skonti und Boni im Einkauf.
- Reduzierung der Bezugskosten und des Diebstahls (Schwund),
- Veränderung der Angebotsstruktur durch Ausbau frei kalkulierbarer Produkte und Ausnutzung der Möglichkeiten, die eine freie Kalkulation bietet (siehe Kap. 4.5.2).

Um letztendlich den Reingewinn zu ermitteln und das GuV-Konto abzuschließen, müssen noch die Salden aller weiteren Aufwendungen und Erträge von den anderen Aufwands- und Ertragskonten erfasst werden.

**BEISPIEL**

| Soll | 8020 **GuV** | | Haben |
|---|---|---|---|
| 6000 AfW | 1.430 | 5000 Umsatzerlöse | 2.200 |
| 6300 Gehälter | 500 | 5710 Zinserträge | 1.000 |
| 6700 Mietaufwand | 400 | | |
| ... | | | |
| ... | } 600 | | |
| ... | | | |
| 3000 EK (Gewinn) | 270 | | |
| | 3.200 | | 3.200 |

Der Saldo auf dem GuV-Konto ergibt hier einen (Rein-)Gewinn von 270 €, der auf das Eigenkapital umgebucht wird und dieses entsprechend erhöht.

Der Reingewinn ist die maßgebende Größe für die Steuer. Dieser Betrag ist bei gewerblichen Unternehmen maßgeblich sowohl für die Einkommensteuer als auch für die Gewerbesteuer. Bei Kapitalgesellschaften tritt anstelle der Einkommensteuer die Körperschaftsteuer. Der **Reingewinn**, verkürzt oft nur **Gewinn** genannt, wird deshalb auch als **steuerliches Ergebnis** bezeichnet.


## Handelsspanne

Der Rohgewinn als absolute Zahl (in unserem Beispiel 770 €) ist elementar wichtig für die Deckung aller weiteren Aufwendungen. Für Vergleiche (z. B. Rechnungsperioden, Warengruppen oder Unternehmen) ist er hingegen nur bedingt geeignet. Eine Vergleichbarkeit ist erst möglich, wenn der Rohgewinn in Relation zu einer zweiten Größe, üblicherweise zu den Umsatzerlösen gesetzt wird. **Drückt man den Rohgewinn in**

**Prozent von den Umsatzerlösen aus, so spricht man von der Handelsspanne.**

$$\text{Handelsspanne (HSP)} = \frac{\text{Rohgewinn} \cdot 100}{\text{Umsatzerlöse (netto)}}$$

Vereinfacht gesagt gibt die Handelsspanne an, wieviel Prozent vom Umsatz übrig bleiben, um neben dem Wareneinsatz alle weiteren Aufwendungen zu decken.

**BEISPIEL**
Die Umsatzerlöse im oben genannten Beispiel liegen bei 2.200 € und der Rohgewinn bei 770 €. Daraus errechnet sich eine Handelsspanne von

$$\text{Handelsspanne} = \frac{770 \cdot 100}{2.200} = 35\,\%$$

Die Handelsspanne liegt laut Kölner Betriebsvergleichs im Buchhandel für den Berichtszeitraum 2013 (veröffentlicht in *Buch und Buchhandel in Zahlen 2015*) bei ∅ 32,7 % vom Umsatz. Damit stellt die Handelsspanne unseres Beispiels in Höhe von 35 % ein gutes Ergebnis dar. Voraussetzung für eine derart gute Handelsspanne ist entweder eine entsprechende Betriebsgröße oder eine konsequente Ausnutzung der Bündelungsmöglichkeiten, die sich im Warenbezug bieten (siehe Kap. 2.5.2).

**Aufgaben**
**30** Welche Erklärung trifft auf den Wareneinsatz zu?
☐ Der Wareneinsatz ist die Summe aller Wareneinkäufe einer Rechnungsperiode.
☐ Der Wareneinsatz ist die Summe aller Warenverkäufe einer Rechnungsperiode.
☐ Der Wareneinsatz ist ein synonymer Begriff für den Warenendbestand laut Inventur.
☒ Der Wareneinsatz ist der Wert aller verkauften Waren einer Periode, bewertet zum Einkaufspreis.
☐ Der Wareneinsatz wird in der Schlussbilanz gegengebucht.

**31** Folgender Jahresabschluss liegt Ihnen vor:

| Soll | | 8020 **GuV** (31. 12. 02) | Haben |
|------|------|------|------|
| Aufwendungen für Waren | 800.000 | Umsatzerlöse | 1.200.000 |
| Gehälter | 300.000 | Mieterträge | 24.000 |
| Abschreibungen | 15.000 | | |
| Mietaufwand | 60.000 | | |
| Büromaterial | 10.000 | | |
| Werbung | 5.000 | | |
| Zinsaufwendungen | 18.000 | | |

| Aktiva | | **Schlussbilanz** (31. 12. 01) | Passiva |
|------|------|------|------|
| Geschäftsausstattung | 100.000 | Eigenkapital | 111.000 |
| Warenbestand | 80.000 | Langfr. Bankverb. | 90.000 |
| Forderungen a. LL | 15.000 | Verb. a. LL | 20.000 |
| Bank | 25.000 | | |
| Kasse | 1.000 | | |
| | 221.000 | | 221.000 |

a) Wie hoch ist der Rohgewinn?

b) Wie viel % beträgt die Handelsspanne?

c) Wie hoch ist der Gewinn/Verlust?

d) Welcher Betrag ergibt sich für das Eigenkapital am 31.12.02?

e) Erläutern Sie die betriebswirtschaftliche Bedeutung der Handelsspanne.

f) Nennen Sie Maßnahmen, um die Handelsspanne zu verbessern.

32 Zur Ermittlung des Wareneinsatzes liegt Ihnen folgende Aufstellung vor. Ermitteln Sie den Wareneinsatz für das Geschäftsjahr 01 und 02.

| | **Geschäftsjahr 01** | **Geschäftsjahr 02** |
|------|------|------|
| Anfangsbestand | 100.000,00 € | |
| Bezugspreise | 920.000,00 € | 850.000,00 € |
| Endbestand | 250.000,00 € | 200.000,00 € |

33 In der Eröffnungsbilanz einer Buchhandlung findet sich ein Warenbestand von 220.000 €, in der Schlussbilanz beträgt der Warenbestand 232.000 €. Die Einkäufe der Rechnungsperiode betrugen 420.000 €, die Umsätze 600.000 €.

Berechnen Sie

a) den Mehr- oder Minderbestand,

b) den Rohgewinn,

c) die Handelsspanne.

34 Die Eröffnungsbilanz einer Buchhandlung weist folgende Werte aus: Bebaute Grundstücke 200.000 €, Ladenausstattung 30.000 €, Büromaschinen 20.000 €, Waren 100.000 €, Forderungen 10.000 €, Bank 50.000 €, Kasse 5.000 €,

Eigenkapital 220.000 €, Langfr. Bankverb. 120.000 €, Verb. a. LL 75.000 €. Der Warenendbestand laut Inventur beträgt 99.475 €.

Geschäftsfälle:

| | |
|---|---|
| 1. Wareneinkauf auf Ziel | 4.600 € |
| 2. Tageslosung | 8.000 € |
| 3. Barkauf von Verpackungsmaterial | 80 € |
| 4. Lastschriften der Bank: | |
| Gehälter | 2.000 € |
| Strom | 120 € |
| Telefonabrechnung | 100 € |
| 5. Warenverkauf auf Ziel | 500 € |
| 6. Banklastschrift für | |
| Tilgung eines Darlehens | 300 € |
| Zinsen | 600 € |
| 7. Wareneinkauf gegen Bankscheck | 400 € |

a) Erstellen Sie die Eröffnungsbilanz.

b) Bilden Sie die Buchungssätze zu den Geschäftsfällen.

c) Eröffnen Sie die benötigten Konten und tragen Sie die Anfangsbestände ein.

d) Buchen Sie die Geschäftsfälle in T-Konten.

e) Schließen Sie die Warenkonten ab.

f) Berechnen Sie Rohgewinn und Handelsspanne.

g) Schließen Sie die weiteren Erfolgskonten ab, buchen Sie den Saldo auf das GuV-Konto um und bilden Sie die Buchungssätze für die Umbuchungen.

h) Schließen Sie die Bestandskonten ab, bilden Sie die Buchungssätze für die Umbuchungen und erstellen Sie die Schlussbilanz.

# 3.8
# Umsatzsteuer (Mehrwertsteuer)

Die Haupteinnahmen des Staates fließen dem Fiskus über Steuern zu. Dabei ist die Umsatzsteuer neben der Einkommensteuer (inkl. deren Erhebungsform ›Lohnsteuer‹) die wichtigste Einnahmequelle. Beide Steuern machen jeweils ca. knapp 1/3 der jährlichen Einnahmen aus. Seit ihrer Einführung 1968 hat sich der Steuersatz der Umsatzsteuer beim so genannten Regelsteuersatz im mehreren Stufen von 10 % auf 19 % und beim ermäßigten Steuersatz von 5 % auf 7 % erhöht. Damit liegt Deutschland bei einem Vergleich mit anderen EU-Staaten zwar noch nicht an der Spitze – hier haben Ungarn mit 27 % sowie Dänemark, Kroatien und Schweden mit jeweils 25 % die Spitzenpositionen innen – allerdings liegen in diesen Ländern die Ertragssteuern (Einkommensteuer) niedriger. Luxemburg hat mit 17 % den niedrigsten Umsatzsteuersatz.

Durch die Möglichkeit des Vorsteuerabzugs wird die Umsatzsteuer auf den Verbraucher abgewälzt. Der Kunde als **Endverbraucher** (i. d. R. der Privatverbraucher) wird letztlich mit der Umsatzsteuer belastet. Er ist der **Steuerträger** und muss an den Verkäufer neben dem Preis für die gekauften Artikel auch die USt entrichten. Bei preisgebundenen Büchern ist diese bereits im Endpreis (Ladenpreis) enthalten.

Der Unternehmer wird somit von sämtlicher Umsatzsteuer freigestellt. Er ist jedoch der **Steuerschuldner.** Da Steuerschuldner und Steuerträger nicht identisch sind, zählt die Umsatzsteuer zu den indirekten Steuern.

Der Verkäufer hat die Verpflichtung, die eingenommene Umsatzsteuer an das Finanzamt abzuführen, kann jedoch die gesamte Umsatzsteuer, die er selbst bei den Einkäufen für seinen Betrieb an andere Verkäufer (z. B. für die eingekaufte Ware, aber auch für sämtliche anderen Einkäufe) entrichtet hat, auch **Vorsteuer** genannt, von dieser Schuld abziehen (siehe Kap. 3.8.3).

Wegen ihrer Erhebungsart wurde die Umsatzsteuer (Abkürzung USt) früher auch ›Mehrwertsteuer‹ (MwSt) genannt. Steuerrechtlich existiert dieser Begriff zwar nicht mehr, ist aber auch heute noch als Bezeichnung auf Buchungsbelegen erlaubt.

## 3.8.1
## Besteuerungsgrundlage

Die Umsatzsteuer ist eine Verbrauchssteuer, bei der der gesamte private und öffentliche Endverbrauch (Konsum) besteuert wird. Nach § 1 Umsatzsteuergesetz (UStG) gehören dazu:

1. alle Lieferungen und Leistungen, die im Rahmen eines Unternehmens im Inland gegen Entgelt ausgeführt werden, wie z. B. der Verkauf von Waren.
2. Gleichgestellt mit entgeltlichen Lieferungen und sonstigen Leistungen sind u. a. unentgeltliche Wertabgaben (§ 3 Absätze 1b und 9a UStG):
   a) die Entnahme eines Gegenstands aus dem Unternehmensvermögen für unternehmensfremde Zwecke durch den Unternehmer und
   b) die Verwendung eines Gegenstandes aus dem Unternehmensvermögen durch den Unternehmer für unternehmensfremde Zwecke.

In 1999 wurde statt des früheren Begriffs ›Eigenverbrauch‹ der Terminus ›Unentgeltliche Wertabgaben‹ eingeführt. Er umfasst Vorgänge, bei denen eine Lieferung oder sonstige (Dienst-)Leistung gegen Entgelt zwar nicht vorliegt, aber dennoch eine Umsatzsteuer erhoben werden soll.

3. die Einfuhr von Gegenständen aus Nicht-EU-Staaten (Einfuhrum-satzsteuer), wie z. B. der Import aus den USA oder der Schweiz,
4. der gewerbliche Erwerb von Gütern gegen Entgelt innerhalb der EU-Mitgliedsstaaten.

**ERLÄUTERUNGEN ZU DEN EINZELNEN PARAGRAFEN**

1. Als **Bemessungsgrundlage** zur Berechnung der Umsatzsteuer bei Lie-ferungen und Leistungen dient das **Entgelt** (auch: steuerliches Ent-gelt), das immer mit 100 % gleichzusetzen ist. Auf dieses Entgelt wird die Umsatzsteuer aufgeschlagen – bei Büchern 7 %. Der Ladenpreis entspricht dem Bruttopreis (Preis inkl. der USt) und somit 107 %.

**BEISPIEL**

Verkauf eines Buches, Ladenpreis 10,70 €

| | | |
|---|---|---|
| **Entgelt (100 %)** | 10,00 € | (netto) |
| USt (7 %) | 0,70 € | |
| Ladenpreis (107 %) | 10,70 € | (brutto) |

Das Entgelt umfasst alles, was der Empfänger vereinbarungsgemäß auf-zuwenden hat, um die Lieferung zu erhalten. Entgeltminderungen, wie Rabatte, Skonti, Nachlässe und Forderungsausfälle, werden abge-zogen.

2. a) Eine Entnahme durch den Unternehmer (z. B. von Büchern für den Privatgebrauch) kann nur bei Einzelunternehmen oder Personen-gesellschaften (z. B. GbR, OHG, KG) erfolgen. Bei Kapitalgesell-schaften (z. B. GmbH, AG = juristische Personen) ist eine Entnah-me nicht möglich. ›Entnimmt‹ beispielsweise ein Gesellschafter ei-nen Gegenstand, so handelt es sich hier um eine Lieferung der Ka-pitalgesellschaft an den Gesellschafter. Ein Privatkonto gibt es bei einer juristischen Person nicht (siehe Kap. 3.10).

   b) Entsprechendes gilt für die Verwendung eines Gegenstandes durch den Gesellschafter einer Kapitalgesellschaft, beispielsweise für die private Nutzung des betrieblichen PKW. Hier handelt es sich eben-falls nicht um einen privaten Vorgang, sondern entweder um eine sonstige Leistung der juristischen Person an den Gesellschafter oder im Falle des Angestelltenstatus um einen ›geldwerten Vorteil‹, der im Rahmen der Gehaltsabrechnung mit Lohnsteuer und Sozi-alabgaben belegt wird.

Als Ersatz für das fehlende Entgelt gilt bei einer Entnahme die Min-destbemessungsgrundlage. Diese entspricht bei Entnahmen dem Wie-derbeschaffungspreis; bei sonstigen Leistungen den Kosten – aller-dings nur solchen, die mit Vorsteuer belastet sind.

3. Bei Einfuhren von Gegenständen aus Nicht-EU-Ländern (Drittstaaten) ins Inland wird Einfuhrumsatzsteuer erhoben. Diese beträgt ebenfalls 7 % oder 19 %.

   Beliefert beispielsweise ein chinesischer Spielwarenfabrikant einen deutschen Unternehmer, so wird an der Grenze von der Zollbehörde neben dem Zoll auch die Einfuhrumsatzsteuer auf den ›Zollwert‹ (§ 11 UStG), der in etwa dem Bezugspreis entspricht, als Bemessungsgrundlage erhoben.

   Die Erhebung von Einfuhrumsatzsteuer gilt auch für Einfuhren aus Drittstaaten von Privatpersonen. Es soll somit sichergestellt werden, dass die Gegenstände nicht ohne Berechnung der Umsatzsteuer an den Privatverbraucher gelangen und dient dem Schutz inländischer Anbieter. Der Unternehmer hingegen kann, sofern er zum Vorsteuerabzug berechtigt ist, die Einfuhrumsatzsteuer als Vorsteuer geltend machen, wird somit auch von dieser vollständig entlastet.

   Korrespondierend zu den Regelungen bei der Einfuhr sind **Exporte** in Drittstaaten generell von der Umsatzsteuer befreit. Dies gilt für sämtliche Exporte, egal ob an einen gewerblichen Abnehmer oder an eine Privatperson. Exportintensive Unternehmen haben deshalb in der Regel einen Vorsteuerüberhang (siehe Kap. 3.8.3).

   Kauft beispielsweise ein Schweizer privat in Deutschland ein, so kann er sich die beim Kauf bezahlte Umsatzsteuer erstatten lassen. Voraussetzung ist ein Nachweis, dass die Ware tatsächlich in den Drittstaat gelangt ist (z. B. Zollstempel bei Einreise). Im Abflugbereich an Flughäfen genügt hierfür die Vorlage des Flugtickets.

4. Seit Wegfall der Zollschranken innerhalb der EU zum 1. 1. 1993 und Schaffung des gemeinsamen Binnenmarktes gelangen gewerblich gelieferte Waren innerhalb der EU vollständig unbelastet von der Umsatzsteuer über die Grenzen **(Innergemeinschaftliche Lieferung)**.

   Eine umsatzsteuerliche Übergangsregelung, die bis zur Harmonisierung der noch unterschiedlich hohen Steuersätze in den EU-Staaten gelten soll, sieht vor, dass die Lieferungen im Herkunftsland umsatzsteuerfrei erfolgen und die Belastung erst im Bestimmungsland mit dem dort geltendem Steuersatz vorgenommen wird **(innergemeinschaftlicher Erwerb)**.

   Eine innergemeinschaftliche Lieferung des Verkäufers ist steuerfrei, beim gewerblichen Käufer wird sie automatisch zu einem steuerpflichtigen innergemeinschaftlichen Erwerb.

   Ist der Erwerber zum Abzug der Vorsteuer berechtigt, so kann er diese **Erwerbssteuer** mit seiner Umsatzsteuer verrechnen. Eine Belastung entsteht nicht.

   Um die Kontrolle der steuerfreien Lieferungen zu gewährleisten, wurden Umsatzsteueridentifikationsnummern eingerichtet. Sowohl

Lieferer als auch Abnehmer müssen über eine solche verfügen und sich gegenseitig mitteilen. Diese USt-IdNr. wird im jeweiligen Land auf Antrag von den Finanzbehörden vergeben. Ausgangsrechnungen müssen die USt-IdNr. sowohl des Lieferers als auch des Kunden ausweisen (§ 14a UStG).

Die Versteuerung erfolgt durch Angabe der innergemeinschaftlichen Lieferung in den Umsatzsteuervoranmeldungen und zusätzlich durch eine **Zusammenfassende Meldung** an das Bundeszentralamt für Steuern. Hier laufen die Informationen mit denen des anderen EU-Staates zusammen, die Behörde gilt gleichzeitig als Kontrollinstanz. Gegebenenfalls kann sich eine Buchhandlung USt-IdNrn von Unternehmern aus anderen EU-Staaten als Voraussetzung für steuerfreie innergemeinschaftliche Lieferungen hier bestätigen lassen.

Für Lieferungen an Privatpersonen (Ausnahme: u.a. Lieferung neuer Fahrzeuge) gelten andere Regeln. Hier wurde das sogenannte **Ursprungslandprinzip** eingeführt. Das bedeutet, dass bei Verkäufen an Privatpersonen immer die Umsatzsteuer des Herkunftslandes berechnet wird.

Kauft beispielsweise ein Franzose in Deutschland ein bzw. versendet ein deutscher Unternehmer an eine französische Privatperson, so wird diese Lieferung mit deutscher Umsatzsteuer belastet. Eine steuerfreie Lieferung an eine EU-Privatperson aus einem anderen Mitgliedsland ist nicht möglich.

Ausnahmen gibt es bei Überschreiten einer festgelegten Umsatzgrenze für jedes Land. Falls der Umsatz beispielsweise für Lieferungen im Versandhandel eines deutschen Unternehmers an französische Privatpersonen mehr als 100.000 € netto pro Jahr beträgt, muss der Unternehmer sich zukünftig im Bestimmungsland (Frankreich) registrieren lassen und mit dessen Finanzbehörden die französische Umsatzsteuer abrechnen.

**Aufgaben**

35 Die Buchhandlung *Land in Sicht* mit Sitz in Frankfurt a. M. liefert an eine französische Buchhandlung Bücher mit einem Ladenpreis von 1.070 €. Die USt-Identifikationsnummern wurden auf der Ausgangsrechnung eingetragen. Welchen Betrag stellt die Buchhandlung dem französischen Abnehmer in Rechnung?

36 Die Buchhandlung *Land in Sicht* liefert Bücher
 a) an eine Buchhandlung in der Schweiz
 b) an einen privaten Abnehmer in Frankreich
 c) an einen privaten Abnehmer in die Schweiz.
 Welche Beträge wird die Buchhandlung jeweils in Rechnung stellen?

**37** Die Buchhandlung *Land in Sicht* erwirbt Bücher aus
   **a)** Belgien
   **b)** den USA
   Beurteilen Sie jeweils die umsatzsteuerlichen Folgen für die Buchhandlung.

## Allgemeiner und ermäßigter Umsatzsteuersatz

Außer dem allgemeinen Umsatzsteuersatz von 19 % gibt es einen ermäßigten Steuersatz, der zur Zeit bei 7 % liegt. Er ist u. a. für Lebensmittel, Bücher, Zeitschriften und Kunstgegenstände anzuwenden. Im Folgenden werden einige für den Buchhandel relevante Gegenstände, die dem ermäßigten Steuersatz unterliegen, nach dem UStG aufgelistet:

**Anlage 2 UStG – Liste der dem ermäßigten Steuersatz unterliegenden Gegenstände**

49 *Bücher, Zeitungen und andere Erzeugnisse des grafischen Gewerbes mit Ausnahme der Erzeugnisse, für die Beschränkungen als jugendgefährdende Trägermedien bzw. Hinweispflichten nach § 15 Abs. 1 bis 3 und 6 des Jugendschutzgesetzes in der jeweils geltenden Fassung bestehen, sowie der Veröffentlichungen, die überwiegend Werbezwecken (einschließlich Reisewerbung) dienen, und zwar*

    *a) Bücher, Broschüren und ähnliche Drucke, auch in Teilheften, losen Bogen oder Blättern, zum Broschieren, Kartonieren oder Binden bestimmt, sowie Zeitungen und andere periodische Druckschriften kartoniert, gebunden oder in Sammlungen mit mehr als einer Nummer in gemeinsamem Umschlag (ausgenommen solche, die überwiegend Werbung enthalten),*

    *b) Zeitungen und andere periodische Druckschriften, auch mit Bildern oder Werbung enthaltend (ausgenommen Anzeigenblätter, Annoncen-Zeitungen und dergleichen, die überwiegend Werbung enthalten),*

    *c) Bilderalben, Bilderbücher und Zeichen- oder Malbücher, für Kinder,*

    *d) Noten, handgeschrieben oder gedruckt, auch mit Bildern, auch gebunden,*

    *e) kartografische Erzeugnisse aller Art, einschließlich Wandkarten, topografischer Pläne und Globen, gedruckt,*

    *f) Briefmarken und dergleichen (z. B. Ersttagsbriefe, Ganzsachen) als Sammlungsstücke*

50 *Platten, Bänder, nicht flüchtige Halbleiterspeichervorrichtungen, ›intelligente Karten (smart cards)‹ und andere Tonträger oder ähnliche Aufzeichnungsträger, die ausschließlich die Tonaufzeichnung der Lesung eines Buches enthalten, mit Ausnahme der Erzeugnisse, für die Beschränkungen als jugendgefährdende Trägermedien bzw. Hinweispflichten nach § 15 Absatz 1 bis 3 und 6 des Jugendschutzgesetzes in der jeweils geltenden Fassung bestehen*

53 *Kunstgegenstände, und zwar*

    *a) Gemälde und Zeichnungen, vollständig mit der Hand geschaffen, sowie Collagen und ähnliche dekorative Bildwerke,*

    *b) Originalstiche, -schnitte und -steindrucke,*

    *c) Originalerzeugnisse der Bildhauerkunst, aus Stoffen aller Art (...)*

Von der Umsatzsteuer befreit sind Briefmarken der Deutschen Post AG, Verkauf, Vermietung und Verpachtung von Grundstücken und Gebäuden, Entgelte für Kreditgewährung, Umsätze aus heilberuflichen Tätigkeiten von Ärzten, Zahnärzten und Hebammen sowie Umsätze aus Versicherungstätigkeiten, innergemeinschaftlichen Lieferungen, Ausfuhren in ein Drittland und private Geschäfte.

### 3.8.2
### Buchung von Vorsteuer und Umsatzsteuer

Die Erhebung der Umsatzsteuer erfolgt im Regelfall als **Sollbesteuerung** (Ausnahmen hiervon gelten für alle Freiberufler oder bei einem Vorjahresumsatz von unter 500.000 €). Sollbesteuerung bedeutet, dass unabhängig von der Zahlung des Empfängers einer Leistung die Umsatzsteuer bereits dann an das Finanzamt abzuführen ist, wenn die Leistung erfolgt. Liefert eine Buchhandlung beispielsweise auf Rechnung, so hat sie die Leistung erbracht und muss die in der Rechnung enthaltene Umsatzsteuer bis zum 10. des Folgemonats als Umsatzsteuerschuld an das Finanzamt abführen – obwohl der Kunde möglicherweise noch nicht bezahlt hat. Bei hohen Ausgangsrechnungen kann diese Verpflichtung für das Unternehmen schnell zu Liquiditätsengpässen führen.

Bezahlt der Kunde dann später unter Skontoabzug, so ist die ursprünglich an das Finanzamt bezahlte Umsatzsteuer zu korrigieren, da sich sowohl das ursprüngliche Entgelt (Nettorechnungsbetrag) als auch die von diesem berechnete Umsatzsteuer geändert haben.

Nur Rechnungen, die gemäß § 14 UStG richtig und vollständig ausgestellt sind (siehe Kap. 2.2.1), berechtigen den Empfänger der Rechnung dazu, die auf der Rechnung ausgewiesene Umsatzsteuer seinerseits als Vorsteuer geltend zu machen. Dies gilt auch für Kleinbetragsrechnungen bis 150 € brutto.

**BEISPIEL**
Eingangsrechnung über gelieferte Bücher aus dem Bramann Verlag:

| :Bramann | | Rechnung vom ... | | | Nr. 1234 |
|---|---|---|---|---|---|
| Anzahl | Kurztitel | Ladenpreis | Rabatt | Abgabepreis | Summe |
| 20 | Rechnungswesen | 40,00 € | 35 % | 26,00 € | 520,00 € |
| Steuerliches Entgelt 485,98 € | | USt 34,02 € | | Rechnungsbetrag | 520,00 € |

Berechnung des Umsatzsteuerbetrages aus dem Brutto-Rechnungsbetrag:

Brutto-Rechnungsbetrag    107 % $\triangleq$ 520 €
Umsatzsteuer                 7 % $\triangleq$   x €

$$x = \frac{7 \cdot 520}{107} = 34{,}02\ €$$

---

**Formel zur Umsatzsteuerberechnung aus dem Bruttobetrag**

$$\text{Umsatzsteuer} = \frac{\text{Brutto-Rechnungsbetrag} \cdot \text{Steuersatz}}{100 + \text{Steuersatz}}$$

---

Die in einer Eingangsrechnung ausgewiesene Umsatzsteuer wird Vorsteuer genannt, weil die Buchhandlung sie im Rahmen ihrer Vorleistung ›Bucheinkauf‹ an den Bramann Verlag zahlt. Das Unternehmen kann den Vorsteuer-Betrag vom Finanzamt zurückfordern, weil es nicht Endverbraucher ist, sondern die eingekauften Bücher an Kunden weiterverkauft. Daher stellt die Vorsteuer dem Finanzamt gegenüber eine Forderung dar und ist folglich den Aktivkonten zuzuordnen. Gebucht wird sie auf dem Konto

2600 **Vorsteuer** (**VSt**) $\Leftarrow$ **Aktivkonto** (Forderung an das Finanzamt)

**Die Vorsteuer darf erst dann verrechnet werden, wenn sowohl die Leistung erbracht wurde als auch eine Rechnung mit ausgewiesener Umsatzsteuer beim Unternehmer, der die Vorsteuern abziehen darf, vorliegt** (§ 15 Abs. 1 Nr. 1 UStG). Auf den Zeitpunkt der Zahlung kommt es bei der Sollbesteuerung nicht an.

Für die Eingangsrechnung des Bramann Verlags ergibt sich dann der folgende Buchungssatz:

| 6000 **AfW** | 485,98 | an | 4400 **Verb. a. LL** | 520,00 |
|---|---|---|---|---|
| 2600 **VSt** | 34,02 | | | |

Vorsteuer fällt aber nicht nur beim Einkauf von Waren an, die weiterverkauft werden, sondern auch bei allen anderen Einkäufen der Buchhandlung. Somit sind alle Gegenstände des Anlagevermögens und alle Aufwendungen (auch Dienstleistungen) vorsteuerabzugsfähig, die dazu dienen, die Leistung ›mit Büchern handeln‹ zu erbringen.

**BEISPIEL**

Kauf eines Computers für 2.000 €, zuzüglich 19 % USt auf Rechnung.
Wie hoch ist die Umsatzsteuer?

Berechnung des Umsatzsteuerbetrages aus dem Netto-Rechnungsbetrag:

Netto-Rechnungsbetrag       100 % $\triangleq$ 2.000 €

Umsatzsteuer                          19 % $\triangleq$     x €

$$x = \frac{19 \cdot 2.000}{100} = 380 \, €$$

> **Formel zur Umsatzsteuerberechnung aus dem Nettobetrag**
>
> $$\text{Umsatzsteuer} = \frac{\text{Netto-Rechnungsbetrag} \cdot \text{Steuersatz}}{100}$$

Für alle Verkäufe der Unternehmung muss dem Kunden Umsatzsteuer berechnet werden. Der Ladenpreis (= Endpreis lt. Buchpreisbindungsgesetz) von Büchern ist ein Bruttoverkaufspreis, der bereits 7 % USt beinhaltet. Die im Ladenpreis enthaltene Umsatzsteuer muss auf Ausgangsrechnungen ausgewiesen werden. Sie wird dem Kunden in Rechnung gestellt, muss aber an das Finanzamt weitergeleitet werden.

Für Buchhandlungen ist die Umsatzsteuer damit ein durchlaufender Posten, der keinen Einfluss auf das Ergebnis der Unternehmung hat und daher als erfolgsneutral gilt. Die Umsatzsteuer stellt lediglich eine Verbindlichkeit gegenüber dem Finanzamt dar und ist folglich den Passivkonten zuzuordnen. Gebucht wird sie auf dem Konto

**4800 Umsatzsteuer (USt)** $\Leftarrow$ **Passivkonto** (Verbindlichkeit an das Finanzamt)

**BEISPIEL**

Ausgangsrechnung über gelieferte Bücher der Buchhandlung *Land in Sicht*:

| Für Herrn Einstein | | Rechnung vom | Nr. 12784 |
|---|---|---|---|
| Anzahl  Kurztitel | Ladenpreis | | Summe |
| 2        Rechnungswesen | 40,00 € | | 80,00 € |
| Steuerliches Entgelt 74,77 € | USt 5,23 € | Rechnungsbetrag | 80,00 € |

### 3.8.3
### Zahllast und Vorsteuerüberhang

Aus dem Warenverkauf schuldet die Buchhandlung dem Finanzamt Umsatzsteuer. Andererseits hat die Buchhandlung bei ihren Einkäufen an verschiedene Lieferer Vorsteuer gezahlt und hat daher gegenüber dem Finanzamt ein Vorsteuerguthaben. Umsatzsteuerschuld und Vorsteuerguthaben werden zum Umsatzsteuervoranmeldungstermin gegeneinander verrechnet. Überwiegt die Umsatzsteuerschuld, so wird die Differenz **Zahllast** genannt. Im umgekehrten Fall spricht man von einem **Vorsteuerüberhang.**

| | |
|---|---|
| | Umsatzsteuer |
| − | Vorsteuer |
| = | Zahllast oder Vorsteuerüberhang |

Die Differenz zwischen Umsatzsteuer und Vorsteuer ist in den Vordruck der Umsatzsteuervoranmeldung selbst einzutragen und bis zum 10. des Folgemonats beim Finanzamt einzureichen. Bis zu diesem Tag muss auch die Überweisung beim Finanzamt eingegangen sein. Allerdings wird für die Zahlung eine Schonfrist von 3 Tagen gewährt. Das Finanzamt muss somit bis zum 13. des Folgemonats über die Zahlung verfügen können. Eine Fristverlängerung um einen Monat für die Abgabe der Voranmeldung und die Zahlung ist nur auf Antrag möglich.

Seit 2005 muss diese Meldung elektronisch erfolgen – mittels des von der Finanzverwaltung herausgegebenen Programms ELSTER bzw. eines Programms mit implementierter Schnittstelle. Die Länge des Voranmeldungszeitraums hängt von der Höhe der Steuerschuld im Vorjahr ab. Nach § 18 UStG ergeben sich folgende Zeiträume:

| Steuerschuld im vorangegangen Kalenderjahr | | Voranmeldungszeitraum |
|---|---|---|
| mehr als | 7.500 € | Kalendermonat |
| mehr als | 1.000 € | Kalendervierteljahr |
| bis | 1.000 € | Das Finanzamt kann den Unternehmer von der Verpflichtung zur Abgabe der Voranmeldungen und Entrichtung der Vorauszahlungen befreien |

Buchhalterisch wird die Zahllast durch Abschluss des Kontos Vorsteuer über das Konto Umsatzsteuer ermittelt. Der Saldo des Kontos Umsatzsteuer weist dann die Zahllast aus. Ist der Saldo des Kontos Vorsteuer größer als der des Kontos Umsatzsteuer, so wird Umsatzsteuer über Vorsteuer abgeschlossen. Der Saldo, der sich nach der Umbuchung im Konto Vorsteuer ergibt, ist dann der Vorsteuerüberhang.

**Passivierung der Zahllast bzw. Aktivierung des Vorsteuerüberhanges**

Zum Abschlussstichtag (i. d. R. der 31. 12.) werden alle Vermögensgegenstände und Schulden in die Bilanz übernommen.

Die Zahllast für den Dezember konnte bis zum 31. 12. meist noch nicht überwiesen werden, womit diese als Schuldposten in die Bilanz übernommen werden muss. Schulden stehen auf der Passivseite der Bilanz. Deshalb nennt man diese Buchung **Passivierung der Zahllast.**

Falls sich für den Dezember ein Vorsteuerüberhang ergibt, führt dies zu einem Erstattungsanspruch gegenüber dem Finanzamt. Dieser Betrag muss als Forderung gegenüber dem Finanzamt auf die Aktivseite der Bilanz gestellt werden. Der Vorgang nennt sich dementsprechend **Aktivierung des Vorsteuerüberhanges.**

**Aufgaben**

38 Kennzeichnen Sie mit einer

    **1,** wenn   7 % USt und mit einer

    **2,** wenn 19 % USt zu berechnen sind.

    ☐ Zeitschriften

    ☐ Abreißkalender

    ☐ Jugendgefährdende Schriften

    ☐ Noten

    ☐ Kunstpostkarten

    ☐ Hörbücher

    ☐ Globen

    ☐ Bibliografien

39 Kennzeichnen Sie richtige Aussagen mit einer **1** und falsche Aussagen mit einer **2.**

    ☐ Zahllast bzw. Vorsteuerüberhang ist die Differenz zwischen Umsatzsteuer und Vorsteuer.

    ☐ Ein Vorsteuerüberhang wird auf der Passivseite der Bilanz gebucht.

    ☐ Als Passivierung der Zahllast bezeichnet man die Banküberweisung der Umsatzsteuer.

    ☐ Ein Vorsteuerüberhang entsteht, wenn in einem Zahlungszeitraum mehr Vorsteuer gezahlt als Umsatzsteuer eingenommen wurde.

    ☐ Nur der Endverbraucher zahlt Vorsteuer.

    ☐ Um den Nettoladenpreis eines Buches zu ermitteln, muss der Ladenpreis durch 107 geteilt werden und dann mit 100 multipliziert werden.

☐ Die gesamten Umsatzsteuereinnahmen des Finanzamts ergeben sich aus der Summe der Vorsteuer und Umsatzsteuerzahlungen aller Produktionsstufen.

☐ Die Umsatzsteuer ist eine direkte Steuer, d.h. sie wird vom Steuerträger direkt ans Finanzamt überwiesen.

40 Die Bruttoumsätze eines Monats betragen 64.200 € inklusive 7 % USt. Die Summe der Eingangsrechnungen beträgt netto 42.000 € zuzüglich 7 % USt. Wie hoch sind ...

a) die eingenommene Umsatzsteuer,
b) die gezahlte Vorsteuer,
c) die Zahllast,
d) der Rohgewinn,
e) die Handelsspanne?

41 Die Buchhandlung *Land in Sicht* hat im letzten Monat Bücher zu Ladenpreisen von insgesamt 29.238,82 € eingekauft. Die weiteren Eingangsrechnungen der Buchhandlung weisen einen Gesamt-betrag von 11.335,94 € inkl. 19 % USt aus. Im selben Monat sind Bücher zu Ladenpreisen von insgesamt 40.548,56 € verkauft wor-den; die Verkäufe aus Non-Books beliefen sich auf 10.019,80 € inklusive 19 % USt. Berechnen Sie die Zahllast, die sich für den letzten Monat ergeben hat.

42 Folgende Konten ergeben sich zum Ende eines Monats:

| Soll | 2600 **VSt** | Haben | Soll | 4800 **USt** | Haben |
|---|---|---|---|---|---|
| 320 € | | | | | 580 € |
| 760 € | | | | | 1.170 € |
| 820 € | | | | | 920 € |
| 810 € | | | | | |

Wie hoch ist die Zahllast bzw. der Vorsteuerüberhang?

43 Folgende Geschäftsfälle sind zu bearbeiten:

| | |
|---|---|
| 1. Eingangsrechnung für Bücher inkl. 7 % USt | 214,00 € |
| 2. Barkauf von Druckerpapier inkl. 19 % USt | 59,50 € |
| 3. Tageslosung inkl. 7 % USt | 1.605,00 € |
| 4. Bankscheck für Autoreparatur inkl. 19 % USt | 119,00 € |
| 5. Wareneingangsrechnung inkl. 7 % USt | 321,00 € |
| 6. Rechnung für Werbeanzeige inkl. 19 % USt | 178,50 € |

a) Berechnen Sie die Zahllast bzw. den Vorsteuerüberhang.
b) Wie viel Euro beträgt der Rohgewinn und wie hoch ist die Han-delsspanne unter Berücksichtigung eines Minderbestandes an Waren von 450 €?

## 3.9
## Einflussfaktoren auf Wareneinsatz und Umsatzerlöse

In diesem Kapitel werden die Faktoren thematisiert, die im Buchhandel Einfluss auf den Wareneinsatz haben. Der Wareneinsatz ist die erforderliche Menge an Waren, die eingesetzt werden muss, um die Umsätze zu erzielen. Er entspricht somit, abgesehen vom Schwund, der Menge der verkauften Waren, wird allerdings mit dem Einstandspreis (Bezugspreis) angesetzt.

Die Umsatzsteuer ist sowohl bei den Einstandspreisen als auch bei den Umsatzerlösen bereits herausgerechnet, da diese weder einen Aufwand noch einen Ertrag darstellt (siehe Kap. 3.7.2).

Die Ermittlung des Wareneinsatzes bei folgenden Beträgen entspricht den Buchungen, die das Konto 6000 Aufwendungen für Waren (AfW) auf der nächsten Seite zeigt:

| | |
|---|---:|
| **Einkaufspreis** (netto) | 500.000 € |
| — Skonti (netto) | 1.500 € |
| — Boni (netto) | 1.000 € |
| — Gutschriften wg. Mängelrügen (netto) | 500 € |
| — Rücksendungen (netto) | 25.000 € |
| + Bezugskosten, netto (z. B. Fracht, Porto, Transportversicherung) | 10.000 € |
| Bezugspreis (Einstandspreis oder Beschaffungspreis) | 482.000 € |
| + Minderbestand lt. Inventur (netto) | --- |
| — Mehrbestand lt. Inventur (netto) | 20.000 € |
| = **WARENEINSATZ** | 462.000 € |

(Skonti, Boni, Gutschriften zusammen: } 3.000 €)

Die Aufstellung zeigt, dass Skonti, Boni sowie Gutschriften des Lieferers aufgrund erfolgter Mängelrügen, aber auch Rücksendungen an den Lieferer den Einkaufspreis mindern, während die Bezugskosten diesen erhöhen. Auf Mehr- und Minderbestände, die im Rahmen der Inventur ermittelt werden, ist bereits im Rahmen der Ausführungen zu Bestandsveränderungen (siehe Kap. 3.7) eingegangen worden.

Im weiteren Verlauf wird aufgezeigt, dass der Wareneinsatz eine entscheidende Rolle für die Verkaufskalkulation (siehe Kap. 4.5.2) spielt.

| Soll | | 6000 **AfW** | Haben |
|------|------|------|------|
| Einkäufe | 500.000 | Rücksendungen | 25.000 |
| Bezugskosten | 10.000 | Nachlässe (Skonti, Boni etc.) | 3.000 |
| Minderbestand | oder | Mehrbestand | 20.000 |
| | | GuV **(Wareneinsatz)** | 462.000 |
| | 510.000 | | 510.000 |

Der Wareneinsatz wird als Aufwand für Waren dieser Rechnungsperiode in das Konto GuV umgebucht

| Soll | 8020 **GuV** | Haben |
|------|------|------|
| AfW | 462.000 | |

## 3.9.1
## Rücksendungen und Gutschriften

Zurückgesandte Bücher bezeichnet man im Buchhandel als Remittenden. Bücher werden aus verschiedenen Gründen vom Sortiment an Lieferanten zurückgeschickt. So räumen Verlage bei Aktionen (Lesung, Büchertisch etc.) ein Remissionsrecht (RR) ein und geben in diesem Fall den Termin vor, zu dem der Titel spätestens zurückgesandt werden muss. Von Umtauschrecht (UR) spricht man, wenn der Verlag einer Remission aus Festbezügen zustimmt. Remittenden entstehen aber auch durch Falschlieferungen oder im Rahmen der Kommissionsabrechnung.

Bücher, deren Mängel beim Verlag während des Herstellungsprozesses entstehen (unbedruckte Seiten, falsch eingehängte Bögen etc.), nennt man im Branchenjargon Defektexemplare Nach den Bestimmungen der Verkehrsordnung sind diese auf Verlangen vom Verlag kostenlos zurückzunehmen, umzutauschen oder bei vom Kunden gewünschter Minderung anteilig gutzuschreiben. Remittiert werden auch die vor Versendung oder auf dem Transportweg durch unsachgemäße Behandlung entstandenen Mängelexemplare (angestoßene Ecken, Flecken etc.).

### Rücksendungen und Gutschriften beim Wareneinkauf

Wird ein Buch an den Verlag zurückgesandt, so erfolgt eine Stornobuchung (Korrekturbuchung) zur Wareneinkaufsbuchung. Sowohl der gebuchte Aufwand für Waren, die gebuchte Vorsteuer als auch die Verbindlichkeiten werden durch diesen Vorgang storniert; der Buchungssatz wird rückgängig gemacht.

Der Gutschriftsbetrag für ein *nicht* zurückgesandtes Mängelexemplar dagegen wird zwecks besserer Übersichtlichkeit zunächst in einem Unterkonto zu AfW, dem Konto 6002 Nachlässe gebucht und später auf AfW umgebucht. In beiden Fällen reduziert sich der Wareneinsatz.

**BEISPIEL 1**

Ein Buch wird an den Verlag zurückgeschickt, der Abgabepreis beträgt 18,00 €.

Buchungssatz

| 4400 **Verb. a. LL** | 18,00 € | an | 6000 **AfW** | 16,82 € |
| | | | 2600 **VSt** | 1,18 € |

**BEISPIEL 2**

Das Buch wird beim Verlag wegen einer Beschädigung des Einbandes reklamiert (nicht zurückgeschickt). Der Verlag erteilt aufgrund der Mängelrüge eine Gutschrift in Höhe von 5,35 € inkl. 7 % USt.

Buchungssatz

| 4400 **Verb. a. LL** | 5,35 € | an | 6002 **Nachlässe** | 5,00 € |
| | | | 2600 **VSt** | 0,35 € |

### Rückgaben beim Warenverkauf

Bringt ein Kunde ein Defektexemplar in eine Buchhandlung und möchte einen Umtausch, so kann für ihn ein neues fehlerfreies Exemplar bestellt werden. Alternativ erhält der Kunde entweder eine Gutschrift oder den Ladenpreis zurück.

Rückgaben führen zu einer Stornobuchung des ursprünglichen Warenverkaufs auf dem Konto 5000 Umsatzerlöse.

## 3.9.2
## Verpackungs- und Transportkosten

Transport- und Verpackungskosten erhöhen den Einstandspreis und somit auch den Wareneinsatz. Hierbei gelten unterschiedliche Konditionen für Bücher und Non-Books. Während bei Non-Books der Lieferer dem Käufer sowohl Verpackungs- als auch Transportkosten in Rechnung stellen kann, so sieht § 14 der Verkehrsordnung eine gesonderte Regelung für Verlagserzeugnisse vor. Hierin ist festgelegt, dass der Verlag eingehende Bestellungen auf Kosten des Abnehmers auf dem nach seinem Wissen günstigsten Wege ausführen muss, wenn nicht der Abnehmer einen anderen Weg wünscht. Es dürfen aber nur die reinen Porto- bzw. Frachtkosten berechnet werden; Verpackung darf grundsätzlich nicht in Rechnung gestellt werden. Werden die Versandkosten auf der Verlagsrechnung ausgewiesen, so sind diese mit 7 % USt versteuert – soweit die Lieferung aus Büchern besteht (siehe Kap. 2.2.1).

Transport- und evtl. Verpackungskosten, die beim Wareneinkauf anfallen, werden im Konto 6001 **Bezugskosten** gebucht.

**BEISPIEL**

Eine Eingangsrechnung vom Verlag weist folgende Werte aus:

| Anzahl | Kurztitel | Ladenpreis | Rabatt | Abgabepreis | Summe |
|---|---|---|---|---|---|
| 10 | Buchhaltung leicht | | | | |
| | gemacht | 19,80 € | 25 % | 14,85 € | 148,50 € |
| | Versandkosten | | | | 10,70 € |

Steuerliches Entgelt 148,79 €   USt 10,41 €   Rechnungsbetrag          159,20 €

Buchungssatz

| 6000 **AfW** | 138,79 | an | 4400 **Verb. a. LL** | | 159,20 |
|---|---|---|---|---|---|
| 6001 **Bezugskosten** | 10,00 | | | | |
| 2600 **VSt** | 10,41 | | | | |

Der buchhändlerische **Abgabepreis** nach § 1 Abs. 5 der Verkehrsordnung gibt den Ladenpreis abzüglich Rabatt, aber inkl. Umsatzsteuer an. Wird der Betrag von 148,50 € durch 107 geteilt und mit 100 multipliziert, so ergibt sich der Nettowarenwert von 138,79 €, der unter 6000 Aufwendungen für Waren zu buchen ist. In den Versandkosten sind ebenfalls 7 % USt enthalten. Nachdem sie herausgerechnet sind, bleiben 10,00 € Nettobezugskosten, die im Konto 6001 Bezugskosten gebucht werden. Sowohl der Umsatzsteueranteil aus den Waren als auch aus den Versandkosten, also 10,41 €, werden als Vorsteuer gebucht.

**BEISPIEL**

Bücher werden von einer Spedition gebracht. Die Speditionskosten werden bar bezahlt. Rechnungsbetrag (inkl. 19 % USt) 23,80 €.
Wie hoch sind die Bezugskosten netto?

107 %  $\triangleq$  23,80 €
100 %  $\triangleq$  x
   x  =  20,00 €

Transport- und Verpackungskosten treten aber auch auf, wenn dem Kunden Ware zugeschickt wird. Die dabei für die Buchhandlung anfallenden Kosten werden in den entsprechenden Aufwandskonten, wie 6102 **Aufwendungen für Verpackungsmaterial,** 6111 **Frachten und Fremdlager und** 6820 **Postgebühren** (die Versendungsleistungen der Deutschen Post AG sind i.d.R. umsatzsteuerfrei) gebucht. Diese Kosten werden in der Regel dem Kunden in Form einer Pauschale in Rechnung gestellt, sofern nicht ab einem bestimmten Bestellwert portofrei zugestellt wird. Auf den Transport- und Verpackungskostenanteil der Ausgangsrechnung müssen ebenfalls 7 % USt aufgeschlagen werden (auch, wenn keine Vorsteuer entrichtet wurde, wie im Fall der Deutschen Post AG). Der Kostenanteil wird allerdings nicht gesondert als Ertrag gebucht, sondern ist Bestandteil der Umsatzerlöse.

### 3.9.3
### Rabatte, Skonti und Boni

**Rabatte sind Preisnachlässe,** die aus verschiedenen Anlässen auf den eigentlichen Listeneinkaufspreis gewährt werden. Im Buchhandel besteht der überwiegende Teil des Sortiments aus preisgebundenen Büchern. Auf den Ladenpreis der Bücher, also den Verkaufspreis, gewährt der Verlag dem Sortiment einen sogenannten Wiederverkäuferrabatt. In diesem Fall gibt der Rabatt als Prozentsatz vom Ladenpreis den Unterschied zwischen Verkaufs- und Einkaufspreis an. Darüber hinaus gibt es im Sortiment weitere spezielle Rabattformen wie den Reise- und Messerabatt, der den Grundrabatt je nach Verlag zwischen 5 bis 10 Prozentpunkte erhöht, oder die Partie als Naturalrabatt, wo sich der Rabatt durch Freiexemplare (Naturalien) erhöht (siehe Kap. 1.4). Der Staffelrabatt ist als Mengenrabatt an die Abnahme einer bestimmten Menge gebunden. Aktions- oder Einführungsrabatte sind auf einen bestimmten Zeitraum begrenzt. All diesen Rabattformen ist gemeinsam, dass sie direkt vom Ladenpreis abgezogen werden und deshalb **buchhalterisch nicht erfasst** werden.

Auch **Skonto** stellt einen Preisnachlass dar, der an einen bestimmten Zahlungszeitraum geknüpft ist. Er soll zur schnelleren Zahlung veranlassen. Für die Begleichung einer Rechnung innerhalb einer vereinbarten Skontofrist (8, 10 oder 14 Tage) darf der vom Lieferanten gewährte Skontosatz vom Rechnungsbetrag abgezogen werden (Kap. 1.6.4). Der Skontoabzug ist erst bei Begleichung der Rechnung im Konto 6002 **Nachlässe** zu buchen. Da sich durch den Abzug von Skonto der gesamte Rechnungsbetrag vermindert, muss gleichzeitig mit der Buchung der Nachlässe die im Rechnungsbetrag enthaltene Vorsteuer korrigiert werden. Diesen Vorgang nennt man **Vorsteuerkorrektur.**

In der Regel erhält der Sortimenter ein Zahlungsziel eingeräumt. Die Rechnung muss dann erst in 30, 60 oder 90 Tagen gezahlt werden. Darüber hinaus kann der Buchhändler durch die Gewährung von Valuta einen kostenlosen Lieferekredit erhalten. Valuta heißt Wertstellung und bedeutet, dass sich das Rechnungsdatum um einen bestimmten Zeitraum (60 oder 90 Tage) verschiebt. Zahlungsziel und Skontobedingungen werden erst nach Ablauf der Valutafrist gerechnet.

**BEISPIEL**

Folgende Verlagsrechnung geht bei der Buchhandlung *Land in Sicht* ein:

| **TAUNUSVERLAG** | | | Rechnung vom 07.06. | | Nr. 1234 |
|---|---|---|---|---|---|
| Anzahl | Kurztitel | Ladenpreis | Rabatt | Abgabepreis | Summe |
| 10 | Buchhaltung | | | | |
| | leicht gemacht | 19,80 € | 25 % | 14,85 € | 148,50 € |
| Steuerliches Entgelt 138,79 € | | USt 9,71 € | | Rechnungsbetrag | 148,50 € |

**Zahlungsbedingung:** Valuta 60 Tage, innerhalb von 10 Tagen 2 % Skonto oder innerhalb von 30 Tagen rein netto

Die Zahlung kann bis zum 16.08. erfolgen, weil zum Rechnungsdatum 07.06. die 60 Tage Valuta addiert wurden und anschließend noch die Skontofrist von 10 Tagen dazugezählt wurde. Die Verbindlichkeiten müssen komplett ausgebucht werden, weil trotz des Skontoabzugs keine offene Rechnung bleibt. Per Bank werden allerdings nur 148,50 € −2 % = 145,53 € überwiesen. In den 2,97 €, die vom Rechnungsbetrag abgezogen worden sind, sind noch 7 % Umsatzsteuer enthalten. Dieser Betrag ist durch 107 zu teilen und mit 100 zu multiplizieren, um den Nettoskontoertrag zu erhalten, der im Konto 6002 Nachlässe zu buchen ist. Der Umsatzsteueranteil von 0,19 € ist als Vorsteuerkorrektur zum ursprünglichen Vorsteuerbetrag aus der Rechnung auf der Habenseite des Kontos Vorsteuer zu buchen.

**BEISPIEL**

Rechnungssumme (brutto) 148,50 €

− **Skonto 2 %**                    2,97 €

= Überweisungsbetrag            145,53 €

> Abzug vom Bruttobetrag, somit ist der Abzug (2,97 €) auch ein Bruttobetrag (107 %) inkl. 7 % USt
> **Darin enthalten sind:**
> 100 % = 2,78 € → Korrektur AfW (zunächst Nachlässe)
> 7 % = 0,19 € → Korrektur Vorsteuer

① Rechnungseingang

Zunächst meldet die Buchhandlung dem Finanzamt für den Juni die Vorsteuer gemäß Rechnung

**Vorsteuer:**                                                                                           **9,71 €**

② Zahlung

Nachdem die Buchhandlung am 16.08. bei der Zahlung Skonto abgezogen hat, war die Angabe der Vorsteuer für die Umsatzsteuervoranmeldung Juni allerdings zu hoch. Die Buchhandlung hat die für Juni geltend gemachte Vorsteuer (9,71 €) aus der gesamten Rechnungssumme um die Minderung durch Skonto (2% = 0,19 €) zu korrigieren. Der Aufwand für Waren wird ebenfalls, zunächst jedoch über das Unterkonto Nachlässe, um 2% von 138,79 € korrigiert = 2,78 €

**Vorsteuerkorrektur nach Skontoabzug (2 % von 9,71 €):**                                   **0,19 €**

So sehen die beiden Vorgänge ① = Einkauf, ② = Zahlung dann auf den Konten aus:

| S | 6000 AfW | H | S | 2600 Vorsteuer | H | S | 6002 Nachlässe | H |
|---|---|---|---|---|---|---|---|---|
| ① | 138,79 | | ① | 9,71 | ② 0,19 | | ② | 2,78 |

| S | 4400 Verb a. LL | H | S | 2880 Bank | H |
|---|---|---|---|---|---|
| ② 148,50 | | ① 148,50 | | ② | 145,53 |

Im Gegensatz zum sofort gewährten Rabatt wird der Bonus erst im Nachhinein gewährt – selbst falls er bereits zu Beginn einer Abrechnungsperiode vereinbart worden sein sollte. Somit stellt er eine rückwirkende Vergütung dar. Auch er wird unter Berücksichtigung der Vorsteuerkorrektur im Konto 6002 **Nachlässe** gebucht.

## Nachlässe beim Warenverkauf

Für den Warenverkauf sind Preisnachlässe durch das seit 2002 gültige Buchpreisbindungsgesetz nur in wenigen Fällen rechtlich möglich bzw. bindend vorgesehen. Im § 7 des Gesetzes sind die Ausnahmen von der Preisbindung im Einzelnen detailliert aufgeführt. So dürfen z. B. beim Verkauf an Bibliotheken – je nach Art der Bibliothek – Nachlässe bis zu 5% oder bis zu 10% gewährt werden. Für Schulbuchsammelbestellungen sind Nachlässe in der Größenordnung zwischen 8% und 15% möglich. Wie beim Wareneinkauf werden auch beim Warenverkauf zugelassene Sofortrabatte nicht gebucht.

Ein Barzahlungsnachlass (Skonto) ist für Bücher grundsätzlich nicht erlaubt. Wird auf einer Ausgangsrechnung für Non-Books Skonto gewährt, so wird dies im Konto 5001 **Erlösberichtigungen** unter Korrektur des Umsatzsteueranteils gebucht.

**BEISPIEL**

Ausgangsrechnung an die Firma Art & Fun:

| **Buchhandlung Land in Sicht** | Rechnung vom 9. 6. | | Nr. 2345 |
|---|---|---|---|
| | Artikel | Einzelpreis | Gesamtpreis |
| 100 | Schlüsselanhänger | | |
| | Tigerente | 4,76 € | 476,00 € |
| Steuerliches Entgelt 400,00 € | USt 76,00 € | Rechnungsbetrag | 476,00 € |

**Zahlungsbedingung:** Valuta 60 Tage, innerhalb von 10 Tagen 2 % Skonto oder innerhalb von 30 Tagen rein netto

Die Firma Art & Fun zahlt fristgerecht unter Abzug von Skonto: Die Forderungen von 476,00 € müssen in voller Höhe ausgebucht werden. Auf dem Bankkonto sind 466,48 € eingegangen, weil 2 % von 476,00 € abgezogen worden waren. Der Skontobetrag (brutto) in Höhe von 9,42 € muss durch 119 geteilt und mit 100 multipliziert werden. Daraus ergibt sich der Skontobetrag ohne Umsatzsteuer, der im Konto 5001 Erlösberichtigungen gebucht wird. Gleichzeitig wird die Umsatzsteuer korrigiert.

Nachlässe werden im Rahmen der Abschlussarbeiten über das Konto 6000 AfW und Erlösberichtigungen über das Konto 5000 Umsatzerlöse abgeschlossen. **Nachlässe reduzieren den Wareneinsatz, Erlösberichtigungen die Umsatzerlöse im Nachhinein.**

### 3.9.4
### Abschluss der Warenkonten und ihrer Unterkonten

Von besonderer Bedeutung für die Erfolgsermittlung ist der Rohgewinn. Er errechnet sich aus der Differenz zwischen Umsatzerlösen und Wareneinsatz (siehe Kap. 3.7). Sowohl für die Umsatzerlöse als auch für die Ermittlung des Wareneinsatzes sind Aufwendungen und Erträge einzubeziehen, die den Einkaufspreis bzw. den Verkaufspreis letztendlich noch verändern. So beeinflussen Bezugskosten und Nachlässe den Einstandspreis und sind daher Unterkonten des Kontos 6000 Aufwendungen für Waren, weshalb sie auch über dieses Konto abgeschlossen werden.

Erlösberichtigungen sind ein Unterkonto der Umsatzerlöse und werden darüber abgeschlossen. Auch die dezimale Untergliederung des Kontos 6000 Aufwendungen für Waren in 6001 Bezugskosten und 6002 Nachlässe sowie des Kontos 5000 Umsatzerlöse und 5001 Erlösberichtigungen macht diesen Zusammenhang deutlich.

Buchungen und Abschluss der Warenkonten und ihrer Unterkonten:

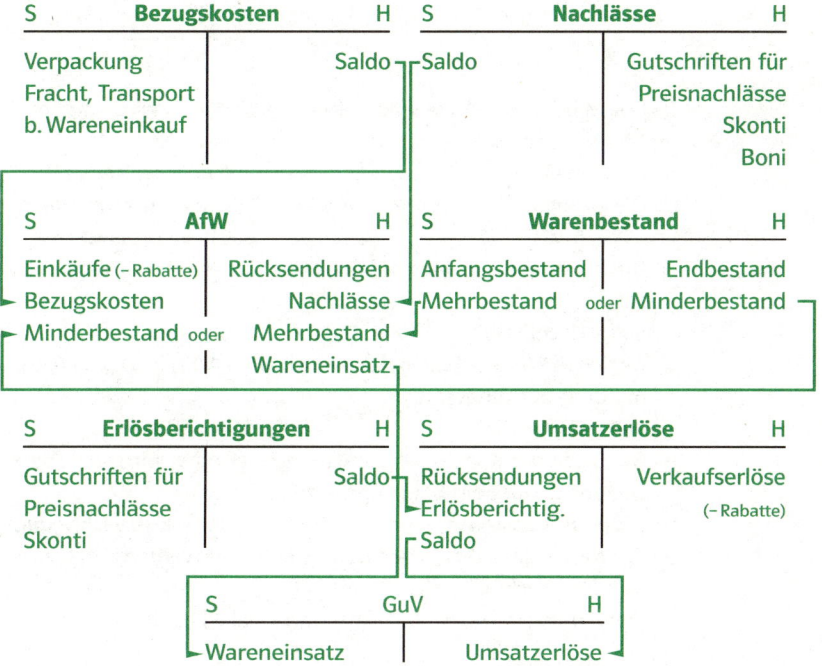

**BEISPIEL**

Die in schwarz gedruckten Werte sind in den folgenden Konten gegeben:

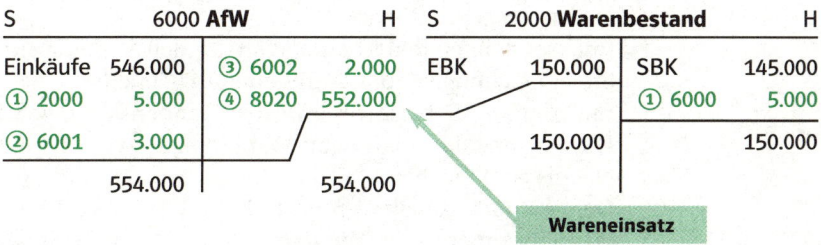

| S | 6001 **Bezugskosten** | H |
|---|---|---|
| | 3.000 | ② 6000 | 3.000 |
| | 3.000 | | 3.000 |

| S | 6002 **Nachlässe** | H |
|---|---|---|
| ③ 6000 | 2.000 | | 2.000 |
| | 2.000 | | 2.000 |

| S | 5001 **Erlösberichtigungen** | H |
|---|---|---|
| | 1.000 | ⑤ 5000 | 1.000 |
| | 1.000 | | 1.000 |

| S | 5000 **Ue** | H |
|---|---|---|
| ⑤ 5000 | 1.000 | | 801.000 |
| ⑥ 8020 | 800.000 | | |
| | 801.000 | | 801.000 |

① Der Minderbestand aus dem Konto 2000 Waren wird umgebucht auf 6000 AfW mit dem Buchungssatz:

6000 **AfW**                              an    2000 **Warenbestand**              5.000

② Die Bezugskosten werden auf 6000 AfW umgebucht mit dem Buchungssatz:

6000 **AfW**                              an    6001 **Bezugskosten**              3.000

③ Umbuchung des Saldos aus 6002 Nachlässe auf 6000 AfW mit dem Buchungssatz:

6002 **Nachlässe**                        an    6000 **AfW**                       2.000

④ Der Wareneinsatz (Saldo des Kontos 6000 AfW) wird auf 8020 GuV umgebucht mit dem Buchungssatz:

8020 **GuV**                              an    6000 **AfW**                     552.000

⑤ Der Saldo des Kontos 5001 Erlösberichtigungen wird umgebucht auf 5000 Umsatzerlöse mit dem Buchungssatz:

5000 **Umsatzerlöse**                     an    5001 **Erlösberichtigungen**       1.000

⑥ Die Nettoerlöse (Saldo des Kontos 5000 Ue) werden auf 8020 GuV umgebucht mit dem Buchungssatz:

5000 **Umsatzerlöse**                     an    8020 **GuV**                     800.000

**Aufgaben**

44 Kennzeichnen Sie richtige Aussagen mit einer **1** und falsche Aussagen mit einer **2**.

☐ Rücksendungen fehlerhafter Ware an den Verlag werden als Stornobuchungen zum Wareneinkauf gebucht.

☐ Im Konto 6002 Nachlässe werden Kundenskonti gebucht.

☐ Der Sortimenterrabatt beim Wareneinkauf wird im Konto 6002 Nachlässe gebucht.

☐ Dem Kunden gewährte Sofortrabatte werden nicht gebucht.

☐ Portokosten, die dem Kunden in Rechnung gestellt werden, sind umsatzsteuerfrei.

## Übersicht der Buchungen

### Wareneinkauf

| Vorgang | Buchung |
|---|---|
| Wareneinkauf | 6000 AfW / 2600 Vorsteuer an 4400 Verb. a. LL |
| Falschlieferung = Storno (Rechnung noch offen) | 4400 Verb. a. LL an 6000 AfW / 2600 Vorsteuer |
| Teilstorno (Betragsangabe oder in %) | 4400 Verb. a. LL an 6000 AfW / 2600 Vorsteuer |
| Mängelexemplar = Mängelrüge / Wir behalten das Buch mit Verlags-Gutschrift | 4400 Verb. a. LL an 6002 Nachlässe / 2600 Vorsteuer |
| Boni / Gutschrift | 4400 Verb. a. LL an 6002 Nachlässe / 2600 Vorsteuer |
| Skontoabzug | 4400 Verb. a.LL an 2800 Bank / 6002 Nachlässe / 2600 Vorsteuer |

→ Der Abschluss des Kontos Nachlässe erfolgt über AfW, nicht über GuV.

| Vorgang | Buchung |
|---|---|
| Frachtkosten, enthalten in Verlagsrechnung (VSt = 7%) | 6000 AfW / 6001 Bezugskost. / 2600 Vorsteuer an 4400 Verb. a. LL |
| Frachtkosten, separate Rechnung (VSt = 19%) | 6001 Bezugskost. / 2600 Vorsteuer an 4400 Verb. a. LL |

→ Der Abschluss von Bezugskosten erfolgt über AfW, nicht über GuV.

### Warenverkauf

| Vorgang | Buchung |
|---|---|
| Warenverkauf | 2400 Ford. a. LL bzw. 2880 Kasse an 5000 Umsatzerlöse / 4800 Umsatzsteuer |
| Falschlieferung (Kunde gibt Buch zurück) = Storno (Rechnung noch offen) | 5000 Umsatzerlöse / 4800 Umsatzsteuer an 2400 Ford. a. LL |
| Falschlieferung (Kunde gibt Buch zurück) = Storno (Rechnung schon bezahlt) | 5000 Umsatzerlöse / 4800 Umsatzsteuer an 2880 Kasse bzw. 2800 Bank |
| Mängelexemplar = Mängelrüge vom Kunden / Kunde behält den Artikel mit Gutschrift oder Barauszahlung | 5001 Erlösbericht. / 4800 Umsatzsteuer an 2400 Ford. a. LL bzw. 2880 Kasse |
| Boni / Gutschrift für Nonbooks | 5001 Erlösberichtig. / 4800 Umsatzsteuer an 2400 Ford. a. LL |
| Skonto-Abzug Nonbooks | 2800 Bank / 5001 Erlösberichtig. / 4800 Umsatzsteuer an 2400 Ford. a. LL |

→ Der Abschluss des Kontos Erlösberichtigung erfolgt über Umsatzerlöse, nicht über GuV.

| Vorgang | Buchung |
|---|---|
| Frachtkosten werden dem Kunden mit in Rechnung gestellt (USt = 7% bei Büchern, 19% bei Nonbooks) | 2400 Ford. a. LL an 5000 Umsatzerlöse / 4800 Umsatzsteuer |
| Beim Verkauf fallen keine Bezugskosten an. ↑ | Buchungen erfolgen über die Aufwandskonten an 6111 Frachtkosten / 6102 Verpackungsmaterial / 6820 Postgebühren (Porto) |

Die den Kunden berechneten Frachtkosten und Porti werden über Umsatzerlöse gebucht.

☐ Die Beträge in den Konten 6001 Bezugskosten und 6002 Nachlässe verändern den Wareneinsatz in seiner Höhe.

☐ Dem Kunden in Rechnung gestellte Verpackungskosten werden
im Konto 6001 Bezugskosten gebucht.

☐ Erlösberichtigungen werden als Aufwendungen direkt über das
GuV-Konto abgeschlossen.

☐ Erst nach Abschluss der Unterkonten 6001 Bezugskosten, 6002
Nachlässe und 5001 Erlösberichtigungen kann der Rohgewinn
ermittelt werden.

**45** Kennzeichnen Sie die richtigen Aussagen mit einer **1**
und die falschen Aussagen mit einer **2**.

☐ Remittenden sind Mängelexemplare, die von den Verlagen
umzutauschen oder zurückzunehmen sind.

☐ Eine Preisminderung von Seiten des Verlages ist als Storno zu
buchen.

☐ Kunden können Mängelexemplare grundsätzlich nur gegen
Gutschein umtauschen.

☐ Die Umsatzsteuer ist bei Stornobuchungen nicht zu berücksichtigen.

☐ Die Rücksendung einer falschen Warenlieferung hat keinen
Einfluss auf den bereits gebuchten Wareneinsatz.

☐ Die Gewährung von Rabatten hat keinen Einfluss auf den Rohgewinn.

☐ Zur Umsatzsteigerung kann dem Buchkäufer Skonto gewährt
werden.

☐ Ein Rabatt an Bibliotheken ist nach dem Preisbindungsgesetz
erlaubt.

☐ Kundenskonti bei Büchern sind grundsätzlich nicht erlaubt.

Transport- und Verpackungskosten …

☐ senken den Einstandspreis.

☐ werden für Bücher und für Non-Books mit dem gleichen Umsatzsteuersatz berechnet.

☐ sind von der Umsatzsteuer befreit.

☐ werden beim Einkauf als Bezugskosten gebucht und erhöhen den
Einstandspreis.

☐ dürfen von Verlagen dem Sortiment in Rechnung gestellt werden.

**46** Die Bezugspreise für die Warengruppe ›Kinderbuch‹ betragen für die
laufende Rechnungsperiode 49.750,00 €. Der Lagermehrbestand für
diesen Zeitraum beträgt 3.050,00 €, die Nettoumsätze 62.000,00 €.

**a)** Wie hoch ist der Wareneinsatz der Warengruppe ›Kinderbuch‹?

**b)** Errechnen Sie den Rohgewinn in Euro.

    c) Berechnen Sie die Handelsspanne in Prozent, die von der Buchhandlung mit dieser Warengruppe erzielt wurde.

47 Die Buchhandlung *Land in Sicht* verkauft einem Kunden nicht preisgebundene Bücher auf Rechnung. Der Rechnungsbetrag beträgt 791,80 €. inkl. 7 % USt. Die Zahlungsbedingungen lauten: Zahlbar innerhalb von 10 Tagen mit 3 % Skonto, innerhalb 30 Tagen ab Rechnungsdatum rein netto.
Der Kunde überweist fristgerecht unter Abzug von Skonto.
    a) Berechnen Sie den Überweisungsbetrag.
    b) Wie viel Euro beträgt die Umsatzsteuerkorrektur?

48 Als Mitarbeiterin der Buchhandlung *Land in Sicht* liegt Ihnen folgender Bankauszug vor:

| IBAN<br>DE48500502010055 533523 | **Frankfurter Sparkasse *1822*** | BIC<br>HELADEF1822 |
|---|---|---|

| KONTOAUSZUG<br>vom 04.08.15 | Blatt 1 | Auszug-Nr. 124 |
|---|---|---|

| Vorgang | Valuta | UMSATZ SOLL / HABEN | |
|---|---|---|---|
| 1  Re.-Nr. 15/891 unter Abzug von 2% Skonto | 30.07.2015 | 892,50 | EUR S |
| 2  Re.-Nr. 625214 | 30.07.2015 | 256,80 | EUR H |
| 3  Miete laufender Monat | 30.07.2015 | 3.000,00 | EUR S |
| 4  Zinsen für Darlehen Nr. 867250 | 03.08.2015 | 658,18 | EUR S |

Buchhandlung Land in Sicht GmbH
Rotteckstraße 13
60316 Frankfurt

NEUER SALDO
2.601,58 EUR  H

ALTER SALDO
6.895,46 EUR  H

Irrtum vorbehalten

    a) Um welchen Vorgang handelt es sich bei Nr. 1?
Kennzeichnen Sie die richtigen Aussagen mit einer **1** und die falschen Aussagen mit einer **2**
☐ Kunde zahlt Rechnung unter Skontoabzug
☐ Gutschrift eines Lieferers
☐ Laufende Abbuchung der monatlichen Gehaltszahlung
☐ Zahlung einer Lieferantenrechnung unter Skontoabzug
☐ Lastschrift Stromrechnung
    b) Berechnen Sie den ursprünglichen Rechnungsbetrag aus Vorgang 1.
    c) Berechnen Sie die Umsatzsteuer-Korrektur (7 %) aufgrund des Vorganges 1 und geben Sie an, ob sich die Zahllast dadurch erhöht oder vermindert.

## 3.10
## Privatkonto

Die meisten Buchhandlungen werden als Einzelunternehmungen oder Personengesellschaften (GbR, OHG, KG) geführt. Der Unternehmer erhält kein Gehalt, sondern bezieht sein Einkommen allein aus dem Gewinn, den seine Buchhandlung erzielt. Im Vorgriff auf den zu erwartenden Gewinn, der in der Regel aber erst durch das Weihnachtsgeschäft am Ende des Jahres realisiert wird, entnimmt er im Laufe des Geschäftsjahres sowohl finanzielle Mittel als auch Wirtschaftsgüter, die über das Privatkonto zu buchen sind. Man spricht in diesem Fall von **Privatentnahmen**. Zu ihnen zählen laut § 4 Abs. 1 EStG:

- **Barentnahmen**   Entnahmen aus der (Betriebs-)Kasse und Überweisungen vom betrieblichen Bankkonto für private Zwecke.
- **Warenentnahmen**   Entnahme von Büchern und Non-Books für private Zwecke.
- **Nutzungsentnahmen**   Nutzung von betrieblichen Gegenständen für private Zwecke (z. B. private Nutzung des Geschäftswagens).

Umgekehrt gilt: Wenn der Inhaber im Laufe des Geschäftsjahres finanzielle Mittel oder Wirtschaftsgüter zuführt, so spricht man von **Privateinlagen**. Hierzu zählen laut § 4 Abs. 1 EStG:

- **Bareinzahlungen**   Einzahlungen in die (Betriebs-)Kasse oder das Geschäftskonto aus privaten Mitteln.
- **Sonstige Wirtschaftsgüter**   Nutzung privater Anlagegüter für betriebliche Zwecke (z. B. geschäftliche Nutzung des privaten Laptops).

Buchhalterisch gesehen, verändern Privatentnahmen und Privateinlagen das Eigenkapital. Entnahmen mindern und Einlagen erhöhen das Eigenkapital. Deshalb könnten sie auch direkt auf dem Eigenkapitalkonto gebucht werden. Um jedoch einen besseren Überblick im Eigenkapitalkonto zu wahren, wird für diese Zwecke das Unterkonto 3001 **Privatkonto** verwendet. Das Privatkonto ist ein Unterkonto von Eigenkapital und daher sind wie in allen Passivkonten die Privatentnahmen (Abgänge) im Soll und die Privateinlagen (Zugänge) im Haben zu buchen. Am Ende des Geschäftsjahres wird das Privatkonto über das Eigenkapitalkonto abgeschlossen. Für jeden Gesellschafter werden sowohl ein eigenes Eigenkapitalkonto als auch ein eigenes Privatkonto geführt.

Im Unterschied zu Personengesellschaften gibt es bei Kapitalgesellschaften (GmbH, AG) keine Privatkonten, denn bei der Kapitalgesellschaft handelt es sich bei den Eigentümern juristisch gesehen um zwei verschiedene Personen.

S                               3001 **Privatkonto**                      H

Entnahmen                                                        Einlagen

Abschluss über Konto
3000 Eigenkapital

**BEISPIEL 1**

Die Inhaberin einer Buchhandlung entnimmt für private Zwecke 20 €
aus der Kasse.

Buchungssatz
3001 **Privatkonto**              20   an   2880 **Kasse**                      20

**BEISPIEL 2**

Die Inhaberin zahlt aus ihrem Privatvermögen 1.000 € auf das Geschäftskonto ein.

Buchungssatz
2800 **Bank**              1.000   an   3001 **Privatkonto**              1.000

## Umsatzsteuerpflicht bei Privatentnahmen

Entnimmt der Unternehmer Wirtschaftsgüter für private Zwecke aus
dem Betrieb, so ist er in diesem Fall **Endverbraucher** und damit **umsatz-
steuerpflichtig**, wenn zuvor ein voller oder teilweiser Vorsteuerabzug
möglich war (siehe Kap. 3.8.1). Die umsatzsteuerliche **Bemessungsgrundlage** für die Wirtschaftsgüter ist der Einkaufspreis zuzüglich der Bezugskosten, also der **Bezugs- oder Einstandspreis**. Der umsatzsteuer-
pflichtige Eigenverbrauch muss nach § 22 UStG auf dem Ertragskonto
5420 **Unentgeltliche Wertabgaben** gebucht werden. Dieses Konto wird
wie alle anderen Ertragskonten beim Jahresabschluss über das Gewinn-
und Verlustkonto abgeschlossen.

Neben Entnahmen aus dem Unternehmen kennt das Umsatzsteuerrecht auch Einlagen. Außer der Einlage von Geld sind auch Einlagen von
Gegenständen aus dem privaten Vermögen des Inhabers möglich (Sach-
einlagen). Legt beispielsweise der Kaufmann seinen bisher privat genutzten PKW in seinen Betrieb ein, muss zuvor der Wert ermittelt werden, zu
dem die Einlage erfolgt. Da der Unternehmer hier als **Privatperson** handelt, wird in diesem Fall auf den Wert der Einlage keine Umsatzsteuer
berechnet, infolgedessen ist auch kein Vorsteuerabzug möglich.

**Abschluss des Privatkontos**

Je nachdem, ob die Privatentnahmen oder die Privateinlagen überwiegen, wird das Eigenkapital am Jahresende geschmälert oder erhöht. Im Laufe des Jahres dürften die Privatentnahmen bei weitem überwiegen, weil der Unternehmer ja seinen Lebensunterhalt bestreiten muss. Allerdings sollten die Privatentnahmen die erzielten Gewinne auf Dauer nicht übersteigen.

**BEISPIEL**
Im Laufe eines Jahres wurden 56.000 € Privatentnahmen und 1.000 € private Einlagen auf dem Privatkonto gebucht. Im Eigenkapitalkonto gab es einen Anfangsbestand von 500.000 € und Gewinne von 57.000 €, die am Jahresende vom GuV-Konto umgebucht worden waren.

| S | 3001 **Privatkonto** | H |   | S | 3000 **Eigenkapital** | | H |
|---|---|---|---|---|---|---|---|
| 56.000 | | 1.000 | | ① 3001 | 55.000 | 8000 | 500.000 |
| | ① 3000 | 55.000 | | 8010 | 502.000 | 8020 | 57.000 |
| 56.000 | | 56.000 | | | 557.000 | | 557.000 |

① Der Saldo des Privatkontos über 55.000 € wird auf die Soll-Seite des Eigenkapitalkontos mit dem Buchungssatz 3000 an 3001 umgebucht. Die Privatentnahmen lagen mit 55.000 € unter dem Gewinn in Höhe von 57.000 €, sodass das Eigenkapital einen Schlussbestand von 502.000 € gegenüber dem Anfangsbestand von 500.000 € aufweist.

**Aufgaben**
49 Kennzeichnen Sie richtige Aussagen mit einer **1** und
   falsche Aussagen mit einer **2**.
   ☐ Inhaber von Einzelunternehmungen und Personengesellschaften beziehen ihr Einkommen aus dem Gewinn.
   ☐ Private Entnahmen und Einlagen müssen nicht gebucht werden.
   ☐ Das Privatkonto ist ein Aktivkonto.
   ☐ Privatentnahmen werden im Soll des Privatkontos gebucht.
   ☐ Das Privatkonto wird über das Eigenkapitalkonto abgeschlossen.
   ☐ In Kapitalgesellschaften muss für jeden Gesellschafter ein Privatkonto angelegt werden.
   ☐ Privatentnahmen von Wirtschaftsgütern und Dienstleistungen werden im Konto Unentgeltliche Wertabgaben gebucht.
   ☐ Bei Privatentnahmen von vorsteuerabzugsfähigen Wirtschaftsgütern ist die Vorsteuer zu korrigieren.

☐ Im Privatkonto ergibt sich ein Haben-Saldo, wenn die Entnahmen überwiegen.

## 3.11 Personalkosten

Jeden Monat muss die Buchhaltung für alle Beschäftigten eine Lohn- und Gehaltsabrechnung erstellen. Bei der Abrechnung der Entgelte muss eine Vielzahl an Bestimmungen beachtet werden. So werden von der vereinbarten Entlohnung (Bruttogehalt) eine Reihe gesetzlicher und freiwilliger Abzüge abgerechnet, bevor der Auszahlungsbetrag feststeht. Die Abzüge sind abhängig von den persönlichen Daten des Arbeitnehmers.

### Lohnsteuer

Alle Einkünfte aus nicht selbstständiger Arbeit unterliegen der Lohnsteuer. Im Allgemeinen wird zwischen Lohn für Arbeiter und Gehalt für Angestellte unterschieden. Diese Unterscheidung findet in Tarifverträgen und in der Gesetzgebung allerdings heute kaum noch Anwendung.

Welche Abzüge (Sozialversicherung, Lohnsteuer, Kirchensteuer und Solidaritätsbeitrag) zum Tragen kommen, hängt vom individuellen Profil des Beschäftigten ab. Gesetzliche und freiwillige Abzüge vom Bruttogehalt werden dabei in verschiedenen Bestimmungen geregelt.

Der Arbeitgeber zieht (neben anderen Positionen) die Lohnsteuer vom Arbeitsentgelt ab und behält sie zunächst ein. Die Höhe der Lohnsteuer hängt von der **Höhe des Arbeitslohnes**, der **Steuerklasse** und der möglichen Freibeträge ab, die z. B. für Behinderte gelten. Ab Januar 2013 wurde die frühere Lohnsteuerkarte durch das elektronische System ELSTAM (Elektronische Lohnsteuer Abzugs Merkmale) ergänzt. Spätestens ab 12/2013 musste ELSTAM genutzt werden. Seitdem entfällt die Lohnsteuerkarte.

Die Datenbank ELSTAM steht dem Arbeitgeber nach Anmeldung seines Arbeitnehmers und Identifizierung (u. a. durch die Steuer-Identifikationsnummer) zum Datenabruf zur Verfügung. Die Angaben in ELSTAM sind Grundlage für die Berechnung der monatlichen Lohnsteuer, die auf den persönlichen Verhältnissen des Arbeitnehmers (z. B. Steuerklasse, Familienstand, Konfession, Geburtsdatum, Kinder) beruhen.

Änderungen in den bei ELSTAM registrierten Lohnsteuerabzugsmerkmalen können vom Arbeitnehmer beim Finanzamt auf amtlichen Formularen beantragt werden.

Zur Berechnung der Lohnsteuer sind **sechs Lohnsteuerklassen** geschaffen worden (§ 38 b EStG), die sich in erster Linie am Familienstand des Steuerpflichtigen orientieren. Somit kann der Lohnsteuerabzug in den einzelnen Steuerklassen bei identischem Arbeitslohn unterschiedlich hoch ausfallen. In den Steuerklassen sind steuerliche Jahres-Freibeträge berücksichtigt, die mit 1/12 in den monatlichen Lohnsteuertabellen enthalten sind und sich damit bei der Lohn- und Gehaltsabrechnung beim Lohnsteuerabzug steuermindernd auswirken. Wichtigster Freibetrag ist der **Grundfreibetrag** (2015: 8.472 €; 2016 voraussichtlich: 8.652 €), der sicherstellen soll, dass das zur Bestreitung des Existenzminimums nötige Einkommen des Arbeitnehmers nicht durch Steuern gemindert wird. Bis zu dieser Höhe muss keine Einkommensteuer bezahlt werden; darüber hinaus sind noch weitere Freibeträge in den Lohnsteuertabellen eingearbeitet, wie der Arbeitnehmerfreibetrag (2015: 1.000 €).

| Steuerklasse | Zuordnung der Arbeitnehmer |
| --- | --- |
| I | **Alleinstehende:** Ledige, Geschiedene, Verheiratete, die dauernd getrennt leben, und Verwitwete. |
| II | Personen aus Steuerklasse I mit Kind erhalten die Steuerklasse II. Sie erhalten zusätzlich einen Entlastungsfreibetrag für Alleinerziehende (2015: 1.308 €), der in der Steuerklasse II neben den Freibeträgen der Steuerklasse I enthalten ist. |
| III | **Verheiratete** Arbeitnehmer oder solche, die in einer eingetragenen Lebenspartnerschaft leben. Der Partner bekommt Steuerklasse V. Der Lohnsteuerabzug ist hier am geringsten, da der Grundfreibetrag des Partners enthalten ist, in Steuerklasse V hingegen nicht. Wird i. d. R. bei Gehaltsunterschieden von mehr als 20 % gewählt oder wenn der Partner keinen Arbeitslohn bezieht. Liegen die Löhne/Gehälter der Partner weit auseinander, erfolgt i. d. R. eine Steuernachzahlung bei der Einkommensteuererklärung des Kalenderjahres. |
| IV | Statt der Steuerklassenkombination III/V können Verheiratete die Kombination IV/IV wählen. Dies bietet sich an, wenn beide Partner während des Jahres annähernd gleich viel verdienen. Ansonsten werden zunächst zu viel Steuern bezahlt. Die Höhe der Lohnsteuer ist identisch mit der Steuerklasse I. |
| V | Siehe Steuerklasse III |
| VI | Ist auf der zweiten und jeder weiteren Lohnsteuerkarte bei Arbeitnehmern einzutragen, die nebeneinander von mehreren Arbeitgebern Arbeitslohn beziehen. In dieser Steuerklasse werden keine Freibeträge berücksichtigt, da diese bereits bei der ersten Steuerklasse wirken. |

Außerdem können beide Ehepartner/Lebenspartner auch die Kombination IV-Faktor / IV-Faktor wählen. Diese Kombination soll auf der einen Seite annähernd die gleichmäßige Verteilung der steuerlichen Freibeträge auf die Partner gewährleisten. Im Vergleich zur Kombination III/V ist die Belastung mit Lohnsteuer beim geringer verdienenden Partner wesentlich geringer, beim Partner mit Lohnsteuerklasse III höher.

Letztendlich jedoch gleichen sich alle Vor- oder Nachteile, die möglicherweise durch die vorweg bestimmte Steuerklassenwahl bei den Ehe- bzw. Lebenspartnern erzielt wurde, in der abzugebenden Einkommensteuererklärung für das Kalenderjahr wieder aus. Zu wenig gezahlte Steuer wird nachgefordert, zu viel gezahlte erstattet – womit sich die günstigere Wahl lediglich als Zinsvorteil bis zur Endabrechnung entpuppt.

**Solidaritätszuschlag**

Ab 1. Januar 1995 wurde zur Finanzierungen der deutschen Einheit ein Solidaritätszuschlag erhoben. Seitdem wird ein Prozentzuschlag (z. Zt. 5,5 %) von der zu berechnenden Lohnsteuer vom Bruttogehalt abgezogen und neben der Lohnsteuer zunächst vom Arbeitgeber einbehalten.

**Kirchensteuer**

Wenn der Arbeitnehmer einer Steuer erhebenden Religionsgemeinschaft angehört, zieht der Arbeitgeber Kirchensteuer ab, die er zunächst einbehält. Die Höhe der Kirchensteuer richtet sich nach den Bestimmungen des Bundeslandes, in dem der Betrieb des Arbeitnehmers liegt. Sie beträgt in Bayern und Baden-Württemberg 8 %, in allen übrigen Bundesländern 9 % von der Lohnsteuer.

**Kinderfreibeträge**

Seit 1996 wird die Anzahl der Kinder bei der Erhebung der Lohnsteuer nicht mehr berücksichtigt. Statt dessen wird von der Familienkasse des jeweiligen Arbeitsamtes Kindergeld ausgezahlt. Es beträgt derzeit jeweils 190 € monatlich für das erste und zweite Kind, 196 € für das dritte und vierte Kind sowie 216 € für jedes weitere Kind (Stand 2016). Die nach ELSTAM zu berücksichtigenden und in der Steuerkarte eingetragenen Kinderfreibeträge wirken sich nur noch auf Solidaritätszuschlag und Kirchensteuer aus. Sind beide Elternteile einkommensteuerpflichtig, so wird bei jedem ein Zähler von 0,5 pro Kind berücksichtigt.

## Lohnsteuertabelle

Aus der Lohnsteuertabelle können – in Abhängigkeit von der Höhe des Arbeitsentgeltes und unter Berücksichtigung der Steuerklasse und der Freibeträge – Lohnsteuer, Kirchensteuer und der Solidaritätszuschlag abgelesen werden.

**Allgemeine Monats-Lohnsteuertabelle 2015** (Auszug)

| Lohn/Gehalt bis € | Steuerklasse | Kinderfreibetrag | | | | | | | | | | | | | |
|---|---|---|---|---|---|---|---|---|---|---|---|---|---|---|---|
| | | 0.0 | | | 0.5 | | 1 | | 1,5 | | 2 | | 2,5 | | 3 |
| | | Lohnsteuer | SolZ | Kirchensteuer | SolZ | Kirchensteuer | SolZ | Kirchensteuer | SolZ | Kirchensteuer | SolZ | Kirchensteuer | SolZ | Kirchensteuer | SolZ | Kirchensteuer |
| **2.126,99** | | | | | | | | | | | | | | | | |
| | I | 236,16 | 12,98 | 21,25 | 8,73 | 14,28 | 1,01 | 7,74 | - | 2,22 | - | - | - | - | - | - |
| | II | 206,75 | - | - | 7,20 | 11,79 | - | 5,47 | - | 0,61 | - | - | - | - | - | - |
| | III | 43,50 | - | 3,91 | - | - | - | - | - | - | - | - | - | - | - | - |
| | IV | 236,16 | 12,98 | 21,25 | 10,83 | 17,72 | 8,73 | 14,28 | 6,70 | 10,96 | 1,01 | 7,74 | - | 4,76 | - | 2,22 |
| | V | 471,66 | 25,94 | 42,45 | - | - | - | - | - | - | - | - | - | - | - | - |
| | VI | 503,83 | 27,71 | 45,34 | - | - | - | - | - | - | - | - | - | - | - | - |
| **2.129,99** | | | | | | | | | | | | | | | | |
| | I | 236,83 | 13,02 | 21,31 | 8,76 | 14,34 | 1,15 | 7,80 | - | 2,25 | - | - | - | - | - | - |
| | II | 207,41 | - | - | 7,24 | 11,85 | - | 5,52 | - | 0,64 | - | - | - | - | - | - |
| | III | 44,00 | - | 3,96 | - | - | - | - | - | - | - | - | - | - | - | - |
| | IV | 236,83 | 13,02 | 21,31 | 10,86 | 17,78 | 8,76 | 14,34 | 6,73 | 11,02 | 1,15 | 7,80 | - | 4,80 | - | 2,25 |
| | V | 472,66 | 25,99 | 42,54 | - | - | - | - | - | - | - | - | - | - | - | - |
| | VI | 504,83 | 27,76 | 45,43 | - | - | - | - | - | - | - | - | - | - | - | - |
| **2132,99** | | | | | | | | | | | | | | | | |
| | I | 237,58 | 13,06 | 21,38 | 8,80 | 14,40 | 1,26 | 7,86 | - | 2,30 | - | - | - | - | - | - |
| | II | 208,08 | - | - | 7,28 | 11,91 | - | 5,58 | - | 0,68 | - | - | - | - | - | - |
| | III | 44,50 | - | 4,00 | - | - | - | - | - | - | - | - | - | - | - | - |
| | IV | 237,58 | 13,06 | 21,38 | 10,90 | 17,84 | 8,80 | 14,40 | 6,77 | 11,08 | 1,26 | 7,86 | - | 4,86 | - | 2,30 |
| | V | 473,50 | 26,04 | 42,61 | - | - | - | - | - | - | - | - | - | - | - | - |
| | VI | 505,83 | 27,82 | 45,52 | - | - | - | - | - | - | - | - | - | - | - | - |

**BEISPIEL**

Die Verlagsbuchhändlerin Clara Luxemburg ist Angestellte bei *Land in Sicht*. Sie ist verheiratet (ihr Mann ist nicht berufstätig), hat ein Kind und ist römisch-katholisch. Ihr Bruttogehalt beträgt 2.131 €. Wie viel Lohnsteuer, Kirchensteuer und Solidaritätszuschlag müssen ihr nach dem abgebildeten Auszug aus der Lohnsteuertabelle abgezogen werden?

**LÖSUNG**

Lohnsteuer = 44,50 €, Solidaritätszuschlag = 0,00 €, Kirchensteuer = 0,00 €

Clara Luxemburg ist der Steuerklasse III zuzuordnen. Ihr Bruttogehalt liegt über 2.129,99 €, sodass die Abzüge bei der nächsten Gehaltsstufe, bei 2.132,99 €, abgelesen werden müssen. In Hessen liegt der Kirchensteuersatz bei 9 %. Da sie ein Kind hat, muss sie in dieser Gehaltsstufe keinen Solidaritätszuschlag und keine Kirchensteuer zahlen.

## Gesetzliche Sozialversicherung

Zur gesetzlichen Sozialversicherung gehören die **Krankenversicherung**, die **Pflegeversicherung**, die **Rentenversicherung**, die **Arbeitslosenversicherung** und die **Unfallversicherung.** Die Beiträge zur gesetzlichen Unfallversicherung trägt der Arbeitgeber allein. Die Beiträge zur Renten- und Arbeitslosenversicherung werden je zur Hälfte von Arbeitnehmern und Arbeitgebern aufgebracht. Der Beitragssatz der gesetzlichen Krankenversicherungen liegt ab Januar 2015 bei 14,6 %. Arbeitnehmer und Arbeitgeber tragen davon mit 7,3 % jeweils die Hälfte. Allerdings werden fast alle gesetzlichen Kassen von ihren Mitgliedern Zusatzbeiträge erheben, im Schnitt 0,9 %, womit der Beitragssatz bei ∅ 15,5 % liegt und die Arbeitnehmer hiervon ∅ 8,2 % tragen müssen (AN-Anteil). Der Arbeitnehmeranteil wird vom Arbeitgeber bei der Gehaltsabrechnung einbehalten. Der Arbeitgeberanteil gehört zu den Lohnnebenkosten und stellt für den Arbeitgeber einen zusätzlichen Aufwand dar. Ab einer bestimmten Beitragsbemessungsgrenze werden für Kranken- und Rentenversicherung nur noch ein fester Höchstsatz in Euro abgezogen. Einen Überblick über die gültigen Beitragssätze und Bemessungsgrenzen (Stand 2015) gibt die folgende Tabelle:

| Versicherungsart | Arbeitnehmeranteil | Arbeitgeberanteil | GESAMT 2015 |
|---|---|---|---|
| | i.d.R. je ½-Beitrag vom Bruttolohn | | |
| **Gesetzliche Rentenversicherung** | 9,35 % | 9,35 % | 18,7% |
| **Gesetzliche Arbeitslosenversicherung** | 1,5% | 1,5% | 3,0% |
| **Gesetzliche Krankenversicherung** | 7,3% + Zusatzbeitrag ∅ 0,9 % | 7,3% | ∅ 15,5% |
| | ab 2015 kann jede Kasse den Zusatzbeitrag selbst bestimmen, 2015: ∅ 0,9% | | |
| **Gesetzliche Pflegeversicherung** * | 1,175 % | 1,175 % | 2,35 % |
| **Kinderlosenzuschlag (ab 23 Jahren): + 0,25 % des AN-Anteils** | 1,425% | 1,175% | 2,6% |

* In Sachsen werden die Beiträge auf Arbeitgeber und Arbeitnehmer anders verteilt als in den übrigen Bundesländern. Die Arbeitnehmer zahlen hier einen höheren Anteil als die Arbeitgeber: Arbeitnehmer 1,675 % (1,925 % mit Kinderlosenzuschlag), Arbeitgeber hingegen 0,675 %.

## 3.11.1
## Lohn- und Gehaltsabrechnung

Die Lohn- und Gehaltabrechnung wird zeitlich so erstellt, dass der Arbeitnehmer zum Monatsende die Verfügungsgewalt über sein Nettoentgelt hat (§ 64 HGB). Die einbehaltenen Abzüge für Lohn- und Kirchensteuer sowie der Solidaritätszuschlag werden vom Arbeitgeber bis zum 10. des Folgemonats an das Finanzamt überwiesen. Der Arbeitgeber- und auch der Arbeitnehmeranteil der Sozialversicherung wird zum drittletzten Bankarbeitstag des Monats fällig, in dem die Beschäftigung ausgeübt wird. Die entsprechenden Beträge müssen an diesem Tag bei der Krankenkasse eingegangen sein, die ihrerseits wiederum taggleich die Verteilung an die anderen Versicherungsträger bzw. den Gesundheitsfonds übernimmt. Die Zuweisungen, die die Krankenkassen dann aus dem Gesundheitsfonds wieder zurück erhalten, werden nach der Risikostruktur der Versicherten differenziert. Für die Gehaltsabrechnung gilt das folgende Schema:

**Bruttogehalt**

| | |
|---|---|
| − Lohnsteuer | laut Steuertabelle |
| − Solidaritätszuschlag | laut Steuertabelle |
| − Kirchensteuer | laut Steuertabelle |
| − Krankenversicherung Arbeitnehmer-Anteil | $\varnothing$ 8,2 % |
| − Pflegeversicherung Arbeitnehmer-Anteil | 1,175 % |
| − Rentenversicherung Arbeitnehmer-Anteil | 9,35 % |
| − Arbeitslosenversicherung Arbeitnehmer-Anteil | 1,5 % |

= **Nettogehalt**

**Aufgaben**

**50 a)** Ermitteln Sie die Beträge ①–③ in nebenstehender Gehaltsabrechnung für Clara Luxemburg. (Buchungssätze sind in die Teilaufgaben integriert.)

   **b)** Ermitteln Sie den gesamten Aufwand von *Land in Sicht* für die Arbeitnehmerin Clara Luxemburg.

| | |
|---|---|
| Bruttogehalt | ...... € |
| + Arbeitgeberanteil zur SV | ...... € |
| = Gesamtpersonalaufwand | ...... € |

Clara Luxemburg ist Angestellte bei der Land in Sicht GmbH. Lohnsteuerabzugsmerkmale lt. ELSTAM: verheiratet, ein Kind, katholisch, Steuerklasse III, geb. am 05.03.1991

| Bruttogehalt | 2.131,00 € | = maßgebend für Steuern |
|---|---|---|
| | | + Sozialversicherungsbeiträge |

**Steuern:**

| | | |
|---|---|---|
| Lohnsteuer | .........€ | lt. Lohnsteuertabelle 2015 |
| Solidaritätszuschlag | .........€ | 5,5% von der Lohnsteuer |
| Kirchensteuer | .........€ | 9% von der Lohnsteuer |
| ③ Verb. an das Finanzamt | .........€ | } siehe S. 190 |

| Sozialversicherung: Stand 01.01.2015 | AN-Anteil | | AG-Anteil | | Gesamt |
|---|---|---|---|---|---|
| RV vom Bruttogehalt | .........€ | 9,35% | .........€ | 9,35% | 18,7% |
| AV vom Bruttogehalt | .........€ | 1,50% | .........€ | 1,50% | 3,0% |
| KV vom Bruttogehaltl (inkl. Ø 0,9 % Zusatzbeitrag) | .........€ | Ø8,2% | .........€ | 7,3% | Ø15,5% |
| PV vom Bruttogehalt | .........€ | 1,175% | .........€ | 1,175% | 2,35% |
| PV kinderlos, 23. Lj vollendet | .........€ | (0,25%) | .........€ | – | (0,25%) |
| **Gesamt SV-Beitrags-VZ:** | ......  **AN-Anteil** | Ø20,225%  + | ......  **AG-Anteil** | 19,325%  = | ① ......€  **Gesamt** |
| ② **Nettogehalt** | ......€ | = Bruttogehalt  − Steuern  − AN-Anteil zur SV | | | |

① Zahlung des Sozialversicherungsbeitrages (AN- und AG-Anteil) bis zum drittletzten Bankarbeitstag des Monats.
Wie viel Euro werden an die Krankenkasse überwiesen?
Buchungssatz:

2640 SV-Beitrags-Vz          an          2800 Bank

② Gehaltszahlung zum Ende des Monats:
Wie viel Euro werden an den Arbeitnehmer ausgezahlt?
Buchungssatz:

6300 Gehälter          an          2800 Bank
6400 AG-SV                          2640 SV-Beitrags-Vz

③ Überweisung der Verbindlichkeiten an das Finanzamt zum 10. des Folgemonats:
Wie viel Euro (Lohnsteuer, Kirchensteuer und Soli) werden an die Finanzbehörde überwiesen?
Buchungssatz:

4830 Verb FB          an          2800 Bank

### 3.11.2
### Vermögenswirksame Leistungen

Um bei jedem Arbeitnehmer, gerade auch bei den geringer Verdienenden, das regelmäßige Sparen zu fördern, wurde das Gesetz zur Förderung der Vermögensbildung der Arbeitnehmer erlassen. Seit 1999 gilt das fünfte Vermögensbildungsgesetz (5. VermBG), das Spareinlagen durch Zahlung einer Arbeitnehmer-Sparzulage fördert.

Nach dem VermBG muss ein Arbeitgeber dem Arbeitnehmer auf dessen schriftliches Verlangen hin Teile des Lohnes oder Gehaltes direkt auf ein Anlagekonto überweisen. Vermögenswirksame Leistungen sollte man unbedingt zum Vermögensaufbau nutzen. Eventuelle Zuschüsse des Arbeitgebers sind freiwillige Leistungen, sofern sie nicht in einem Tarifvertrag, einer Betriebsvereinbarung oder dem Arbeitsvertrag festgelegt sind. Es lohnt sich also ein Blick in den Arbeitsvertrag; man kann sich aber auch einfach beim Arbeitgeber erkundigen, ob einem vermögenswirksame Leistungen laut Tarifvertrag zustehen. Die Auszahlung erfolgt neben dem Gehalt, da dies seitens des Arbeitgebers nur erfolgen kann, wenn Unterlagen über einen abgeschlossenen Vertrag über vermögenswirksame Leistungen vorliegen.

Der Zuschuss des Arbeitgebers kann bis zu 40 € im Monat betragen. Die vom Arbeitnehmer festgelegte Sparrate wird vom Arbeitgeber von dem Gehalt einbehalten und darf nur direkt auf das Anlagekonto des Arbeitnehmers überwiesen werden.

Falls der Arbeitgeber einen geringeren Zuschuss als 40 € monatlich zahlt, sollte der Arbeitnehmer diesen Betrag möglichst **durch eigene Mittel aufstocken,** um in den Genuss staatliche Zuschüsse zu kommen, die in nebenstehender Tabelle aufgezeigt sind.

Falls der Arbeitnehmer über genügend finanzielle Mittel verfügt, können sowohl Förderungen aus dem Bausparvertrag (43,20 €) als auch die für den Aktienfonds (80 €) parallel ausgeschöpft und ergänzend noch die Wohnungsbauprämie (45,06 €) in Anspruch genommen werden.

Beträge müssen 6 Jahre lang einbezahlt werden. Falls der Arbeitnehmer Anspruch auf eine staatliche Förderung hat, müssen die bis dato angesparten Beträge noch 1 Jahr festliegen (Ruhezeit). Danach, somit nach 7 Jahren (Sperrfrist) erhält der Arbeitnehmer die Prämien vom Staat und kann über die Gesamtsumme verfügen. Bei einer Arbeitslosigkeit von über einem Jahr kann der Vertrag ohne Verlust der staatlichen Förderung vorzeitig aufgelöst werden.

Nimmt ein Arbeitnehmer die staatliche Sparzulage in Anspruch, so unterliegt der Bausparvertrag der gesetzlichen Bindungsfrist von 7 Jahren. Bei Inanspruchnahme des Sparguthabens innerhalb dieser Bindungsfrist bleibt die gewährte Sparzulage erhalten, selbst wenn man das

**Anlageform und staatliche Förderung für die Vermögensbildung** (Stand 2015):

| Anlageform | Staatliche Förderung | Maximal zu versteuerndes Einkommen, alleinstehend / verheiratet | Höhe der Förderung im Jahr, alleinstehend / verheiratet |
|---|---|---|---|
| Bausparvertrag | Arbeitnehmersparzulage | 17.900 € / 35.800 € | 9 % der eingezahlten Summe vom **Höchstbetrag 470 €** maximal = 43,20 € / 86,40 € Die Verwendung für ›wohnwirtschaftliche Zwecke‹ (z.B. Kauf/Umbau einer Immobilie) ist nach der 7-jährigen Bindungsfrist nicht zwingend, das Guthaben somit frei verfügbar |
| | oder Wohnungsbauprämie (Arbeitnehmersparzulage + Wohnungsbauprämie parallel nur bei zusätzlichen Einzahlungen von max. 512 €) | 25.600 € / 51.200 € | 8,8 % der eingezahlten Summe vom **Höchstbetrag 512 €** maximal = 45,06 € / 90,11 € Verwendung der angesparten Summe für ›wohnwirtschaftliche Zwecke‹ nach Bindungsfrist zwingend, ansonsten Rückzahlung der Förderung (Ausnahme: Personen unter 25 Jahren) |
| Tilgung eines Baukredits | Arbeitnehmersparzulage | 17.900 € / 35.800 € | 9 % der eingezahlten Summe **Höchstbetrag 470 €** maximal = 43,20 € / 86,40 € |
| Banksparplan | Keine Förderung | Meist niedrige Verzinsung und hoher Bonus durch die Bank am Ende der Laufzeit | |
| Aktienfondssparplan | Arbeitnehmersparzulage | 20.000 € / 40.000 € | 20 % der eingezahlten Summe vom **Höchstbetrag 400 €** maximal = 80 € / 160 € |

Das maximal zu versteuernde Einkommen erhöht sich pro steuerlich zu berücksichtigendes Kind um 7.248€. (Stand 2016)

Bausparguthaben nach Zuteilung des Bausparvertrages durch die Bausparkasse für wohnwirtschaftliche Maßnahmen verwendet. Falls der Arbeitnehmer das Sparguthaben innerhalb der angegebenen Bindungsfrist anderweitig verwendet, mussen er die erhaltenen staatlichen Vergünstigungen an das Finanzamt zurückbezahlen. Bei zusätzlich oder alternativ gewährter Wohnungsbauprämie allerdings muss das Sparguthaben nach Ablauf der Sperrfrist für wohnwirtschaftliche Zwecke verwendet werden oder die Prämien sind zurückzuzahlen.

**Die monatlichen Zuschüsse des Arbeitgebers zu den vermögenswirksamen Leistungen gelten als Arbeitslohn und sind somit steuerpflichtig. Sie unterliegen auch der Sozialversicherung.**

Die Arbeitnehmersparzulage muss jährlich mit der Einkommensteuerererklärung beim Finanzamt innerhalb von vier Jahren beantragt werden; den Wohnungsbauprämienantrag erhält man über eine Bausparkasse.

**Personen bis 25 Jahre**

Falls der Arbeitnehmer bei Abschluss eines Bausparvertrages noch keine 25 Jahre alt ist, unterliegt er – wie andere Arbeitnehmer auch – für die Gewährung der Arbeitnehmersparzulage und Wohnungsbauprämie der 7-jährigen Bindungsfrist des Sparvertrages.

Falls er Wohnungsbauprämie in Anspruch genommen hat, ist eine Verwendung des Guthabens für ›wohnwirtschaftliche Zwecke‹ nach sieben Jahren Festlegung allerdings nicht erforderlich und er kann auch hierüber frei verfügen.

## Aufgaben

51 Kennzeichnen Sie richtige Aussagen mit einer **1** und
   falsche Aussagen mit einer **2**.
   ☐ Die Höhe des Lohnsteuerabzugs ist von der Höhe des Einkommens unter Berücksichtigung von Freibeträgen und von der Steuerklasse abhängig.
   ☐ Der Solidaritätszuschlag ist inzwischen wieder abgeschafft worden.
   ☐ Die Höhe der Kirchensteuer hängt vom Bundesland ab, in dem der Arbeitgeber seinen Betriebssitz hat.
   ☐ Die Höhe der Lohnsteuer richtet sich nach dem zu versteuernden Einkommen und der Steuerklasse.
   ☐ Ist der exakte Bruttoverdienst in der Lohnsteuertabelle nicht verzeichnet, so müssen die Werte des nächst höheren Betrages angesetzt werden.
   ☐ Alle Sozialversicherungsbeiträge sind vom Arbeitgeber zu tragen.
   ☐ Alle Krankenkassen erheben den gleichen Zusatzbeitrag zur gesetzlichen Krankenversicherung.
   ☐ Die Beiträge zur Rentenversicherung, zur Krankenversicherung, zur Pflegeversicherung und zur Arbeitslosenversicherung sind jeweils einzeln an die zuständigen Stellen zu überweisen.
   ☐ Jeder Arbeitnehmer erhält ungeachtet seiner Einkommenshöhe die staatliche Arbeitnehmer-Sparzulage.
   ☐ Ein Arbeitgeberzuschuss zu einem vermögenswirksamen Sparvertrag erhöht das steuer- und sozialversicherungspflichtige Gehalt.

## 3.12
## Anlagevermögen

In Handelsunternehmen, zu denen auch der Buchhandel gehört, dürfte im Normalfall der Anteil des Anlagevermögens in der Bilanz viel geringer sein als der des Umlaufvermögens. Zum Letzteren zählen die Waren, mit denen das Geld verdient wird. Zum Anlagevermögen gehören Grundstücke und Gebäude, die Geschäftsausstattung und der Fuhrpark. Das **Anlagevermögen**, auch **Sachanlagen** genannt, steht der Unternehmung längerfristig zur Verfügung. Trotzdem ist seine Nutzungsdauer begrenzt. Abgesehen von nicht abnutzbaren Werten wie Grundstücken verringert sich der Wert von Sachanlagen ständig. Diese Veränderungen müssen buchhalterisch erfasst werden

### 3.12.1
### Kauf von Anlagevermögen

Beim Kauf von Sachanlagen fallen oft Nebenkosten an, wie Bezugs- und Montage- bzw. Installationskosten bei der Geschäftsausstattung, Zulassungsgebühren beim Fahrzeugkauf sowie Grunderwerbsteuer und Beurkundungskosten beim Grundstückskauf. All diese **Anschaffungsnebenkosten** (siehe Kap. 3.12.2), die für den Erwerb oder die Inbetriebnahme des Anlagegutes notwendig sind, **müssen** laut § 255 HGB **mit dem den Anschaffungs- oder Herstellungskosten aktiviert werden**, d. h. auf dem entsprechenden Anlagekonto gebucht werden. Nicht dazu gehört die Umsatzsteuer, denn sie ist als Vorsteuer voll abzugsfähig. **Nachträgliche Preisnachlässe wie Skonto oder Minderungen** aufgrund von Mängelrügen **mindern die Anschaffungskosten und sind daher auf der Haben-Seite des Anlagekontos zu buchen.**

**BEISPIEL**
PKW-Kauf auf Rechnung unter Skontoausnutzung und Zahlung der Zulassungsgebühr in bar.

a) Kauf des PKW für 18.000 € zuzüglich 19 % USt auf Rechnung.
   Buchungssatz

| | | | | | |
|---|---|---|---|---|---|
| 0840 **Fuhrpark** | 18.000 | an | 4400 **Verb. a. LL** | 21.420 |
| 2600 VSt | 3.420 | | | |

b) Barzahlung der Zulassungsgebühr in Höhe von 30 €.
   Buchungssatz

| | | | | | |
|---|---|---|---|---|---|
| 0840 **Fuhrpark** | 30 | an | 2880 **Kasse** | 30 |

c) Überweisung der Rechnung (21.420 €) unter Abzug von 3 % Skonto per Bank.
   Buchungssatz

| 4400 **Verb. a. LL** | 21.420,00 | an | 2800 **Bank** | 20.777,40 |
|---|---|---|---|---|
| | | | 0840 **Fuhrpark** ① | 540,00 |
| | | | 2600 **VSt** ② | 102,60 |

① Aus dem Skontobetrag von 642,60 € werden 19 % USt herausgerechnet und als Vorsteuerkorrektur ② gebucht. Dieser Betrag ist auf der Habenseite der Kontos Fuhrpark zu buchen, weil er die Anschaffungskosten mindert. Das Konto 6002 Nachlässe darf nur für Preiskorrekturen beim Wareneinkauf verwendet werden.

Im Konto Fuhrpark ergibt sich somit das folgende Bild

| S | 0840 Fuhrpark | | H |
|---|---|---|---|
| 4400 | 18.000 | 4400 | 540 |
| 2880 | 30 | | |

Die Anschaffungskosten des PKW liegen also bei 17.490 €: Der Einkaufspreis von 18.000 € plus die Zulassungsgebühr von 30 €, abzüglich des Skontobetrages (netto) von 540 € ergeben letztendlich die Anschaffungskosten.

## 3.12.2
## Abschreibung von Anlagevermögen

Abgesehen von Grundstücken, die eher an Wert gewinnen als verlieren, verringert sich der Wert von Sachanlagen im Laufe der Jahre (bei bebauten Grundstücken ist nur der Gebäudewert abzuschreiben). Die Wertminderung der Sachanlagen kann technisch bedingt sein, indem die Abnutzung durch den Gebrauch verursacht wird. Aber auch wirtschaftliche Gründe können ausschlaggebend für den Werteverlust sein – so wenn neue, technisch verbesserte Produkte auf den Markt kommen.

Wie lange ein Wirtschaftsgut nutzbar ist, wird daran festgemacht, wie lange es sinnvoll ist, es im Betrieb zu nutzen. Dieser Zeitraum wird als **betriebsgewöhnliche Nutzungsdauer** bezeichnet. Die Finanzbehörden geben die Nutzungsdauer in amtlichen AfA-Tabellen vor. **Absetzung für Abnutzung = AfA** ist der steuerliche Begriff für Abschreibung.

Sachanlagen werden beim Kauf im entsprechenden Aktivkonto gebucht, z. B. der Kauf eines PKW über das Konto Fuhrpark. Zum Zeitpunkt des Kaufes wird also kein Aufwand gebucht wird. Der Aufwand, betriebswirtschaftlich Werteverzehr genannt, entsteht erst beim Gebrauch des Wirtschaftsgutes und wird deshalb auch erst am Ende des Jahres erfasst. Diesen Vorgang nennt man **Abschreibung**.

| Fundstelle | Anlagegüter | Nutzungsdauer in Jahren (AfA) |
|---|---|---|
| **4** | **Fahrzeuge** | |
| 4.2.1 | Personenkraftwagen und Kombiwagen | 6 |
| 4.2.2 | Motorräder, Motorroller, Fahrräder u. Ä. | 7 |
| 4.2.3 | Lastkraftwagen, Sattelschlepper, Kipper | 9 |
| **6** | **Betriebs- und Geschäftsausstattung** | |
| 6.1 | Wirtschaftsgüter der Lagereinrichtungen | 14 |
| 6.2 | Wirtschaftsgüter der Ladeneinrichtungen | 8 |
| 6.14.3.2 | Workstations, Personalcomputer, | |
| | Notebooks und deren Peripheriegeräte | |
| | (Drucker, Scanner, Bildschirme u. Ä.) | 3 |
| 6.14.7 | Registrierkassen | 6 |
| 6.14.10 | Vervielfältigungsgeräte | 7 |
| 6.14.14 | Kartenleser (EC-, Kredit-) | 8 |
| 6.15 | Büromöbel | 13 |
| 6.19.2 | Panzerschränke, Tresore | 23 |

Auszug aus der AfA-Tabelle für die allgemein verwendbaren Anlagegüter, die nach dem 31. 12. 2000 angeschafft wurden (Quelle: Bundesministerium der Finanzen vom 15. 12. 2000)

**BEISPIEL**

Abschreibung eines Computers im ersten Nutzungsjahr in Höhe von 1.000 €.

6520 **Abschreib. a. Sachanlag.** 1.000   an   0860 **Büromaschinen**           1.000

Während im Konto 6520 **Abschreibung auf Sachanlagen** der Aufwand von 1.000 € gebucht wird, vermindert sich im Anlagekonto 0860 **Büromaschinen** der Buchwert um 1.000 €.

## Steuerliche und wirtschaftliche Bedeutung der Abschreibung

Das Konto **6520 Abschreibung auf Sachanlagen** ist ein Aufwandskonto, das über die Gewinn- und Verlustrechnung abgeschlossen wird. Wie alle Aufwendungen **schmälert** es **den zu versteuernden Gewinn und damit die zu zahlende Einkommensteuer bzw. Körperschaftsteuer und die Gewerbesteuer.**

**Abschreibungen** sind außerdem **Teil der Handlungskosten und gehen daher in die Kalkulation der Verkaufspreise** (siehe Kap. 4.5.2) **ein.** Soweit diese die Selbstkosten decken, fließen die Abschreibungen über die Verkaufserlöse in die Unternehmung zurück und stehen somit zur Finanzierung der Ersatzbeschaffung von Anlagen zur Verfügung.

## Anschaffungskosten als Grundlage der Abschreibung

Das Anlagevermögen steht dem Unternehmen **langfristig** zur Verfügung. Der Wert der Sachanlagen (außer der von Grundstücken) vermindert sich stetig. Die Berechnung der Wertminderungen (= Abschreibungen) erfolgt von den Anschaffungskosten oder – falls ein Gegenstand selbst hergestellt wurde – von den Herstellungskosten. Der Ansatz der Vermögensgegenstände in der Bilanz erfolgt mit den **Anschaffungs- oder Herstellungskosten** abzüglich der Abschreibung (§ 253 Abs. 1 HBG). Die Abschreibung wird am Ende des Jahres auf dem Aufwandskonto 6520 Abschreibung auf Sachanlagen und dem Anlagenkonto gebucht.

**BEISPIEL**

Die Anschaffungskosten eines im Januar erworbenen PKW betragen 24.000 €. Die Abschreibung erfolgt lt. amtlicher AfA-Tabelle über einen Zeitraum von 6 Jahren linear mit 4.000 € am Ende des Jahres:

6520 **Abschreibungen**       4.000    an    0840 **Fuhrpark**             4.000

## Lineare Abschreibung

Wie hoch der Betrag ist, der jährlich abgeschrieben wird, hängt einerseits von der Nutzungsdauer, andererseits von der gewählten Abschreibungsmethode ab. Die geläufigste Abschreibungsmethode ist die **lineare Abschreibung** – eine planmäßige Abschreibung im Sinne des § 253 Abs. 3 HGB. Die Anschaffungskosten werden, wie im obigen Beispiel, gleichmäßig (1/6 pro Jahr) auf die Nutzungsdauer (6 Jahre) verteilt:

$$\text{Abschreibungsbetrag} = \frac{\text{Anschaffungskosten (24.000 €)}}{\text{Nutzungsdauer (6 Jahre)}} = 4.000\ €\,/\,\text{Jahr}$$

$$\text{Abschreibungsprozentsatz} = \frac{100}{\text{Nutzungsdauer (6 Jahre)}} = 16{,}67\ \%$$

Im **Jahr der Anschaffung** zählen nur die Monate inkl. dem Monat der Anschaffung bis Ende des Jahres: **monatsgenaue Abschreibung** (pro rata temporis). Wird ein Anlagegut im Juli angeschafft, werden 6/12 als AfA angesetzt. Die fehlenden Monate werden zeitversetzt im 7. Jahr berücksichtigt.

| Anschaffungskosten PKW 24.000 €<br>Kauf: Januar 01, Nutzungsdauer 6 Jahre | Linear<br>16,67 % |
|---|---|
| Anschaffungswert | 24.000 € |
| — Abschreibungsbetrag im 1. Jahr | 4.000 € |
| Restbuchwert 31.12.01 | 20.000 € |
| — Abschreibungsbetrag im 2. Jahr | 4.000 € |
| Restbuchwert 31.12.02 | 16.000 € |
| — Abschreibungsbetrag im 3. Jahr | 4.000 € |
| Restbuchwert 31.12.03 | 12.000 € |
| — Abschreibungsbetrag im 4. Jahr | 4.000 € |
| Restbuchwert 31.12.04 | 8.000 € |
| — Abschreibungsbetrag im 5. Jahr | 4.000 € |
| Restbuchwert 31.12.05 | 4.000 € |
| — Abschreibungsbetrag im 6. Jahr | 3.999 € |
| Restbuchwert 31.12.06 | 1 € |

Der Restbuchwert vom 31.12.06 von 1 € stellt den **Erinnerungswert** dar. Er entsteht, wenn ein Gegenstand aus dem Anlagevermögen bereits vollständig abgeschrieben wurde, aber immer noch im Betrieb vorhanden ist. Das Anlagegut wird bis zum Verkauf oder der Entsorgung mit einem Betrag von 1 € in der Bilanz ausgewiesen; danach wird auch dieser Wert abgeschrieben.

### Zusammensetzung der Anschaffungskosten

Die **Anschaffungsnebenkosten** – hierzu zählen u. a. Bezugs-, Montage-, Zulassungs- und Installationskosten bei Anlagekauf sowie Grunderwerbssteuer, Notarkosten bei Grundstückskauf – **werden mit dem Kaufpreis aktiviert.** Die gesetzliche Haftpflichtversicherung eines PKW dagegen gehört als wiederkehrender Aufwand nicht dazu. Die Anschaffungsnebenkosten werden mitsamt Kaufpreis im entsprechenden Anlagekonto auf der Sollseite gebucht.
**Preisnachlässe**, wie Skonto und Minderungen, **mindern den Anschaffungspreis.** Sie werden auf der Habenseite im Anlagekonto gebucht.

**BEISPIEL**
**PKW-Kauf** (im Januar) **auf Rechnung:**

| | |
|---|---|
| Kaufpreis PKW | 24.100,00 € |
| + Frachtkosten | 287,76 € |
| Zwischensumme: | 24.387,76 € |
| + 19 % Umsatzsteuer | 4.633,67 € |
| Rechnungsbetrag | 29.021,43 € |

Die Rechnung wird unter Ausnutzung von 2% Skonto bezahlt. An Zulassungsgebühren für den PKW fallen weiterhin 45,00 € (umsatzsteuerfrei) an, an Ausgaben für Nummernschildern mit Montage 65,45 € (inkl. 19% USt), die bar bezahlt
werden.

Wie hoch sind

a) die Anschaffungskosten,

b) die jährliche Abschreibung sowie

c) der Restwert am Ende des 1. Jahres?

**LÖSUNG**

Die Frachtkosten gehören als Anschaffungsnebenkosten mitsamt dem Kaufpreis
zu den Anschaffungskosten. Die Umsatzsteuer hingegen nicht, da sie vom Finanzamt als Vorsteuer erstattet wird. Der Abzug von 2% Skonto bei Zahlung mindert wiederum die bisherigen Anschaffungskosten; gleichzeitig muss die bisherige Vorsteuer um 2% korrigiert werden. Die Zulassungskosten sowie die Num-
mernschilder inkl. Montage (netto) erhöhen als Anschaffungsnebenkosten die
Anschaffungskosten und damit auch die Bemessungsgrundlage der Abschreibung.

| | |
|---|---:|
| Einkaufspreis PKW | 24.100,00 € |
| + Fracht | 287,76 € |
| − Skonto (netto) | 487,76 € |
| + Zulassungskosten | 45,00 € |
| + Nummernschilder | 55,00 € |
| = **Anschaffungskosten** | **24.000 €** |

Von diesem Betrag ausgehend erfolgt im Rahmen der linearen Abschreibung
über sechs Jahre lang die Abschreibung (1/6 = 4.000 €). Der jährliche Abschreibungsbetrag von 4.000 € entspricht dem des einleitenden Beispiels. Die Buchung
erfolgt auf dem Anlagenkonto Fuhrpark:

| | Soll | | 0840 Fuhrpark | Haben | |
|---|---|---:|---|---:|---|
| Kaufpreis inkl. Fracht | Verb. a. LL. | 24.387,76 | Verb. a. LL | 487,76 | Skonto |
| Zulassung | Kasse | 45,00 | AfA | 4.000,00 | Abschreibung |
| Nummernschilder inkl. Montage | Kasse | 55,00 | SBK | 20.000,00 | Restwert PKW am 31.12.01 |
| | | **24.487,76** | | **24.487,76** | |

**Degressive Abschreibung**

Diese wurde vom Gesetzgeber aufgrund konjunkturpolitischer Maßnahmen mehrfach eingeführt und wieder ausgesetzt. Sie betrug:

bis 31. 12. 2007:        das 3-fache der linearen Abschreibung,
                         maximal 30 %
ab 01. 01. 2008:         Abschaffung
01. 01. 2009 – 2010:     das 2,5-fache der linearen Abschreibung,
                         maximal 25 %
seit 01. 01. 2011:       Abschaffung

Die degressive Abschreibung erfolgte im 1. Jahr von den Anschaffungskosten, ab dem 2. Jahr vom Restbuchwert am Ende des Geschäftsjahres. Ein Wechsel zur linearen Abschreibung war jederzeit möglich.

**Verkauf von Anlagevermögen**

Beim Verkauf von Anlagevermögen wird immer der jeweilige (Rest-) Buchwert des Anlagegegenstandes mit dem Verkaufserlös (netto) verglichen. Der Verkauf eines Anlagegenstandes unterliegt mit 19 % der Umsatzsteuer. Ist der Verkaufserlös kleiner als der Buchwert, so entsteht ein Verlust; ist er größer, ist ein Gewinn Resultat des Verkaufs.

Gewinn oder Verlust beim Anlagenverkauf werden über die Konten andere sonstige betriebliche Erträge: 5430 a. s. b. Erträge bzw. 6930 a. s. b. Aufwendungen verbucht.

**BEISPIEL**

Der restliche Buchwert des PKW nach 4 Jahren Nutzungsdauer beträgt Anfang des Jahres 05: 8.000 €. Es wird Anfang Januar 05 ein Verkaufspreis von 7.000 € netto + 19 % USt = 8.330 € erzielt. Da nur 7.000 € erlöst wurden, entsteht ein Verlust, der mit 1.000 € über das Aufwandskonto a. s. b. Aufwendungen erfasst wird.

## 3.12.3
## Geringwertige Wirtschaftsgüter (GWG)

Unter den Begriff ›Geringwertige Wirtschaftsgüter‹ (GWG) fallen alle selbstständig nutzbaren Wirtschaftsgüter des Anlagevermögens mit Anschaffungskosten bis 1.000 € netto oder – bei dem folgenden Fall 2 b – bis 410 € netto. Für sie existieren besondere Vereinfachungsregeln hinsichtlich der Abschreibung.

| Nr. | Anschaffungskosten (netto) | Buchung |
|---|---|---|
| ① | bis 150 € | Vereinfachungsregel:<br>keine Pflicht zur Aktivierung und Abschreibung sowie Nachweis über ein GWG-Verzeichnis bzw. Konto. Die Wirtschaftsgüter können stattdessen direkt als Aufwand verbucht werden. |
| ② | **Geringwertige Wirtschaftsgüter** (GWG) | |
| a) | über 150 € bis 1.000 € | Bildung eines ›Pools‹ möglich :<br>0891 Sammelposten Geringwertige Wirtschaftsgüter (GWG)<br>= Sammelkonto für alle Anlagegegenstände >150 €<=1000 €<br>Pauschalabschreibung über 5 Jahre (5 x 20 %) |
| Alternative: b) | über 150 € bis 410 € | Sofortabschreibung im 1. Jahr möglich:<br>Sammlung zunächst auf dem Konto 0890 Geringwertige Wirtschaftsgüter (GWG)<br>Abschreibung des Gesamtbetrages im 1. Jahr |
| | über 410 € - 1.000 € | Abschreibung wie 3. lt. AfA-Tabelle |
| ③ | über 1.000 € | Kein GWG, Abschreibung lt. AfA-Tabelle |

① Wirtschaftsgüter mit **Anschaffungskosten bis 150 € netto** werden direkt als Aufwand verbucht.

**BEISPIEL**

Ein Tischrechner mit einem Rechnungsbetrag von 166,60 € inkl. 19 % USt kann über das Aufwandskonto 6800 Büromaterial gebucht werden. Es besteht jedoch alternativ die Möglichkeit, diesen regulär gemäß Nr. 3 abzuschreiben.

② Als **geringwertiges Wirtschaftsgut (GWG)** buchen.

a) **Anschaffungskosten über 150 € – bis 1.000 € netto**

Ein Sammelposten ›GWG‹ nimmt alle GWG des Geschäftsjahres auf. Bei Ausscheiden eines Postens erfolgt keine Korrektur, die Abschreibung läuft weiter. Die Abschreibungsdauer beträgt insgesamt 5 Jahre linear. Jedes Jahr wird ein neuer Sammelposten gebildet.

Buchung bei Kauf: 0891 Sammelposten Geringwertige Wirtschaftsgüter Jahr 1. Buchung am Jahresende: 6541 Abschreibung auf Sammelposten GWG Jahr 1 an 0891 Sammelposten GWG Jahr 1.

**BEISPIEL**

PC-Tisch 200 € zuzüglich 19 % USt bar bezahlt.

Ermittlung Abschreibungsbetrag (Aufwand): $\dfrac{200\,€}{5\,\text{Jahre}} = 40\,€\,/\,\text{Jahr}$

40 € werden somit 5 Jahre lang als Abschreibungsbetrag erfasst, bis das Wirtschaftsgut vollständig abgeschrieben ist.

b)seit 01.01.2010 alternativ möglich:
  - **Anschaffungskosten >150 € bis 410 € netto:** Die Buchung erfolgt zunächst über 0890 GWG. Am Ende des Jahres erfolgt die Abschreibung in voller Höhe: 6540 Abschreibung auf GWG an 0890 GWG.
  - **Anschaffungskosten >410 € netto:** reguläre Abschreibung nach Abschreibungstabelle (siehe Fall Nr. 3.)

Die Entscheidung zwischen 2a und 2b gilt einheitlich für alle angeschafften Wirtschaftsgüter des Wirtschaftsjahres. Sie kann in jedem Jahr wieder neu getroffen werden.

**Die Abschreibung als GWG ist eine ›Kann‹-Bestimmung. Statt der Abschreibung als GWG kann immer die reguläre Abschreibung gemäß der amtlichen AfA-Tabelle gewählt werden.**

③ Als **Anlagevermögen** buchen.
  - über 1.000 € netto bzw. 410 € netto (Alternative 2b). Das Wirtschaftsgut wird als Anlagevermögen aktiviert und gemäß der amtlichen Abschreibungstabelle abgeschrieben.

**Aufgaben**

52 Ihnen liegt folgende Eingangsrechnung vor (siehe Rechnung auf der folgenden Seite).
  a) Die Rechnung wurde am 27.07.2015 beglichen. Ermitteln Sie die Anschaffungskosten des Lieferwagens.
  b) Errechnen Sie den Wert, mit dem dieser Lieferwagen bei linearer Abschreibung zu Beginn des Geschäftsjahres 2017 zu Buche steht (siehe AfA-Tabelle im Kap. 3.12.2).
  c) Welche der folgenden Auswirkungen hat die Abschreibung?
     1. Das Umlaufvermögen verringert sich.
     2. Die Aufwendungen verringern sich.
     3. Die Erträge steigen.
     4. Der Gewinn verringert sich.
     5. Keine der vorgenannten Auswirkungen ist richtig.

53 Ihnen liegt folgende Rechnung vor (siehe Rechnung auf der übernächsten Seite).
  a) Ermitteln Sie die Anschaffungskosten der GWG.
  b) Welche Möglichkeiten kommen für die Verbuchung der Position 2 in Betracht? Wie hoch ist jeweils die jährliche Abschreibung?
  c) Für welche dieser Möglichkeiten würden Sie sich als Mitarbeiter der Buchhandlung *Land in Sicht* entscheiden?

Begründen Sie Ihre Entscheidung.

**Rechnung 1** (zu Aufgabe 52)

---

## Autohaus Winter GbR

Eschersheimer Landstr. 365
60433 Frankfurt a.M.
Telefon: 069 – 58577-0
Telefax: 069 – 58577-22
www.AutoWinter.com
E-Mail: info@winterohg.de
St.Nr.: 012 369 5689

Winter Gbr, Esch.Ldstr.365, 60433 Frankfurt

Buchhandlung
Land in Sicht GmbH
Rotteckstr. 13
**60316 Frankfurt a.M.**


**Rechnung**

| Kundennr. | Auftragsdatum | Rechnungsnr. | Frankfurt, 17.07.2015 |
|-----------|---------------|--------------|------------------------|
| 5812      | 25.04.2015    | 1467-12      |                        |


| Menge | Bezeichnung | Einzelpreis | GESAMT |
|-------|-------------|-------------|--------|
| 1 | Lieferwagen Kombi VW Caddy inkl. Zulassung Fahrgestell-Nummer: 267891261 | | 18.000 € |
| 1 | Frachtkosten | 600 € | 600 € |
| | Zwischensumme | | 18.600 € |
| | 19 % Umsatzsteuer | | 3.534 € |
| | **Rechnungsbetrag** | | **22.134 €** |

Zahlbar innerhalb von 10 Tagen unter Abzug von 2 % Skonto.


STNR.. 045 26856684, UST-ID. DE 1165872

COMMERZBANK AG, KTO.NR. 256 548 622, BLZ 500 400 00, IBAN: DE 22500400000256548622, BIC: COBADEFFXXX

**Rechnung 2** (zu Aufgabe 53)

# Bürobedarf Heftklammer KG

Berger Straße 12, 60318 Frankfurt
Tel. 069 - 284569  - Fax: 069 -284570

| | **Rechnung** | Nr.: 427348 |
|---|---|---|

| Buchhandlung | Datum: | 25.08.2015 |
|---|---|---|
| Land in Sicht GmbH | Auftragsnr.: | 89542 |
| Rotteckstr. 13 | Sachbearbeiterin: | Frau Locher |
| **60316 Frankfurt a.M.** | | |

| Position | Anzahl | Beschreibung | Preis/Einheit | Total |
|---|---|---|---|---|
| 1 | 20 | Kopierpapier | 3,99 € | 79,80 € |
| 2 | 2 | Faxgerät | 155,00 € | 310,00 € |
| | | | Zwischensumme | 389,80 € |
| | | | Versandkosten | – € |
| | | | 19 % USt | 74,06 € |
| | | | **Rechnungsbetrag** | **463,86 €** |

Zahlungsbedingungen: sofort ohne Abzug

STNR.: 045 3478952, UST-ID: DE 1178223
BANKVERBINDUNG: POSTBANK FRANKFURT: IBAN DE1050010060000024601, BIC: PBNKDEFFXX

## 3.12.4
## Das Anlagenverzeichnis

Für die buchhalterisch genaue Erfassung des Anlagevermögens muss als Nebenbuch eine Anlagekartei oder Anlagedatei geführt werden, wobei für jedes Anlagegut eine eigene Karteikartei bzw. ein eigener Datensatz angelegt wird. Hier sind folgende Angaben aufzuführen: Inventarnummer, Bezeichnung des Anlagegutes, Kontennummer der Hauptbuchhaltung, Anschaffungszeitpunkt und Anschaffungskosten, Nutzungsdauer, Abschreibungsbetrag und Restbuchwert. Eine ordnungsgemäß geführte Anlagekartei ersetzt die körperliche Bestandsaufnahme bei der Inventur, weil alle notwendigen Angaben direkt in das Inventar und die Schlussbilanz übernommen werden können.

**BEISPIEL**

| Inventarnummer:<br>706 | Bezeichnung der Sachanlage:<br>VW Caddy, F-UX 1707 | Anlagekonto:<br>08400 Fuhrpark |
|---|---|---|
| Anschaffungszeitpunkt:<br>17.07.2015 | Anschaffungskosten:<br>18.228 € | Nutzungsdauer:<br>6 Jahre |
| Datum: | Buchwert | Jährliche AfA |
| 17.07.2015 | 18.228 € | – |
| 31.12.2015 | 16.709 € | 1.519 € |
| 31.12.2016 | 13.671 € | 3.038 € |
| 31.12.2017 | 10.633 € | 3.038 € |
| 31.12.2018 | | |
| 31.12.2019 | | |
| 31.12.2020 | | |

### Außerplanmäßige Abschreibungen

Die reguläre Wertminderung oder eine Abschreibung gemäß Plan erfolgt wie in der obigen Anlagekartei bzw. -datei dargelegt. Es können jedoch außerplanmäßige Umstände eintreten, wie Brand, Unwetterschäden, Unfall, technischer Fortschritt etc., die zu einer Wertminderung des Anlagegegenstandes führen. Gemäß § 253 Abs. 3 HGB gilt in derartigen Fällen für das Anlagevermögen das **gemilderte Niedertswertprinzip.** Das bedeutet: Ist die Wertminderung voraussichtlich von Dauer, so ist eine außerplanmäßige Abschreibung (steuerlicher Begriff: Teilwertabschreibung) durchzuführen. Bei vorübergehender Wertminderung erfolgt keine Abschreibung. Diese unregelmäßigen Aufwendungen gehören zu den außerordentlichen Aufwendungen. In der Kosten- und Leistungsrechnung werden diese Aufwendungen nicht als Kosten angesetzt (siehe Kap. 4.1).

Sollten die Gründe für die außerplanmäßige Abschreibung später nicht mehr bestehen, so muss dann wiederum eine Wertzuschreibung bis höchstens zu den Anschaffungskosten erfolgen (§ 253 Abs. 5 HGB).

Bei Vermögensgegenständen des Umlaufvermögens, wie im Falle von Büchern, muss eine außerplanmäßige Abschreibung nach dem **strengen Niederstwertprinzip** gem. § 253 Abs. 4 HGB auch bei nur vorübergehender Wertminderung erfolgen (siehe Kap. 3.13.3).

## Aufgaben

**54** Kennzeichnen Sie richtige Aussagen mit einer **1** und falsche Aussagen mit einer **2**.

☐ Anschaffungsnebenkosten müssen aktiviert werden.

☐ Als Abschreibung bezeichnet man den Werteverlust eines Anlagegutes.

☐ Abschreibungen haben keinen Einfluss auf die Höhe der Einkommen- oder Körperschaftsteuer.

☐ Abschreibungen sind Teil der Handlungskosten und gehen so in die Kalkulation des Verkaufspreises ein.

☐ Über den Verkaufspreis sollte die Ersatzbeschaffung von Sachanlagen finanziert werden.

☐ Bei der linearen Abschreibung bleiben die Abschreibungsbeträge über den Abschreibungszeitraum hin gleich.

☐ Anlagegüter, die im Laufe des Jahres angeschafft werden, dürfen im ersten Jahr nur monatsgenau abgesetzt werden.

☐ Bebaute Grundstücke werden inklusive des Grundstückswertes abgeschrieben.

☐ Auch Umlaufvermögen unter 150 € Anschaffungspreis (netto) kann als GWG gebucht werden.

☐ Anlagegegenstände über 410 € netto, die die Voraussetzungen für die Einstufung als GWG erfüllen, dürfen sofort bei der Anschaffung als Aufwand gebucht werden.

☐ Anlageverkäufe über Buchwert werden im Konto andere sonstige betriebliche Erträge gebucht.

**55** Berechnen Sie unter Hinzunahme der AfA-Tabelle im Kap. 3.12.2:

a) den jährlichen Anschaffungswert eines Kopiergerätes, das am Ende des 5. Jahres einen Restbuchwert von 2.000 € hat und linear abgeschrieben wurde.

b) den linearen Abschreibungsbetrag für einen PC im Jahr der Anschaffug, der am 29. 12. für 3.570 € inkl. 19 % USt gekauft worden ist. Er wurde unter Abzug von 3 % Skonto bezahlt.

**56** Am 15. 7. 2014 wurde ein neuer Fileserver (Computer) für 6.000 € zuzüglich 19 % USt auf Rechnung gekauft. Bei Zahlung innerhalb von 14 Tagen werden 3 % Skonto gewährt. Die Installation der benötigten Software wird mit einem Bankscheck in Höhe von 1.071 € inkl. 19 % USt bezahlt.

Berechnen Sie

a) die Anschaffungskosten des Computers bei Inanspruchnahme von Skonto,

b) die Abschreibung des Computers zum 31.12.2014,

c) den Gewinn oder Verlust des PCs beim Verkauf am 02.01.2016 für 3.570 € inkl. 19 % USt.

## 3.13
## Erstellung und Auswertung des Jahresabschlusses

Alle Kaufleute müssen gemäß § 242 HGB zur Darstellung des Vermögens und der Schulden eine **Bilanz** sowie zur Darstellung der Ertragslage eine **Gewinn- und Verlustrechnung** erstellen (siehe Kap. 3.1). Die Bilanz und die Gewinn- und Verlustrechnung bilden den Jahresabschluss. Bei Kapitalgesellschaften umfasst dieser darüber hinaus einen Anhang und einen Lagebericht (§ 264 HGB). In diesem Anhang müssen Angaben zur Anlagenentwicklung, zu längerfristigen Forderungen und Verbindlichkeiten und eine Aufgliederung der Umsatzerlöse nach Tätigkeitsbereichen und Märkten stehen. Im Lagebericht muss auf den Geschäftsverlauf und die Lage der Kapitalgesellschaft insgesamt eingegangen werden.

Abgesehen von der rechtlichen Verpflichtung kann aber auch die Unternehmensleitung durch die Auswertung des Jahresabschlusses wertvolle Erkenntnisse über die Vermögens-, Finanz- und Erfolgslage des Unternehmens gewinnen. Aus dem Vergleich mit den Jahresabschlüssen der Vorjahre **(periodischer Vergleich)** kann die betriebseigene Entwicklung abgelesen werden. Ein Vergleich mit den Zahlen branchengleicher Unternehmen **(Betriebsvergleich)** zeigt, wie das Unternehmen innerhalb der Branche zu beurteilen ist. Für den Branchenvergleich können veröffentliche Durchschnittszahlen herangezogen werden, die u. a. der jährlich vom Börsenverein herausgegebenen Broschüre *Buch- und Buchhandel in Zahlen* zu entnehmen sind.

Wichtige **Jahresabschlussarbeiten** einer Buchhandlung, auf die die folgenden Unterkapitel näher eingehen, sind:

• Inventur der Vermögensteile und der Schulden sowie die buchmäßige Erfassung von Inventurdifferenzen,

• Bewertung des Anlagevermögens,

• Bewertung des Warenbestandes,

• Bewertung der Forderungen,

• Bewertung der Schulden,

• Durchführung der zeitlichen Abgrenzung zur Ermittlung des perioden-
gerechten Erfolgs,
• Bildung von Rückstellungen,
• Abschluss der Unterkonten über die entsprechenden Hauptkonten.

### 3.13.1
### Inventur und Inventurdifferenzen

Nach der Inventur werden **Soll-** bzw. **Buchbestände** der Buchhaltung
mit den **Ist-Beständen** der körperlichen und buchmäßigen Inventur verglichen. Für etwaige Differenzen müssen die Ursachen gesucht werden,
und die Fehlbeträge sind durch entsprechende Buchungen zu berichtigen. Abweichungen zwischen Soll- und Istbeständen entstehen vor allem
durch
• Buchungsfehler (Doppelbuchungen oder Buchungen auf falschen
Konten) oder
• nicht erfasste Wertveränderungen (z. B. Schwund, Diebstahl oder
nicht gebuchte Belege). Die buchhalterische Berichtigung der Inventurdifferenzen erfolgt durch Nachbuchung oder Stornierung (Rück-
buchung).

**BEISPIELE**

1. Im Kassenkonto wird ein Fehlbetrag von 595 € festgestellt. Die Recherche ergibt, dass vergessen wurde, die bar bezahlte Reparatur des Geschäftswagens
zu erfassen. Die Korrektur erfolgt durch eine Nachbuchung.
2. Auf dem Kassenkonto ergibt sich eine Inventurdifferenz von + 100 €, die be-
legmäßig nicht nachzuvollziehen ist. Die Korrektur erfolgt über das Konto **5430
andere sonstige betriebliche Erträge.** Ein nicht nachweisbarer Fehlbetrag würde entsprechend über das Konto **6930 andere sonstige betriebliche Aufwendungen** korrigiert.

### 3.13.2
### Bewertung des Anlagevermögen

Das Anlagevermögen wird in abnutzbare und nicht abnutzbare Anlagegegenstände unterschieden.
Das **abnutzbare Anlagevermögen** ist stets mit den Anschaffungs- bzw.
Herstellungskosten minus der planmäßigen und auch der außerplan-
mäßigen Abschreibung anzusetzen (siehe Kap. 3.12.2 und 3.12.4).
Das **nicht abnutzbare Anlagevermögen** beinhaltet vor allem Grundstücke sowie Wertpapiere, die nicht zum Handel, sondern als dauerhafte

Anlage angeschafft wurden. Hier entfällt eine planmäßige Abschreibung, da die Gegenstände in ihrer Nutzung nicht begrenzt sind. Wertminderungen, ob nun zeitlich begrenzt oder auch dauerhaft, sind allerdings denkbar.

Grundstücke müssen bei einer voraussichtlich dauerhaften Wertminderung (z. B. kontaminierter Boden) außerplanmäßig abgeschrieben werden. Finanzanlagen dagegen *müssen* bei dauernder und *können* bei nur
vorübergehender Wertminderung (z. B. Kursverluste) außerplanmäßig
abgeschrieben werden (Wahlrecht).

### 3.13.3
### Bewertung des Warenbestands

Der Buchbestand im Sortimentsbuchhandel ist als Umlaufvermögen
nicht selten der größte Vermögenswert auf der Aktivseite der Bilanz. Seine Bewertung hat deshalb einen entscheidenden Einfluss auf das han-
delsrechtliche Jahresergebnis und in Folge auf die Unternehmensbe-
steuerung.

Weil die Vorratsbestände an Büchern als homogen anzusehen sind
und die handelsrechtlich sowie steuerrechtlich geforderte Einzelbewertung (§ 252 Abs. 2 Nr. 3 HGB, § 6 EStG) für die Mehrzahl der Buchhandlungen einen unverhältnismäßigen Aufwand darstellt, haben sich die Finanzverwaltung (zuständig ist das Bayerische Landesamt für Steuern)
und Gremien des Buchhandels auf die Möglichkeit einer standardisier-
ten Bewertungsmethode geeinigt, die in einem ›neuen‹ **Sortimenter-**
**Merkblatt** festgehalten ist. Ein früheres ›altes‹ *Merkblatt für die körper-*
*liche Bestandsaufnahme der Lagerbestände im Sortimentsbuchhandel*
*und ihre Bewertung in der Steuerbilanz* aus dem Jahr 1975 hat seit 2010
keine Gültigkeit mehr.

Gegenstand des *Sortimenter-Merkblatts* ist einerseits die körperliche
Bestandsaufnahme der Lagerbestände und andererseits die daraus folgende Bewertung für Zwecke der Steuerbilanz. Rechtliche Grundlage der
Inventur bildet § 240 HGB (siehe Kap. 3.2). Die gesetzlich definierten In-
venturerleichterungen, beispielsweise Gruppenbewertung gemäß § 240
Abs. 4 HGB, oder auch verschiedene Inventurarten, wie Stichtagsinventur, permanente Inventur oder verschobene Inventur, können bei entsprechenden Voraussetzungen angewendet werden. Die Lagerbestände
sind – bis auf Kommissionsware – nach Art und Menge vollständig aufzunehmen und ihre Wertansätze müssen jederzeit nachprüfbar sein. Folgende Mindestinformationen werden verbindlich vorgeschrieben:

• Titel;
• Verfasser;
• ISBN;
• Gesamtpreis (Menge x Ladenverkaufspreis);
• im Preis herabgesetzte Werke sind mit ihrem Ladenverkaufspreis am Stichtag aufzunehmen.

Das *Sortimenter-Merkblatt* ermöglicht ein explizites Wahlrecht im Hinblick auf mögliche Bewertungsverfahren: Für das Buchsortiment kann entweder eine Einzelbewertung gemäß § 6 EStG durchgeführt oder aber ein Pauschalbewertungsverfahren. In der Praxis bedeutet eine Pauschalbewertung des Buchsortiments nicht nur eine Verringerung des organisatorischen Aufwandes. Aufgrund der möglichen Höhe des Pauschal-Abschreibungssatzes von 60 Prozent auf den Netto-Ladenpreis ergibt sich darüber hinaus ein geringerer Vermögenswert als wenn die Anschaffungskosten der Bücher Grundlage der Berechnung sind.

### Einzelbewertung des Buchsortiments

Das *Sortimenter-Merkblatt* weist ausdrücklich auf die grundsätzliche Möglichkeit der Durchführung einer Einzelbewertung gem. § 6 EStG hin. Bei der handels- und steuerrechtlichen Bewertung muss zunächst differenziert werden, ob es sich bei den Gegenständen um einen erstmaligen Ansatz eines Vermögensgegenstandes handelt oder ob ein bereits erfasster Vermögensgegenstand in der Folgezeit bewertet wird.

Zunächst muss der Buchhändler den erworbenen Vermögensgegenstand mit seinem **primären Wertansatz** erfassen. Dieser primäre Wertansatz ist durch die Anschaffungskosten des Vermögensgegenstands gemäß § 255 Abs. 1 HGB definiert und setzt sich zusammen aus:
• dem Anschaffungspreis;
• den Anschaffungsnebenkosten (z. B. Bezugskosten);
• eventuellen nachträglichen Anschaffungskosten;
• abzuziehen sind etwaige Anschaffungspreisminderungen, wie Rabatte und Skonti.

Im Rahmen der **Folgebewertung** hat der Buchhändler den primären Wertansatz daraufhin zu analysieren, ob dieser den aktuellen Wertverhältnissen noch entspricht. Denn sofern der ermittelte beizulegende Wert den primären Wertansatz unterschreitet, wie im Falle dauerhafter oder vorübergehender Wertminderung, hat handelsrechtlich eine Abschreibung auf diesen Wert zu erfolgen (**Niederstwertprinzip**). Doch wie ermittelt man den niedrigeren Wert bzw. den Teilwert? Hierzu hat sich der

Bundesfinanzhof mehrfach geäußert. Der Teilwert von Handelswaren und sonstigen Vorräten hängt nicht nur von ihren Anschaffungskosten ab, sondern auch von ihrem voraussichtlichen Verkaufserlös. Deckt dieser Preis nicht mehr die Selbstkosten der Waren – hierzu gehören neben den Anschaffungs- bzw. Herstellungskosten auch allgemeine Verwaltungskosten sowie Vertriebskosten zuzüglich eines durchschnittlichen Unternehmergewinns – so sind die Anschaffungskosten um den Fehlbetrag zu mindern.

### Pauschalbewertung des Buchsortiments

Die Einzelbewertung ist in Anbetracht der Masse des Lagerbestands im Sortiment mit erheblichem Zeit- und Kostenaufwand verbunden. Aus diesem Grund bietet das *Sortimenter-Merkblatt* eine erhebliche Erleichterung der Lagerbewertung im Buchhandel. Im Rahmen eines steuerlichen Pauschalbewertungsverfahrens kann deshalb auf den im Rahmen der Inventur erfassten Buchbestand ein maximaler **pauschaler Abschlag von 60 Prozent auf den Ladenverkaufspreis (netto)** vorgenommen werden. Es ist der jeweils am Stichtag einschlägige Ladenverkaufspreis heranzuziehen. Bei Artikeln, die nach Aufhebung der Buchpreisbindung im Ladenverkaufspreis herabgesetzt wurden, hat der Abschlag und in Folge die Bewertung auf den herabgesetzten Ladenverkaufspreis (netto), der am Stichtag besteht, zu erfolgen.

Die Möglichkeit einer pauschalen Bewertung bezieht sich ausschließlich auf das Buchsortiment, wozu allerdings explizit auch Hörbücher gehören. Dagegen darf dieses Verfahren nicht für sonstige Verlagserzeugnisse, wie DVD oder Gruß- bzw. Postkarten, angewendet werden, die nicht der Buchpreisbindung unterliegen. Für diese Produkte gilt – wie auch für den sonstigen Non-Book-Bereich – das oben beschriebene Prinzip der Einzelbewertung. Das Pauschalbewertungsverfahren kann auch im Buch-, Kunst- und Musikantiquariat angewendet werden. Nicht jedoch im bibliophilen Antiquariat, denn Werke mit Altertums- oder Liebhaberwert sind zwingend einer Einzelbewertung zu unterziehen. Zeitungen und Zeitschriften im Eigenbestand des Einzelhandels sind zu Anschaffungskosten zu bewerten.

Ein Wechsel zwischen Einzelbewertung und Pauschalbewertungsverfahren ist möglich, allerdings sollte ein Wechsel aufgrund des in § 252 Abs. 6 HGB kodifizierten Stetigkeitsprinzips nicht willkürlich erfolgen, sondern sollte mit dem Steuerberater und dem zuständigen Finanzamt abgesprochen werden. Der Steuerpflichtige hat sich also im Hinblick auf seine Buchbestände für ein Bewertungsverfahren zu entscheiden. Es ist also nicht möglich, in einem Unternehmen beide Verfahren anzuwenden.

Selbstverständlich gilt die Einschränkung, dass das Pauschalbewertungsverfahren allein deshalb nicht uneingeschränkt anwendbar ist, weil nicht pauschal bewertbare Vermögensgegenstände stets zwingend der Einzelbewertung unterliegen.

Der pauschale Abschlag in Höhe von 60% bewirkt einen niedrigeren Warenendbestand. Je niedriger dieser ist, desto höher ist der Wareneinsatz (= Aufwand im GuV) und desto niedriger ist der zu versteuernde Gewinn. Eine Buchung des Abschlags auf den Ladenpreis erfolgt nicht. Der Einfluss auf den Gewinn wird allein durch den Ansatz des Schlussbestandes an Waren und somit über die Warenbestandsveränderungen (Mehr- oder Minderbestand) bewirkt.

## Aufgaben

**57** Kennzeichnen Sie richtige Aussagen mit einer **1** und falsche Aussagen mit einer **2**.
- ☐ Das Buchsortiment wird bei der Inventur zum Einstandspreis erfasst.
- ☐ Zwischen der Pauschalbewertung und der Einzelbewertung kann in jedem Geschäftsjahr von Neuem frei entschieden werden.
- ☐ Das Buchsortiment wird in der Bilanz wertmäßig zum gebundenen Ladenpreis erfasst.
- ☐ Hörbücher sind dem Buchsortiment hinsichtlich ihrer steuerlichen Bewertung gleichgestellt.
- ☐ DVD müssen zwingen nach dem Prinzip der Einzelbewertung erfasst werden.
- ☐ Grundlage der Einzelbewertung sind die Anschaffungskosten des Handelsgegenstandes.
- ☐ Der bei der Einzelbewertung ggf. ermittelte Teilwert darf nur bei voraussichtlich dauerhafter Wertminderung angesetzt werden.
- ☐ Der bei der Einzelbewertung ggf. ermittelte Teilwert hängt von den Anschaffungskosten des Handelsgegenstandes und dessen voraussichtlichem Verkaufserlös ab.

**58** Im Rahmen der Inventurarbeiten ermitteln Sie einen Buchbestand in Höhe von 148.200 € zu Ladenpreisen. Sie haben sich für das pauschale Bewertungsverfahren entschieden. Welcher Wert geht in die Bilanz ein?

**59** Sie haben sich für das pauschale Bewertungsverfahren entschieden. Bedeutet dies, dass Sie sich im Hinblick auf Ihr Sortiment nicht um Einzelbewertungen kümmern müssen? Begründen Sie Ihre Antwort.

**60** Sie haben sich für das pauschale Bewertungsverfahren entschieden. Wie werden Titel bewertet, die Sie nach ihrer Ladenpreisaufhebung nicht an den Verlag zurückgesandt haben?

## 3.13.4
## Bewertung der Forderungen

Die Forderungen einer Buchhandlung gegenüber einem anderen Unternehmen oder einer Privatperson sind in der Regel ein Geldanspruch, der durch die Lieferung von Ware entstanden ist. Diese Ansprüche sind zu einem bestimmten Zeitpunkt fällig und werden deshalb in der Regel schon zur Bezahlung eigener Schulden eingeplant. Es werden aber nicht immer alle Forderungen beglichen.

Am Ende des Geschäftsjahres müssen alle Forderungen hinsichtlich ihrer Güte (Bonität) beurteilt und gegebenenfalls buchhalterisch getrennt werden. Man unterscheidet in diesem Zusammenhang:

- **einwandfreie Forderungen**, wenn mit dem Zahlungseingang in voller Höhe gerechnet werden kann.
- **zweifelhafte** (dubiose) **Forderungen**, wenn der Zahlungseingang unsicher ist.
- **uneinbringliche Forderungen**, wenn der Forderungsausfall endgültig feststeht.

Forderungen werden dann zweifelhaft, wenn ein Kunde trotz Mahnung nicht bezahlt hat oder das Insolvenzverfahren über sein Vermögen beantragt bzw. bereits eröffnet worden ist. Eine solche Forderung ist wegen des Grundsatzes der Bilanzklarheit von den einwandfreien Forderungen gesondert auszuweisen. Das erfolgt durch die Umbuchung vom Konto 2400 Forderungen auf das Konto 2470 Zweifelhafte Forderungen.
Buchungssatz:

| | | |
|---|---|---|
| 2470 **Zweifelhafte Forderungen** | an | 2400 **Forderungen** |

Eine Forderung gilt als uneinbringlich, wenn:
- eine Zwangsvollstreckung ergebnislos geblieben ist,
- das Insolvenzverfahren mangels Masse eingestellt wurde,
- die Forderung verjährt ist.

Diese Forderungen werden in voller Höhe abgeschrieben. Wenn der Forderungsausfall endgültig feststeht, wird auch die Umsatzsteuer korrigiert.
Buchungssatz:

| | | |
|---|---|---|
| 6950 **Abschreibungen auf Forderungen** | an | 2400 **Forderungen** |
| 4800 **Umsatzsteuer** | | |

Falls die Forderung vorher auf das Konto 2470 Zweifelhafte Forderungen umgebucht wurde, lautet der Buchungssatz:

| | | |
|---|---|---|
| 6950 **Abschreibungen auf Forderungen** | an | 2470 **zweifelhafte** |
| 4800 **Umsatzsteuer** | | **Forderungen** |

Die Korrektur der Umsatzsteuer darf erst erfolgen, wenn der Ausfall der Forderung *endgültig* feststeht. **Abschreibungen auf geschätzte Forderungsausfälle dürfen nur vom Nettowert erfolgen.**

Auch für einwandfreie Forderungen besteht ein allgemeines Ausfallrisiko. Dieses Risiko wird grundsätzlich aufbauend auf den Erfahrungen der Vergangenheit (in der Regel der letzten drei bis fünf Jahre) berechnet. Daraus ergibt sich ein unternehmensindividueller Prozentsatz, der für eine **Pauschalwertberichtigung** des Forderungsbestandes zum Bilanzstichtag verwendet wird. Dabei sind die folgenden Grundsätze zu berücksichtigen:

- Die Pauschalwertberichtigung darf nur vom Nettobetrag vorgenommen werden.
- Forderungen, auf die Einzelwertberichtigungen gemacht wurden, sind auszusondern.
- Forderungen mit Aufrechnungsmöglichkeiten (der Schuldner hat eine gleichartige Forderung gegenüber dem Gläubiger und kann gegen diese Forderung aufrechnen) sind ebenfalls auszusondern.

Steuerrechtlich sind für die Bewertung von Forderungen am Bilanzstichtag drei Verfahren zulässig:

- Einzelbewertung (jede Forderung wird einzeln bewertet),
- Pauschalbewertung (ein Bestand wirtschaftlich gleichartiger Forderungen wird pauschal bewertet),
- gemischtes Verfahren (Kombination der ersten beiden Verfahren).

### Aufgaben

**61** Kennzeichnen Sie richtige Aussagen mit einer **1** und falsche Aussagen mit einer **2**. Begründen Sie jeweils Ihre Antwort.

☐ Nach der Eröffnung des Insolvenzverfahrens über einen Kunden kann eine Forderung wahlweise auf das Konto ›Zweifelhafte Forderungen‹ umgebucht werden.

☐ Bei der Umbuchung einer Forderung auf zweifelhafte Forderungen muss auch die Umsatzsteuer berichtigt werden.

☐ Die Abschreibung einer Forderung mindert den Gewinn.

☐ Die Abschreibung von Forderungen beeinflusst die Liquidität einer Unternehmung.

☐ Am Bilanzstichtag darf ein bestimmter Prozentsatz an einwandfreien Forderungen pauschal abgeschrieben werden.

☐ Die Abschreibung eines bereits eingetretenen Forderungsausfalls erfolgt vom Bruttowert der Forderung.

☐ Nach mehrfachem erfolglosen Mahnen gilt eine Forderung als uneinbringlich.

### 3.13.5
### Bewertung der Schulden

Schulden sind in der Bilanz grundsätzlich mit ihrem Erfüllungsbetrag (ihrem ursprünglichem Nennwert) anzusetzen oder – falls dieser höher liegt als der Erfüllungsbetrag – mit ihrem Rückzahlungsbetrag (§ 253 Abs. 1 HGB). Dies kann vor allem bei der Bewertung von Verbindlichkeiten in fremder Währung der Fall sein. Denn Schulden in fremder Währung unterliegen Wechselkursschwankungen, und der Wert zum Bilanzstichtag kann über oder unter dem ursprünglichen Betrag liegen. Grundsätzlich sind die Fremdwährungsverbindlichkeiten mit dem jeweils höheren Wert zum Stichtag in der Bilanz anzusetzen **(Höchstwertprinzip).**

Dieser Ansatz entspricht dem **Imparitätsprinzip**, dem Prinzip kaufmännischer Vorsicht als dem grundsätzlich obersten Bewertungsgrundsatz. Das Imparitätsprinzip besagt in diesem Fall, dass bei zwei möglichen Wertansätzen von Verbindlichkeiten der jeweils höhere Wert angesetzt werden muss. Die Differenz zu den ursprünglich niedrigeren Verbindlichkeiten wird als ›sonstiger Aufwand‹ erfasst.

§ 256 a HGB unterscheidet bei der Bewertung der Schulden in fremder Währung zum Bilanzstichtag zwischen Schulden mit einer Restlaufzeit bis zu einem Jahr und solchen mit einer Restlaufzeit von mehr als einem Jahr. Bei letzteren erfolgt die Bewertung immer zum Devisenkassamittelkurs des Bilanzstichtages, der dem Mittelwert zwischen Geld- und Briefkurs entspricht. Insofern wird das Imparitätsprinzip hier ausnahmsweise durchbrochen.

Verbindlichkeiten aus Lieferungen und Leistungen, Verbindlichkeiten an das Finanzamt und sonstige Verbindlichkeiten (Bankschulden etc.) sind mit ihrem Nennwert, dem ursprünglichen Wert, anzusetzen.

### 3.13.6
### Zeitliche Abgrenzungen von Aufwendungen und Erträgen

Aufwendungen und Erträge werden meist zu dem Zeitpunkt gebucht, zu dem sie auch gezahlt werden. Der Zeitpunkt der Zahlung stimmt aber manchmal ganz oder teilweise nicht mit dem eigentlichen ›Werteverzehr‹ oder ›Wertezufluss‹ überein. Wenn beispielsweise die Januarmiete bereits Ende Dezember überwiesen wird, so liegt der Zahlungszeitpunkt noch im alten Geschäftsjahr, die Möglichkeit der Nutzung der Räume (der Werteverzehr) aber erst im neuen Geschäftsjahr. **Aufwand oder Ertrag** auf der einen **und die Zahlung** auf der anderen Seite **betreffen nicht dasselbe Jahr.**

Im § 252 Abs. 1 Nr. 5 HGB wird gefordert, dass Aufwendungen und Erträge dem Geschäftsjahr zuzuordnen sind, zu dem sie wirtschaftlich gehören – unabhängig vom Zeitpunkt ihrer Ausgabe bzw. Einnahme. Die Begriffe Einnahme und Ausgabe beziehen sich auf den Zahlungszeitpunkt, während Erträge und Aufwendungen sich auf den Zeitraum des Werteverzehrs bzw. Wertezuflusses beziehen. Um die gesetzliche Vorschrift nach periodengerechter Buchung von Erfolgsvorgängen zu erfüllen, müssen Korrekturbuchungen erfolgen, so genannte zeitliche Abgrenzungen. Dabei sind vier Fälle zu unterscheiden:

1. a) Ertrag im alten Jahr – Einnahme im neuen Jahr ⎫ **Antizipative**
   b) Aufwand im alten Jahr – Ausgabe im neuen Jahr ⎭ Rechnungsabgrenzung

2. a) Einnahme im alten Jahr – Ertrag im neuen Jahr ⎫ **Transitorische**
   b) Ausgabe im alten Jahr – Aufwand im neuen Jahr ⎭ Rechnungsabgrenzung

**Antizipative Rechnungsabgrenzung**

Zu einer antizipativen Rechnungsabgrenzung kommt es, wenn der Aufwand oder Ertrag wirtschaftlich dem alten Geschäftsjahr zuzurechnen ist, der Zahlungsvorgang aber erst in der neuen Rechnungsperiode erfolgt. Hierunter fallen u. a. noch zu zahlende bzw. zu erhaltende Mieten, und Zinsen ebenso wie noch zu zahlende Steuern oder Beiträge.

**Erträge**, für die erst im neuen Abrechnungszeitraum Geld fließt, werden am Bilanzstichtag des alten Geschäftsjahres im Konto **2690 Übrige sonstige Forderungen** gebucht. Der Ertrag wird schon im alten Geschäftsjahr gebucht, wodurch sich der **Gewinn erhöht.**

**BEISPIEL**

Unser Mieter zahlt die Dezembermiete erst zu Beginn des neuen Jahres.
Buchung am Bilanzstichtag des alten Jahres:

4890 **Übrige sonstige Forderungen**      an      5400 **Mieterträge**

**Aufwendungen**, für die erst im neuen Abrechnungszeitraum Geld fließt, werden am Bilanzstichtag des alten Geschäftsjahres im Konto **4890 Übrige sonstige Verbindlichkeiten** gebucht. Der Aufwand wird schon im alten Geschäftsjahr gebucht, wodurch sich der **Gewinn verringert.**

**BEISPIEL**

Die für Dezember fälligen Zinsen für ein von uns aufgenommenes Darlehen werden erst zu Beginn des neuen Jahres abgebucht.
Buchung am Bilanzstichtag des alten Jahres:

5710 **Zinsaufwendungen**      an      4890 **Übrige sonstige Verbindlichkeiten**

### Transitorische Rechnungsabgrenzung

Wenn die Zahlungen für Aufwendungen und Erträge im Voraus erfolgen, deren Werteverzehr aber ganz oder teilweise im neuen Geschäftsjahr liegen, dann müssen die dem neuen Geschäftsjahr zuzurechnenden Beträge aktiv oder passiv abgegrenzt werden. Diese aktiven und passiven Rechnungsabgrenzungen werden im neuen Geschäftsjahr sofort wieder aufgelöst und werden damit auch dann erst erfolgswirksam. Beispiele für solche in Voraus gezahlten oder erhaltenen Aufwendungen und Erträge sind Zinsen, Mieten, Provisionen, Steuern, Gebühren und Beiträge.

**Aufwendungen**, die wirtschaftlich ganz oder teilweise dem neuen Geschäftsjahr zuzurechnen sind, werden über das Konto **2900 Aktive Rechnungsabgrenzung** (ARA) im alten Geschäftsjahr aus dem Aufwandskonto ausgebucht. Dadurch erhöht sich der zu versteuernde Gewinn im alten Geschäftsjahr.

**BEISPIEL**

Die Kfz-Steuer in Höhe von 400 € wird am 1. 10. für ein Jahr im Voraus per Banküberweisung bezahlt.
Buchung am 1. 10.

| | | | | |
|---|---|---|---|---|
| 7030 **Kfz-Steuer** | 400 € | an | 2800 **Bank** | 400 € |

Buchung am 31. 12.

| | | | | |
|---|---|---|---|---|
| 2900 **ARA** | 300 € | an | 7030 **Kfz-Steuer** | 300 € |

Erträge, die wirtschaftlich ganz oder teilweise dem neuen Geschäftsjahr zuzurechnen sind, werden über das Konto **4900 Passive Rechnungsabgrenzung** (PRA) im alten Geschäftsjahr aus dem Ertragskonto ausgebucht. Dadurch vermindert sich der zu versteuernde Gewinn im alten Geschäftsjahr.

**BEISPIEL**

Die Miete für eine Lagerhalle wird von einem Mieter am 01.05. für ein Jahr im Voraus bezahlt: 12.000 €.
Buchung am 1. 5.

| | | | | |
|---|---|---|---|---|
| 2800 **Bank** | 12.000 € | an | 5401 **Mieterträge** | 12.000 € |

Buchung am 31. 12.

| | | | | |
|---|---|---|---|---|
| 5410 **Mieterträge** | 4.000 € | an | 4900 **PRA** | 4.000 € |

Buchung neues Jahr

| | | | | |
|---|---|---|---|---|
| 4900 **PRA** | 4.000 € | an | 5410 **Mieterträge** | 4.000 € |

Auch bei der transitorischen Rechnungsabgrenzung ist eine sofortige Abgrenzung über ARA oder PRA bereits beim Zahlungsausgang oder Eingang (in den Beispielen also am 1. 10. oder 01. 05.) möglich, womit eine Korrektur zum Ende des Geschäftsjahres entfällt.

Es folgt die antizipative und transitorische Abgrenzung im Überblick, wobei als Eselsbrücke ein ›Triple-A‹ dienen mag, das in den folgenden drei Sätzen vorkommt:

- Wann wird gezahlt: **A**ltes oder neues Jahr?
- Erfolgt die Zahlung für einen **A**ufwand oder Ertrag?
- Im Falle eines Aufwandes ergibt sich die **A**RA (ansonsten muss es die PRA sein).

| Zahlungszeitpunkt | für | Konto |
|---|---|---|
| **A**ltes Jahr | **A**ufwand (neues Jahr) | 2900 **A**ktive Rechnungsabgrenzung |
| | Ertrag (neues Jahr) | 4900 Passive Rechnungsabgrenzung |
| Neues Jahr | Aufwand (altes Jahr) | 4890 Übrige sonstige Verbindlichkeiten |
| | Ertrag (altes Jahr) | 2690 Übrige sonstige Forderungen |

### 3.13.7
### Rückstellungen

Rückstellungen werden immer dann gebildet, wenn am Bilanzstichtag antizipiert (vorausgesehen) werden kann, dass im kommenden Jahr bzw. in den kommenden Geschäftsjahren Ausgaben für das alte Jahr anstehen. Im Gegensatz zu den ›übrigen sonstigen Forderungen‹ weiß man zwar, um welche Art der Aufwendung es sich handeln wird, die **Höhe und** der **Tag der Ausgabe sind** aber noch **ungewiss.** Da die Höhe der Aufwendung noch nicht feststeht, muss sie geschätzt werden. Wofür Rückstellungen gebildet werden müssen, ist im § 249 Abs. 1 HGB geregelt:

*Rückstellungen sind für ungewisse Verbindlichkeiten und für drohende Verluste aus schwebenden Geschäften zu bilden. Ferner sind Rückstellungen zu bilden für:*

*1. im Geschäftsjahr unterlassene Aufwendungen für Instandhaltung, die im folgenden Geschäftsjahr innerhalb von drei Monaten, oder für Abraumbeseitigung, die im folgenden Geschäftsjahr nachgeholt werden,*

*2. Gewährleistungen, die ohne rechtliche Verpflichtung erbracht werden.*

Die Rückstellung wird aufgelöst, wenn die zu erwartende Zahlungsverpflichtung feststeht. Dabei führt eine zu hohe Schätzung im neuen Jahr zu einem ›Ertrag aus der Herabsetzung von Rückstellungen‹, während eine zu niedrige Schätzung zu einem ›periodenfremden Aufwand‹ führt.

**BEISPIEL 1**

Für die zu erwartende Gewerbesteuerzahlung des alten Jahres im kommenden Frühjahr wird eine Rückstellung in Höhe von 3.000 € gebildet.

7700 **Gewerbeertragsteuer**   3.000 €   an   3800 **Steuerrückstellungen**   3.000 €

Erweist sich im neuen Jahr, dass die Rückstellung für die zu erwartende Gewerbesteuerzahlung des alten Jahres zu niedrig geschätzt wurde, so ist im neuen Jahr der Differenzbetrag im Konto 6990 periodenfremder Aufwand zu erfassen. War die Schätzung hingegen zu hoch, so wird dieser Betrag im Konto 5440 Erträge aus der Auflösung von Rückstellungen (= periodenfremder Ertrag) im neuen Jahr gewinnerhöhend verbucht.

**BEISPIEL 2**

Im Dezember konnte die notwendige Renovierung des Lagers nicht mehr vorgenommen werden. Es liegt eine Kostenvoranschlag in Höhe von 5.000 € zuzüglich 950 € USt vor. Die Reparatur soll Ende Januar des neuen Jahres vorgenommen werden.

6113 **Fremdinstandhaltung**   5.000 €   an   3900 **Sonstige Rückstellungen** 5.000 €

Rückstellungen dürfen nur über den Nettobetrag (ohne USt) gebildet werden.

## 3.13.8
## Abschluss der Unterkonten über die Hauptkonten

Aus Gründen der Klarheit und Übersichtlichkeit werden bestimmte Buchungen zunächst nicht über die Hauptkonten, sondern über Unterkonten erfasst. Diese müssen beim Jahresabschluss wieder mit den Hauptkonten zusammengeführt und über die entsprechenden Hauptkonten abgeschlossen werden. Dies betrifft u. a.:
• Bezugskosten und Nachlässe über Aufwendungen für Waren (AfW),
• Erlösberichtigungen über Umsatzerlöse,
• Privatkonto (Einzelunternehmen, Personengesellschaften) über Eigenkapital.

Daneben werden noch die Konten Vorsteuer über Umsatzsteuer (bzw. Umsatzsteuer über Vorsteuer) abgeschlossen.

**Aufgaben**

**62** Ordnen Sie den folgenden Geschäftsfällen die entsprechende Nummer zum entsprechenden Korrekturkonto der Jahresabgrenzung zu:

① 2690 übrige sonstige Forderungen
② 4890 übrige sonstige Verbindlichkeiten
③ 2900 Aktive Rechnungsabgrenzung
④ 4900 Passive Rechnungsabgrenzung
⑤ 3700, 3800, 3900 Rückstellungen

**a)** Die Lagermiete für November bis einschließlich Januar wird erst im neuen Jahr überwiesen.

**b)** Der Jahresbezugspreis für eine Fachzeitschrift wurde bereits im September überwiesen.

**c)** Die noch ausstehende Gewerbesteuerzahlung wird noch im alten Jahr berücksichtigt.

**d)** Die Bankzinsen für das alte Jahr werden erst im neuen Jahr unserem Bankkonto gutgeschrieben.

**e)** Unser Mitarbeiter hat die Darlehenszinsen für ein ihm gewährtes Darlehen für das erste Quartal des neuen Jahres bereits im Dezember überwiesen.

**f)** Die Reparatur eines nichtversicherten Schadens soll im Januar ausgeführt werden. Die dafür geschätzten Kosten werden bereits im Dezember gebucht.

**g)** Der IHK-Beitrag für das vierte Quartal wird erst im Januar überwiesen.

**h)** Die Dezembermiete wird erst im Januar eingehen.

**i)** Zinserträge für Januar wurden bereits im Dezember gutgeschrieben.

**j)** Die Versicherungsprämie für das Geschäftsgebäude wurde im Oktober für ein Jahr im Voraus bezahlt.

**63** Kennzeichnen Sie richtige Aussagen mit einer **1** und falsche Aussagen mit einer **2**. Begründen Sie Ihre Antwort.

☐ Die antizipative Rechnungsabgrenzung von Erträgen reduziert den zu versteuernden Gewinn im alten Jahr.

☐ Die Vorsteuer für Aufwendungen, für die im alten Jahr die Rechnung noch aussteht, darf erst im neuen Jahr verrechnet werden.

☐ Rückstellungskonten sind Aufwandskonten.

☐ Die zeitliche Abgrenzung von Aufwendungen und Erträgen dient der periodengerechten Erfolgsermittlung.

☐ Die zeitliche Abgrenzung durch die Buchung von übrigen sonstigen Verbindlichkeiten reduziert die zu zahlenden Ertragssteuern im alten Jahr.

☐ Rückstellungen können auch als Übrige sonstige Verbindlichkeiten gebucht werden.

☐ Für die zu erwartenden Forderungsausfälle des kommenden Jahres werden Rückstellungen gebildet.

☐ Die passive Rechnungsabgrenzung spart Ertragssteuern im alten Jahr.

☐ Die Bildung einer Rückstellung verändert die Bilanzsumme.

☐ Wenn eine gebildete Rückstellung niedriger war als der tatsächlich zu zahlende Betrag, so wird die Differenz bei Zahlung der Rechnung in das betroffene Aufwandskonto (z.B. Instandhaltung) gebucht.

## 3.14
## Bilanzanalyse

Die Bilanzanalyse interpretiert die Vermögens- und Kapitalstruktur der Unternehmung. Je nach Branche variiert die Zusammensetzung von Anlage- und Umlaufvermögen einerseits und die Verteilung zwischen Eigen- und Fremdkapital andererseits. Besondere Bedeutung kommt der Liquiditätsbeurteilung zu: Sie ist für jedes Unternehmen existenziell.

### 3.14.1
### Bilanzkennziffern

Bilanzkennziffern geben einen Einblick in die Vermögens-, Finanz- und Ertragslage eines Unternehmens. Sie setzen Bilanzpositionen zueinander ins Verhältnis, um u.a. Aufschlüsse über Finanzierung, Vermögensaufbau, Kreditwürdigkeit und Liquidität des Unternehmens zu ermöglichen. Die so gewonnenen Kennzahlen lassen Aussagen und Einschätzungen über die Lage und die Entwicklung des Unternehmens zu.

Durch die Aufbereitung der Bilanz nach der bereits im Kapitel 3.2 dargestellten Struktur lässt sich der Vermögens- und Kapitalaufbau des Unternehmens verdeutlichen. Zur besseren Vergleichbarkeit werden zu den absoluten Zahlen außerdem die prozentualen Anteile an der Bilanzsumme dargestellt. Aus den Prozentsätzen oder Verhältniszahlen wird die Gewichtung innerhalb der Vermögens- und Kapitalstruktur sichtbar.

| Vermögen | | Bilanzstruktur | | Kapital |
|---|---|---|---|---|
| I. Anlagevermögen | | | I. Eigenkapital | |
| II. Umlaufvermögen | 1. Waren | | II. Fremdkapital | 1. langfristig |
| | 2. Forderungen | | | 2. kurzfristig |
| | 3. Liquide Mittel (Bank, Kasse) | | | |
| Sortierung der einzelnen Posten nach zunehmender Liquidität | | | Sortierung der einzelnen Posten nach abnehmender Fälligkeit | |

**BEISPIEL**

| Aktiva | **Bilanz** | | Passiva |
|---|---|---|---|
| I. Anlagevermögen | | I. Eigenkapital | 600.000 |
| Gebäude | 180.000 | II. Fremdkapital | |
| Fuhrpark | 40.000 | Hypothekenschulden | 130.000 |
| Geschäftsausstattung | 80.000 | Darlehensschulden | 70.000 |
| II.Umlaufvermögen | | Verbindlichkeiten a. LL | 200.000 |
| Waren | 480.000 | | |
| Forderungen | 70.000 | | |
| Bank | 130.000 | | |
| Kasse | 20.000 | | |
| | 1.000.000 | | 1.000.000 |

| Aktiva | | | **Bilanz** | | Passiva |
|---|---|---|---|---|---|
| I. Anlagevermögen = illiquide Mittel | 300.000 | 30% | I. Eigenkapital = keine Fälligkeit | 600.000 | 60% |
| II. Umlaufvermögen | | 70% | II. Fremdkapital | | 40% |
| 1. Warenbestände = absatzbedingte liquide Mittel (3. Grades) | 480.000 | | 1. Hypotheken- und Darlehens- schulden = langfristige Ver- bindlichkeiten | 200.000 | |
| 2. Forderungen = einzugsbedingte liquide Mittel (2. Grades) | 70.000 | | 2. Verbindlich- keiten a. LL = kurzfristige Ver- bindlichkeiten | 200.000 | |
| 3. Bank, Kasse = liquide Mittel (1. Grades) | 150.000 | | | | |
| | 1.000.000 | 100% | | 1.000.000 | 100% |

**Finanzierung** (Kapitalaufbau)

Die Finanzierung des Unternehmens kann aus dem Verhältnis zwischen
Eigen- und Fremdkapital abgelesen werden. Als optimale Relation von
Eigenkapital zu Fremdkapital wird oft 50 % : 50 % empfohlen. In diesem
Fall macht das Eigenkapital die Hälfte des Gesamtkapitals aus. In Wirk-

lichkeit liegt die **Eigenkapitalquote** der Unternehmen im Durchschnitt jedoch nur bei ca. 20–30 %, bei Banken innerhalb der EU im Durchschnitt sogar weit unter 5 % (Stand 2015). Eine hohe Eigenkapitalquote schafft grundsätzlich Finanzierungsreserven für Krisensituationen (u. a. auch für Umsatzrückgänge). Sie macht finanziell unabhängig und ist Ausdruck der wirtschaftlichen Stabilität eines Unternehmens.

Analog dazu zeigt die **Fremdkapitalquote** (optimal < 50 % des Gesamtkapitals) eine möglicherweise angespannte Situation des Unternehmens wegen zu geringen Eigenkapitals und wird auch Anspannungsgrad genannt. Drei Kennziffern werden zur Darstellung der Kapitalstruktur verwendet:

$$\text{Eigenkapitalquote} = \frac{\text{Eigenkapital}}{\text{Gesamtkapital}}$$

$$\frac{\text{Anspannungsgrad}}{\text{(Fremdkapitalquote)}} = \frac{\text{Fremdkapital}}{\text{Gesamtkapital}}$$

$$\text{Verschuldungsgrad} = \frac{\text{Fremdkapital}}{\text{Eigenkapital}}$$

Die drei genannten Quotienten können auch als Prozentsatz angegeben werden, indem man den Quotienten mit 100 multipliziert. Die Eigenkapitalquote und der Anspannungsgrad entsprechen den jeweiligen Prozentsätzen des Eigenkapitals beziehungsweise Fremdkapitals vom Gesamtkapital (siehe Prozentsätze in der Bilanz). Für das vorangegangene Beispiel ergeben sich folgende Werte:

$$\text{Eigenkapitalquote} = \frac{600.000}{1.000.000} = 0{,}6 \text{ oder } 60 \%$$

$$\text{Anspannungsgrad} = \frac{400.000}{1.000.000} = 0{,}4 \text{ oder } 40 \%$$

$$\text{Verschuldungsgrad} = \frac{400.000}{600.000} = 4:6 \text{ oder } 66{,}\overline{6} \%$$

Dieser verhältnismäßig hohe Eigenkapitalanteil hat gleich drei Vorteile. Das Eigenkapital kann bei der Fremdkapitalaufnahme als Sicherheit herangezogen werden und erhöht so die Wahrscheinlichkeit, höhere Kredite zu günstigeren Konditionen zu erhalten. Trotzdem gilt: Jede Kreditaufnahme engt die Eigenständigkeit der Unternehmung ein, weil

Gläubiger Nachweise über die Kreditverwendung verlangen. Letztendlich stellt die Aufnahme von Fremdkapital durch Tilgungsraten und Zinsaufwendungen auch eine finanzielle Belastung dar.

**Konstitution** (Vermögensaufbau)

Der Vermögensaufbau des Unternehmens wird aus dem Verhältnis zwischen Anlage- und Umlaufvermögen erkennbar, wobei – vereinfacht gesagt – das Gesamtvermögen des Unternehmens der Bilanzsumme entspricht. Drei Kennziffern können zur Darstellung des Vermögensaufbaus verwendet werden:

$$\text{Anlageintensität (Anlagenquote)} = \frac{\text{Anlagevermögen}}{\text{Gesamtvermögen}}$$

$$\text{Umlaufintensität (Umlaufquote)} = \frac{\text{Umlaufvermögen}}{\text{Gesamtvermögen}}$$

$$\text{Vermögensaufbau} = \frac{\text{Anlagevermögen}}{\text{Umlaufvermögen}}$$

Auch diese Quotienten können wiederum als Prozentsatz angegeben werden, indem man den Quotienten mit 100 multipliziert. Die Anlagenintensität und die Umlaufintensität entsprechen den jeweiligen Prozentsätzen des Anlagevermögens beziehungsweise des Umlaufvermögens vom Gesamtkapital (siehe Prozentsätze in der Bilanz). Für das vorangegangene Beispiel ergeben sich folgende Werte:

$$\text{Anlagenintensität} = \frac{300.000}{1.000.000} = 0,3 \text{ oder } 30\,\%$$

$$\text{Umlaufintensität} = \frac{700.000}{1.000.000} = 0,7 \text{ oder } 70\,\%$$

$$\text{Vermögensaufbau} = \frac{300.000}{700.000} = 3 : 7 \text{ oder } 42,9\,\%$$

Der Einzelhandel ist aufgrund eines hohen Anteils an Umlaufvermögen, zu dem in erster Linie Waren und Forderungen zählen, eine Branche mit hoher Umlaufintensität. Die Kundenforderungen werden verhältnismäßig schnell in liquide Mittel umgewandelt, und der höhere Umsatz führt zu einem höheren (Roh-)Gewinn. Das Anlagevermögen hingegen verursacht durch Abschreibungen, Instandhaltung etc. nur Kosten und belastet somit die Erfolgsrechnung.

Eine hohe Anlagenintensität hat zudem eine hohe langfristige Kapitalbindung zur Folge, während eine hohe Umlaufintensität das Kapital nur kurzfristig bindet. Sie ist vom Grundsatz her somit positiv zu beurteilen, kann andererseits jedoch auch auf einen möglicherweise überhöhten Lagerbestand hinweisen.

**Anlagendeckungsgrad I + II**

Eine optimale Deckung des Anlagevermögens besteht, wenn dieses ausschließlich mit Eigenkapital finanziert ist, was jedoch sehr selten der Fall ist. Die Deckungsquote wird folgendermaßen ermittelt:

$$\text{Anlagendeckungsgrad I} = \frac{\text{Eigenkapital} \cdot 100}{\text{Anlagevermögen}}$$

Für das vorangegangene Beispiel ergibt sich folgender Wert:

$$\text{Anlagendeckung} = \frac{600.000}{300.000} = 2 \text{ oder } 200\,\%$$

Falls das Anlagevermögen durch Eigenkapital nicht ausreichend gedeckt ist, sollte es zusätzlich nur mit *langfristigem* Fremdkapital finanziert werden. Das Anlagevermögen stellt langfristig gebundenes Vermögen dar. Falls es nur durch kurzfristige Mittel finanziert sein sollte, sind Notverkäufe von Anlagegegenständen bei Liquiditätsproblemen des Unternehmens die zwangsläufige Folge. Die **Goldene Bilanzregel** fordert daher: **Langfristig gebundenes Vermögen ist langfristig zu finanzieren.**

$$\text{Anlagendeckungsgrad II} = \frac{(\text{Eigenkapital} + \text{langfristiges Fremdkapital}) \cdot 100}{\text{Anlagevermögen}}$$

Ist das Anlagevermögen durch langfristiges Kapital (Eigenkapital + langfristiges Fremdkapital) gedeckt, so entspricht der Prozentsatz mindestens 100 %. Je größer dieser Prozentsatz ist, desto unabhängiger ist das Unternehmen von weiterem Fremdkapital. Ideal wäre die Deckung auch des eisernen Bestandes an Vorratsvermögen (Büchern), also eine Deckung über 100 % hinaus.

## 3.14.2
## Liquiditätskennziffern

Die Liquidität gibt die Zahlungsfähigkeit der Unternehmung an. Sie errechnet sich aus dem Verhältnis der liquiden (flüssigen) Mittel (in der Bilanz die Konten Bank und Kasse) zu den kurzfristigen Verbindlichkeiten.
Ein Unternehmen, das nicht rechtzeitig seinen Zahlungsverpflichtungen
nachkommt, verliert seine Kreditwürdigkeit. Zahlungsunfähigkeit oder
Überschuldung kann zur Eröffnung eines Vergleichs- oder Insolvenzverfahrens führen. Daher sollte jeder Betrieb über genügend flüssige Mittel
verfügen, um seine kurzfristigen Schulden decken zu können.

Aus der Bilanz kann die Liquidität des Betriebes allerdings nur annähernd ermittelt werden, weil weder die laufenden Zahlungen, wie Miete und Gehälter, noch die Fälligkeiten der Forderungen und Verbindlichkeiten ersichtlich sind. Für eine überschlägige Beurteilung, insbesondere
im Zusammenhang mit einem Zeit- oder Betriebsvergleich, können jedoch die im Folgenden vorgestellten Kennzahlen Aufschluss geben.

Zur Berechnung der **Barliquidität** oder auch **Liquidität 1. Grades**
werden die flüssigen Mittel (Bankguthaben und Kasse), die dem Unternehmen sofort zur Verfügung stehen, ins Verhältnis zum kurzfristigen
Fremdkapital (u. a. Verbindlichkeiten aus Lieferungen und Leistungen
und Umsatzsteuerzahllast) gesetzt. Die **Liquidität I** zeigt an, in welchem
Umfang die kurzfristigen Verbindlichkeiten unabhängig von ihrer tatsächlichen Fälligkeit durch flüssige Mittel gedeckt sind. Sie muss nicht
unbedingt einen Wert von 100 % erreichen, da Forderungen aus Lieferungen und Leistungen und gegebenenfalls Warenvorräte zur Begleichung der kurzfristigen Schulden noch zur Verfügung stehen. Sie sollte
jedoch im Bereich von 20–30 % liegen.

$$\text{Barliquidität oder Liquidität I} = \frac{\text{Flüssige Mittel} \cdot 100}{\text{Kurzfristiges Fremdkapital}}$$

Bei der **Liquidität II** werden auch die kurzfristigen Forderungen (mit einer Restlaufzeit unter einem Jahr) einbezogen. Da davon auszugehen ist,
dass diese Forderungen kurzfristig liquidierbar sind, spricht man auch
von **einzugsbedingter Liquidität**. Ab 100 % als avisiertem Ziel liegt eine
volle Deckung des kurzfristigen Fremdkapitals vor.

$$\frac{\text{Einzugsbedingte Liquidität}}{\text{oder Liquidität II}} = \frac{(\text{Flüssige Mittel} + \text{Forderungen}) \cdot 100}{\text{Kurzfristiges Fremdkapital}}$$

Werden die Waren, die noch verkauft werden müssen, um zu liquiden Mitteln zu werden, mit im Zähler eingerechnet, so ergibt sich die **umsatzbedingte Liquidität** oder **Liquidität III**. Sie sollte mindestens bei 200 % liegen.

$$\text{Umsatzbedingte Liquidität oder Liquidität III} = \frac{\text{Umlaufvermögen} \cdot 100}{\text{Kurzfristiges Fremdkapital}}$$

Für unser Beispiel ergeben sich folgende Liquiditäten:

$$\text{Liquidität I} = \frac{150.000 \cdot 100}{200.000} = 75\,\%$$

$$\text{Liquidität II} = \frac{(150.000 + 70.000) \cdot 100}{200.000} = 110\,\%$$

$$\text{Liquidität III} = \frac{(150.000 + 70.000 + 480.000) \cdot 100}{200.000} = 350\,\%$$

**Aufgaben**

64 In einer Buchhandlung beträgt der Verschuldungsgrad 4 : 5, der Vermögensaufbau liegt bei 3 : 6 und das Eigenkapital beläuft sich auf 200.000 €. Wie hoch sind
  **a)** das Fremdkapital,
  **b)** die Bilanzsumme,
  **c)** das Anlagevermögen,
  **d)** das Umlaufvermögen,
  **e)** die Anlagendeckung?

65 Berechnen Sie für die folgende Bilanz (runden Sie auf ganze Zahlen):

| Aktiva | | Bilanz | Passiva |
|---|---|---|---|
| Gebäude | 260.000 | Eigenkapital | 639.600 |
| Fuhrpark | 39.000 | Darlehensschulden | 380.000 |
| Geschäftsausstattung | 119.200 | Verbindlichkeiten a. LL | 210.400 |
| Waren | 560.000 | | |
| Forderungen | 100.000 | | |
| Bank | 140.000 | | |
| Kasse | 11.800 | | |

  **a)** das Anlagevermögen / die Anlagenintensität (Anlagenquote),
  **b)** das Umlaufvermögen / die Umlaufintensität,

  **c)** die Eigenkapitalquote,

  **d)** das Fremdkapital / den Anspannungsgrad (die Fremdkapitalquote),

  **e)** den Verschuldungsgrad,

  **f)** den Vermögensaufbau,

  **g)** die Anlagendeckungsgrade I + II,

  **h)** die Liquidität I (Barliquidität),

  **i)** die Liquidität II (einzugsbedingte Liquidität),

  **j)** die Liquidität III (umsatzbedingte Liquidität).

**66** Vergleichen Sie Bilanzen und Kennziffern von zwei aufeinander-
folgenden Jahren. Erstellen Sie zunächst zwei aufeinanderfolgende
Bilanzen. Ermitteln Sie daraus die Kennziffern **a)** bis **j)** für beide
Vergleichsjahre. Geben Sie abschließend die Veränderungen in T €
und in % gegenüber dem Vorjahr für die Kennziffern **k)** bis **q)** an.

| | **Vorjahr** in T € | **Laufendes Jahr** in T € |
| --- | --- | --- |
| Kasse | 42 | 58 |
| Bank | 280 | 320 |
| Forderungen | 68 | 22 |
| Bebaute Grundstücke | 220 | 210 |
| Ladenausstattung | 90 | 110 |
| Büromaschinen | 50 | 40 |
| Waren | 282 | 328 |
| Hypotheken | 80 | 70 |
| Eigenkapital | 373 | 478 |
| Verbindlichkeiten | 429 | 420 |
| Darlehen | 150 | 120 |

  **a)** das Anlagevermögen / die Anlagenintensität,

  **b)** das Umlaufvermögen / die Umlaufintensität,

  **c)** das Eigenkapital / die Eigenkapitalquote,

  **d)** das Fremdkapital / den Anspannungsgrad,

  **e)** die Verschuldungsgrad,

  **f)** den Vermögensaufbau,

  **g)** die Anlagendeckung,

  **h)** die Barliquidität,

  **i)** die einzugsbedingte Liquidität,

  **j)** die umsatzbedingte Liquidität.

  **k)** das Anlagevermögen,

  **l)** das Umlaufvermögen insgesamt,

  **m)** den Warenbestand,

  **n)** die liquiden Mitteln insgesamt,

  **o)** das Eigenkapital,

**p)** das Fremdkapital,

**q)** die Bilanzsumme.

**67** Beurteilen Sie Ihre ermittelten Werte.

## 3.15
## Analyse der Gewinn- und Verlustrechnung

Zur Überprüfung der Wirtschaftlichkeit ist eine Analyse der Zahlen aus der Gewinn- und Verlustrechnung von großer Bedeutung. Dabei ist es notwendig, die Werte noch etwas genauer unter die Lupe zu nehmen, denn die Einzeldaten der Aufwendungen und Erträge haben für sich betrachtet nur wenig Aussagekraft. Erst durch einen **Zeitvergleich** über mehrere Perioden, **Soll-Ist-Vergleiche** oder den Vergleich der eigenen Unternehmung mit anderen Betrieben der gleichen Branche **(Betriebsvergleich)** werden Abweichungen, Beziehung oder Tendenzen deutlich. Außerdem sollte eine Buchhandlung wissen, in welchen Bereichen (Warengruppe, Abteilung, Filiale) Erträge erzielt werden.

Eine detaillierte Untersuchung der Aufwendungen und Erträge im Hinblick darauf, ob sie betriebsbedingt sind oder ob sie nicht aus dem eigentlichen Betriebszweck hervorgehen, erfolgt in den Ausführungen zur Kosten- und Leistungsrechnung (siehe Kap. 4).

### 3.15.1
### Rentabilitätskennziffern

Zur Berechnung der Rentabilität einer Unternehmung wird der Gewinn in Relation zum eingesetzten Kapital oder zum Umsatz gesetzt.

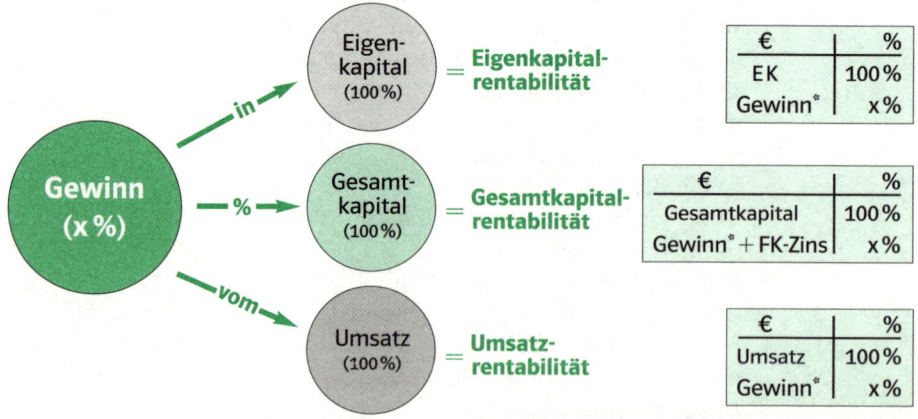

*abzüglich Unternehmerlohn bei Einzelunternehmen und Personengesellschaften

Der Gewinn entspricht einem zu berechnenden Prozentsatz in Höhe von x% vom Eigenkapital (Eigenkapitalrentabilität), vom Gesamtkapital (Gesamtkapitalrentabilität) oder vom Umsatz (Umsatzrentabilität), die bei der jeweiligen Berechnung 100% entsprechen. Für die Beurteilung der Rentabilität eines Unternehmens sind nachstehende Punkte zu berücksichtigen. Der Gewinn soll beinhalten:
• eine angemessene Entlohnung des mitarbeitenden Inhabers bei Einzelunternehmen bzw. Personengesellschaft oder ein angemessenes Gehalt bei geschäftsführenden Gesellschaftern im Falle von Kapitalgesellschaften (GmbH etc.)
• eine am Kapitalmarkt übliche Verzinsung des Eigenkapitals und
• eine branchenübliche Prämie für das Unternehmerrisiko.

**Die Berechnung des Gewinns variiert je nach Rechtsform.** Wie bereits in der Übersicht dargelegt, unterscheiden sich Einzelunternehmen bzw. Personengesellschaft auf der einen und Kapitalgesellschaften auf der anderen Seite grundlegend in Bezug auf die Entlohnung der ›Chef-Etage‹. Relativ einfach gestaltet sich die **Entlohnung bei Kapitalgesellschaften.** Hier stellen die Gehälter der geschäftsführenden Gesellschafter einen betrieblichen Aufwand dar, der bereits in der Gewinn- und Verlustrechnung erfolgswirksam berücksichtigt wird.

Der in der GuV ausgewiesene **Gewinn eines Einzelunternehmens oder einer Personengesellschaft** berücksichtigt gehaltstechnisch nur Aufwendungen für Fremdpersonal. Auf ›Lohnkosten‹ für den bzw. die Inhaber kann nur in Form von Privatentnahmen geschlossen werden, die jedoch nicht als Aufwand verbucht werden (siehe Kap. 3.10) und somit auch nicht den Gewinn schmälern. Um einen Vergleich mit einer Kapitalgesellschaft haben zu können, ist bei der Berechnung des Gewinns und der weiteren Rentabilitätskennziffern der in der GuV ausgewiesene Gewinn um einen ›angemessenen Unternehmerlohn‹ zu kürzen. Der Unternehmerlohn für den mitarbeitenden Inhaber sollte dabei in etwa dem eines gleichwertigen Geschäftsführers oder eines Angestellten bei vergleichbaren Tätigkeiten entsprechen.

**Eigenkapitalrentabilität** (Unternehmerrentabilität)

Zur Berechnung der Eigenkapitalrentabilität wird der um den ›Unternehmerlohn‹ verminderte Gewinn in Relation zum eingesetzten Eigenkapital gebracht. Bei Kapitalgesellschaften tritt anstelle des um den ›Unternehmerlohn‹ verminderten Gewinns der Jahresüberschuss lt. GuV.

Dies ist eine vereinfachende Rechnung, denn nicht nur im Hinblick auf den Gewinn, sondern auch in Bezug auf die Steuern unterscheiden sich Einzelunternehmen bzw. Personengesellschaften von Kapitalgesell-schaftenden. Die letztgenannten buchen sowohl die Steuern vom Einkommen als auch die vom Ertrag, also Körperschaft- und Gewerbesteuer, erfolgswirksam als Aufwand. **Der Jahresüberschuss der Kapitalgesellschaften ist demnach ein Endergebnis nach Steuern, während der Gewinn bei Einzelunternehmen bzw. Personengesellschaften ein Ergebnis vor Steuern darstellt.** Damit nun trotzdem rechtsformübergreifende und auch internationale Vergleiche möglich sind, gibt es für die Rentabilitätsberechnung neue Ansätze (siehe Kap. 3.15.2).

Zurück zur Formel für die Eigenkapitalrentabilität. Hier gilt als **eingesetztes Eigenkapital** üblicherweise der Durchschnitt aus Anfangs- und Endbestand des Eigenkapitalkontos und somit ein Mittelwert aus Eigenkapital zu Beginn und zum Ende des Geschäftsjahres.

$$\text{Eigenkapitalrentabilität} = \frac{\text{Gewinn}^* \cdot 100}{\varnothing \text{ Eigenkapital}}$$

*abzüglich Unternehmerlohn bei Einzelunternehmen und Personengesellschaften

Vergleicht man die Eigenkapitalrendite mit dem am Kapitalmarkt üblichen Zinssatz für langfristiges Fremdkapital, so ist erkennbar, ob sich das eingesetzte Kapital angemessen verzinst hat und ob außerdem eine Risikoprämie erwirtschaftet worden ist.

**BEISPIEL**

Das eingesetzte Eigenkapital eines Einzelunternehmens beträgt 600.000 €, der in der GuV ausgewiesene steuerliche Gewinn 87.000 €. Als ›Unternehmerlohn‹ sind 48.000 € anzusetzen. Die Verzinsung für langfristiges Fremdkapital liegt bei 6 %.

|   | |
|---|---|
| Steuerlicher Reingewinn | 87.000 € |
| — Unternehmerlohn | 48.000 € |
| Gewinn | 39.000 € |

$$\text{Eigenkapitalrentabilität} = \frac{39.000 \cdot 100}{600.000} = 6,5\,\%$$

Auch bei einer GmbH liegt die Eigenkapitalrentabilität bei 6,5 %, denn der Jahresüberschuss lt. GuV beträgt wegen der gebuchten Personalaufwendungen in Höhe von 48.000 € (Gehalt des Gesellschaftergeschäftsführers) ebenfalls 39.000 €.

Beurteilung der Rendite: Eine landesübliche Verzinsung des Eigenkapitals ist in diesem Beispiel gegeben, wenngleich für das Risiko mit 0,5 % keine hohe Prämie erwirtschaftet wurde.

**Gesamtkapitalrentabilität** (Unternehmensrentabilität)

Bei der Berechnung der Gesamtkapitalrentabilität steht das Gesamtkapital (Eigen- und Fremdkapital) im Nenner und wird ins Verhältnis zum Gewinn zuzüglich der gezahlten Fremdkapitalzinsen gesetzt, denn außer dem Gewinn mussten mit dem eingesetzten Gesamtkapital auch die Zinsaufwendungen erwirtschaftet werden. Da die Zinsen bereits als Aufwand erfasst wurden und somit den Gewinn vermindert haben, lässt sich durch deren Hinzurechnung die Rentabilität des Gesamtkapitals bei Unternehmen mit verschiedenen Fremdkapitalquoten und damit unterschiedlichen Zinsbelastungen vergleichen.

Als **eingesetztes Gesamtkapital** wird üblicherweise der Durchschnitt aus Anfangs- und Endbestand berechnet.

$$\text{Gesamtkapitalrentabilität} = \frac{(\text{Gewinn}^* + \text{Zinsaufwendungen}) \cdot 100}{\varnothing \, \text{Gesamtkapital}}$$

*abzüglich Unternehmerlohn bei Einzelunternehmen und Personengesellschaften

Die Gesamtrentabilität beantwortet die Frage, ob es sich lohnt, bei konstant bleibender Gesamtrentabilität zusätzliches Fremdkapital für geplante Investitionen aufzunehmen oder auch einen Teil des Eigenkapitals durch Fremdkapital zu ersetzen. Liegt der Zinssatz für das aufgenommene Fremdkapital unter dem der Gesamtrentabilität, hat sich die Aufnahme des Fremdkapitals gelohnt, da das zusätzliche Fremdkapital die Eigenkapitalrentabilität erhöht. In diesem Zusammenhang spricht man von einem **Leverage-Effekt** (engl. ausheben, zum Durchbruch verhelfen).

**BEISPIEL**

Das $\varnothing$ Gesamtkapital eines Unternehmens beträgt 1.000.000 €. Das Unternehmen ist vollständig mit Eigenkapital finanziert. Der Gesamtgewinn beträgt 55.000 €. Die Gesamtrentabilität ist für diesem Fall identisch mit der Eigenkapitalrentabilität und beträgt:

$$\text{Gesamtkapitalrentabilität} = \frac{55.000 \cdot 100}{1.000.000} = 5,5\,\%$$

Ein Teil des Eigenkapitals soll durch Aufnahme eines Darlehens (8 % Jahreszinsen) in Höhe von 200.000 € ersetzt werden, weil dieser Betrag entnommen oder an die Eigentümer ausgeschüttet werden soll. Die Jahreszinsen für das Darlehen betragen 16.000 € und werden gewinnmindernd gebucht. Der Gesamtgewinn reduziert sich bei ansonsten unverändert bleibenden Verhältnissen um diesen Betrag und beträgt nunmehr 39.000 €.

Die Gesamtrentabilität bleibt unverändert, da die als Aufwand verbuchten 16.000 € Fremdkapitalzinsen dem Gewinn wieder hinzugerechnet werden. Die Eigenkapitalrentabilität jedoch verändert sich:

$$\text{Eigenkapitalrentabilität} = \frac{39.000 \cdot 100}{800.000} = 4{,}88\,\%$$

Beurteilung der Rendite: Die Gesamtrentabilität von 5,5 % liegt **unter** dem Zinssatz für das aufgenommene Darlehen (8 %), der Einsatz des zusätzlichen Fremdkapitals hat sich in diesem Fall nicht gelohnt, die Eigenkapitalrentabilität sinkt.

Lägen die Darlehenszinsen unter der Gesamtrentabilität von 5,5 %, würde die Eigenkapitalrentabilität hingegen steigen, das aufgenommene Fremdkapital ›hebelt‹ dann die Eigenkapitalrendite nach oben (Leverage-Effekt). Die Erklärung ist simpel: das Unternehmen erwirtschaftet eine Gesamtrentabilität von 5,5 %, muss für das aufgenommene Kapital jedoch weniger zahlen.

**Umsatzrentabilität** (Umsatzrendite, Umsatzverdienstrate)

Die Umsatzrentabilität gibt den prozentualen Anteil des Gewinns bzw. des Jahresüberschusses am Umsatz an.

$$\text{Umsatzrentabilität} = \frac{\text{Gewinn}^* \cdot 100}{\text{Umsatzerlöse}}$$

$^*$abzüglich Unternehmerlohn bei Einzelunternehmen und Personengesellschaften

Vergleicht man die Umsatzrenditen im Zeitverlauf, so lässt sich daran die Entwicklung des Unternehmens erkennen. Eine steigende Umsatzrentabilität bei unveränderten Umsatzerlösen bedeutet zunehmende Produktivität, eine sinkende Umsatzrentabilität dagegen weist auf sinkende Produktivität und damit auf steigende Kosten hin.

Eine geringe Umsatzrendite zeigt möglicherweise an, dass der Gewinnzuschlag zu niedrig kalkuliert worden ist. Wenn jedoch keine höheren Preise verlangt werden können (z. B. aufgrund der allgemeinen Wirtschaftslage oder der konkreten Konkurrenzsituation) oder dürfen (z. B. im Fall der Buchpreisbindung), muss an einer Verbesserung der anderen Faktoren gearbeitet werden, um einen höheren Gewinn zu erzielen. Dies ist u. a. möglich durch eine Verbesserung der Einkaufskonditionen, eine Senkung der Kosten, eine Optimierung des Absatz- oder Vertriebskonzept oder eine Steigerung der Umsätze.

**BEISPIEL**

Wenn in unserem Beispiel ein Gewinn von 39.000 € mit einem Nettoumsatz von 975.000 € erwirtschaftet worden war, so ergibt sich folgende Umsatzrentabilität:

$$\text{Umsatzrentabilität} = \frac{39.000 \cdot 100}{975.000} = 4\,\%$$

## Cashflow

Vereinfacht gesagt zeigt der **Cashflow** (Kassen- bzw. Finanzzufluss) an, wie viel dem Unternehmen übrig bleibt (cash), wenn alle laufenden Ausgaben (Personalkosten, Miete etc.) einer Periode getätigt sind. Er ist somit die Differenz zwischen Einnahmen und Ausgaben. Der Cashflow wird aus Größen der GuV errechnet und ist ein Indikator dafür, inwieweit sich ein Unternehmen aus eigenen Erträgen finanzieren kann (Innenfinanzierung) bzw. welche potenziell liquiden Mittel ihm zur Finanzierung weiterer betrieblicher Ausgaben (Investitionen, Schuldentilgung) noch zur Verfügung stehen.

Selbst erwirtschaftete liquide Mittel sind zunächst der Gewinn bzw. der Jahresüberschuss. Liquide Mittel sind weiterhin alle Aufwendungen lt. GuV, die nicht zu Ausgaben geführt haben, wie Abschreibungen auf das Anlagevermögen und Rückstellungen.

Eine Vielzahl von unterschiedlich aufeinander bezogenen Ausgangsgrößen kennzeichnen den Cashflow. Hier die geläufigste Darstellung, der vereinfachte Cashflow:

> Gewinn / Jahresüberschuss
> + Abschreibungen auf das Anlagevermögen
> + Zuführung zu Rückstellungen
> = Cashflow

**Je höher der Cashflow, desto größer die Selbstfinanzierungskraft und das Liquiditätspotenzial des Unternehmens.** Zwar steht dieser am Schluss des Geschäftsjahres nicht unbedingt in Form liquider Mittel zur Verfügung, ist aber über die gesamte Periode entstanden und bereits verwendet worden. Die Entwicklung des Cashflows wird von Banken neben den Rentabilitätskennziffern zunehmend herangezogen, um Aussagen über die Kreditwürdigkeit des Unternehmens zu treffen.

Wird der Cashflow in Beziehung zu den Umsatzerlösen gesetzt, so zeigt das Ergebnis an, wie viel Prozent der Umsatzerlöse dem Unternehmen für Investitionen, Entschuldung oder Gewinnausschüttung frei zur Verfügung stehen. Ein Branchenvergleich mit anderen Unternehmen wird möglich, ebenso wie Rückschlüsse auf die Entwicklung von Selbstfinanzierungs- und Ertragskraft des Unternehmens durch die Beobachtung mehrerer aufeinanderfolgender Perioden.

$$\text{Cashflow-Umsatzrendite} = \frac{\text{Cashflow} \cdot 100}{\text{Umsatzerlöse}}$$

**BEISPIEL**

Der Jahresüberschuss eines Unternehmens betrug 100.000 €, die Abschreibungen des Anlagevermögens 15.000 €, die Rückstellungen wurden um 5.000 € erhöht. Die Umsatzerlöse dieser Periode beliefen sich auf 1.800.000 €.

Bei einem Cashflow von 120.000 € und Umsatzerlösen von 1.800.000 € ergibt sich eine Cash Flow Umsatzrendite von 6,67 %.

## 3.15.2
## Internationale Rentabilitätskennziffern

Auf das Problem der Vergleichbarkeit von Unternehmen mit unterschiedlichen Rechtsformen ist eingangs des Kapitels Rentabilitätskennziffern sowie im Abschnitt über die Eigenkapitalrentabilität hingewiesen worden. Als Problemkreise wurden die abweichende Gewinnermittlung und die Ansetzung von Steuern ausgemacht.

Nicht nur für Zwecke der Rentabilitätsberechnung gewinnt der internationale Begriff **EBIT** (earnings before interest and taxes – Gewinn vor Zinsen und Steuern) als betriebswirtschaftliche Vergleichskennzahl immer mehr an Bedeutung. EBIT wurde aus den internationalen Rechnungslegungsvorschriften (International Financial Reporting Standards; IFRS) abgeleitet und zeigt das Betriebsergebnis unabhängig von nationalen Steuern und Finanzierungsformen.

Die Aufstellung der GuV in Staffelform (Tabelle) bei einer Kapitalgesellschaft ermöglicht eine einfache Ermittlung des Betriebserfolges vor Steuern vom Einkommen und Ertrag (GewSt, KSt) sowie der Zinsen und damit des EBIT. Dieser Wert ist hilfreich, um die Ergebnisse von Unternehmen, die ihre Jahresüberschüsse einerseits nach unterschiedlichen internationalen Rechnungslegungsgrundsätzen aufstellen und andererseits unterschiedliche Zinsbelastungen haben, miteinander vergleichbar zu machen.

Neben der Bezeichnung EBIT werden ähnliche Abkürzungen verwendet. So umfasst **EBITDA** (Earnings Before Interest, Taxes, Depreciation and Amortization) neben Zinsen und Steuern noch die Abschreibungen. Depreciation steht in diesem Zusammenhang für die Abschreibungen auf das Anlagevermögen, während Amortization die Abschreibungen für immaterielle Vermögensgegenstände bezeichnet. Im Buchhandel und Verlagswesen findet auch der Begriff **EBITA** (Earnings Before Interest, Taxes and Amortization) Anwendung.

Sowohl EBIT als auch EBITDA sind nicht mit dem Cashflow gleichzusetzen. Für eine liquiditätsmäßige Betrachtung sollte allein der Cashflow herangezogen werden, da im EBIT und EBITDA im Unterschied zu diesem auch Zinsen und Steuern neutralisiert werden.

### Aufgaben

**68** Ihnen liegen zum Ende der Geschäftsjahre 2014 und 2015 die folgenden Angaben für ein Einzelunternehmen vor:

| Soll | 2014 | 2015 | 8020 **GuV** (31.12.) | 2014 | 2015 | Haben |
|------|------|------|------|------|------|------|
| AfW | 816.000 | 884.000 | Umsatzerlöse | 1.200.000 | 1.300.000 | |
| Gehälter | 190.000 | 195.000 | | | | |
| Miete | 40.000 | 40.000 | | | | |
| Abschreibungen AV | 20.000 | 25.000 | | | | |
| Zinsaufwendungen | 7.200 | 7.000 | | | | |
| Werbung | 24.000 | 20.000 | | | | |
| Sonstige Aufwend. | 45.200 [*] | 50.000 [*] | | | | |
| Eigenkapital (Gewinn) | 57.600 | 79.000 | | | | |
| | 1.200.000 | 1.300.000 | | 1.200.000 | 1.300.000 | |

[*] inkl. jeweils 10.000 € Zuführung zu den langfristigen Rückstellungen

| Soll | 2014 | 2015 | Eigenkapital | 2014 | 2015 | Haben |
|------|------|------|------|------|------|------|
| Privat (nur entn. U-Lohn) | 45.000 | 45.000 | EBK | 450.000 | 462.600 | |
| SBK | 462.600 | 496.600 | GuV (Gewinn) | 57.600 | 79.000 | |
| | 507.600 | 541.600 | | 507.600 | 541.600 | |

Berechnen Sie für die Jahre 2014 und 2015
**a)** die Eigenkapitalrentabilität,
**b)** die Gesamtkapitalrentabilität (Gesamtkapital 2013: ⌀ 800.000,
2014: ⌀ 840.000),
**c)** die Umsatzrentabilität,
**d)** den Cashflow,
**e)** die Cashflow-Umsatzrendite.
**f)** Beurteilen Sie die Entwicklung der Cashflow-Rendite.
69 Berechnen Sie die aufgrund der nachstehend abgebildeten Konten
zum Ende des Geschäftsjahres 2015 ...
**a)** die Eigenkapitalrentabilität,
**b)** die Umsatzrentabilität,
**c)** die Gesamtkapitalrentabilität (⌀ Gesamtkapital 600.000 €),
**d)** den Rohgewinn,
**e)** die erwirtschaftete Handelsspanne der *Land in Sicht GmbH*.

| Soll | 8020 **GuV** (31.12.) | | Haben |
|---|---|---|---|
| 6000 Aufwendungen für Waren | 670.000 | 5000 Umsatzerlöse | 1.000.000 |
| 6300 Gehälter | 200.000 | | |
| 6400 Arbeitgeberanteil Sozialvers. | 38.000 | | |
| 6570 Abschreibung AV | 12.000 | | |
| 6700 Mieten, Pachten | 24.000 | | |
| 6800 Büromaterial | 3.000 | | |
| 7030 Kraftfahrzeugsteuer | 300 | | |
| 7510 Zinsaufwendungen | 10.000 | | |
| 7700 Gewerbeertragssteuer | 4.000 | | |
| 3000 Eigenkapital | 38.700 | | |
| | 1.000.000 | | 1.000.000 |

| Soll | Eigenkapital | | Haben |
|---|---|---|---|
| 8010 Schlussbilanzkonto | 438.700 | 8000 Eröffnungsbilanzkonto | 400.000 |
| | | 8020 Gewinn- und Verlustkonto | 38.700 |
| | 438.700 | | 438.700 |

## 3.15.3
## Lagerkennziffern

Eine wichtige Lagerkennzahl ist die **Lagerumschlagsgeschwindigkeit (LUG)** oder Lagerumschlagshäufigkeit. Sie gibt an, wie oft das Warenlager verkauft und wieder ersetzt wird. An der LUG wird die Lagerleis-

tung gemessen. Ein niedriger Wert deutet darauf hin, dass die eingekaufte Ware schlecht wieder verkauft wird. Sie liegt lange auf Lager und
verursacht damit Lagerkosten und Zinsaufwendungen.

   Die LUG berechnet sich aus dem Verhältnis zwischen verkaufter Ware und $\varnothing$ Lagerbestand. Die Berechnung erfolgt entweder auf Basis der
Einstandspreise oder auf der der Verkaufspreise (inkl. oder exkl. USt);
Hauptsache im Zähler und im Nenner werden vergleichbare Werte verwendet. Die Berechnung mit Verkaufspreisen ist in der Praxis meistens
leichter durchführbar, weil die Umsatzzahlen schneller verfügbar sind.

$$\text{LUG} = \frac{\text{Wareneinsatz}}{\varnothing \text{ Lagerbestand zu Einstandspreisen}}$$

$$\text{LUG} = \frac{\text{Umsatz zu Verkaufspreisen}}{\varnothing \text{ Lagerbestand zu Verkaufspreisen}}$$

Zur Erinnerung: Der Wareneinsatz ist der Wert aller verkauften Waren
zu Einstandspreisen (siehe Kap. 3.9). Er wird wie folgt berechnet:

   **Warenanfangsbestand**
   **+ Einkäufe (+ Bezugskosten − Nachlässe − Remissionen)**
   **− Warenendbestand**

   **= Wareneinsatz**

Die ›wirklichen‹ Einstandpreise bei Büchern sind in der Praxis schwer
zu ermitteln. Denn die Anfangs- und Endbestände sind Inventurwerte, in
die bereits Abschreibungssätze (Kap. 3.13.3) eingeflossen sind.


**Durchschnittlicher Lagerbestand** ($\varnothing$ LB)

Die einfachste Art, den durchschnittlichen Lagerbestand zu berechnen,
besteht darin, den jeweiligen Warenanfangs- und Endbestand lt. Inventur
zu addieren und durch zwei zu teilen:

$$\text{Durchschnittlicher Lagerbestand} = \frac{\text{Anfangsbestand} + \text{Endbestand}}{2}$$

Diese Methode hat allerdings einen Nachteil. Denn zum Zeitpunkt der
Inventur (meist nach dem Weihnachtsgeschäft) ist der Lagerbestand

möglichst niedrig. Bei der Berechnung nach oben genannter Formel wird also der Durchschnitt von zwei niedrigen Beständen ermittelt und spiegelt somit nicht den wirklichen durchschnittlichen Lagerbestand über das Jahr wider. Um einen realistischen Wert zu erhalten, sollten möglichst viele Bestände im Laufe eines Jahres zur Berechnung herangezogen werden.

Eine monatliche Erfassung der Bestände kann durch eine **Lagerbestandsfortschreibung** erfolgen: Aus der monatlich zu erstellenden Umsatzsteuervoranmeldung für das Finanzamt sind die Umsätze bekannt und so kann dann der Inventurbestand fortgeschrieben werden. Am genauesten ist allerdings eine tägliche Bestandserfassung, die Warenwirtschaftssysteme leisten. Genauere Formeln sehen also beispielsweise wie folgt aus:

$$\varnothing \text{ Lagerbestand} = \frac{\text{Anfangsbestand} + 4 \text{ Quartalsendbestände}}{5}$$

$$\varnothing \text{ Lagerbestand} = \frac{\text{Anfangsbestand} + 12 \text{ Monatsendbestände}}{13}$$

**BEISPIEL**

Der Anfangsbestand an Waren beträgt 220.000 €, die Summe der vier Quartalsendbestände 980.000 €. Der Wareneinsatz liegt bei 1.200.000 €. Daraus ergibt sich als Berechnung:

$$\varnothing \text{ Lagerbestand} = \frac{220.000 + 980.000}{5} = 240.000$$

$$\text{LUG} = \frac{1.200.000}{240.000} = 5$$

Eine LUG von 5 bedeutet, dass der gesamte Lagerbestand durchschnittlich 5 mal pro Jahr verkauft wird. Ein Vergleich mit *Buch und Buchhandel in Zahlen 2015* zeigt, dass dieser Wert unter dem Durchschnitt der dort erfassten Unternehmen liegt. Sowohl die durchschnittliche LUG aller Unternehmen (5,2) als auch die in der Grö-ßenklasse zwischen 1 Mio. – 2 Mio. € Jahresumsatz (5,6), die für unser Beispiel mit einem von 1,2 Mio. € Umsatz heranzuziehen ist, liegen darüber.

## Lagerdauer in Tagen

Analysen rund um die Lagerumschlagsgeschwindigkeit können anschaulicher ausfallen, wenn man die betriebliche Kennziffer ⌀ Lagerdauer in Tagen hinzuzieht. Die Formel hierfür lautet:

$$\varnothing \text{Lagerdauer in Tagen} = \frac{365 \,/\, 366}{\text{LUG}}$$

**BEISPIEL**

Eine Sortimentsbuchhandlung erreicht eine LUG von 5. Nun gilt es, die ⌀ Lagerdauer in Tagen für einen Titel – oder auch für eine Warengruppe oder das Gesamtlager – zu errechnen.

$$\varnothing \text{ Lagerdauer in Tagen von } \quad \frac{365}{5} = 73$$

Ein Titel (Warengruppe, Gesamtlager) liegt durchschnittlich 73 Tage auf Lager.

## Bereinigte Lagerumschlagsgeschwindigkeit

Ungefähr 30 % des Umsatzes einer Sortimentsbuchhandlung entfällt auf das Besorgungsgeschäft – auf Titel, die von Kunden bestellt und über das Abholfach oder die Fortsetzungsabteilung verkauft wurden. Da dieser Umsatzanteil nicht für eine Qualitätsbeurteilung des Lagereinkaufs herangezogen werden kann, muss er vor der Berechnung der LUG vom Gesamtumsatz abgezogen werden. Eine so berechnete Lagerumschlagsgeschwindigkeit wird als **bereinigte LUG** bezeichnet.

$$\text{Bereinigte LUG} = \frac{\text{Gesamtumsatz} - \text{Besorgungsgeschäft}}{\varnothing \text{Lagerbestand}}$$

**BEISPIEL**

Für unsere Buchhandlung (Umsatz von 1,2 Mio. €) ergibt sich bei einem Durchlaufgeschäfts in Höhe von 30 % folgende Berechnung:

$$\text{Bereinigte LUG} = \frac{1.200.000 - 360.000}{240.000} = 3,5$$

Die ⌀ Lagerdauer in Tagen steigt dadurch auf $\frac{365}{3,5} \sim 104,28$

**Lagerzinsen**

Jeder auf Lager befindliche Titel bindet Kapital. Entweder, weil tatsächlich Zinsaufwendungen zur Finanzierung des Einkaufs entstehen oder weil das dafür eingesetzte Eigenkapital dann nicht anderweitig verzinst werden kann (Opportunitätskosten). Um die Kosten für diese Kapitalbindung zahlenmäßig darstellen zu können, werden folgende Größen in die allgemeine Zinsformel (siehe Kap. 1.6.1) eingesetzt:

$$\text{Lagerzinsen} = \frac{\varnothing\,\text{Lagerbestand} \cdot \text{Kapitalmarktzinsen} \cdot \varnothing\,\text{Lagerdauer}}{100 \cdot 365/366}$$

**BEISPIEL**

Der im oben genannten Beispiel berechnete $\varnothing$ Lagerbestand beträgt 240.000 €, die $\varnothing$ Lagerdauer 104,28 Tage. Es wird ein am Kapitalmarkt üblicher Zinssatz von 9 % p. a. zugrundegelegt.

$$\text{Lagerzinsen} = \frac{240.000 \cdot 9 \cdot 104,28}{100 \cdot 365} = 6.171,09 \ €$$

**Aufgaben**

**70** Berechnen Sie aufgrund folgender Werte:

| S | AfW | | H | S | Warenbestand | | H |
|---|---|---|---|---|---|---|---|
| Einkäufe | 515.000 | Nachlässe | 2.500 | EBK | 90.000 | SBK | 96.000 |
| Bezugskosten | 5.000 | | | | | | |

    **a)** den durchschnittlichen Lagerbestand,
    **b)** den Wareneinsatz,
    **c)** die Lagerumschlagsgeschwindigkeit,
    **d)** die durchschnittliche Lagerdauer in Tagen,
    **e)** die Lagerzinsen bei einem Zinssatz von 8 % p. a.

**71** Ihnen liegen folgende Werte (Nettoverkaufspreise) vor:

| | | |
|---|---|---|
| Anfangsbestand | | 170.000 |
| Lagerbestände zum: | 31. 03. | 230.000 |
| | 30. 06. | 215.000 |
| | 30. 09. | 225.000 |
| | 31. 12. | 160.000 |
| Umsatz | | 1.200.000 |

1. Berechnen Sie für den Gesamtumsatz:
   a) den durchschnittlichen Lagerbestand,
   b) die Lagerumschlagsgeschwindigkeit,
   c) die durchschnittliche Lagerdauer.
2. Das Durchlaufgeschäft beträgt 30 Prozent, wie hoch sind dann:
   a) die Lagerumschlagsgeschwindigkeit,
   b) die durchschnittliche Lagerdauer.

**72** Aus der Buchhandlung *Land in Sicht* liegen die folgenden Werte vor:

| Aktiv | Eröffnungsbilanz (01.01.) | | Passiv |
|---|---|---|---|
| Anlagevermögen | 240.000 | Eigenkapital | |
| Waren | 414.000 | Langfr. Fremdkapital | 290.000 |
| Forderungen | 128.000 | Verb. a. LL | 180.000 |
| Bank | 110.000 | | |
| Kasse | 8.000 | | |

| Soll | GuV-Konto (31. 12.) | | Haben |
|---|---|---|---|
| AfW | | Umsatzerlöse | 2.500.000 |
| Gehälter | 460.000 | | |
| Miete | 96.000 | | |
| Abschreibungen | 26.000 | | |
| Zinsaufwendungen | 76.000 | | |
| Werbung | 69.000 | | |
| Sonstige Kosten | 67.000 | | |

| Aktiv | Schlussbilanz (31. 12.) | | Passiv |
|---|---|---|---|
| Anlagevermögen | | Eigenkapital | |
| Waren | 436.000 | Langfr. Fremdkapital | 260.000 |
| Forderungen | 84.000 | Verb. a. LL | 182.000 |
| Bank | 140.000 | | |
| Kasse | 12.000 | | |

Weitere Angaben:
- die Umsatzerlöse im Dezember betragen 278.200 € inkl. 7 % USt,
- die Vorsteuer im Dezember beträgt insgesamt 10.200 €,
- die Summe der Wareneinkäufe (netto) beträgt 1.713.500 €,
- die Bezugskosten liegen insgesamt bei 8.500 €.

### Berechnen Sie:

a) die Zahllast – und passivieren Sie die Zahllast (bilden Sie den dazugehörigen Buchungssatz),

**b)** den Wareneinsatz,

**c)** die Handelsspanne,

**d)** den Gewinn in Euro,

**e)** den durchschnittlichen Lagerbestand,

**f)** die Lagerumschlagsgeschwindigkeit (zu Einstandspreisen),

**g)** das Eigenkapital am 01. 01.,

**h)** das Eigenkapital am 31. 12.,

**i)** die Eigenkapitalrentabilität (Berechnung mit dem $\varnothing$ eingesetzten EK),

**j)** die Gesamtkapitalrentabilität (Berechnung mit dem $\varnothing$ eingesetzten Gesamtkapital),

**k)** die Umsatzrentabilität,

**l)** das Anlagevermögen am 31. 12.

**73** Analysieren Sie die Schlussbilanz vom 31. 12. (unter Verwendung der Werte der Aufgabe 72) im Hinblick auf ihre Zusammensetzung zwischen Anlage- und Umlaufvermögen einerseits und zwischen Eigen- und Fremdkapital andererseits sowohl in absoluten Beträgen als auch in Prozent. Legen Sie die folgende Bilanzstruktur zugrunde.

| Aktiva | Schlussbilanz 31. 12. | Passiva |
|---|---|---|
| I. Anlagevermögen<br>II. Umlaufvermögen | I. Eigenkapital<br>II. Fremdkapital | |
| 100 % | | 100 % |

**Berechnen Sie:**

**a)** die Liquiditätsgrade I, II und III am 31. 12.,

**b)** den Cashflow,

**c)** die Cashflow-Umsatzrendite.

## 3.15.4
## Statistische Auswertungen

Zahlenmaterial kann in Form statistischer Tabellen oder auch grafisch dargestellt werden. Die optische Aufbereitung in Diagrammen hat gegenüber Tabellen den Vorteil, dass schnell und anschaulich informiert wird. Die Aufmerksamkeit wird so auf das Wesentliche gelenkt – allerdings mit dem Nachteil, dass die genauen Daten meistens nicht abgelesen werden können. Für die Anfertigung von Berichten ist es daher wichtig, Tabellen, Schaubilder und erklärende Texte sinnvoll miteinander zu verbinden.

**Periodischer Vergleich der Umsätze über die Monate eines Jahres**

Insbesondere für die Liquiditätsplanung (siehe Kap. 5.5) ist eine Kenntnis der Verteilung der Umsätze auf das Jahr hilfreich. Um nicht einmalige außergewöhnliche Höhen oder Tiefen im Umsatz zur Planungsgrundlage für zukünftige Perioden zu nehmen, errechnet man Durchschnittswerte, indem man beispielsweise das arithmetische Mittel aus Werten der letzten drei bis fünf Perioden bildet. So erhält man ›Normalwerte‹, auf deren Basis verlässlicher geplant werden kann.

Auch eine Betrachtung kumulierter Werte hilft, saisonbedingte Umsatzschwankungen zu einem bestimmten Zeitpunkt bereinigt betrachten zu können. Kumulieren bedeutet Anhäufen, in diesem Fall Addieren von Werten. Der kumulierte Februarumsatz gibt beispielsweise Auskunft darüber, wie hoch die Umsätze von Januar und Februar zusammen sind. Ein kumulierter Aprilumsatz – identisch mit einem Quartalsumsatz – gibt an, wie viel in den ersten vier Monaten umgesetzt wurde und lässt sich daher gut mit dem Vorjahresumsatz des gleichen Zeitraums vergleichen, wobei es dann keine Rolle mehr spielt, ob Ostern im März oder im April lag. Würde man die Monate März oder April isoliert mit dem jeweiligen Vorjahresmonat vergleichen, so könnte die durch Ostern bedingte Umsatzspitze unbrauchbare Zahlen liefern.

**Umsätze nach Monaten**

| Monat | 2012 | 2013 | 2014 | Durch-schnitt | % des Ges.-ums. | % kumu-liert |
|---|---|---|---|---|---|---|
| Januar | 35.100 | 36.261 | 39.520 | 36.960 | 8,0 | 8,0 |
| Februar | 32.850 | 33.966 | 34.218 | 33.678 | 7,3 | 15,2 |
| März | 36.900 | 37.179 | 36.628 | 36.902 | 8,0 | 23,2 |
| April | 33.300 | 34.425 | 40.002 | 35.909 | 7,7 | 30,9 |
| Mai | 30.600 | 31.671 | 34.218 | 32.163 | 6,9 | 37,9 |
| Juni | 33.300 | 32.589 | 32.773 | 32.887 | 7,1 | 45,0 |
| Juli | 36.900 | 36.261 | 38.074 | 37.078 | 8,0 | 53,0 |
| August | 37.350 | 39.015 | 40.484 | 38.950 | 8,4 | 61,4 |
| September | 38.700 | 38.556 | 40.002 | 39.086 | 8,4 | 69,8 |
| Oktober | 37.800 | 39.474 | 41.930 | 39.735 | 8,6 | 78,4 |
| November | 45.450 | 45.441 | 49.159 | 46.683 | 10,1 | 88,4 |
| Dezember | 51.750 | 54.162 | 54.942 | 53.618 | 11,6 | 100,00 |
| **Gesamt** | **450.000** | **459.000** | **481.950** | **463.650** | **100,0** | |

Auch für die Einkaufsplanung (siehe Kap. 5.3), die in der Regel für ein halbes Jahr im Voraus durchgeführt wird, liefern kumulierte Werte eine wichtige Planungshilfe. Im Beispiel auf der vorhergehenden Seite ist zu erkennen, dass 45 Prozent der Jahresumsätze in der ersten Jahreshälfte realisiert werden und daher auch nur 45 Prozent der für das Jahr geplanten Wareneinkäufe in der ersten Hälfte des Jahres erfolgen sollten.

Für einen Betriebsvergleich können die eigenen Ergebnisse mit Vergleichswerten aus der Branche (beispielsweise mit Werten aus *Buch und Buchhandel in Zahlen*) verglichen werden. In einem Säulendiagramm werden in der nachfolgenden Grafik die Prozentsätze für die Monatsverteilung nebeneinandergestellt.

**Säulen-, Stab- oder Balkendiagramme eignen sich insbesondere für**
**• Zeitvergleiche,**
**• Betriebsvergleiche oder auch**
**• für die Darstellung von Anteilen an einer Gesamtmenge.**

**Umsatzverteilung nach Monaten**

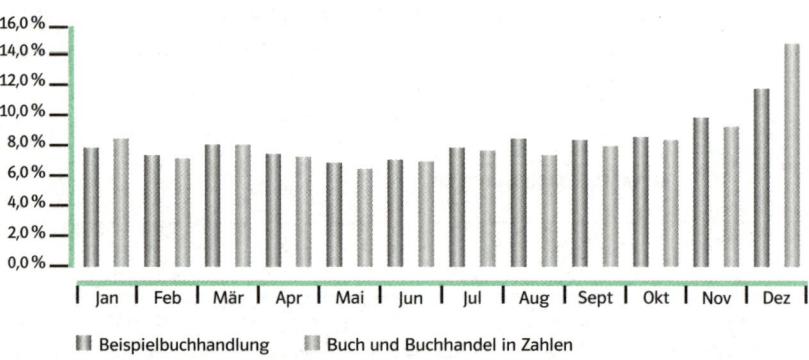

**Umsatzanteile nach Warengruppen**

Neben der zeitlichen Verteilung der Umsätze ist von Interesse, mit welchen Waren die Umsätze gemacht wurden und welchen Anteil die einzelnen Warengruppen am Gesamtumsatz haben. Eine solche statistische Auswertung ist vor allen Dingen im Hinblick auf Entscheidungen über die Sortimentszusammensetzung von Bedeutung. Ein Vergleich mit den Zahlen des Vorjahres zeigt die Umsatzverschiebungen. Daraus sind Schlussfolgerungen für den nächsten Einkauf zu ziehen.

Wie gut in den einzelnen Abteilungen eingekauft wurde, lässt sich unter anderem am Lager- bzw. Besorgungsanteil ablesen. Im Durchschnitt

**Warengruppenstatistik**

| Warengruppe | Umsatz laufendes Jahr in € | Umsatz in % von Gesamt | Umsatz Vorjahr in € | +/− gegenüber Vorjahr | Besorgungsanteil in € | Besorgungsanteil in % |
|---|---|---|---|---|---|---|
| Belletristik | 97.920 | 15 % | 83.200 | 18 % | 24.480 | 25 % |
| Kinder- u. Jugendbuch | 84.864 | 13 % | 70.400 | 21 % | 23.762 | 28 % |
| Fachbuch / Schulbuch | 110.976 | 17 % | 115.200 | − 4 % | 44.390 | 40 % |
| Sachbuch/Hobby/Reisen | 143.616 | 22 % | 128.000 | 12 % | 45.957 | 32 % |
| Taschenbuch | 124.032 | 19 % | 134.400 | − 8 % | 32.248 | 26 % |
| Zeitschriften/Fortsetzungen | 26.112 | 4 % | 51.200 | − 49 % | 24.806 | 95 % |
| Antiquariat / M. A. | 19.584 | 3 % | 25.600 | − 24 % | 2.938 | 15 % |
| Non-Books | 45.696 | 7 % | 32.000 | 43 % | 2.285 | 5 % |
| **Gesamt** | 652.800 | 100 % | 640.000 | 2 % | 200.866 | 31 % |

liegen die Kundeneinzel- und Abobestellungen, also der Besorgungsanteil, bei etwa 30 Prozent.

Der prozentuale Anteil der einzelnen Warengruppen am Gesamtumsatz lässt sich gut als **Kreis- oder Tortendiagramm** darstellen. Diese Form der grafischen Darstellung eignet sich außerdem beispielsweise für
• **die Anteile einzelner Kostenarten an den Gesamtkosten,**
• **die Anteile der Vermögenspositionen am Gesamtvermögen,**
• **die Anteile der Kapitalpositionen zur Darstellung der Finanzierung der Unternehmung.**

**Warengruppenzusammensetzung**

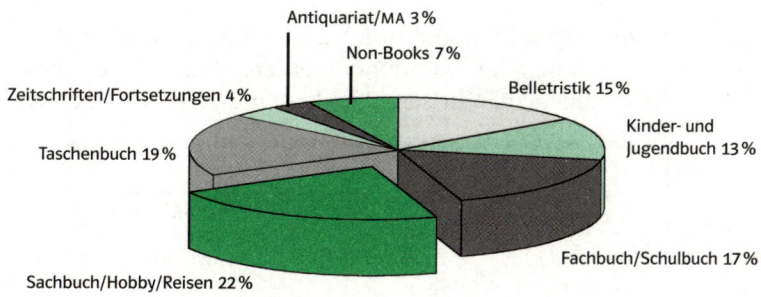

**Umsätze nach Warengruppen im Jahresvergleich**

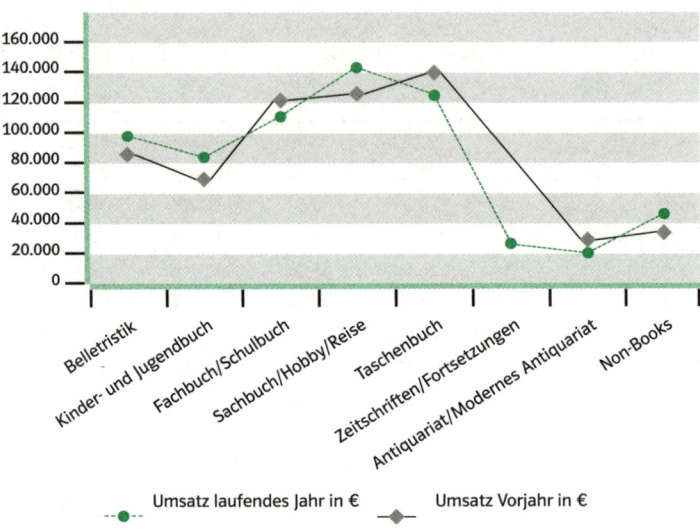

Umsatz laufendes Jahr in €          Umsatz Vorjahr in €

Eine Gegenüberstellung der Umsätze in den Warengruppen im Vergleich zweier (oder auch dreier) aufeinanderfolgender Jahre lässt sich mit Hilfe eines **Kurven- oder Liniendiagramms** darstellen. Hiermit sind die **Verschiebungen innerhalb der Warengruppenzusammensetzung** auf einen Blick erkennbar. Genauere Werte sind allerdings nur der Tabelle der Warengruppenstatistik auf der Vorseite zu entnehmen.

**Beziehungszahlen**

Beziehungszahlen sind Brüche, bei denen unterschiedliche Größen sinnvoll miteinander verknüpft werden. Typische Beispiele hierfür sind Kennzahlen zur Wirtschaftlichkeit und Produktivität:

$$\text{Umsatz je Beschäftigter} = \frac{\text{Umsatz}}{\text{Anzahl der Beschäftigten}}$$

$$\text{Umsatz je m}^2 \text{ Geschäftsraum} = \frac{\text{Umsatz}}{\text{m}^2 \text{ Geschäftsraum}}$$

$$\text{Umsatz je m}^2 \text{ Verkaufsraum} = \frac{\text{Umsatz}}{\text{m}^2 \text{ Verkaufsraum}}$$

**BEISPIEL**

Eine Buchhandlung mit einem Jahresumsatz von 899.000 € hat umgerechnet 5,8 Angestellte: 3 Vollzeitkräfte, 2 Auszubildende (diese werden in den ersten beiden Ausbildungsjahren als halbe Arbeitskraft gerechnet) sowie mehrere Teilzeitkräften. Der Geschäftsraum beträgt 200 m², davon entfallen 160 m² auf die Verkaufsfläche. Daraus ergeben sich folgende Kennziffern:

| Kennziffer | Beispiel-buchhandlung |
|---|---|
| Umsatz je Beschäftigter | 155.000 |
| Umsatz je m² Geschäftsraum | 4.495 |
| Umsatz je m² Verkaufsraum | 5.619 |

Auch diese Werte können zu Vergleichszahlen aus der Branche, z. B zu den Werten aus *Buch und Buchhandel in Zahlen* oder zu Werten einer ERFA-Gruppe, in Relation gesetzt werden.

## Aufgaben

Es wird empfohlen, die Aufgaben 74 und 75 auf der folgenden Seite mit Hilfe eines Tabellenkalkulationsprogramms zu lösen.

74 Für eine Umsatzstatistik liegen Ihnen folgende Werte vor:

**Quartalsumsätze in Euro**

|  | 2012 | 2013 | 2014 |
|---|---|---|---|
| 1. Quartal | 350.000 | 392.000 | 398.000 |
| 2. Quartal | 320.000 | 313.000 | 318.000 |
| 3. Quartal | 400.000 | 397.000 | 412.000 |
| 4. Quartal | 580.000 | 581.000 | 571.830 |

Erstellen Sie eine aussagefähige Tabelle, in der ...

a) jeweils der gesamte Jahresumsatz berechnet wird.

b) die Quartalsdurchschnittswerte (Normalwert) über die drei Jahre berechnet werden.

c) die Veränderungen des Gesamtumsatzes gegenüber dem Vorjahr berechnet werden.

**75** Errechnen Sie (runden Sie auf eine Nachkommastelle) für die in Euro angegebenen Monatsumsätze

| Monat | Jan. | Feb. | Mär. | Apr. | Mai | Jun. |
|---|---|---|---|---|---|---|
| **Umsatz** | 39.440 | 45.240 | 49.880 | 38.860 | 41.180 | 45.240 |

| Monat | Jul. | Aug. | Sep. | Okt. | Nov. | Dez. |
|---|---|---|---|---|---|---|
| **Umsatz** | 49.300 | 51.040 | 50.460 | 48.720 | 56.260 | 64.380 |

a) den Gesamtumsatz,
b) die prozentualen Anteile der Monatsumsätze am Gesamtumsatz (auf eine Nachkommastelle runden),
c) die kumulierten Umsätze in Euro,
d) die kumulierten Umsätze in Prozent.

# 4
# Kosten- und Leistungsrechnung (KLR)

Das kaufmännische Ziel einer Buchhandlung muss es sein, über Warenverkäufe so viel Geld zu verdienen, um alle betrieblichen Kosten zu decken und darüber hinaus einen Gewinn zu erwirtschaften. Dieses Ziel ist ohne eine systematische Analyse der Buchhaltungszahlen kaum zu erreichen. Deshalb muss die Auswertung der Aufwendungen und Erträge noch differenzierter erfolgen als in der Jahresabschlussrechnung der Buchhaltung.

## 4.1
## Einordnung der KLR in das Rechnungswesen

Das betriebliche Rechnungswesen wird in ein externes und ein internes Rechnungswesen eingeteilt (siehe Kap. 3, Einleitung). Das **externe Rechnungswesen** ist für die Kommunikation nach außen zuständig. Nach den Grundsätzen ordnungsgemäßer Buchführung und auf Grundlage der Vorschriften des Handels- und Steuerrechts erfolgt für externe Informationsempfänger, wie Finanzamt, Banken etc., eine Rechenschaftslegung über die Vermögens-, Finanz- und Ertragslage des Unternehmens.

Dabei erfüllt die **Finanzbuchhaltung** – als synonyme Begriffe werden verwendet: Finanzbuchführung/Fibu, Unternehmensbuchführung, Geschäftsbuchführung, (externe) Buchführung, externes Rechnungswesen, Rechnungskreis I – die Aufgabe der Dokumentation, indem sie aufgrund von Belegen alle Wertveränderungen des Unternehmens geordnet erfasst und den anderen Zweigen des Rechnungswesens dieses Zahlenmaterial zur Auswertung zur Verfügung stellt. Gegenstand der Finanzbuchhaltung ist die Erstellung des Jahresabschlusses für das Unternehmen zum Ende des Geschäftsjahres. Die Finanzbuchhaltung erfasst alle Geschäftsfälle auf Grund von Belegen und ermittelt das Gesamtergebnis/Unternehmensergebnis (Gewinn oder Verlust) durch Gegenüberstellung von Aufwendungen und Erträgen in der GuV.

Das **interne Rechnungswesen** hingegen ist für die internen Informationsempfänger (Geschäftsführung, Management, Abteilungsleiter, Mitarbeiter, Arbeitnehmervertretung u. a. m.) gedacht. Hier erfolgt eine Darstellung des Betriebsablaufes in vergangenheits- und zukunftsbezogener Form zur Kontrolle und Steuerung der betrieblichen Tätigkeiten. Im Rahmen dieses Rechnungskreises II befasst sich die **Kosten- und Leistungsrechnung** ausschließlich mit dem eigentlichen Betriebszweck und ermittelt den Erfolg der eigenen Leistungskraft: das Betriebsergebnis. Erfolgseinflussfaktoren, die nicht mit der eigentlichen Arbeit des Betriebes zu tun haben, werden ausgeschlossen, um die wahre Leistungskraft des Unternehmens zu analysieren.

**Ziele der Kosten- und Leistungsrechnung** (Betriebsergebnisrechnung)

Die Aufgaben der Betriebsergebnisrechnung unterscheiden sich von denen der Finanzbuchhaltung. Ihre wichtigsten Ziele sind:
• die **Bestimmung des betrieblichen Erfolgs**, somit den Erfolg aus dem Kerngeschäft (Kauf und Verkauf von Büchern sowie buchaffinen Produkten) durch Gegenüberstellung von betrieblichen Aufwendungen (Kosten) und betrieblichen Erträgen (Leistungen). Die Betriebsergebnisrechnung erfasst damit nur den Teil des Erfolges, der durch die Tätigkeit im Rahmen des Betriebszweckes erwirtschaftet wurde.
• die **Verschaffung eines kurzfristigen Überblickes über die betriebliche Entwicklung,** um aktiv den Erfolg des Betriebs steuern zu können.
• die **Differenzierung der gesamten Kosten und Leistungen** nach einzelnen Warengruppen (Beurteilung der Wirtschaftlichkeit) und nach der des betrieblichen (Gesamt-)Erfolgs in Form von Gewinnbeiträgen der einzelnen Warengruppen (Beurteilung der Rentabilität).

| | Formeln |
|---|---|
| Die **Wirtschaftlichkeit** zeigt an, wie effizient ein Betrieb arbeitet. Einsparungen bei den Kosten erhöhen die Wirtschaftlichkeit. Ab einer Wirtschaftlichkeit >1 wird ein Betriebsgewinn erzielt. | $\dfrac{\text{Leistungen}}{\text{Kosten}}$ |
| Die **Rentabilität** (meist als Prozentsatz angegeben) zeigt das Verhältnis zwischen Gewinn und eingesetztem Kapital bzw. erzieltem Umsatz an. | $\dfrac{\text{Gewinn} \cdot 100}{\text{Kapital bzw. Umsatz}}$ |

• **Ermittlung von Zuschlagssätzen für die Kalkulation** nichtpreisgebundener Waren.

Korrespondierend zu den obigen Zielen ergeben sich **Unterschiede zwischen der Geschäftsbuchführung und der Betriebsergebnisrechnung**:
• Die Zahlen der Finanzbuchführung bilden die Grundlage der Kosten- und Leistungsrechnung (KLR). Allerdings unterscheidet sich das in der KLR ermittelte Betriebsergebnis vom Ergebnis der GuV, da es aus-

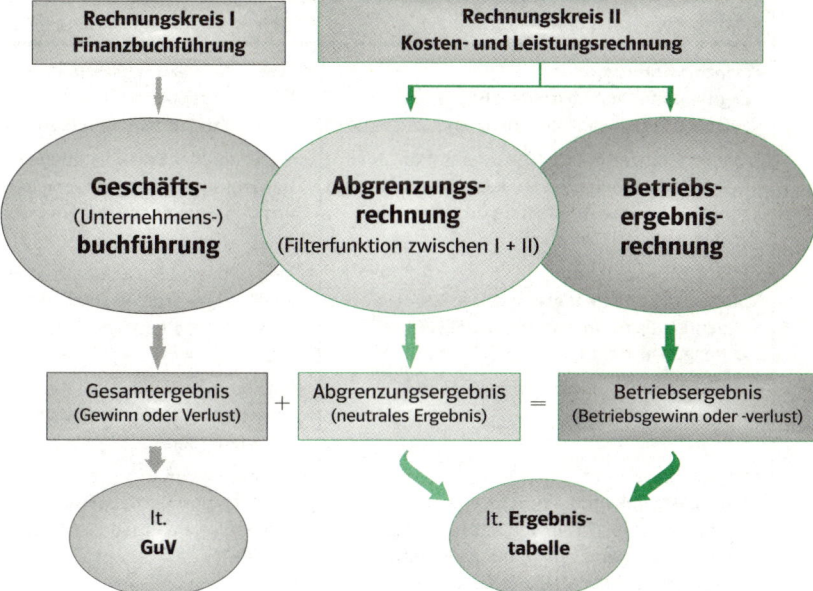

schließlich die betrieblichen Aufwendungen (Kosten) und Erträge (Leistungen) aus dem Kerngeschäft (Handel mit Büchern, weiteren Medien und buchaffinen Produkten) berücksichtigt.

• In der KLR werden bestimmte Kosten in anderer Höhe als die damit verbundenen Aufwendungen der GuV angesetzt; zum Teil sogar Kosten, denen keinerlei Aufwand in der GuV gegenübersteht.

• Die Betriebsergebnisrechnung erfolgt in der Regel monatlich. Sie gewährleistet damit einen kurzfristigen Überblick über die betriebliche Entwicklung.

• Die Verteilung der Kosten und Leistungen auf die einzelnen Warengruppen im Betriebsabrechnungsbogen (BAB) I + II schafft die Voraussetzung für eine Kontrolle und Steuerung der wirtschaftlichen Entwicklung jeder Warengruppe.

• Grundlagen für die Kalkulation (Handlungskosten- und Gewinnzuschlagssätze) können für jede einzelne Warengruppe ermittelt werden.

Die **Betriebsstatistik** dient der Aufbereitung und Auswertung der zur Verfügung gestellten Zahlen in Form von Tabellen und Grafiken. Um Informationen für die Kontrolle und Planung zu liefern, werden Daten mit früheren Rechnungsperioden (Zeitvergleich) und mit anderen Betrieben der gleichen Branche (Betriebsvergleich) verglichen. Die **Planungsrechnung** basiert auf der Analyse früherer Daten unter Berücksichtigung

| Finanzbuchführung (Rechnungskreis I) | Kosten- u. Leistungsrechnung (Rechnungskreis II) |
|---|---|
| **Finanzbuchführung**<br>**Inventar und Jahresabschluss** (Bilanz, GuV; bei KapG auch Erstellung von Anhang und Lagebericht) | **Kosten- und Leistungsrechnung**<br>(Betriebsergebnisrechnung)<br>**betriebliche Statistik und Planungsrechnung** |
| • laufende Aufzeichnung (Dokumentation) aller Geschäftsfälle anhand von Belegen sachlich und zeitlich geordnet. Aufstellung des Jahresabschlusses | • Erstellung der Ergebnistabelle und des Betriebsabrechnungsbogens I+II ausgehend von den Grundlagen der Finanzbuchführung |
| • Pflicht zur Buchführung<br>Steuerliche und handelsrechtliche Gesetze bzw. aktienrechtliche Vorschriften (GmbH-Gesetz, Aktiengesetz u. a. m) sind zu beachten | • Keine Pflicht, eine KLR aufzustellen und keinerlei gesetzliche Vorschriften (Ausnahme: öffentliche Aufträge) |
| • an Regeln und Vorschriften gebunden | • betriebsindividuelle Gestaltung<br>Orientierung an betriebswirtschaftlichen Erfordernissen |
| • Ermittlung von:<br>**Gesamtergebnis** pro Jahr (steuerliches Ergebnis oder Jahresüberschuss /-fehlbetrag = Ausschüttungs- bzw. Gewinnverwendungsbemessungsgrundlage bei Kapitalgesellschaften) in der GuV. | • Ermittlung von:<br>kurzfristigem **Betriebsergebnis** (Kerngeschäft) und neutralem Ergebnis (Rest) in der Ergebnistabelle. |
| • **GuV** | • **Ergebnistabelle** |
| • Grundlage für die Steuern und Gewinnverwendung bei Kapitalgesellschaften | • Grundlage für unternehmerische Planungen und Entscheidungen |
| <div align="center">**Gesamtergebnis**</div> | <div align="center">= **Betriebsergebnis**<br>+ **neutrales Ergebnis**</div> |
| **Externes** Rechnungswesen | **Internes** Rechnungswesen |
| • Vorwiegend extern orientiert. Orientiert sich an gesetzlichen Erfordernissen.<br><br>Adressaten: Finanzamt, Banken, Eigentümer (Aktionäre) | • Vorwiegend für interne, betriebliche Zwecke. Orientiert sich an betriebswirtschaftlichen Erfordernissen.<br><br>Adressaten: Geschäftsführung, Abteilungsleitung |
| • i. d. R. jährlich | • i. d. R. monatlich |
| **Ziele der Finanzbuchführung** | **Ziele der KLR** |
| • Überblick über Erfolg, Vermögen und Schulden | • Kontrolle und Beurteilung der Wirtschaftlichkeit und Rentabilität, Selbstkostenermittlung, Ermittlung von Zuschlagssätzen für die Kalkulation |
| • Überblick und Informationen für Eigentümer, Banken, Gläubiger und Lieferanten | • Die Geschäftsführung wird über den Erfolg und die Leistungskraft des Betriebs informiert |
| • Erfolgsgrößen: **Aufwand und Ertrag**<br><br>  Erträge<br>— Aufwendungen<br>= **Unternehmensergebnis** (Gewinn oder Verlust) | • Erfolgsgrößen: **Kosten und Leistungen**<br><br>  Leistungen<br>— Kosten<br>= **Betriebsergebnis** (Gewinn oder Verlust) |

zukunftsorientierter Prognosen. Aus ihr werden Budgets, Etats oder Soll-Werte (Zielvorgaben für künftige Rechnungsperioden) ermittelt. Am Ende einer Rechnungsperiode wird die Verwirklichung unternehmerischer Ziele durch einen Soll-Ist-Vergleich ermittelt.

Der Informationsbedarf der Geschäftsführung und deren Auswertungsziele entscheiden darüber, welches Zahlenmaterial aufbereitet werden soll. Die Unternehmensleitung ist zwar am Gesamtergebnis der Unternehmung interessiert, vor allem aber am Ergebnis der eigentlichen betrieblichen Tätigkeit: dem Betriebsergebnis.

### Zeitbezug in der Kosten- und Leistungsrechnung

Je nachdem zu welchem Zweck Kosten erfasst werden, werden die Entscheidungsträger in den Betrieben auf verschiedene Werte zurückgreifen. Im Zusammenhang mit einer Wirtschaftlichkeitskontrolle wird man mit Werten der Vergangenheit rechnen, während für die Etatplanung hochgerechnete Zahlen auf Grundlage der bestehenden Werte verwendet werden. Im Hinblick auf den Zeitbezug unterscheidet man:

- **Istkostenrechnung** (vergangenheitsorientiert)   Sie erfasst den effektiven Werteverzehr, d. h. die Geldausgaben für gekaufte Waren, in Anspruch genommene Dienste sowie Abschreibungen des unmittelbar letzten Abrechnungszeitraums.
- **Normalkostenrechnung** (vergangenheitsorientiert)   Sie bildet zum Zwecke der Kontrolle mit der Istkostenrechnung Durchschnittswerte mehrerer vergangener Rechnungsperioden.
- **Plankostenrechnung** (zukunftsorientiert)   Sie entwickelt auf Grundlage von Kostenanalysen eine Wertefortschreibung in die Zukunft (Extrapolation). Die so entstandenen Plangrößen oder Sollgrößen dienen als Vorgaben für zukünftiges wirtschaftliches Handeln. Im Nachhinein werden diese Plangrößen dann den tatsächlich entstandenen Kosten gegenübergestellt, um die Abweichung zwischen Plan- und Istkosten analysieren zu können.

### Aufgaben

Kennzeichnen Sie richtige Aussagen mit einer **1** und falsche Aussagen mit einer **2**.

1 Im Rechnungskreis II werden die Zahlen aus der Finanzbuchhaltung weiterverarbeitet. Dies dient dazu, …
   - 🔲 die wahre Leistungskraft des Unternehmens zu analysieren.
   - 🔲 die Werteveränderungen innerhalb der Unternehmung zeitlich zu erfassen.

☑ den steuerlichen Reingewinn zu ermitteln.

☑ das Betriebsergebnis zu ermitteln.

☑ Unternehmensinterne, z. B. Geschäftsführung und Management,
über den Erfolg der eigenen Leistungskraft zu informieren.

☑ nach den Grundlagen des Steuerrechts den Gewinn zu ermitteln.

☑ Außenstehende, wie Banken, Aktionäre, Lieferanten usw., über
das Ergebnis der Unternehmung im vergangenen Jahr zu informieren.

☑ die Bilanzen der eigenen Unternehmung mit denen anderer
Betriebe der gleichen Branche zu vergleichen.

2 Als Leistungen bezeichnet man …

☐ sämtliche Erträge.

☐ neutrale Erträge.

☐ betriebsfremde Erträge.

☒ alle in einer Periode verkauften Güter und Dienstleistungen,
die aus der eigentlichen betrieblichen Tätigkeit entstanden.

☐ alle in einer Periode zugeflossenen Geldmittel.

3 Welche Aufgaben erfüllt die Kosten- und Leistungsrechnung (KLR)
innerhalb des Rechnungswesens?

☑ Die KLR ermittelt den steuerlichen Erfolg.

☑ Die KLR stellt das Betriebsgeschehen grafisch dar.

☑ Die KLR ermittelt die Werteveränderungen innerhalb des Unternehmens.

☑ Die KLR unterrichtet externe Adressaten über die Leistungskraft
des Unternehmen.

☒ Die KLR ermittelt das Betriebsergebnis durch Gegenüberstellung
von Kosten und Leistungen.

## 4.2
## Grundbegriffe der Kosten- und Leistungsrechnung

Die folgenden Begriffe werden im allgemeinen Sprachgebrauch kaum
voneinander unterschieden. Wenn es aber darum geht, für einen abge-
grenzten Zeitraum die für den eigentlichen Betriebszweck relevanten
Aufwendungen und Erträge zu erfassen, müssen sie klar definiert sein.
Dabei sind die Begriffspaare Kosten / Leistungen sowie Aufwand / Ertrag
von grundlegender Bedeutung.

Sämtliche Geschäftsfälle eines Unternehmens verändern die nachfolgenden Bestandsgrößen. Der jeweilige Zu- oder Abfluss wird durch die
dazugehörigen Begriffspaare definiert, die in der nebenstehenden Übersicht zusammengestellt sind.

| Bestandsgröße | | | Begriffspaare (Zufluss / Abfluss) | Definition | Beispiele |
|---|---|---|---|---|---|
| 1. | **Zahlungs-mittel-bestand** | Bargeld und Guthaben bei Kreditinstituten | **Einzahlungen** (Zufluss) | Zugang liquider Mittel / Zahlungsmittelzufluss (Erhöhung Kasse oder Bank) | • Aufnahme eines Darlehens<br><br>• Barverkauf von Büchern |
| | | | **Auszahlungen** (Abfluss) | Abgang liquider Mittel / Zahlungsmittelabfluss (Verminderung Kasse oder Bank) | • Tilgung eines Darlehens<br>• Privatentnahme bar oder über Bank |
| 2. | **Geld-vermögen** | **Zahlungs-mittelbestand** und Forderungen abzüglich Verbindlichkeiten | **Einnahmen** (Zufluss) | Wert aller in einer Periode verkauften Produkte und Dienstleistungen<br><br>*unabhängig davon, wann diese bezahlt werden.* | • Verkauf von Büchern bar<br><br>• *Verkauf von Büchern auf Ziel* |
| | | | **Ausgaben** (Abfluss) | Wert aller in einer Periode eingekauften Produkte und Dienstleistungen<br><br>*unabhängig davon, wann diese bezahlt werden.* | • Kauf von Büchern, bar<br><br>• *Kauf von Büchern auf Ziel* |
| 3. | **Gesamt-vermögen** | **Geldvermögen** und Sachvermögen (das restliche Vermögen der Bilanz) | **Erträge** (Zufluss) | erfolgswirksame Ein-nahmen, d.h. Wertezu-wachs durch Verkauf von Gütern und Dienstleistun-gen – unabhängig davon, wann sie beschafft oder bezahlt werden<br><br>*und ob sie dem eigentlichen Betriebszweck dienen.* | • Verkauf von Büchern<br><br><br><br>• *Einnahmen aus Vermietung* |
| | | | **Auf-wendungen** (Abfluss) | erfolgswirksame Ausgaben, d.h. Werteverzehr an Gütern und Dienstleistun-gen – unabhängig davon, wann sie beschafft oder bezahlt wurden<br><br>*und ob sie dem eigentlichen Betriebszweck dienen.* | • Mietzahlungen<br>• Personalaufwendun-gen<br>• ...<br>• ...<br><br>• *Verluste aus Wertpapieren* |
| 4. | **betriebs-notwen-diges Vermögen** | **Gesamt-vermögen** abzüglich nicht betriebs-notwendiges Vermögen | **Leistungen** (Zufluss) | *betriebliche* Erträge (Wert aller in einer Periode aus der eigentlichen Be-triebstätigkeit verkauften Güter und Dienstleistun-gen) | • Verkauf von Büchern |
| | | | **Kosten** (Abfluss) | *betriebliche* Aufwendungen (Wert aller in einer Periode aus der eigentlichen Betriebstätigkeit verbrauchten Güter und Dienstleistungen) | • Mietzahlungen<br>• Personalkosten<br>• ...<br>• ... |

Während die Begriffspaare Ertrag / Aufwand bzw. Leistungen / Kosten die Erfolgswirksamkeit eines Geschäftsfalles definieren, zeigt das Begriffspaar Einzahlung / Auszahlung lediglich die Zu- bzw. Abnahme von Kassen- bzw. Bankbestand an.

Im Falle einer Privateinlage in bar oder Aufnahme und Auszahlung eines Darlehens werden sowohl der Zahlungsmittelbestand als auch das Geldvermögen erhöht. Die beiden Geschäftsfälle stellen jedoch lediglich eine Einzahlung (Zugang liquider Mittel) dar, nicht jedoch eine Einnahme durch den Verkauf von Gütern oder Dienstleistungen – und auch nicht einen Ertrag bzw. eine Leistung, da kein erfolgswirksamer Geschäftsfall vorliegt. Im Falle eines Bücherverkaufs in bar hingegen werden sowohl der Zahlungsmittelbestand, das Geldvermögen, das Gesamtvermögen als auch das betriebsnotwendige Vermögen durch einen erfolgswirksamen Verkauf von Produkten vermehrt. Dementsprechend handelt es sich hier sowohl um eine Einzahlung, eine Einnahme, einen Ertrag als auch um eine Leistung.

### Aufgaben

4 Um welche Begriffe aus der KLR handelt es sich bei folgenden Geschäftsfällen? Erklären Sie die von Ihnen angegebenen Begriffe. (Mehrfachnennungen sind möglich).
  a. Tilgung eines Darlehens per Bank
  b. Barentnahme in einem Einzelunternehmen für private Zwecke
  c. Barkauf von Büchern beim Verlag
  d. Zieleinkauf von Büchern
  e. Abschreibung eines betrieblichen PKW
  f. Verkauf eines betrieblichen Computers zum Buchwert, bar
  g. Einem Angestelltem der Buchhandlung wird ein Kredit gewährt und per Bank überwiesen
  h. Bildung einer Rückstellung für die laufende Periode

### Aufbau der Kosten- und Leistungsrechnung

Ausgangsbasis für die Kostenrechnung sind alle in der abgelaufenen Rechnungsperiode entstandenen Kosten der Unternehmung und die im selben Zeitraum abgesetzten Leistungen (Kostenträger). Man spricht in diesem Fall von einer **Vollkostenrechnung auf Basis von Istkosten.** Diese Form der Erfassung aller vergangenheitsbezogenen Werte erfüllt primär eine Ermittlungs- und Dokumentationsfunktion für die Erfolgsermittlung und Wirtschaftlichkeitskontrolle. Zu diesem Zweck wird die Vollkostenrechnung in drei Teilgebiete untergliedert:

**KOSTEN- UND LEISTUNGSRECHNUNG**

| Kosten**arten**rechnung | Kosten**stellen**rechnung | Kosten**träger**rechnung |
|---|---|---|
| Welche Kosten? | Wo entstanden? | Für welches Produkt angefallen? |
| Die Kostenartenrechnung steht am Beginn der KLR. Mit ihrer Hilfe wird geklärt, welche Kosten in welcher Höhe im Betrieb während einer Abrechnungsperiode angefallen sind. Diese werden geordnet dargestellt. Grundlage ist die Finanzbuchführung. | Die Kostenstellenrechnung beschäftigt sich mit der Frage, wo (welche Abteilung? welche Warengruppe?) diese Kosten angefallen sind, um diese am Ort ihrer Entstehung zu kontrollieren, zu beeinflussen und die Verantwortlichen zur Rechenschaft ziehen zu können. | Die Kostenträgerrechnung bildet die letzte Stufe der KLR. Die in der Abrechnungsperiode angefallenen Kosten werden nach Kostenträgern (Produkten, Warengruppen) ausgewiesen. |

## 4.3
## Kostenartenrechnung (Ergebnistabelle)

Die Kostenartenrechnung ist der Ausgangspunkt für die gesamte Kosten- und Leistungsrechnung. Sie weist periodengerecht aus, **welche Kosten in welcher Höhe** im Betrieb angefallen sind und liefert damit die Basisdaten für die sich anschließende Kostenstellen- und Kostenträgerrechnung.

In der Kostenartenrechnung werden die im Betrieb entstanden Kosten systematisch erfasst und nach bestimmten Kriterien gegliedert. Im Einzelhandel unterteilt man die Kosten üblicherweise nach:

- **Entstehungsursache**   Aufwendungen für Waren, Personalkosten, Abschreibungen, Inanspruchnahme von Rechten und Diensten. Siehe hierzu die Unterteilung der Kontenklassen 6 und 7 im Kap. 3.4.
- **Verrechnung**   Einzelkosten / Gemeinkosten. Siehe hierzu die Ausführungen zum BAB bzw. Kostenträgerzeitrechnung im Kap. 4.5.1.
- **Verhalten der Kosten bei unterschiedlichem ›Beschäftigungsgrad‹** Mit diesem Begriff wird die tatsächliche Nutzung des Leistungsvermögens eines Unternehmesn bezeichnet; vereinfachend gesagt: die aktuelle Absatzmenge. Daraus folgt die Unterteilung in fixe und variable Kosten. Siehe hierzu die Ausführungen zur Teilkostenrechnung im Kap. 4.6.

Mittels der Kostenartenrechnung sind sowohl innerbetriebliche Kostenvergleiche für verschiedene Perioden als auch Kostenvergleiche mit anderen Betrieben möglich.

Zunächst jedoch müssen die Kosten überhaupt bekannt sein. Ein häufig verwendetes Hilfsmittel, um die betrieblichen Aufwendungen (Kosten) aber auch Leistungen zu erfassen, ist die **Ergebnistabelle**. Ausgangspunkt der Ergebnistabelle ist die GuV der Finanzbuchführung, in der die gesamten Aufwendungen und Erträge des Unternehmens ermittelt wurden. Aus der GuV werden nun diejenigen Aufwendungen und Erträge herausgefiltert, die …

… mit dem eigentlichen Betriebszweck (in einer Buchhandlung der Handel mit Büchern, weiteren Medien und buchaffinen Produkten) nicht in Zusammenhang stehen

… nicht durch außerordentliche Anlässe (z. B. Brandschaden) verursacht wurden oder

… die in einer anderen Periode entstanden sind.

Diese anderen (neutralen) Aufwendungen und Erträge, die u. a. bei der Vermietung einer eigenen Immobilie, bei Zinserträgen, bei Verlusten oder Gewinnen aus Wertpapiergeschäften anfallen, werden eliminiert und gehen in das **Abgrenzungsergebnis (neutrales Ergebnis)** ein: als unternehmensbezogene Abgrenzungen. Werden ferner die kostenrechnerischen Korrekturen berücksichtigt (siehe Kap. 4.3.2), bleibt das **Betriebsergebnis** (= operatives Geschäft) als Differenz zwischen den rein betrieblichen Aufwendungen und Erträgen, den Kosten und Leistungen, übrig:

   **Gesamtergebnis (lt.GuV)**
**– Abgrenzungsergebnis** (= unternehmensbezogene Abgrenzungen
                     + kostenrechnerische Korrekturen)
_____
**= Betriebsergebnis**

Durch diese sachliche Abgrenzung wird ersichtlich, welche Teile des Gesamtgewinnes auf der eigenen Leistungskraft (Betriebsergebnis) beruhen oder auf betriebsfremde, außerordentliche oder periodenfremde Ereignisse zurückzuführen sind.

Aufwendungen, die aus der GuV unverändert in die Betriebsergebnisrechnung übernommen werden können, nennt man **Grundkosten** oder **aufwandsgleiche Kosten**.


**Unternehmensbezogene Abgrenzungen**

Im Rahmen der unternehmensbezogenen Abgrenzungen filtert man alle Aufwendungen und Erträge, die – da sie nicht zu Kosten und Leistungen führen – im obigen Sinne ›neutral‹ sind, aus der GuV heraus.

| Aufwendungen und Erträge ... | Beispiele für neutrale Aufwendungen | Beispiele für neutrale Erträge |
|---|---|---|
| sind **betriebsfremd**, wenn sie durch die Verfolgung von Nebenzielen entstehen. | Spenden<br>---<br><br>Verluste aus Wertpapier-verkäufen<br><br>Aufwendungen für ein vermietetes Gebäude (z. B. Grundsteuer, Ab-schreibungen, Repa-raturen) | ---<br>Zinserträge<br><br>Gewinne aus Wert-papierverkäufen<br><br>Mieterträge |
| sind betrieblich aber **außerordentlich**, wenn sie zwar aus der eigentlichen betrieblichen Tätigkeit resultieren, aber unregelmäßig, unvorhersehbar und / oder in außergewöhnlicher Höhe anfallen. | Verkauf von Anlagever-mögen unter Buchwert<br><br>Verluste aus Schadens-fällen (z. B. Brand, Un-fall, Forderungsverluste) | Verkauf von Anlage-vermögen über Buch-wert<br><br>Versicherungsent-schädigungen für Schadensfälle |
| sind betrieblich aber **periodenfremd**, wenn Aufwendungen oder Erträge ursächlich (wirtschaftlich) einer anderen Periode zuzurechnen sind. | Steuernachzahlungen für vergangene Geschäftsjahre<br><br>Aufwendungen aus der Auflösung von Rückstellungen | Steuererstattungen für vergangene Geschäftsjahre<br><br>Erträge aus der Auflösung von Rückstellungen |

## Aufgaben

5 Klären Sie, ob es sich bei den folgenden Aufwandsarten um:
   1 betriebliche Aufwendungen (Grundkosten),
   2 betriebsfremde Aufwendungen,
   3 betrieblich außerordentliche Aufwendungen oder
   4 periodenfremde Aufwendungen handelt.

   ☑ Lohnzahlungen
   ☒ Forderungsverluste
   ☒ Verluste aus Wertpapierkäufen
   ☒ Abschreibungen auf Sachanlagen
   ☒ Brandschaden im Warenlager
   ☒ Abschreibungen auf ein vermietetes Lagergebäude
   ☒ Werbung, Dekoration
   ☒ Verlust durch beschädigte Ware
   ☒ Instandhaltungsaufwendungen für den Firmen-Pkw

Nachzahlungen von Betriebssteuern für vergangene Geschäftsjahre

Warenaufwendungen

Diebstahl

Zinsaufwendungen für die Hypothek des Betriebsgebäudes

Erhaltungsaufwand für eine vermietete Wohnung

Verkauf von Geschäftsausstattung unter Buchwert

Miete

Auflösung einer Rückstellung in Höhe von 5.000 €. Die tatsächlichen Aufwendungen im Folgejahr betragen 6.000 €, netto

6 Klären Sie, ob es sich bei den folgenden Ertragsarten um:

1 betriebliche Erträge (Leistungen),

2 betriebsfremde Erträge,

3 betrieblich außerordentliche Erträge oder

4 periodenfremde Erträge handelt.

Warenverkauf

Mieterträge

Zinsgutschrift der Bank

Erträge aus Wertpapierverkäufen

Entnahme von Waren in einem Einzelunternehmen

Rückerstattung von Betriebssteuern aus vergangenen Geschäftsjahren

Erträge aus dem Verkauf von Anlagevermögen über Buchwert

Versicherungsentschädigungen für Schadensfälle

Erträge aus dem Verkauf von nicht betriebsnotwendigem Anlagevermögen über Buchwert

7 Neutrale Aufwendungen gelten als betriebsfremd, wenn …

☐ sie in einer vergangenen Rechnungsperiode angefallen sind.

☐ sie unregelmäßig anfallen.

☐ sie in außergewöhnlicher Höhe anfallen.

☐ sie den so genannten Grundkosten zuzurechnen sind.

☒ sie nicht den eigentlichen Betriebszwecken dienen.

## 4.3.1
## Kalkulatorische Kosten

Neben den **Grundkosten**, die unverändert aus der Finanzbuchhaltung
übernommen werden können, werden in der Kosten- und Leistungsrechnung (KLR) so genannte kalkulatorische Kosten berücksichtigt, die
sich zwar nicht auf Ausgaben zurückführen lassen aber u. a. bei der Preis-
kalkulation berücksichtigt werden müssen. Denn nur dadurch bekommt
der Unternehmer letzten Endes seine Tätigkeit, seine Risikobereitschaft

sowie sein Eigenkapital vergütet, und die Substanz seines Unternehmens bleibt erhalten. Hierbei werden unterschieden:

**Anderskosten**  Kosten, denen Aufwand in anderer Höhe gegenüber steht, z. B. kalkulatorische Abschreibungen, kalkulatorische Zinsen auf das betriebsnotwendige Kapital oder Wagniskosten.

**Zusatzkosten**  Kosten, denen kein Aufwand gegenübersteht, z. B. kalkulatorischer Unternehmerlohn bei Einzelunternehmen und Personengesellschaften, kalkulatorische Zinsen auf das Eigenkapital oder kalkulatorische Miete.

### Kalkulatorische Abschreibung

Alle Gegenstände (Wirtschaftsgüter) des Anlagevermögens werden aufgrund der amtlichen AfA-Tabellen in der Finanzbuchhaltung auf der Grundlage der Anschaffungskosten (bzw. Herstellungskosten) bis zum Erinnerungswert von 1 € bilanziell abgeschrieben (siehe Kap. 3.12.2).

Kalkulatorisch hingegen soll die *tatsächliche* Wertminderung eines betrieblich genutzten Wirtschaftsgutes erfasst werden. Die Abschreibung erfolgt in der Regel linear und richtet sich nach der *tatsächlichen* Nutzungsdauer im Betrieb. Damit keine Finanzierungslücke entsteht, erfolgt die Abschreibung nicht von den Anschaffungskosten, sondern von den voraussichtlich gestiegenen Wiederbeschaffungskosten.

**Abschreibungen**

| In der Finanzbuchhaltung gilt ... | In der KLR gilt ... |
|---|---|
| die bilanzielle AfA (Absetzung für Abnutzung), | die kalkulatorische Abschreibung, |
| das Handels- und Steuerrecht (AO), | die Realität (Betrieb), |
| die Berechnung der AfA maximal von Anschaffungskosten über eine gesetzlich vorgeschriebene betriebsgewöhnliche Nutzungsdauer. | die Berechnung der AfA vom Wiederbeschaffungswert auf Grundlage der betriebsindividuellen Nutzungsdauer. |

**Aufgabe**

8 Die Anschaffungskosten eines PKW belaufen sich auf 24.000 €. Die Nutzungsdauer nach amtlicher AfA-Tabelle (siehe Seite 200) beträgt 6 Jahre.

1. Berechnen Sie die bilanzielle Abschreibung in Euro.
2. Berechnen Sie jeweils die kalkulatorische Abschreibung:

| Voraussichtliche Wiederbeschaffungskosten | Voraussichtliche Nutzungsdauer |
|---|---|
| a)          24.000 € | 5 Jahre |
| b)          27.000 € | 6 Jahre |
| c)          27.000 € | 4 Jahre |

Ein wesentliches Unternehmensziel muss die Erhaltung der Vermögens-substanz sein. Dies wird durch die Ersatzbeschaffung (= Reinvestition) verbrauchten Anlagevermögens erreicht. Die Finanzierung solcher Anlagen muss grundsätzlich über die ›verdienten Kosten‹ erfolgen.

Das bedeutet, dass die jährlichen Abschreibungsbeträge als Kosten in die Preise der Produkte einkalkuliert werden. Die später zufließenden Umsatzerlöse dieser Produkte beinhalten somit u. a. auch die einkalkulierten Abschreibungen. Bei entsprechender Ansammlung dieser Beträge stehen in der Zukunft – nach Ablauf der tatsächlichen Nutzungsdauer – Gelder für eine Ersatzinvestition zur Verfügung. Die Substanz des Unternehmens kann erhalten werden.

Die in der Finanzbuchhaltung erfasste steuerliche Abschreibung verhindert, dass ein zu hoher Gewinn ausgewiesen und ausgeschüttet wird (= Gefahr der Substanzausschüttung). Die Abschreibung ist somit ein wesentliches Mittel der Finanzierung (Innenfinanzierung) eines Unternehmens.

## Kalkulatorischer Unternehmerlohn

Die Unternehmensleitung von Kapitalgesellschaften bekommt in der Regel für ihre Tätigkeit Gehälter, die in der Finanzbuchhaltung als Aufwand gebucht werden. Einzelunternehmer und die in der Geschäftsführung tätigen Vollhafter der Personengesellschaften hingegen erhalten ihre Entlohnung aus dem erwirtschafteten Gewinn. Damit die Entlohnung für die Unternehmertätigkeit in die Preise einkalkuliert werden kann, müssen kalkulatorische Kosten in der Höhe verrechnet werden, die man für das

### Unternehmerlohn

| In der Finanzbuchhaltung ... | In der KLR ... |
|---|---|
| wird der Unternehmerlohn bei Kapitalgesellschaften als Aufwand in Form von Personalkosten für Geschäftsführer (Vorstand) gebucht. | wird der Unternehmerlohn bei Einzelunternehmern und Personengesellschaften aus dem Unternehmensgewinn (Privatentnahme) entnommen und stellt Zusatzkosten dar. |

Gehalt, das einem gleichwertigen Geschäftsführer oder einem Angestellten bei vergleichbaren Tätigkeiten bezahlt werden müsste, aufzuwenden hätte. Der kalkulatorische Unternehmerlohn gehört zu den Zusatzkosten, da ihm kein Aufwand in der Finanzbuchhaltung gegenübersteht.

**Kalkulatorische Zinsen**

In der Finanzbuchhaltung werden die real für Fremdkapital gezahlten Zinsen gebucht. Dieser Aufwand muss über die Verkaufserlöse gedeckt werden. Dabei bleibt aber unberücksichtigt, dass auch für das eingesetzte Eigenkapital eine angemessene Verzinsung erwirtschaftet werden sollte. Ansonsten ist es für den Unternehmer lukrativer, sein Kapital anderweitig zu investieren. Zur Berücksichtigung der Eigenkapitalverzinsung gibt es zwei Möglichkeiten.

**Möglichkeit 1**   Man berechnet die kalkulatorischen Eigenkapitalzinsen, indem man den kalkulatorischen Zinssatz, der sich nach dem jeweils üblichen Zinssatz für langfristige Darlehen richtet, auf das durchschnittlich eingesetzte Eigenkapital anwendet. In diesem Fall stellt die Eigenkapitalverzinsung Zusatzkosten dar.

**Möglichkeit 2**   Man berechnet kalkulatorische Zinsen vom betriebsnotwendigen Kapital, das Eigen- und Fremdkapital umfasst. Die so berechneten kalkulatorischen Zinsen stellen nun Anderskosten dar. Das betriebsnotwendige Kapital berechnet sich wie folgt:

|   | Summe der kalkulatorischen Restwerte des betriebsbedingten Anlagevermögens |
|---|---|
| + | Summe des durchschnittlich gebundenen betriebsbedingten Umlaufvermögens |
| − | zinsfrei überlassenes Fremdkapital (Verbindlichkeiten a.LL, Anzahlungen von Kunden etc.) |
| = | zu verzinsendes betriebsnotwendiges Kapital |

**Zinsen**

| In der Finanzbuchhaltung … | In der KLR … |
|---|---|
| werden die tatsächlich für Fremdkapital gezahlten Zinsen gebucht. | werden erfasst:<br>  für Fremdkapital gezahlte Zinsen<br>+ für betrieblich genutztes Eigenkapital berechnete Zinsen<br>= Zinsen für das betriebsnotwendige Kapital |

**BEISPIEL**

|   | Grundstücke und Gebäude | 400.000 € |
|---|---|---|
| + | Betriebs- und Geschäftsausstattung | 70.000 € |
| + | Waren | 1.200.000 € |
| + | Forderungen aus LL | 80.000 € |
| + | liquide Mittel | 90.000 € |
|   | Betriebsnotwendiges Vermögen | 1.840.000 € |
| − | Zinsfrei überlassenes Fremdkapital (Verbindlichkeiten) | 240.000 € |
| = | Betriebsnotwendiges Kapital | 1.600.000 € |

Die kalkulatorischen Zinsen betragen für ein Jahr bei einem Zinssatz von 8 %:

$$\text{Jahreszinsen} = \frac{1.600.000 \cdot 8}{100} = 128.000 \ €$$

An Stelle der Fremdkapitalzinsen werden in der KLR die kalkulatorischen Zinsen für das betriebsnotwendige Kapital eingesetzt.

## Kalkulatorische Miete

Der überwiegende Teil der Unternehmen hat Räume zur Ausübung der Geschäftstätigkeit gemietet. Die zu zahlende Miete stellt ein Aufwand in der GuV dar und wird als Grundkosten in derselben Höhe in die Betriebsergebnisrechnung übernommen.

Für betrieblich genutzte Gebäude, Räume oder Grundstücke, für die keine Miete anfällt, wird eine kalkulatorische Miete in Höhe der ortsüblich vergleichbaren Miete angesetzt. Folgende Fälle sind dabei möglich:
• Die Immobilie gehört zum Betriebsvermögen der Gesellschaft.

  Die Aufwendungen für das Gebäude (Abschreibungen, Grundsteuer, Zinsen, Reparaturen etc.) wurden bereits als Aufwand in der GuV gebucht. Die Differenz zur ortsüblichen Miete wird zusätzlich erfasst. In der Realität wird jedoch meist darauf verzichtet.
• Die Immobilie gehört zum Privatvermögen eines Einzelunternehmers oder eines Gesellschafters einer Personengesellschaft.

  In Höhe der ortsüblichen Miete wird eine kalkulatorische Miete als Kosten erfasst. Eine ›Vermietung‹ ist nicht möglich.
• Die Immobilie wird einer Kapitalgesellschaft von einem Gesellschafter unentgeltlich zur Verfügung gestellt.

  In Höhe der ortsüblichen Miete wird eine kalkulatorische Miete als Kosten erfasst. Hat der Gesellschafter die Immobilie an die Gesellschaft vermietet, handelt es sich um einen regulären Mietvertrag, sofern die ortübliche Miete nicht wesentlich überschritten wird.

Die kalkulatorische Miete geht als **Zusatzkosten** in die Betriebsergebnisrechnung ein und stellt somit Kosten für den Betrieb im Sinne eines entgangenen Nutzens durch Fremdvermietung der Immobilie dar. Nur wenn der Unternehmer über die Verkaufserlöse einen angemessenen Mietzins für seine Immobilie erwirtschaftet, lohnt es sich für ihn, einen eigenen Betrieb darin zu führen, statt die Immobilie anderweitig zu vermieten. Zum anderen gewährleistet der Ansatz einer kalkulatorischen Miete die Vergleichbarkeit der Kostenrechnung mit anderen Betrieben.

**Kalkulatorische Wagnisse**

In einem Unternehmen können vielerlei Wagnisse auftreten. Man unterscheidet:

• **Allgemeine Unternehmerwagnisse**   Diese treten durch übergreifende Ereignisse ein, wie die Änderung der wirtschaftlichen (z. B. Konjunkturrückgänge) oder politischen Verhältnisse. Sie sind nicht kalkulierbar und werden im Rechnungswesen nicht berücksichtigt.

• **Einzelwagnisse**   Diese sind durch den betrieblichen Alltag (Beschaffung, Produktion, Vertrieb) bedingt. Hierunter fallen: Forderungsausfälle, Brandschäden, Produktions- / Herstellungsfehler, Garantiefälle, Diebstahl, Wechselkursrisiken etc.

Schäden aufgrund von Einzelwagnissen werden in der Finanzbuchführung bei Eintritt des Schadens als Aufwand (z. B. über das Konto 6930 a. s. b. Aufwendungen) und somit gewinnmindernd im Unternehmens- bzw. Gesamtergebnis verbucht. Erstattet die Versicherung die Schäden teilweise oder auch ganz, so wird die Erstattung in der Finanzbuchführung als außerordentlicher Ertrag erfasst.

In der Kosten- und Leistungsrechnung werden diese untypischen, unregelmäßigen und teilweise auch zufälligen Aufwendungen und Erträge – wegen ihrer periodisch auftretenden Schwankungen – der verbuchten Höhe nach nicht übernommen, da dies die Produktkalkulation verzerren würde. Allerdings verursachen sie mit großer Wahrscheinlichkeit Kosten. Da diese jedoch aufgrund von Erfahrungswerten berechenbar sind, ermittelt man anstelle des gebuchten Aufwandes, der möglicherweise zeitlich und der Höhe nach stark schwankt wie auch Zufälligkeiten unterworfen ist, einen durchschnittlichen Wert der (in der Regel) letzten fünf Jahre und bezeichnet ihn als **kalkulatorische Wagniskosten**.

Mittels dieser Berechnung erhält der Unternehmer einen Überblick über alle anfallenden Kosten, die üblicherweise im seinem Geschäftsablauf berücksichtigt werden müssen. Die Produkte, die neben allen anderen auch diese Kosten tragen müssen, werden durch dieses Verfahren in

einer einzelnen Periode nicht überproportional stark mit Kosten belastet.
Die kalkulatorischen Wagniskosten unterscheidet man u. a. nach:
- Anlagewagnis        vorzeitiger Verschleiß, Schadensfälle etc.
- Vertriebswagnis     Forderungsausfälle, Wechselkursrisiken etc.
- Beständewagnis      Lagerverluste durch Diebstahl, Preisverfall etc.

**Zusammenfassung**

In der Ergebnistabelle werden die Aufwendungen und Erträge des Rechnungskreises I in Hinblick darauf, ob diese als Kosten und Leistungen übernommen werden oder nicht, genauer durchleuchtet.
Man unterscheidet:
**I Nichtkosten** (neutrale Aufwendungen)
   1. Betriebsfremde Aufwendungen
   2. Außerordentliche Aufwendungen
   3. Periodenfremde Aufwendungen
**II Kosten**
   1. Grundkosten (aufwandsgleiche Kosten)
     für Aufwendungen für Waren, Gehälter, Miete, Werbung etc.
   2. Kalkulatorische Kosten
    a) Anderskosten (aufwandsungleiche Kosten)
     - Kalkulatorische Abschreibungen,
     - Kalkulatorische Zinsen auf das betriebsnotwendige Kapital,
     - Kalkulatorische Wagnisse.
    b) Zusatzkosten
     - Kalkulatorischer Unternehmerlohn,
     - Kalkulatorische Zinsen auf das Eigenkapital,
     - Kalkulatorische Miete.

**Aufgaben**
9 Kennzeichnen Sie die folgenden Kosten mit einer …
   **1**, wenn es sich um Grundkosten,
   **2**, wenn es sich um Anderskosten, *mit Aufwand*
   **3**, wenn es sich um Zusatzkosten handelt. *ohne Aufwand*
   ☒ Kalkulatorische Abschreibung
   ☒ Gehälter für Angestellte
   ☒ Real gezahlte Miete für Geschäftsräume
   ☒ Kalkulatorischer Unternehmerlohn
   ☒ Aufwendungen für Energie
   ☒ Kalkulatorische Zinsen für das betriebsnotwendige Kapital
   ☒ Fremdkapitalzinsen

[1] Postgebühren
[3] Kalkulatorische Miete

**10** Eine Buchhandlung macht einen Jahresumsatz von 650.000 €. Die Bilanz weist folgende Werte aus:

| Aktiv | | **Bilanz** am 01.01. | Passiv |
|---|---|---|---|
| Anlagevermögen | 90.000 | Eigenkapital | 160.000 |
| Waren | 180.000 | Langfr. Fremdkapital | 120.000 |
| Forderungen | 30.000 | Verbindlichkeiten | 80.000 |
| Bank | 50.000 | | |
| Kasse | 10.000 | | |
| | 360.000 | | 360.000 |

Die Inhaberin arbeitet ganztägig im Unternehmen als Geschäftsführerin. Eine Branchenstatistik weist folgende Prozentsätze für den Unternehmerlohn aus:

| Betriebe mit … € Jahresumsatz | 100.001–250.000 | 250.001–500.000 | 500.001–1 Mio | 1 Mio–2 Mio | über 2 Mio |
|---|---|---|---|---|---|
| Unternehmerlohn und Geschäftsführergehälter in % vom Umsatz | 11,9 % | 8,0 % | 4,8 % | 3,4 % | 2,4 % |

**a)** Wie hoch sind die jährlichen kalkulatorischen Zinsen vom betriebsnotwendigen Kapital bei einem Zinssatz von 9 %?

**b)** Welchen kalkulatorischen Unternehmerlohn muss die Inhaberin ansetzen, wenn sie sich an der Branchenstatistik orientiert?

**11** Ein PKW wird steuerrechtlich über 6 Jahre abgeschrieben. Sein Anschaffungswert lag bei 24.000 €. Wegen intensiver Nutzung des Pkw wird betriebsintern nur mit einer Nutzungsdauer von 4 Jahren gerechnet. Als Wiederbeschaffungspreis werden 26.000 € angesetzt.

**a)** Wie hoch ist die in der Finanzbuchhaltung zu buchende steuerliche Abschreibung am Ende des ersten Nutzungsjahres?

**b)** Wie hoch ist die kalkulatorische Abschreibung, mit der in der KLR bei Anschaffung im Januar gerechnet wird?

## 4.3.2
## Abgrenzungsrechnung

Die Aufgabe der Abgrenzungsrechnung besteht darin, das Betriebsergebnis eines Unternehmens zu ermitteln. Ausgangspunkt hierfür ist die Gewinn- und Verlustrechnung der Finanzbuchführung.

**BEISPIEL**

Die GuV weist u. a. folgende Aufwendungen und Erträge aus:
   a) Grundkosten: u. a. Aufwendungen für Waren: 80.000 €.
   b) Die Umsatzerlöse aus dem Verkauf von Büchern und buchaffinen Produkten betragen 120.000 €.
   c) Aufwand aus dem Verkauf eines Anlagegegenstandes unter Buchwert: 5.000 €.
   d) Erträge aus der Vermietung einer betriebseigenen Wohnung: 18.000 €.
   e) Statt der bilanziellen Abschreibung (3.000 €) wird aufgrund von geringerer betrieblicher Nutzungsdauer und voraussichtlich höheren Wiederbeschaffungskosten ein Betrag von 4.000 € angesetzt.
   f) Ein Gesellschafter der Buchhandlung *Land in Sicht* stellt der Gesellschaft die Büroräume (100 qm) unentgeltlich zur Verfügung. Die ortsübliche Miete beträgt 18 € / qm.

**VORGEHENSWEISE**

① **Ausgangspunkt der Abgrenzungsrechnung** sind die Werte der GuV in der Finanzbuchbührung. Diese werden unverändert übernommen. Von den Aufwendungen und Erträgen der GuV werden zunächst die **neutralen Aufwendungen und Erträge** abgegrenzt (herausgerechnet) und separat ausgewiesen (Spalte ②).

② **Neutrale Aufwendungen** kommen in die Aufwandsspalte, die neutralen Erträge in die Ertragsspalte der unternehmensbezogenen Abgrenzungen (Beispiele c und d).

③ **Aufwendungen, die unverändert bleiben (Grundkosten) und Leistungen** werden in die Betriebsergebnisrechnung übernommen (Beispiele a und b).

② / ③ **Anderskosten** gehen mit dem korrekturbedürftigen Betrag der GuV in die linke Spalte der kostenrechnerischen Korrekturen (betriebliche Aufwendungen) ein (Spalte ② Beispiel e). Der Betrag, der stattdessen als Kosten angesetzt werden soll, wird zunächst in die rechte Spalte der kostenrechnerischen Korrekturen (verrechnete Kosten) eingetragen (Spalte ②) und dann in die linke Spalte Kosten der Betriebsergebnisrechnung übernommen (Spalte ③).

② / ③ **Zusatzkosten** folgen den Regeln der Anderskosten. In die linke Spalte der kostenrechnerischen Korrekturen erfolgt allerdings kein Eintrag, da kein Aufwand in der GuV vorhanden ist (Spalten ② und ③, Beispiel f).

ERGEBNISTABELLE

| | ① | | ② | | | | ③ | |
| | GESAMTERGEBNIS FINANZBUCHFÜHRUNG | | ABGRENZUNGSRECHNUNG | | | | BETRIEBSERGEBNIS RECHNUNG | |
| | | | Unternehmens-bezogene Abgrenzung | | Kosten-rechnerische Korrekturen | | | |
| Konto | Aufwen-dungen | Erträge | neutrale Aufwend. | neutrale Erträge | betriebl. Aufwend. | verrechn. Kosten | Kosten | Leistungen |
|---|---|---|---|---|---|---|---|---|
| a) AfW | 80.000 | | | | | | 80.000 | |
| b) Umsatz-erlöse | | 120.000 | | | | | | 120.000 |
| c) A.s.b. Auf-wendungen | 5.000 | | 5.000 | | | | | |
| d) Mieterträge | | 18.000 | | 18.000 | | | | |
| e) Abschrei-bungen auf Sachanlagen | 3.000 | | | | 3.000 | 4.000 | 4.000 | |
| f) Kalk. Miete | | | | | | 1.800 | 1.800 | |

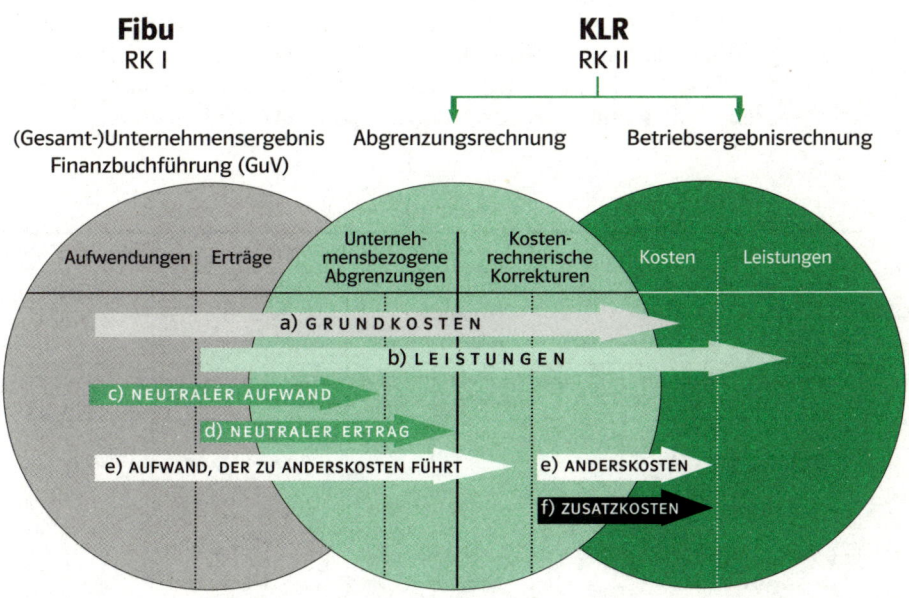

Anderskosten sind in einer Ergebnistabelle bereits daran zu erkennen, dass in den *beiden* Spalten der kostenrechnerischen Korrekturen jeweils ein Betrag eingetragen ist. Bei den Zusatzkosten ist die linke Spalte (betriebliche Aufwendungen) dagegen nicht ausgefüllt, da kein korrekturbedürftiger Aufwand in der GuV vorhanden ist. Folgende Ausnahme dieses Grundsatzes ist jedoch denkbar:

**BEISPIEL**

Wagniskosten (Anderskosten)    In der GuV werden Verluste aus tatsächlich eige-tretenen Schadensfällen in Höhe von 20.000 € als Aufwand verbucht. Aufgrund betriebsindividueller Erfahrungswerte beträgt der kalkulierte Durchschnittswert der letzten 5 Jahre für diese Wagnisse lediglich 15.000 Euro.

**VORGEHENSWEISE**

In der Ergebnistabelle stehen die tatsächlich in der Fibu verbuchten Aufwendungen für eingetretene Wagnisverluste (20.000 €) und die statt dessen angesetzten kalkulatorischen Wagniskosten (15.000 €) im Bereich ›kostenrechnerische Korrekturen‹, wie weiter oben beschrieben, direkt nebeneinander.

Eine (unüblichere) alternative Möglichkeit für vorheriges Beispiel wäre, die gebuchten Aufwendungen der Fibu (20.000 €) bereits unter den unternehmensbezogenen Abgrenzungen unter ›neutrale Aufwendungen‹ in der Ergebnistabelle zu eliminieren. Die kalkulatorischen Wagniskosten ständen dann unter ›kostenrechnerische Korrekturen‹ allein in der rechten Spalte ›verrechnete Kosten‹. Auch für diese Darstellungsmethode stellen die kalkulatorischen Wagniskosten Anderskosten dar.

ERGEBNISTABELLE

| GESAMTERGEBNIS | | | ABGRENZUNGSRECHNUNG | | | | BETRIEBSERGEBNIS | |
| FINANZBUCHFÜHRUNG | | | Unternehmens-bezogene Abgrenzung | | Kosten-rechnerische Korrekturen | | RECHNUNG | |
| Konto | Aufwen-dungen | Erträge | neutrale Aufwend. | neutrale Erträge | betriebl. Aufwend. | verrechnete Kosten | Kosten | Leistungen |
|---|---|---|---|---|---|---|---|---|
| A.s.b. Aufwendungen | 20.000 | | | | 20.000 | 15.000 | 15.000 | |

**alternativ**

| | | | | | | | | |
|---|---|---|---|---|---|---|---|---|
| A.s.b. Aufwendungen | 20.000 | | 20.000 | | | 15.000 | 15.000 | |

**BEISPIEL**

Sie möchten Ihre aus der Buchhaltung gewonnenen Informationen näher analysieren und erstellen aus dem GuV-Konto des Monats Juni für die Buchhandlung *Land in Sicht* eine Betriebsergebnisrechnung mit Hilfe einer Ergebnistabelle. Dabei stehen Ihnen folgende Informationen zur Verfügung:

a) die Warengruppeneinteilung,

b) das Gewinn- und Verlustkonto,

c) weitere Daten des Rechnungswesens.

**a) Warengruppeneinteilung**

| | |
|---|---|
| Gruppe I | Belletristik, Kinder- und Jugendbuch, Taschenbuch |
| Gruppe II | Fachbuch, Sachbuch, Schulbuch |
| Gruppe III | Non-Books |
| Gruppe IV | Online-Bookshop |

**b) Gewinn- und Verlustkonto**

| Soll | | GuV (Monat Juni) | | Haben |
|---|---|---|---|---|
| 6010 AfW I | 34.000 | 5010 Umsatzerlöse I | 52.000 |
| 6011 AfW II | 38.200 | 5011 Umsatzerlöse II | 53.500 |
| 6012 AfW III | 8.500 | 5012 Umsatzerlöse III | 13.900 |
| 6013 AfW IV | 4.300 | 5013 Umsatzerlöse IV | 6.519 |
| 6300 Gehälter | 18.000 | 5440 Erträge a. d. Auflös. Rückstell. | 1.400 |
| 6520 Abschreibungen | 4.000 | 5700 Zinserträge | 100 |
| 6640 Aufwend. Fort- u Weiterbildung | 4.600 | | |
| 6820 Postgebühren | 250 | | |
| 6870 Werbung | 2.100 | | |
| 7000 Betriebliche Steuern | 1.100 | | |
| 7460 Verluste Wertpapiere | 100 | | |
| 7510 Zinsaufwendungen | 3.300 | | |

**c) Weitere Daten des Rechnungswesens**

1. In der Position betriebliche Steuern ist eine Steuernachzahlung aus dem Vorjahr in Höhe von 100 € enthalten.

2. Abweichend zur bilanziellen Abschreibung wird auf der Grundlage von Wiederbeschaffungskosten und anderer Nutzungsdauer eine kalkulatorische Abschreibung von 4.500 € angesetzt.

3. Die kalkulatorischen Zinsen auf das betriebsnotwendige Kapital in Höhe von 570.000 € werden mit 8 % p.a. berechnet.

4. Ein Gesellschafter der GmbH stellt dem Unternehmen Geschäftsräume unentgeltlich zur Verfügung. Der vergleichbare Mietwert beträgt 4.000 € monatlich.

Berechnen Sie
1. das Unternehmensergebnis,
2. das Betriebsergebnis,
3. das Abgrenzungsergebnis,
4. die Umsatzrentabilität,
5. die Handlungskosten,
6. den Wareneinsatz,
7. die Selbstkosten,
8. den Gewinn in Prozent.

**LÖSUNGSWEG**

Zunächst werden die Aufwendungen und Erträge aus der Gewinn- und Verlust-rechnung in den mit Finanzbuchhaltung überschriebenen Teil der Ergebnistabel-le (nebenstehende Tabelle) eingetragen und das Unternehmensergebnis als Saldo zwischen Aufwendungen und Erträgen ermittelt. Danach werden alle Auf-wendungen und Erträge in die Betriebsergebnisrechnung unverändert übernom-men, sofern es sich um Grundkosten handelt. Neutrale Aufwendungen und Erträ-ge werden nicht übernommen. Anderskosten werden mit veränderten Werten übertragen. Zusatzkosten werden zusätzlich erfasst. Für die in der Ergebnistabel-le gekennzeichneten Positionen bedeutet das im Einzelnen:

① Verluste aus Geschäften mit Wertpapieren (betriebsfremd), Erträge aus der Auflösung von Rückstellungen (periodenfremd) und Zinserträge (betriebs-fremd) sind neutral und werden deshalb in der Abgrenzungsrechnung erfasst, aber nicht in die Betriebsergebnisrechnung übernommen.

② Die Steuernachzahlung von 100 € stellt einen periodenfremden Aufwand dar und wird abgegrenzt.

③ Die kalkulatorische Abschreibung in Höhe von 4.500 € stellt Anderskosten dar und wird unter den kostenrechnerischen Korrekturen / verrechnete Kosten eingetragen. Der korrekturbedürftige Aufwand lt. GuV in Höhe von 4.000 € steht zwecks rechnerischer Kontrolle links daneben in der Spalte Kostenrech-nerische Korrekturen / betriebliche Aufwendungen.

④ Die Verzinsung des betriebsnotwendigen Kapitals ergibt einen Jahresbetrag von 45.600 €, monatlich somit 3.800 €.

⑤ Die der GmbH vom Gesellschafter unentgeltlich überlassenen Geschäftsräu-me werden mit dem ortsüblichen Mietwert als Zusatzkosten berücksichtigt und in die Spalte Kostenrechnerische Korrekturen / verrechnete Kosten. eingetragen. Der Eintrag links daneben entfällt, da für das Unternehmen kein Aufwand entstanden ist. Ein ›fiktiver‹ Aufwand darf in der GuV nicht berücksichtigt werden.

ERGEBNISTABELLE JUNI

| | FINANZBUCHHALTUNG GESAMTERGEBNISRECHNUNG | | KOSTEN- UND LEISTUNGSRECHNUNG | | | | | |
| | | | ABGRENZUNGSRECHNUNG | | | | BETRIEBSERGEBNISRECHNUNG | |
| | | | Unternehmensbezogene Abgrenzung | | Kostenrechnerische Korrekturen | | | |
| Konto | Aufwendungen | Erträge | neutrale Aufwendungen | neutrale Erträge | betriebliche Aufwendungen | verrechnete Kosten | Kosten | Leistungen |
|---|---|---|---|---|---|---|---|---|
| AfW I | 34.000 | | | | | | 34.000 | |
| AfW II | 38.200 | | | | | | 38.200 | |
| AfW III | 8.500 | | | | | | 8.500 | |
| AfW IV | 4.300 | | | | | | 4.300 | |
| Gehälter | 18.000 | | | | | | 18.000 | |
| Abschreibungen | 4.000 | | | | 4.000 | ③ 4.500 | 4.500 | |
| A.f.Fort-u.Weiterb. | 4.600 | | | | | | 4.600 | |
| Postgebühren | 250 | | | | | | 250 | |
| Werbung | 2.100 | | | | | | 2.100 | |
| Betr. Steuern | 1.100 | | ② 100 | | | | 1.000 | |
| V.a.d.A.v.W.* | 100 | | ① 100 | | | | | |
| Zinsaufwend. | 3.300 | | | | 3.300 | ④ 3.800 | 3.800 | |
| Umsatzerlöse I | | 52.000 | | | | | | 52.000 |
| Umsatzerlöse II | | 53.500 | | | | | | 53.500 |
| Umsatzerlöse III | | 13.900 | | | | | | 13.900 |
| Umsatzerlöse IV | | 6.519 | | | | | | 6.519 |
| E.a.d.A.v.R.** | | 1.400 | | ① 1.400 | | | | |
| Zinserträge | | 100 | | ① 100 | | | | |
| Kalkul. Miete | | | | | | ⑤ 4.000 | 4.000 | |
| Summe | 118.450 | 127.419 | 300 | 1.500 | 7.200 | 12.300 | 123.250 | 125.919 |
| Salden | 8.969 | | 1.200 | | 5.100 | | 2.669 | |

**GESAMTERGEBNIS (UNTERNEHMENSERGEBNIS)**
**8.969 € Gewinn**

= **ABGRENZUNGSRECHNUNG (NEUTRALES ERGEBNIS)**
**6.300 € Gewinn**

+ **BETRIEBSERGEBNIS**
**2.669 € Gewinn**

\* Verluste aus dem Abgang von Wertpapieren   \*\* Erträge aus der Auflösung von Rückstellungen

**Auswertung der Ergebnistabelle**

Die Ergebnistabelle kann in mehrfacher Hinsicht ausgewertet werden: hinsichtlich des Betriebsergebnisses, der Umsatzrentabilität, des Handlungskostenzuschlags sowie des Gewinnzuschlags.

**Betriebsergebnis**   Das positive Betriebsergebnis von 2.669 € sagt aus, dass das allgemeine Unternehmensrisiko gedeckt ist. Es ist dem Unternehmen gelungen, über die Verkaufserlöse alle Kosten einschließlich der kalkulatorischen Kosten wieder einzuspielen. Darüber hinaus hat es einen Restgewinn erwirtschaftet, der als ›Polster‹ für schlechtere Perioden dienen kann. Mit dem Restgewinn können aber auch neue Investitionen aus eigenen Mitteln finanziert werden.

**Handlungskostenzuschlagssatz**   Im Einzelhandel werden Selbstkosten und Handlungskosten unterschieden. Die beiden Begriffe spielen insbesondere für Zwecke der Kalkulation (siehe Kap. 4.5.2) eine wesentliche Rolle. Bereits in der Betriebsergebnisrechnung der Ergebnistabelle können beide ermittelt werden.

Alle Kosten aus der Betriebsergebnisrechnung zusammen, allerdings ohne den Wareneinsatz (Aufwendungen für Waren), ergeben die Handlungskosten. Für das Beispiel der vorangegangenen Ergebnistabelle sind dies 38.250 €. Der Wareneinsatz beläuft sich über 85.000 €. Die Selbstkosten betragen 123.250 €.

|   | **Wareneinsatz** |
|---|---|
| + | **Handlungskosten** |
| = | **Selbstkosten** |

Die Selbstkosten entsprechen den gesamten Kosten des Betriebs oder des Produktes. Diese müssen mindestens erwirtschaftet werden, damit kein Verlust erzielt wird. In der Ergebnistabelle ergeben sich diese bereits als Summe der Kostenspalte. Setzt man die Handlungskosten zum Wareneinsatz ins Verhältnis, so ergibt sich der Handlungskostenzuschlagssatz (HKZ):

$$\text{Handlungskostenzuschlagssatz} = \frac{\text{Handlungskosten} \cdot 100}{\text{Wareneinsatz}}$$

**BEISPIEL**

$$\text{Handlungskostenzuschlagssatz} = \frac{38.250 \cdot 100}{85.000} = 45\,\%$$

Der Handlungskostenzuschlagssatz zeigt an, wieviel Prozent auf den Wareneinsatz aufgeschlagen werden muss, damit alle anfallenden Kosten abgedeckt sind. Die Ergebnistabelle zeigt diesen für den Gesamtbetrieb an. Ziel ist es jedoch, Handlungskostenzuschlagssätze für jedes einzelne Produkt oder jede einzelne Warengruppe zu gewinnen. Dies ist die Kernaufgabe der Kostenstellenrechnung (siehe Kap. 4.4).

**Gewinnzuschlagssatz**  Der Gewinnzuschlagssatz (oder kurz: Gewinn in Prozent oder auch Betriebsergebnis in Prozent) kann für frei kalkulierbare Waren verwendet werden. Das Betriebsergebnis (Gewinn oder Verlust) wird in einem Prozentsatz von den Selbstkosten ausgedrückt und zeigt damit den Betriebsgewinn in Prozent im Verhältnis zu den **Selbstkosten**.

$$\text{Gewinnzuschlagssatz (Gewinn in \%)} = \frac{\text{Betriebsergebnis} \cdot 100}{\text{Selbstkosten}}$$

**BEISPIEL**

$$\text{Gewinnzuschlagssatz} = \frac{2.669 \cdot 100}{123.250} = 2{,}17\,\%$$

Der Gewinnzuschlagssatz wird oft mit der Umsatzrentabilität verwechselt. Die Umsatzrentabilität zeigt allerdings den Gewinn in Prozent vom erzielten **Umsatz** (siehe Kap. 3.15.1). Sie wird genutzt, um Vergleiche des Betriebs mit früheren Abrechnungsperioden oder anderen Betrieben der gleichen Branche durchzuführen.

$$\text{Umsatzrentabilität} = \frac{\text{Betriebsergebnis} \cdot 100}{\text{Umsatz (Leistungen)}}$$

**BEISPIEL**

$$\text{Umsatzrentabilität} = \frac{2.669 \cdot 100}{125.919} = 2{,}12\,\%$$

### Aufgaben

12 Die Ergebnistabelle ist ein Verfahren der Kosten- und Leistungsrechnung, um unter anderem …

    ☐ kostenstellenbezogene betriebswirtschaftliche Auswertungen zu erhalten.

☒ die Ergebnisse der Gewinn- und Verlustrechnung um die neutralen Aufwendungen und Erträge zu bereinigen.

☐ den einzelnen Endprodukten die auf sie bezogenen Kosten zuzurechnen.

☐ Außenstehende (Banken, Finanzbehörden, Lieferanten) umfassend über das Unternehmen zu informieren.

☐ außerordentliche Aufwendungen und Erträge dem Privatbereich zuordnen zu können.

**13** Berechnen Sie ausgehend von den Werten der Finanz- bzw. KLR …

   **a)** den steuerlichen Gewinn oder Verlust,

   **b)** den Betriebsgewinn oder -verlust,

   **c)** das Abgrenzungsergebnis.

| Finanzbuchhaltung | | Kosten- und Leistungsrechnung | |
|---|---|---|---|
| Umsatzerlöse | 850.000 | Umsatzerlöse | 850.000 |
| Weitere Aufwendungen | | Weitere Kosten | |
| (Grundkosten) | 760.000 | (Grundkosten) | 760.000 |
| Abschreibung | 27.000 | Kalkulat. Abschreibung | 38.000 |
| Fremdkapitalzinsen | 29.000 | Kalkulat. Zinsen | 56.000 |

**14** Eine Buchhändlerin bekommt im Monat Februar folgendes Gewinn- und Verlustkonto aus der Finanzbuchhaltung der Buchhandlung *Land in Sicht* vorgelegt:

| Soll | | Gewinn- und Verlustkonto | Haben |
|---|---|---|---|
| AfW | 61.200 | Umsatzerlöse | 90.000 |
| Gehälter | 11.700 | Außerordentliche Erträge | 880 |
| Abschreibungen | 1.890 | Zinserträge | 300 |
| Zinsaufwendungen | 1.530 | | |
| Werbung | 1.800 | | |
| Betriebliche Steuern | 1.080 | | |
| Fremdinstandhaltung | 360 | | |
| Gewerbesteuer | 3.870 | | |
| Sonstiger betrieblicher Aufwand | 2.070 | | |
| Außerordentlicher Aufwand | 470 | | |

Erstellen Sie eine Ergebnistabelle, wobei folgende weitere Angaben zu berücksichtigen sind:

1. Die kalkulatorische Abschreibung beträgt 2.150 €.
2. Die Verzinsung des betriebsnotwenigen Kapitals beträgt 2.650 €.
3. Die kalkulatorische Miete beträgt 3.800 €.

Ermitteln Sie mit Hilfe der Ergebnistabelle …
a) das Unternehmensergebnis,
b) den Betriebsgewinn oder -verlust,
c) das Abgrenzungsergebnis,
d) die Umsatzrentabilität,
e) die Handlungskosten,
f) den Handlungskostenzuschlagssatz,
g) den Gewinnzuschlagssatz.

**15** Die Finanzbuchhaltung einer Buchhandlung (Einzelunternehmen) weist für den Monat März folgende Aufwendungen und Erträge aus:

| | |
|---|---|
| Wareneinkäufe | 100.000 € |
| Warenanfangsbestand im März | 25.000 € |
| Gehälter | 25.600 € |
| Abschreibungen | 7.000 € |
| Zinsaufwendungen | 1.875 € |
| Betriebliche Steuern | 750 € |
| Andere sonstige betriebliche Erträge | 1.000 € |
| Werbung | 2.000 € |
| Zinserträge | 800 € |
| Verluste aus Aktienverkäufen | 1.000 € |
| Sonstige Aufwendungen | 1.600 € |
| Warenendbestand im März | 23.000 € |
| Umsatzerlöse | 150.000 € |

Erstellen Sie eine Ergebnistabelle, wobei folgende weitere Punkte zu berücksichtigen sind:

1. In den betrieblichen Steuern ist eine KfZ-Steuernachzahlung in Höhe von 250 € für das vergangene Jahr enthalten.
2. Der Chef erhält für seine Tätigkeit im Unternehmen einen Unternehmerlohn von 3.800 € pro Monat.
3. Die Geschäftsräume der Buchhandlung befinden sich im eigenen Gebäude. Hierfür kann eine ortsübliche Miete in Höhe von 2.000 € angesetzt werden.
4. Abweichend zur bilanzmäßigen Abschreibung wird auf der Grundlage von Wiederbeschaffungskosten und anderer Nutzungsdauern eine kalkulatorische Abschreibung in Höhe von 8.770 € berechnet.
5. Die kalkulatorischen Zinsen werden berechnet, indem das betriebsnotwendige Kapital mit 6 % p. a. verzinst wird. Folgende Werte aus der Bilanz stehen zur Verfügung:

| | |
|---|---|
| Eigenkapital | 300.000 € |
| Langfristiges Fremdkapital | 230.000 € |
| Verbindlichkeiten | 20.000 € |

Ermitteln Sie mit Hilfe der Ergebnistabelle …

a) den zu versteuernden Gewinn oder Verlust,
b) den Betriebsgewinn oder -verlust,
c) das Abgrenzungsergebnis,
d) die Umsatzrentabilität,
e) die Handlungskosten,
f) den Handlungskostenzuschlagssatz und
g) den Gewinnzuschlagssatz.

16 Eine Buchhandlung (Einzelunternehmen) hat aus der Buchhaltung für den Monat Juni die im Folgenden dargestellten Informationen erhalten. Die drei Warengruppen teilen sich wie folgt auf:

Gruppe I    Belletristik, Kinder- und Jugendbuch, Sachbuch, Taschenbuch
Gruppe II   Fachbuch, Schulbuch
Gruppe III  Non-Books

| Soll | | **Bilanz Juni** | Haben |
|---|---|---|---|
| Anlagevermögen | 280.000 | Eigenkapital | 220.000 |
| Warenbestand I–III | 26.000 | Langfr. Bankverbindlichk. | 90.000 |
| Forderungen | 8.000 | Verbindlichkeiten a. LL | 18.000 |
| Bank | 12.000 | | |
| Kasse | 2.000 | | |
| | 328.000 | | 328.000 |

| Soll | | **GuV** | Haben |
|---|---|---|---|
| AfW I | 19.899 | Umsatzerlöse Gr. I | 29.700 |
| AfW II | 8.468 | Umsatzerlöse Gr. II | 11.600 |
| AfW III | 4.875 | Umsatzerlöse Gr. III | 7.500 |
| Gehälter | 3.270 | Mieterträge | 900 |
| Sachkosten Geschäftsräume | 440 | Zinserträge | 200 |
| Aufwendungen für Werbung | 580 | | |
| Aufwendungen für EDV | 240 | | |
| Büromaterial | 50 | | |
| Grundsteuer | 90 | | |
| Fremdinstandhaltung | 480 | | |
| Zinsaufwendungen | 780 | | |
| Abschreibungen | 680 | | |
| Übrige Aufwendungen | 1.750 | | |

Erstellen Sie aus diesen Werten eine Ergebnistabelle, wobei folgende weitere Punkte zu berücksichtigen sind:

1. Die Aufstellung des Abgrenzungsergebnisses.
2. In der Position Grundsteuer sind für die vermietete Wohnung 30 € enthalten.
3. Eine zum Betrieb gehörende Wohnung ist vermietet. Hierfür sind pro Monat Abschreibungen in Höhe von 40 € zu berücksichtigen.
4. Für die von der Buchhandlung genutzten Geschäftsräume wird eine kalkulatorische Miete von 2.000 € pro Monat angesetzt.
5. Die Inhaberin arbeitet ganztätig im Unternehmen mit und erhält hierfür einen Unternehmerlohn von 3.900 € pro Monat.
6. Abweichend zur bilanzmäßigen Abschreibung wird auf der Grundlage von Wiederbeschaffungskosten und anderer Nutzungsdauern eine kalkulatorische Abschreibung in Höhe von 720 € berechnet.
7. Die kalkulatorischen Zinsen werden berechnet, indem das betriebsnotwendige Kapital mit 6 % p. a. verzinst wird. Die vermietete Wohnung hat einen Wert von 90.000 €.

Ermitteln Sie mit Hilfe der Ergebnistabelle …

a) das Betriebsergebnis,
b) den Handlungskostenzuschlag,
c) den Gewinnzuschlag,
d) die Umsatzrentabilität,
e) die Barliquidität,
f) die einzugsbedingte Liquidität.

## 4.4
## Kostenstellenrechnung (Betriebsabrechnungsbogen)

In der Ergebnistabelle werden unter anderem die Gesamtkosten des Betriebs (Selbstkosten) für eine bestimmte Periode ermittelt. Darüber hinaus wird ein einheitlicher Handlungskostenzuschlagssatz festgestellt, der das Verhältnis vom Wareneinsatz zu den übrigen Kosten (Handlungskosten) aufzeigt. Alle Waren oder Warengruppen verursachen allerdings im Verhältnis zu ihrem Wareneinsatz nicht dieselben Handlungskosten. Statt dessen werden bestimmte Kosten von den unterschiedlichen Warengruppen eines Sortiments unterschiedlich stark in Anspruch genommen.

Mit den Resultaten der Ergebnistabelle allein könnte ein Betrieb nur sehr unzureichend gesteuert werden, da keine Differenzierung der Kosten nach deren Verursachung durch die einzelnen Betriebsabteilungen (**Kostenstellen**) und nach einzelnen Produkt- oder Warengruppen (**Kostenträger**) erfolgt ist. Um dieser Aufgabe gerecht zu werden, muss die

Kostenartenrechnung um eine Kostenstellenrechnung und eine Kostenträgerrechnung (siehe Kap. 4.5) erweitert werden.

Gängiges Hilfsmittel der Kostenstellenrechnung ist der Betriebsabrechnungsbogen, der jeden Monatsanfang neu aus den Zahlen des jeweiligen Vormonats aufgestellt wird. Hier unterscheidet man Einzel- und Gemeinkosten:

**Gemeinkosten**   Die Gemeinkosten entsprechen den Handlungskosten. Sie betreffen alle Warengruppen (Kostenträger) und können diesen daher nicht unmittelbar bzw. direkt zugerechnet werden, sondern nur über die Verteilung auf Kostenstellen.

**Einzelkosten**   Die Einzelkosten entsprechen dem Wareneinsatz und können den Kostenträgern direkt zugerechnet werden. Ihre Höhe ergibt sich bereits aus der Finanzbuchführung und der Ergebnistabelle.

Der Betriebsabrechnungsbogen teilt den Gesamtbetrieb in seine verschiedenen einzelnen betrieblichen Teilbereiche (Kostenstellen) auf. Die Gemeinkosten einer Periode werden zunächst verursachungsgerecht auf die Kostenstellen verteilt, in denen sie angefallen sind. Die Aufteilung kann z.B. nach Verantwortungsbereichen, betrieblichen Grundfunktionen, Warengruppen, übergreifenden strategischen Einheiten oder räumlichen Einheiten erfolgen. Jede Kostenstelle hat sinnvollerweise einen Verantwortlichen, der dann das Ergebnis zu vertreten hat. Eine solche Vorgehensweise erscheint allerdings in kleinen Betrieben nicht unbedingt sinnvoll, weshalb dieses Verfahren wohl nur für große Buchhandlungen in Frage kommt.

Die Verteilung der Gemeinkosten auf die Kostenstellen erfolgt in der Regel indirekt über Verteilungsschlüssel, beispielsweise über Lohn- oder Gehaltslisten, über Stromzähler, über die betrieblich genutzte Fläche pro Abteilung etc.

Die spätere Zurechnung der Gemeinkosten auf die Kostenträger wird durch die Kostenstellenrechnung vorbereitet. Alle Kostenträger werden dann in dem Ausmaß, wie sie Leistungen der Kostenstellen beansprucht haben bzw. beanspruchen, mit den Gemeinkosten belastet.

Kostenstellen, deren Kosten nicht direkt auf die Kostenträger, sondern erst auf die (Haupt-)Kostenstellen umgelegt werden, heißen **Hilfskostenstellen** (z.B. Verwaltung und Wareneingang). In der Regel sind die Hilfskostenstellen nicht mit der Herstellung oder dem Verkauf der Produkte beschäftigt, sondern erbringen ihre Leistungen lediglich für die anderen Betriebsbereiche, unterstützen diese somit in ihren Tätigkeiten. Da ihnen keine Kostenträger zugeordnet werden können, werden auch keine Zuschlagssätze ermittelt. Die von ihnen beanspruchten Kosten werden per Verteilungsschlüssel auf die Hauptkostenstellen umgelegt.

**Ziel der Kostenstellenrechnung ist die Verteilung der Gemeinkosten auf die Kostenstellen**, denn die Kostenstellen (Warengruppen) haben die Entstehung der Kosten verursacht. Eine Verteilung der Kosten auf die einzelnen Warengruppen erlaubt es nun, den Kostenverbrauch genau zu überwachen und die Kosten an den spezifischen Orten ihrer Entstehung zu kontrollieren und zu steuern.

Das **Kostenträgerzeitblatt** (BAB II) bezieht sowohl Wareneinsatz als auch Umsatzerlöse in die Verteilung auf die Produktgruppen (Kostenträger) mit ein. Die Kostenträger entsprechen im Buchhandel den Hauptkostenstellen; der Betriebsabrechnungsbogen beinhaltet auch das Kostenträgerzeitblatt.

Nach Verteilung des Wareneinsatzes können differenzierte Handlungskostenzuschlagssätze für jede einzelne Warengruppe (Kostenträgergruppe) und nach Einbeziehung der einzelnen Umsätze (= Leistungen) auch die unterschiedlichen Gewinnspannen ermittelt werden. Die Ermittlung von Handlungskostenzuschlagssätzen erfolgt insbesondere für Zwecke der Kalkulation (siehe Kap. 4.5). Die Einbeziehung des Kostenträgerblattes ermöglicht die Überprüfung von Rentabilität und Wirtschaftlichkeit und damit die Feststellung, wie erfolgreich die jeweiligen Kostenträgergruppen waren.

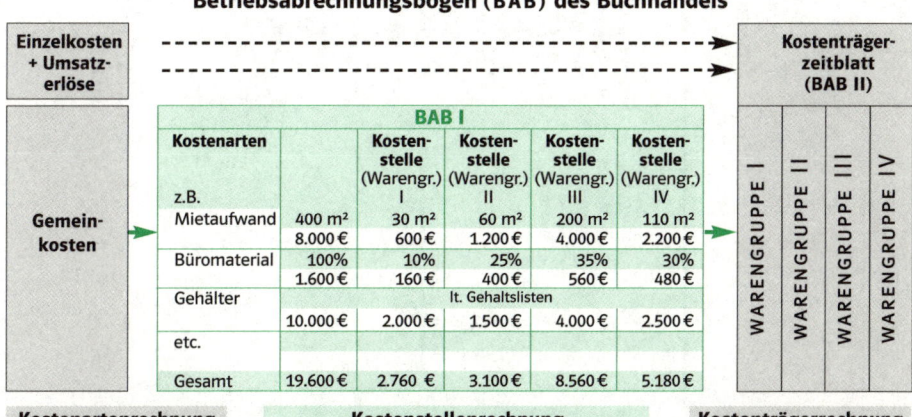

**Betriebsabrechnungsbogen (BAB) des Buchhandels**

| | | BAB I | | | | |
|---|---|---|---|---|---|---|
| Einzelkosten + Umsatz- erlöse | | | | | | Kostenträger- zeitblatt (BAB II) |
| | Kostenarten | | Kosten- stelle (Warengr.) I | Kosten- stelle (Warengr.) II | Kosten- stelle (Warengr.) III | Kosten- stelle (Warengr.) IV |
| Gemein- kosten | z.B. Mietaufwand | 400 m² 8.000 € | 30 m² 600 € | 60 m² 1.200 € | 200 m² 4.000 € | 110 m² 2.200 € |
| | Büromaterial | 100% 1.600 € | 10% 160 € | 25% 400 € | 35% 560 € | 30% 480 € |
| | Gehälter | 10.000 € | lt. Gehaltslisten 2.000 € | 1.500 € | 4.000 € | 2.500 € |
| | etc. | | | | | |
| | Gesamt | 19.600 € | 2.760 € | 3.100 € | 8.560 € | 5.180 € |

(Rechts: WARENGRUPPE I, WARENGRUPPE II, WARENGRUPPE III, WARENGRUPPE IV)

**Kostenartenrechnung**
Ergebnistabelle
↓
erfasst die Kosten nach Art und Höhe

Funktion:
Ermittlung der Selbstkosten + des Betriebsergebnisses

**Kostenstellenrechnung**
Betriebsabrechnungsbogen (BAB)
↓
(Vorstufe) zur Ermittlung der Gemeinkostenzuschlagssätze für die Kalkulation

Funktion:
• Verteilung bzw. Zuordnung der Gemeinkosten auf die Kostenstellen
• Kontrolle, wie sich die Kosten der Kostenstelle entwickeln (Kontrolle der Kostenentwicklung)

**Kostenträgerrechnung**
BAB II
↓
verrechnet sämtliche Kosten + Ue auf die Kostenträger

Funktion:
• Überprüfung der Rentabilität und Wirtschaftlichkeit
• Ermittlung des Erfolgs der Warengruppe
• Ermittlung der Zuschlags- sätze für die Kalkulation

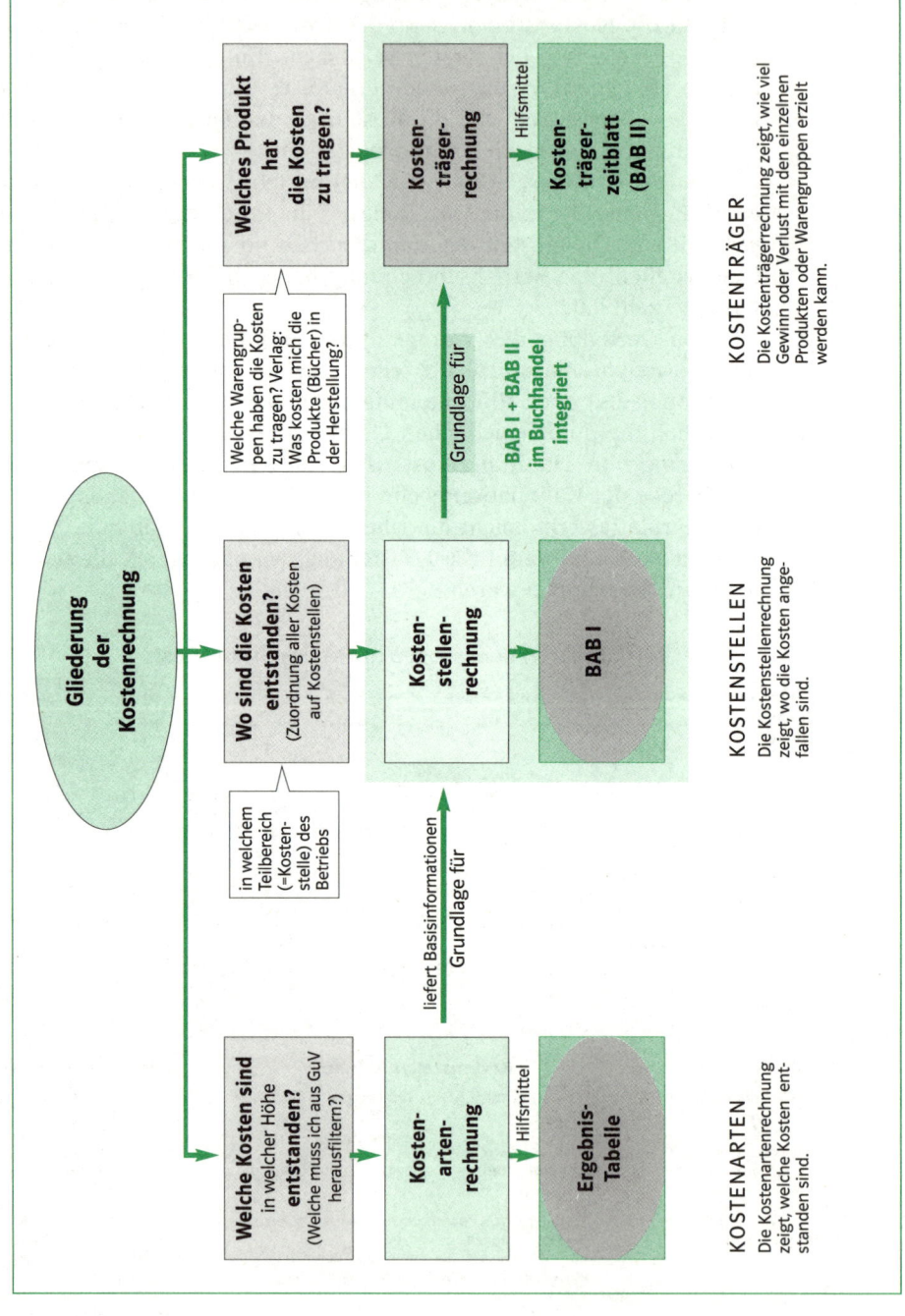

Gliederung der Kostenrechnung

**Welche Kosten sind** in welcher Höhe **entstanden?** (Welche muss ich aus GuV herausfiltern?)

**Wo sind die Kosten entstanden?** (Zuordnung aller Kosten auf Kostenstellen)

**Welches Produkt hat die Kosten zu tragen?**

in welchem Teilbereich (=Kostenstelle) des Betriebs

Welche Warengruppen haben die Kosten zu tragen? Verlag: Was kosten mich die Produkte (Bücher) in der Herstellung?

Kostenartenrechnung

Kostenstellenrechnung

Kostenträgerrechnung

Hilfsmittel

Hilfsmittel

Ergebnis-Tabelle

BAB I

Kostenträgerzeitblatt (BAB II)

liefert Basisinformationen Grundlage für

Grundlage für

BAB I + BAB II im Buchhandel integriert

KOSTENARTEN
Die Kostenartenrechnung zeigt, welche Kosten entstanden sind.

KOSTENSTELLEN
Die Kostenstellenrechnung zeigt, wo die Kosten angefallen sind.

KOSTENTRÄGER
Die Kostenträgerrechnung zeigt, wie viel Gewinn oder Verlust mit den einzelnen Produkten oder Warengruppen erzielt werden kann.

Die Gemeinkosten werden im Betriebsabrechnungsbogen auf die Hauptkostenstellen verteilt. Das Problem hierbei ist, geeignete Verteilungsgrundlagen zu finden, um sie verursachungsgerecht zuzuordnen. Nutzt eine Kostenstelle einen bestimmen Produktionsfaktor stärker, so muss sich dies in der Verteilung niederschlagen. Mögliche Berechnungsgrundlagen für eine Verteilung sind in folgender Übersicht aufgeführt.

| Gemeinkosten | Verteilungsgrundlage |
|---|---|
| Gehälter | Gehaltslisten |
| Aufwendungen für Fort- und Weiterbildung | Betriebsintern festgelegte Schlüssel |
| Miete und Raumkosten (Heizung, Strom etc.) | m², Zähler |
| Abschreibungen | Anlagewerte |
| Kalk. Zinsen | Betriebsintern festgelegte Schlüssel |
| Werbung | Betriebsintern festgelegte Schlüssel |
| Betriebliche Steuern | Betriebsintern festgelegte Schlüssel |

Berechnungsgrundlagen für eine Verteilung der Gemeinkosten auf die Kostenstellen

**BEISPIEL**

Aus dem Betriebsergebnis der im Kapitel 4.4 entwickelten Ergebnistabelle (Beispiel S. 277) wird nun exemplarisch der folgende Betriebsabrechnungsbogen erstellt, wobei die Gemeinkosten nach folgendem Schlüssel auf die Kostenstellen verteilt werden.

| ② | Verteilung | Einkauf | Verwalt. | Waren I | Waren II | Waren III | Waren IV |
|---|---|---|---|---|---|---|---|
| Gehälter | Gehaltsliste | 2.700 € | 2.500 € | 4.850 € | 5.200 € | 1.500 € | 1.250 € |
| A. f. F. u. W.bildung | Schlüssel | 10 % | 20 % | 25% | 25% | 12,5 % | 7,5% |
| kalkul. Miete | m² | 40 € | 60 € | 80 € | 70 € | 40 € | 30 € |
| Abschreibungen | Anlagewerte | 80 € | 1.250 € | 850 € | 750 € | 250 € | 600 € |
| Kalk. Zinsen | Schlüssel | 15 % | 13 % | 27 % | 28% | 10 % | 7% |
| Werbung | Verhältniszahl | 0 | 0 | 4 | 2 | 1 | 3 |
| Betriebl. Steuern | Schlüssel | 15 % | 13 % | 27% | 28% | 10 % | 7% |
| Postgebühren | Beleg | 40 € | 60 € | 35 € | 40 € | 25 € | 50 € |

Die Kosten der beiden Hilfskostenstellen werden nach folgendem Verteilungsschlüssel auf die Hauptkostenstellen verteilt:

| ③ | Waren I | Waren II | Waren III | Waren IV |
|---|---|---|---|---|
| Kostenumlage Einkauf | 3 | 4 | 2 | 1 |
| Kostenumlage Verwaltung | 4 | 4 | 1 | 1 |

**VORGEHENSWEISE**

① Zunächst werden aus der Betriebsergebnisrechnung der Ergebnistabelle die Kosten und Leistungen sowohl in die Spalte Gesamt €, als auch in den Zeilen Umsatzerlöse und Einzelkosten eingetragen. Daraus kann dann ein kostenstellenbezogenes Rohergebnis berechnet werden.

**BETRIEBSABRECHNUNGSBOGEN / KOSTENTRÄGERZEITBLATT Juni**

| Lfd. Nr. | Gesamt € | Verteilungsgrundlage | Hilfskostenstellen | | Hauptkostenstellen = Kostenträgergruppen | | | |
|---|---|---|---|---|---|---|---|---|
| | | | Einkauf | Verwaltung | Waren I | Waren II | Waren III | Waren IV |
| Umsatzerlöse | ① 125.919 | | | | 52.000 | 53.500 | 13.900 | 6.519 |
| Einzelkosten (AfW) | ① 85.000 | | | | 34.000 | 38.200 | 8.500 | 4.300 |
| Rohgewinn | ① 40.919 | | | | 18.000 | 15.300 | 5.400 | 2.219 |
| Handelsspanne | 32,5 % | | | 34,62 % | 28,6 % | 38,85 % | 34,04 % | |
| Gemeinkosten (GK) | | | | | | | | |
| Gehälter | ① 18.000 | ② Gehaltsliste | 2.700 | 2.500 | 4.850 | 5.200 | 1.500 | 1.250 |
| Abschreibungen | ① 4.500 | ② Anlagewerte | 800 | 1.250 | 850 | 750 | 250 | 600 |
| A. f. Fort- u. Wei.bild. | ① 4.600 | ② Schlüssel | 460 | 920 | 1.150 | 1.150 | 575 | 345 |
| Postgebühren | ① 250 | ② Beleg | 40 | 60 | 35 | 40 | 25 | 50 |
| Werbung | ① 2.100 | ② Verhältniszahl | | | 840 | 420 | 210 | 630 |
| Betriebl. Steuern | ① 1.000 | ② Schlüssel | 150 | 130 | 270 | 280 | 100 | 70 |
| Zinsaufwendungen | ① 3.800 | ② Schlüssel | 570 | 494 | 1.026 | 1.064 | 380 | 266 |
| kalkul. Miete | ① 4.000 | ② m² | 500 | 750 | 1.000 | 875 | 500 | 375 |
| **Summe GK** | **38.250** | | **5.220** | **6.104** | **10.021** | **9.779** | **3.540** | **3.586** |
| Kostenuml. Einkauf | | ③ B.-Kosten/WG | | | 1.566 | 2.088 | 1.044 | 522 |
| Kostenuml. Verwalt. | | ③ Schlüssel | | | 2.442 | 2.442 | 610 | 610 |
| **Summe HK** | **38.250** | | | | **14.029** | **14.309** | **5.194** | **4.718** |
| HKzuschlagssätze | ④ 45 % | | | | 41,26 % | 37,46 % | 61,11 % | 109,72 % |
| Selbstkosten | ④ 123.250 | | | | 48.029 | 52.509 | 13.694 | 9.018 |
| Betriebsergebnis | ④ 2.669 | | | | 3.971 | 991 | 206 | – 2.499 |
| Betriebsergebnis % | ④ 2,17 % | | | | 8,27 % | 1,89 % | 1,5 % | – 27,71 % |

② Die Gemeinkosten werden auf die Kostenstellen verteilt. Sofern die Euro-Beträge direkt aus Listen oder Belegen vorliegen (bei Gehältern, Abschreibungen und Postgebühren), werden sie direkt in das entsprechende Feld des BAB übertragen. Bei der Kostenart Werbung sind die Kosten mit Hilfe der Verteilungsrechnung zuzuordnen. Die einzelnen Anteile werden zunächst addiert:

$$0 + 0 + 4 + 2 + 1 + 3 = 10 \text{ Teile.}$$

Dann wird der gesamte Betrag durch die Anzahl der Teile geteilt:

$$2.100 \,€ : 10 = 210 \,€ \text{ pro Teil.}$$

Im letzten Schritt werden die Kosten pro Anteil mit der Menge der Anteile je Kostenstelle multipliziert:

$$4 \cdot 210 \,€ = 840 \,€ \text{ für die Warengruppe I, } 2 \cdot 200 \,€ = 420 \,€ \text{ für die Warengruppe II.}$$

Die anderen Werte werden auf die gleiche Weise berechnet. Soweit die Verteilung in Prozentsätzen angegeben ist (bei Aufwendungen für Fort- und Weiterbildung, kalkulatorischen Zinsen und betrieblichen Steuern), müssen die Prozentwerte für die einzelnen Kostenstellen berechnet werden. Beispielsweise Zinsaufwendungen für den Einkauf:

$$3.800 \,€ \cdot 15 \,\% = 570 \,€.$$

③ Die Summe der in den Hilfskostenstellen angefallenen Kosten werden entsprechend den vorgegebenen Anteilen auf die Hauptkostenstellen verteilt. Die Anteile geben an, in welchem Maße die Hauptkostenstellen die Leistungen der Hilfskostenstellen in Anspruch genommen haben.

④ Im letzten Schritt werden die kostenstellenspezifischen Zuschlagssätze (siehe diesbezügliche Formel im Kapitel 4.5.2) und der Betriebsgewinn ermittelt. Die Selbstkosten ergeben sich aus der Summe des Wareneinsatzes (Einzelkosten / Aufwendungen für Waren) und der Summe der Handlungskosten. Das Betriebsergebnis errechnet sich aus der Differenz von Umsatzerlösen und Selbstkosten. Das Betriebsergebnis wird in der letzten Zeile in Prozent von den Selbstkosten ausgedrückt.

**Auswertung der Ergebnisse**

Durch die Aufschlüsselung der Kosten nach Kostenstellen wird sichtbar, wie unterschiedlich erfolgreich die einzelnen Abteilungen arbeiten. Aus der Ergebnistabelle war zunächst ein Handlungskostenzuschlagssatz für alle Warengruppen von 45 % errechnet worden. Die Aufschlüsselung im Betriebsabrechnungsbogen zeigt nun, dass bei der Warengruppe III (Non-Books) 61,11 % auf den Wareneinsatz bzw. Bezugspreis aufgeschlagen werden müssen, um einen Verkaufspreis zu erhalten, der die gesamten Handlungskosten dieser Warengruppe deckt.

Obwohl Warengruppe III den zweithöchsten Handlungskostenzuschlagssatz aufweist, steht sie in Bezug auf das Betriebsergebnis in Prozent annähernd so gut da wie Warengruppe II. Das liegt an der relativ hohen Handelsspanne (Differenz zwischen Einkaufs- und Verkaufspreis in
Prozent vom Verkaufspreis). Sie liegt in Warengruppe III bei 38,85 %,
während sie in Warengruppe II (Fachbuch, Sachbuch, Schulbuch), die
den niedrigsten Handlungskostenzuschlagssatz (37,46 %) aufweist, bei
nur 28,6 % liegt.

## Angebotskalkulation / Vorkalkulation

Die im BAB für den Monat Juni gewonnenen Zuschlagssätze werden für
die Kalkulation der Verkaufspreise frei kalkulierbarer Ware benötigt. Die
Zuschlagssätze wurden aus den tatsächlichen Zahlen einer vergangenen
Abrechnungsperiode gewonnen und werden als **Ist-Zuschlagssätze** (Ist-
kosten = im Nachhinein feststellbare tatsächliche Kosten) bezeichnet.
Die Ist-Zuschlagssätze sind allerdings den Einflüssen der jeweiligen Periode, für die sie ermittelt werden, unterworfen und schwanken daher. Aus
diesem Grund eignen sie sich nicht für eine zukunftsorientierte, konstan-
te Planung für einen längeren Zeitraum.

Um eine sichere Grundlage für die Kalkulation künftiger Perioden zu
haben, muss mit geschätzten Zuschlagssätzen gearbeitet werden. Diese
Schätzung kann auf den Durchschnittswerten mehrerer vergangener Ist-
Zuschlagssätze bei Normalbeschäftigung beruhen. Durch die Bildung so
genannter **Normal-Zuschlagssätze** werden die Besonderheiten einzelner
Abrechnungsperioden eliminiert. In folgendem Beispiel würde der
Normalkosten-Zuschlagssatz als arithmetischer Mittelwert auf Basis der
Ist-Zuschläge der vergangenen sechs Monate 41,78 % betragen. Berech-
nung eines Normalkosten-Zuschlagssatzes:

| Monat | Ist-Gemeinkosten-zuschlagssatz |
|---|---|
| Januar | 41,85 % |
| Februar | 40,98 % |
| März | 42,03 % |
| April | 42,29 % |
| Mai | 42,28 % |
| Juni | 41,26 %  ← siehe BAB Juni: Waren I (Seite 288) |
| SUMME | 250,69 % : 6 = 41,78 % |

## Kostenkontrolle (Nachkalkulation)

Selbstverständlich muss am Ende der nächsten Abrechnungsperiode kontrolliert werden, ob die Normalgemeinkostenzuschläge der Vorkalkulation gereicht haben, um die tatsächlich angefallenen Kosten zu decken. Im Rahmen dieser Nachkalkulation werden die Normalkosten mit den Ist-Kosten verglichen:

Verrechnete Kosten — Erreichte Kosten = Saldo
Normalkosten > Ist-Kosten = Kostenüberdeckung
Normalkosten < Ist-Kosten = Kostenunterdeckung

**BEISPIEL**

In der Vorkalkulation wurden für den Monat Juni die unten aufgeführten Normalgemeinkosten aufgrund der Normalgemeinkostenzuschlagssätze ermittelt. Die im BAB Juni (Seite 288) tatsächlich angefallenen Gemeinkosten (Ist-Kosten) werden mit den Normalgemeinkosten der Vorkalkulation verglichen und jeweils eine Kostenunter- bzw. Kostenüberdeckung festgestellt:

| | Waren I | Waren II | Waren III | Waren IV | GESAMT |
|---|---|---|---|---|---|
| Ist-Gemeinkosten lt. BAB Juni (S. 288) | 14.029 | 14.309 | 5.194 | 4.718 | 38.250 |
| Normalgemeinkosten (fiktive Werte) | 14.300 | 14.500 | 5.000 | 4.900 | 38.700 |
| Kostenüberdeckung | 271 | 191 | | 182 | 644 |
| Kostenunterdeckung | | | 194 | | 194 |

### Aufgaben

17 Kennzeichnen Sie die richtigen Aussagen in Bezug auf den Betriebsabrechnungsbogen (BAB I) mit einer **1** und die falschen Aussagen mit einer **2**.

1 ☐ In einem BAB werden Gemeinkosten auf die jeweiligen Kostenstellen verteilt.

2 ☐ In einem BAB werden nur die fixen Kosten auf die Kostenstellen verteilt.

2 ☐ In einem BAB wird das neutrale Ergebnis ermittelt.

1 ☐ In einem BAB werden die Handlungskostenzuschläge für einzelne Kostenstellen berechnet.

1 ☐ In einem BAB werden die Selbstkosten je Kostenstelle ermittelt.

2 ☐ In einem BAB werden neutrale Aufwendungen und Erträge von den Kosten und Leistungen getrennt.

2 ☐ Ein BAB dient zur Ermittlung des neutralen Ergebnisses.

2 ☐ Nur im BAB wird das Betriebsergebnis ermittelt.

1 ☐ In einem BAB werden gegebenenfalls die Gemeinkosten der Hilfskostenstellen auf Hauptkostenstellen verteilt.

1 ☐ Die Verteilung auf die Kostenstellen erfolgt über bestimmte Schlüssel.

2 ☐ Die Verteilung auf die Kostenstellen kann nur nach Belegen erfolgen.

2 ☐ Der BAB dient der stückbezogenen Ermittlung der Handlungskosten.

1 ☐ In einem BAB werden die Handlungskosten als Prozentsatz des Wareneinsatzes ausgedrückt.

1 ☐ In einem BAB ermittelte Handlungskostenzuschläge können für die Kalkulation verwendet werden.

18 Für den Monat August liegt Ihnen die folgende Betriebsergebnisrechnung von *Land in Sicht* vor. Die Buchhandlung hat ihre Warengruppen zu vier übergreifenden Gruppen zusammengefasst, die gleichzeitig Hauptkostenstellen entsprechen. Es werden keine Hilfskostenstellen gebildet. Gehen Sie dabei von der Ergebnistabelle aus, die Sie in Aufgabe 14 (S. 280) entwickelt haben.

**Betriebsergebnisrechnung**

| Konto | Kosten | Leistungen |
|---|---|---|
| AfW I | 22.000 | |
| AfW II | 18.000 | |
| AfW III | 15.000 | |
| AfW IV | 6.200 | |
| Gehälter | 11.700 | |
| Gewerbesteuer | 3.870 | |
| Abschreibungen | 2.150 | |
| Zinsaufwendungen | 2.650 | |
| Werbung | 1.800 | |
| Betriebliche Steuern | 1.080 | |
| Kfz-Kosten | 360 | |
| Kalkulatorische Miete | 3.800 | |
| Sonstige Kosten | 2.070 | |
| Umsatzerlöse I | | 35.000 |
| Umsatzerlöse II | | 25.000 |
| Umsatzerlöse III | | 19.000 |
| Umsatzerlöse IV | | 11.000 |

Die Gemeinkosten sind nach folgendem Schlüssel (kaufmännisch auf ganze Euro gerundet) zu verteilen:

| Kostenart | Verteilungs-grundlage | Gruppen I | II | III | IV |
|---|---|---|---|---|---|
| Gehälter | Gehaltsliste | 5.000 | 2.700 | 2.200 | 1.800 |
| Gewerbesteuer | Schlüssel | 40 % | 30 % | 20 % | 10 % |
| Abschreibungen | Anlageverz. | 1.050 | 300 | 450 | 350 |
| Zinsaufwendungen | Schlüssel | 40 % | 34 % | 16 % | 10 % |
| Werbung | Schlüssel | 2 | 3 | 4 | 3 |
| Betriebliche Steuern | Schlüssel | 45 % | 25 % | 20 % | 10 % |
| Kfz-Kosten | Schlüssel | 3 | 3 | 2 | 2 |
| Kalkulatorische Miete | m² | 100 | 65 | 70 | 50 |
| Sonstige Kosten | Belege | 1.000 | 200 | 300 | 570 |

Stellen Sie einen Betriebsabrechnungsbogen auf und berechnen Sie für die jeweiligen Kostenstellen:

**a)** die Handelsspanne

**b)** die Summe der Handlungskosten,

**c)** den Handlungskostenzuschlagssatz,

**d)** die Selbstkosten,

**e)** das Betriebsergebnis in Euro,

**f)** das Betriebsergebnis in Prozent (Gewinnzuschlagssatz),

**g)** die Umsatzrentabilität.

**19** Nehmen Sie die aus Aufgabe 15 (S. 281) entwickelte Ergebnistabelle. Hier hat eine Buchhandlung (Einzelunternehmen) ihre Warengruppen zu drei übergreifenden Gruppen zusammengefasst, die gleichzeitig Hauptkostenstellen entsprechen. Es werden keine Hilfskostenstellen gebildet. Für die Aufstellung eines BAB liegt folgende Betriebsergebnisrechnung vor:

**Betriebsergebnisrechnung**

| Konto | Kosten | Leistungen |
|---|---|---|
| AfW I | 42.000 | |
| AfW II | 45.000 | |
| AfW III | 15.000 | |
| Gehälter | 25.600 | |
| Unternehmerlohn | 3.800 | |
| Kalkulatorische Miete | 2.000 | |
| Abschreibungen | 8.770 | |
| Kalkulatorische Zinsen | 2.650 | |
| Werbung | 2.000 | |
| Betriebliche Steuern | 500 | |
| Sonstige Kosten | 1.600 | |
| Umsatzerlöse I | | 60.000 |
| Umsatzerlöse II | | 70.000 |
| Umsatzerlöse III | | 20.000 |

Für die Verteilung der Gemeinkosten gibt es folgende Angaben:

| Gemeinkostenverteilung | Gesamt G | Gruppe I | Gruppe II | Gruppe III |
|---|---|---|---|---|
| Gehälter | 25.600 | 9.900 | 12.200 | 3.500 |
| Unternehmerlohn | 3.800 | 3 | 4 | 1 |
| Kalkulatorische Miete | 2.000 | 60 | 70 | 20 |
| Abschreibungen | 8.770 | 3.070 | 4.000 | 1.700 |
| Kalkulatorische Zinsen | 2.650 | 40 % | 45 % | 15 % |
| Werbung | 2.000 | 3 | 4 | 1 |
| Betriebliche Steuern | 500 | 40 % | 45 % | 15 % |
| Sonstige Kosten | 1.600 | 650 | 800 | 150 |

Stellen Sie einen Betriebsabrechnungsbogen BAB I auf
und berechnen Sie für die jeweiligen Kostenstellen …

**a)** die Summe der Handlungskosten,

**b)** den Handlungskostenzuschlagssatz,

**c)** die Selbstkosten,

**d)** das Betriebsergebnis in Euro,

**e)** das Betriebsergebnis in Prozent.

20 Nehmen Sie die aus Aufgabe 16 (S. 282) entwickelte Ergebnistabelle.
Die Betriebsergebnisrechnung einer Buchhandlung (Einzelunternehmen) weist folgende Zahlen aus:

**Betriebsergebnisrechnung**

| Konto | Kosten | Leistungen |
|---|---|---|
| AfW I | 19.899 | |
| AfW II | 8.468 | |
| AfW III | 4.875 | |
| Gehälter | 3.270 | |
| Unternehmerlohn | 3.900 | |
| Kalkulatorische Miete | 2.000 | |
| Sachkosten Geschäftsräume | 440 | |
| Werbekosten | 580 | |
| Kosten für EDV | 240 | |
| Gewerbesteuer | 50 | |
| Grundsteuer | 60 | |
| Kraftfahrzeugkosten | 480 | |
| Kalk. Zinsen | 1.100 | |
| Abschreibungen | 720 | |
| Übrige Kosten | 1.750 | |
| Umsatzerlöse I | | 29.700 |
| Umsatzerlöse II | | 11.600 |
| Umsatzerlöse III | | 7.500 |

Entsprechend der drei Warengruppen sind drei Hauptkostenstellen zu bilden, auf welche die Gemeinkosten nach folgendem Schlüssel zu verteilen sind:

| Kostenart | Verteilungs-grundlage | Gruppen I | II | III |
|---|---|---|---|---|
| Gehälter | Gehaltsliste | 2.100 € | 670 € | 500 € |
| Unternehmerlohn | Verhältniszahl | 3 | 2 | 0 |
| Kalkulatorische Miete | m² | 105 | 30 | 15 |
| Sachkosten Geschäftsräume | m² | 105 | 30 | 15 |
| Werbekosten | Verhältniszahl | 3 | 1 | 1 |
| IT-Kosten | Schlüssel | 60 % | 25 % | 15 % |
| Gewerbesteuer | Schlüssel | 60 % | 25 % | 15 % |
| Grundsteuer | m² | 105 | 30 | 15 |
| Kfz-Kosten | Schlüssel | 60 % | 40 % | 0 |
| Zinsaufwendungen | Schlüssel | 60 % | 25 % | 15 % |
| Abschreibungen | Anlagewerte | 500 € | 140 € | 80 € |
| Übrige Kosten | Schlüssel | 60 % | 25 % | 15 % |

Stellen Sie einen Betriebsabrechnungsbogen BAB I auf und berechnen Sie für die jeweiligen Kostenstellen:

a) die Handelsspanne,
b) die Summe der Handlungskosten,
c) den Handlungskostenzuschlagssatz,
d) die Selbstkosten,
e) das Betriebsergebnis in Euro,
f) das Betriebsergebnis in Prozent.

## 4.5 Kostenträgerrechnung

Die Kostenrechnung umfasst drei Bereiche: die Kostenarten- und die Kostenstellenrechnung, die gelegentlich zusammen auch als Betriebsabrechnung bezeichnet werden, sowie die Kostenträgerrechnung, für die mitunter die Begriffe Selbstkostenrechnung, Stückkostenrechnung oder auch einfach Kalkulation synonym verwendet werden.

Aufgabe der Kostenträgerrechnung ist es, für alle erstellten Produkte und Dienstleistungen (Kostenträger) die Kosten eines einzelnen Stücks (Stückkosten) zu ermitteln und die Einzel- und Gemeinkosten derjenigen betrieblichen Leistung zuzurechnen, die sie zu tragen hat. Die Kostenträgerrechnung wird unterteilt in die Kostenträgerzeitrechnung und die Kostenträgerstückrechnung.

**Kostenträgerrechnung**

| Kostenträgerzeitrechnung | und | Kostenträgerstückrechnung |
|---|---|---|
| In dieser Erfolgsrechnung werden der Gesamtgewinn und die einzelnen Erfolgsbeiträge der einzelnen Erzeugnisse bzw. Erzeugnisgruppen (z. B. monatlich) ermittelt und analysiert. | | In dieser Erfolgsrechnung wird ermittelt, welche Kosten in welcher Höhe pro Stück angefallen sind. |

## 4.5.1
## Kostenträgerzeitrechnung

In unserem Beispiel (Kap. 4.4, Seite 287ff) wurde der BAB für den Monat Juni entwickelt. Hier werden sowohl die Umsatzerlöse als auch die Einzelkosten (AfW), die beide aus der Finanzbuchführung übernommen werden konnten, berücksichtigt. Der Betriebsabrechnungsbogen (BAB I) wird dadurch auch gleichzeitig zu einem Kostenträgerzeitblatt (BAB II) und es kann das Betriebsergebnis der einzelnen Warengruppen für Juni ermittelt werden. Die Kostenträgerzeitrechnung ist hier bereits im BAB I erfolgt.

### Kostenträgerzeitblatt (BAB II) mit Normalzuschlagssätzen

Im Kostenträgerzeitblatt – auch Betriebsabrechnungsbogen II (BAB II) genannt – kann nochmals in tabellarischer Form unter Berücksichtigung der tatsächlich angefallenen Kosten (Istkosten) das Betriebsergebnis ermittelt werden. Die Vorgehensweise entspricht der Kalkulation, allerdings unter Berücksichtigung der von einer Produktart insgesamt abgesetzten Menge.

Das Kostenträgerzeitblatt kann auf Normal- oder Istkostenbasis erstellt werden. Üblicherweise wird mit den auf Durchschnittswerten beruhenden **Normalkosten** kalkuliert. Die Selbstkosten ergeben sich dann als Summe der tatsächlich angefallenen Einzelkosten (Wareneinsatz) der Periode, die Bestandsveränderungen beinhalten und bereits aus der Finanzbuchführung bekannt sind, und den Gemeinkosten, die mit Normalkostenzuschlagssätzen berechnet wurden (Normalkosten). Für das Kostenträgerzeitblatt (BAB II) gilt das folgende Schema.

| Einzelkosten / Wareneinsatz (lt. Fibu) | 85.000 € | lt. Fibu Juni (Seite 275) |
|---|---|---|
| + Gemeinkosten (auf Normalkostenbasis) | 38.700 € | lt. Vorkalkul. Juni (Seite 291) |
| = Selbstkosten des Umsatzes (auf Normalkostenbasis) | 123.700 € | |
| Umsatzerlöse (lt. Fibu) | 125.919 € | lt. Fibu Juni (Seite 275) |
| − Selbstkosten des Umsatzes (auf Normalkostenbasis) | 123.700 € | |
| = Umsatzergebnis | 2.219 € | |

Das Umsatzergebnis drückt den auf Grundlage von Normalkostenzuschlagssätzen erzielten Gewinn oder Verlust der Periode aus und unterscheidet sich vom Betriebsergebnis lediglich durch die Kostenüberdeckung bzw. Kostenunterdeckung. Die solchermaßen ermittelten Werte
sind im Voraus festgelegte Kosten. Sie werden anschließend mit den
tatsächlich angefallenen Kosten (Istkosten) des BAB I abgeglichen
(Nachkalkulation).

Sobald die Istkosten vorliegen, kann das Umsatzergebnis um die er-
mittelte Differenz zwischen Istgemeinkosten und den vorher berechneten
Normalgemeinkosten (Über- bzw. Unterdeckung) berichtigt werden.
Man erhält das bereits aus der Ergebnistabelle bekannte Betriebsergebnis:

| Umsatzergebnis | 2.219 € | (siehe oben) |
|---|---|---|
| + Kostenüberdeckung (Vergleich mit den Istkosten des BAB I) | 644 € | WG I, III, V für Juni (Seite 291) |
| − Kostenunterdeckung (Vergleich mit den Istkosten des BAB I) | 194 € | WG III für Juni (Seite 291) |
| = Betriebsergebnis | 2.669 € | |

**BEISPIEL**

In unserem Beispiel aus Kap. 4.4 (Seite 289ff) sollen im Rahmen einer Vorkalkulation aufgrund von Normalzuschlagssätzen für jede der vier Warengruppen berechnet werden:

a)  die Selbstkosten des Umsatzes,
b)  das Umsatzergebnis,
c)  die jeweilige Über- bzw. Unterdeckung in Euro.

Die Werte für Einzelkosten (AfW) und Umsatzerlöse können aus dem BAB übernommen werden. Die Gemeinkostenzuschlagssätze entsprechen nicht denen des
BAB, weil dort die tatsächlich in diesem Abrechnungszeitraum angefallenen Zu-
schläge berechnet wurden, während hier mit Normalzuschlägen – also mit Durchschnittswerten mehrerer Abrechnungsperioden – gerechnet wird.

| | Waren I | Waren II | Waren III | Waren IV |
|---|---|---|---|---|
| Umsatzerlöse | 52.000 | 53.500 | 13.900 | 6.519 |
| Einzelkosten (Wareneinsatz) | 34.000 | 38.200 | 8.500 | 4.300 |
| Gemeinkosten (Normalzuschl.) | 39 % | 37 % | 54 % | 145 % |
| BETRIEBSERGEBNIS LT. BAB aufgrund von Istkosten | 4.381 | 1.326 | 721 | −3.759 |

**LÖSUNGSWEG**

Entsprechend dem vorseitigen Kalkulationsschema ergibt sich folgende Tabelle:

|  | Waren I | Waren II | Waren III | Waren IV |
|---|---|---|---|---|
| Einzelkosten (Wareneinsatz) | 34.000 | 38.200 | 8.500 | 4.300 |
| ① Gemeinkosten / Normalzuschläge | 39% | 37% | 54% | 145% |
| ② Selbstkosten des Umsatzes | 47.260 | 52.334 | 13.090 | 10.535 |
| Umsatzerlöse | 52.000 | 53.500 | 13.900 | 6.519 |
| − Selbstkosten des Umsatzes | 47.260 | 52.334 | 13.090 | 10.535 |
| ③ Umsatzergebnis | 4.740 | 1.166 | 810 | 4.016 |
| + Überdeckung ④ |  | 160 |  |  |
| − Unterdeckung ④ | 359 |  | 89 | 257 |
| **BETRIEBSERGEBNIS** | 4.381 | 1.326 | 721 | 3.759 |

**VORGEHENSWEISE UND ERGEBNISBEWERTUNG**

Die angegebenen ① Gemeinkosten- bzw. Handlungskosten-Zuschlagssätze weichen von den im BAB errechneten Handlungskostenzuschlagssätzen ab, weil in der Vorkalkulation zunächst mit den auf Durchschnittswerten beruhenden Normalkosten kalkuliert wird. Im BAB dagegen handelt es sich es sich um Istkostenzuschläge aufgrund der tatsächlich angefallenen Gemeinkosten.

Die ② Selbstkosten des Umsatzes basieren also auf den tatsächlich angefallenen Einzelkosten der Periode und den Gemeinkosten aufgrund von Normalkostenverrechnungssätzen.

Werden die Selbstkosten des Umsatzes von den Umsatzerlösen subtrahiert, so erhält man das vorläufige Betriebsergebnis, das ③ Umsatzergebnis. Das Umsatzergebnis drückt den auf Grundlage von Normalverrechnungssätzen erzielten Gewinn oder Verlust der Periode aus. Es unterscheidet sich durch die Unter- bzw. Überdeckung vom später ermittelten Betriebsergebnis, das aufgrund der tatsächlich in der Periode angefallenen (Ist-) Kosten zustande gekommen ist.

Aus der Differenz zwischen dem Betriebsergebnis und dem vorweg kalkulierten Umsatzergebnis ergibt sich dann eine ④ Über- oder Unterdeckung. Im vorliegenden Beispiel kommt es in den Warengruppen I, III und IV zu einer Unterdeckung: Die tatsächlich entstandenen Gemeinkosten sind höher als in der Vorkalkulation veranschlagt.

## 4.5.2
## Kostenträgerstückrechnung

In der Kostenträgerstückrechnung, auch **Kalkulation** genannt, werden die Selbstkosten für das einzelne Stück berechnet. Daraus kann dann bei nicht preisgebundenen Waren der Verkaufspreis ermittelt werden. Bei

Waren mit gebundenen Ladenpreisen dient die Kalkulation der Gewinnermittlung im Rahmen einer Differenzkalkulation.

**Freie Kalkulation** (Kalkulation nicht preisgebundener Ware)

Der erste Teil der Kalkulation, die so genannte Einkaufskalkulation, hat
zum Ziel, Angebote miteinander vergleichbar zu machen. Dieser Teil
wurde bereits in Kapitel 1.5 erläutert. Im zweiten Teil der Kalkulation
wird der Verkaufspreis der Ware unter Einrechnung aller anteiligen Kosten und eines angemessenen Gewinns berechnet. Der auf diese Weise
ermittelte Preis stellt somit sicher, dass dem Unternehmen über die Verkaufserlöse die Finanzmittel zufließen, die seine Existenz auf Dauer sichern. Ob der kalkulierte Preis am jeweiligen Absatzmarkt gefordert
werden kann, hängt allerdings von der Konkurrenz- und Nachfrage-
situation ab.

   Der Verkaufspreis wird mit Hilfe der Zuschlagskalkulation berechnet.
Der Vollständigkeit halber wird im folgenden Schema und in dem auf
Seite 301 noch einmal der Teil der Einkaufskalkulation mit aufgeführt.

**Schema der freien Kalkulation**

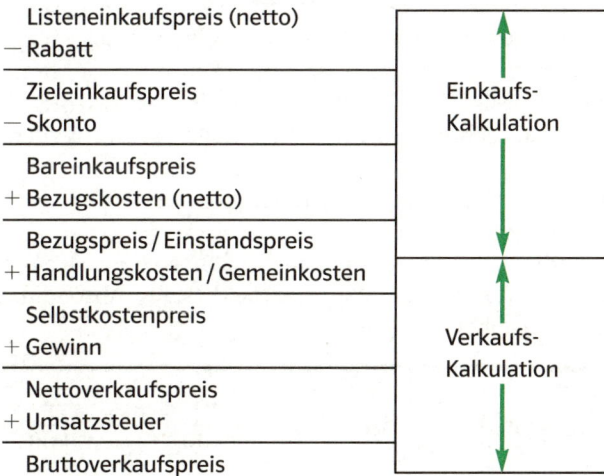

Kalkuliert man für größere Stückzahlen oder gleich für ganze Warengruppen, so wird statt des Begriffs ›Verkaufspreis‹ der Begriff ›Umsatz‹
verwendet.

**Einzel- und Gemeinkosten in der Kalkulation**

Die Einzelkosten lassen sich unmittelbar einer bestimmten Ware oder Warengruppe zuordnen. Dazu gehören in erster Linie die Aufwendungen für Waren und die Bezugskosten.

Die Gemeinkosten hingegen lassen sich nicht unmittelbar einer bestimmten Ware oder Warengruppe zuordnen, weil sie für alle Handelswaren des Unternehmens anfallen. Hierzu gehören nicht nur die Grundkosten mit Ausnahme des Wareneinsatzes, sondern auch alle kalkulatorischen Kosten, wie kalkulatorische Abschreibungen, kalkulatorische Miete, kalkulatorische Zinsen oder der kalkulatorische Unternehmerlohn. Die Gemeinkosten werden auch als Handlungskosten bezeichnet.


**Berechnung des Handlungskostenzuschlagssatzes**

Die Selbstkosten einer Ware geben darüber Auskunft, wie viel das Unternehmen – unter Berücksichtigung aller Kosten – für die Ware aufgewendet hat. Zur Berechnung der Selbstkosten für eine Ware müssen also alle Einzel- und Gemeinkosten berücksichtigt werden. Während die Einzelkosten der Ware direkt zugeordnet werden können, fällt es jedoch beispielsweise schwer, das Gehalt des Buchhalters der einzelnen Ware zuzurechnen. Deshalb werden die Gemeinkosten als Zuschlagssatz berechnet, um sie dann einem einzelnen Stück zuordnen zu können:
1. Die Bezugspreise für alle Waren, also die Einzelkosten für einen bestimmten Abrechnungszeitraum (Wareneinsatz), werden zusammengerechnet.
2. Die gesamten Handlungskosten der gleichen Periode (Gemeinkosten) werden addiert.
3. Die Handlungskosten werden als Prozentsatz von der Summe der Bezugspreise (Wareneinsatz) ausgedrückt (siehe Abschnitt ›Auswertung der Ergebnistabelle‹, Seite 278).

$$\text{Handlungskostenzuschlagssatz} = \frac{\text{Handlungskosten} \cdot 100}{\text{Wareneinsatz (Bezugs-/Einstandspreis)}}$$

4. Der so berechnete Handlungskostenzuschlagssatz in Prozent wird auf die Einzelkosten (Bezugspreis) aufgeschlagen.
5. Daraus ergibt sich der Selbstkostenpreis – der Preis, der *alle* Kosten deckt.

## Gewinnzuschlag

Über die Verkaufserlöse sollen alle Kosten gedeckt werden, die länger-fristig zum Erhalt der Unternehmenssubstanz nötig sind. Darüber hinaus soll ein Gewinn erwirtschaftet werden, der als Rücklage für schlechtere Zeiten oder für Neuinvestitionen dient. Dieser Gewinn, der sich an ver-öffentlichten Branchenzahlen, aber auch an den Zahlen der eigenen Betriebsergebnisrechnung orientieren kann, wird in Form eines Zuschlags-satzes auf den Selbstkostenpreis berechnet. Falls keine Betriebsergebnis-rechnung durchgeführt wurde, muss statt mit dem Betriebsgewinn mit dem steuerlichen Reingewinn gerechnet werden.

Nachdem der Gewinn zum Selbstkostenpreis addiert wurde, ist der Nettoverkaufspreis der Ware berechnet. Jetzt fehlt nur noch die Umsatz-steuer, die in einem letzten Schritt hinzu kommt. Im Folgenden wird an einem Beispiel der komplette Rechengang vom Einkaufspreis bis zum Bruttoverkaufspreis erläutert.

**BEISPIEL**

Zehn CD-ROM werden zu einem Listeneinkaufspreis (netto) von 25 € pro Stück eingekauft. Es werden ein Rabatt von 5 % und 2 % Skonto gewährt. Für den sepa-raten Transport fallen 7,50 € (netto) an. Aus der Normalkostenrechnung hat sich ein Handlungskostenzuschlagssatz von 46 % und ein Gewinnzuschlagssatz von 5 % für diesen Kostenträger ergeben. Für die Kalkulation des Verkaufspreises sind noch 19 % USt zu berücksichtigen.

**LÖSUNGSWEG**

|   |   |   |   |   |   |   |
|---|---|---|---|---|---|---|
| | Listeneinkaufspreis (netto) | 250,00 € | ① | ≙ 100 % | | |
| R | − Rabatt | 12,50 € | | ≙ 5 % | | |
| | Zieleinkaufspreis | 237,50 € | | ≙ 95 % | ② | ≙ 100 % |
| S | − Skonto | 4,75 € | | | | ≙ 2 % |
| | Bareinkaufspreis | 232,75 € | ③ | | | ≙ 98 % |
| B | + Bezugskosten (netto) | 7,50 € | | Addition | | |
| | Bezugspreis / Einstandspreis | 240,25 € | | | ④ | ≙ 100 % |
| H | + Handlungskosten / Gemeinkosten | 110,52 € | | | | ≙ 46 % |
| | Selbstkostenpreis | 350,77 € | ⑤ | ≙ 100 % | | ≙ 146 % |
| G | + Gewinn | 17,54 € | | ≙ 5 % | | |
| | Nettoverkaufspreis | 368,30 € | | ≙ 105 % | ⑥ | ≙ 100 % |
| U | + Umsatzsteuer | 69,98 € | | | | ≙ 19 % |
| | Bruttoverkaufspreis | 438,28 € | | | | ≙ 119 % |

Eselsbrücke: **R**olling **S**tones ~~und~~ **B**eatles **H**aben **G**itarren **U**mhängen

Für eine CD-ROM würde sich ein Stückpreis von 438,28 : 10 = 43,83 € ergeben. Da es sich hierbei aber um das Ergebnis der Kalkulation handelt, sollte der Preis auf einen gängigeren Bruttoverkaufspreis, beispielsweise 43,90 €, gerundet werden. Bevor dieser Preis dann als endgültiger Verkaufspreis für die Ware festgesetzt wird, ist zu prüfen, ob er am Markt realisiert werden kann. Das wiederum hängt von der Nachfrage nach diesem Produkt und von den Preisen der Konkurrenz ab.

### Aufgaben

21 *Land in Sicht* ergänzt das Sortiment um Kuscheltiere. Es werden 30 Teddybären zu einem Einkaufspreis von 10 € (ohne USt) pro Stück bestellt. Es werden 8 % Rabatt und 3 % Skonto gewährt. Die Bezugskosten für die gesamte Lieferung betragen 9 € (ohne USt). In der Kostenrechnung wurde ein Handlungskostenzuschlagssatz von 43 % und ein Gewinnzuschlagssatz von 2 % ermittelt. Berechnen Sie den Bruttoverkaufspreis pro Stück und berücksichtigen Sie dabei einen Umsatzsteuersatz von 19 %. Das Ergebnis soll auf einen glatten Euro-Betrag gerundet werden.

22 Schachspiele können zu einem Stückpreis von 23,80 € (inkl. 19 % USt) eingekauft werden. Als Bezugkosten fallen 2,38 € (inkl. 19 % USt) pro Stück an. Für wie viel Euro kann ein Schachspiel verkauft werden, wenn ein Gemeinkostenzuschlagssatz von 42 % und ein Gewinnzuschlagssatz von 5 %, sowie 19 % Umsatzsteuer berücksichtigt werden müssen? Runden Sie das Ergebnis auf einen glatten Euro-Betrag.

23 Eine Software kann aus Konkurrenzgründen nur zu einem Verkaufspreis von 39 € (inkl. 19 % USt) pro Stück verkauft werden. Zu welchem Preis (netto) darf diese Software höchstens bezogen werden, wenn ein Handlungskostenzuschlagssatz von 45 % und ein Gewinnzuschlag von 2 % einkalkuliert werden müssen?

24 Eine Spielesammlung kann zu einem Nettoeinkaufspreis von 15 € eingekauft werden. Ein Rabatt wird nicht gewährt, aber 2 % Skonto. Für die geplante Lieferung von 20 Spielesammlungen fallen Bezugskosten von 17,85 € (inkl. 19 % USt) an. Es ist ein Handlungskostenzuschlagssatz von 46 % zu berücksichtigen. Die Spielesammlung wird zu einem Preis von 27 € (inkl. 19 % USt) pro Stück angeboten.

 a) Wie hoch ist der Gewinn oder Verlust in Euro, wenn die gesamte Lieferung verkauft wird?

 b) Wie hoch ist der Gewinn oder Verlust in Prozent?

25 Die Summe der Einstandspreise der Non-Book-Abteilung einer Buchhandlung betrug im vergangenen Jahr 40.000 €. Mit welchem Handlungskostenzuschlagssatz muss künftig kalkuliert werden, wenn der Bruttoumsatz (inkl. 19 % USt) bei 75.922 € lag und künftig ein Gewinn von 10 % erzielt werden soll?

**Vereinfachte Verkaufskalkulation**

Das bisher aufgezeigte Kalkulationsverfahren setzt voraus, dass alle Zwischenergebnisse bis zum Bruttoverkaufspreis berechnet werden müssen. Dieses Verfahren ist jedoch im Einzelfall nicht immer praktikabel – vor allem dann nicht, wenn der Kunde eine schnelle Preisauskunft haben möchte. Mit Hilfe des Kalkulationszuschlags oder des Kalkulationsfaktors kann diese Antwort zügig gegeben werden, weil nun in einem Schritt vom Bezugpreis auf den Bruttoverkaufspreis geschlossen werden kann.

**Kalkulationszuschlag**

Zur Berechnung des Kalkulationszuschlags werden die Rechenschritte vom Bezugspreis bis zum Bruttoverkaufspreis zusammengefasst. Die Differenz zwischen Bruttoverkaufspreis und Bezugspreis wird dann in Prozent vom Bezugspreis ausgedrückt. Der so berechnete Kalkulationszuschlag kann dann künftig auf die Bezugspreise der zu kalkulierenden Waren aufgeschlagen werden, um so in einem Schritt vom Bezugspreis zum Bruttoverkaufspreis zu gelangen.

$$\text{Kalkulationszuschlag (KLZ)} = \frac{(\text{Bruttoverkaufspreis} - \text{Bezugspreis}) \cdot 100}{\text{Bezugspreis}}$$

**BEISPIEL**

| | |
|---|---|
| Summe der Bezugspreise | 50.000 |
| + Handlungskosten | 22.500 |
| Selbstkosten | 72.500 |
| + Gewinn | 7.500 |
| Nettoumsatz | 80.000 |
| + Umsatzsteuer | 15.200 |
| Bruttoumsatz | 95.200 |

**Kalkulations-zuschlagssatz 90,4 %**
50.000 + 90,4 % = 95.200

**Kalkulations-faktor 1,904**
50.000 · 1,904 = 95.200

**LÖSUNGSWEG**

$$\text{KLZ} = \frac{(95.200 - 50.000) \cdot 100}{50.000} = 90,4$$

Für alle künftig zu kalkulierenden Waren kann auf den Bezugspreis ein Kalkulationszuschlag von 90,4 % addiert werden, um zum Bruttoverkaufspreis zu gelangen. Eine Ware mit einem Bezugspreis von 100 € würde dann zu einem Bruttoverkaufspreis von 190,40 € angeboten werden.

## Kalkulationsfaktor

Noch schneller in der Handhabung als der Kalkulationszuschlag ist der Kalkulationsfaktor. Er wird berechnet, indem man den Bruttoverkaufspreis durch den Bezugspreis teilt. Wird der Bezugspreis einer frei kalkulierbaren Ware mit dem Kalkulationsfaktor multipliziert, so erhält man unmittelbar den Bruttoverkaufspreis.

$$\text{Kalkulationsfaktor (Kf)} = \frac{\text{Bruttoverkaufspreis}}{\text{Bezugspreis}}$$

oder

$$\text{Kalkulationsfaktor (Kf)} = \frac{\text{Bruttoumsatz}}{\text{Wareneinsatz}}$$

**LÖSUNGSWEG**

$$Kf = \frac{95.200}{50.000} = 1,904$$

Ausgehend vom Bezugspreis ≙ 100 % entspricht der Bruttoverkaufspreis 190,4 %; als Kalkulationsfaktor ausgedrückt das 1,904-fache des Bezugspreises.

## Aufgaben

26 Wie viel Prozent beträgt der Kalkulationszuschlag bei einem Bezugspreis von 50 €, 19 % USt, 6 % Gewinn und 48 % Zuschlag für die Handlungskosten? Runden Sie das Ergebnis auf eine ganze Zahl.

27 Der Wareneinsatz der Warengruppe Non-Books betrug im Vorjahr 200.000 €. Die Handlungskosten für diesen Bereich lagen bei 90.000 €, die Bruttoumsätze (inkl. 19 % USt) bei 357.000 €.
    a) Wie hoch war der Gewinn in Euro?
    b) Wie hoch war der Gewinn in Prozent?
    c) Welcher Kalkulationsfaktor lässt sich berechnen?

**d)** Zu welchem Preis soll ein Spiel angeboten werden, dessen Bezugspreis bei 10 € liegt, wenn es mit dem in c) berechneten Kalkulationsfaktor kalkuliert wird?

**28** Der Wareneinsatz einer Buchhandlung für die Warengruppe *Politisches Sachbuch* lag bei 84.000 €, der Bruttoumsatz (inkl. 19 % USt) bei 142.800 €.

**a)** Welcher Kalkulationszuschlag ergibt sich aus diesen Werten?

**b)** Welcher Kalkulationsfaktor ergibt sich daraus?

**c)** Wie hoch ist die Handelsspanne?

**29** Die Frankfurter Buchhandlung *Land in Sicht* kalkuliert ihre im Ausland bezogenen Bücher mit einem Kalkulationszuschlag von 50 %.

**a)** Zu welchem Euro-Bezugspreis wurde ein Buch eingekauft, das im Verkauf 27 € (inkl. 7 % USt) kostet?

**b)** Wie viel Euro beträgt der Gewinn oder Verlust des in a) genannten Buches, wenn mit einem Handlungskostenzuschlag von 46 % kalkuliert werden muss?

**c)** Wie hoch ist der Gewinn oder Verlust in Prozent?

**30** Ein Buchhändler kalkuliert Geschenkartikel mit einer Handelsspanne von 30 %.

**a)** Mit welchem Preis muss er ›Freundschaftsbücher‹ (19 % USt) auszeichnen, die er für 8,40 € pro Stück bezogen hat? Runden Sie auf volle 10 ct.

**b)** Wie hoch wäre der Kalkulationsfaktor in diesem Fall? Gehen Sie vom gerundeten Verkaufspreis aus und runden Sie den Kalkulationsfaktor auf eine Stelle nach dem Komma.

**Differenzkalkulation** (Buchhändlerkalkulation)

Für den umsatzmäßig größten Anteil an Waren im Buchhandel, den preisgebundenen Büchern, muss keine Kalkulation des Verkaufspreises durchgeführt werden, weil diese Aufgabe bereits der Verlag übernommen hat. Mit dem so genannten Sortimenterrabatt legt die vorhergehende Produktionsstufe fest, wie groß die Differenz zwischen Einkaufs- und Verkaufspreis ist. Der Sortimenterrabatt ist nicht zu vergleichen mit einem Mengenrabatt, wie er üblicherweise auch in anderen Branchen gewährt wird. Er ist ein reiner Wiederverkäuferrabatt.

Der gebundene Endpreis schränkt den Gestaltungsspielraum des Sortiments hinsichtlich der Kalkulation zwangsläufig ein. Der Gewinn wird nicht – wie bei der freien Kalkulation – auf den Selbstkostenpreis aufgeschlagen, sondern ergibt sich aus der Differenz zwischen Nettoverkaufspreis und Selbstkostenpreis. Um den Gewinn der Unternehmung zu er-

höhen, hat der verbreitende Buchhandel nur die Möglichkeit, seine Kosten zu senken. Dies kann geschehen durch:
• die Verbesserung des Grundrabatts (offiziell: Originalverlagsgrundrabatt) durch Naturalrabatt (Partie), Staffelrabatt, Reise- bzw. Vertreterrabatt, Jahresabschlussrabatt o. Ä.,
• günstigere Zahlungsbedingungen in Form von Skonto und Valuta,
• Senkung der Bezugskosten,
• Senkung der Handlungskosten.

Der erste Teil der Kalkulation, die so genannte Einkaufskalkulation, wurde bereits im Kapitel 1.5 ausführlich erläutert. An dieser Stelle wird das Schema der Differenzkalkulation nun komplett dargestellt, wobei bei preisgebundenen Verlagserzeugnisssen der Ladenpreis laut Buchpreisbindungsgesetz ›Endpreis‹ heißt. Auf der nebenstehenden Seite wird das Differenzkalkulationsschema dem der freien Kalkulation gegenübergestellt.

**BEISPIEL**

Ein preisgebundenes Buch mit einem Ladenpreis von 24 € wird zu folgenden Konditionen eingekauft: Rabatt 35 %, 2 % Skonto und Bezugskosten von 1,30 € (ohne USt). Es sind ein Handlungskostenzuschlag von 43 % und 7 % USt zu berücksichtigen. Wie hoch ist der Gewinn in Euro und in Prozent?

**LÖSUNGSWEG**

| | | | | |
|---|---|---|---|---|
| Ladenpreis / Endpreis | 24,00 € | 100 % | | |
| — Rabatt | 8,40 € | 35 % | | |
| Abgabepreis | 15,60 € | 65 % | 100 % | |
| — Skonto | 0,31 € | | 2 % | |
| Überweisungsbetrag | 15,29 € | 107 % | 98 % | ① Vorwärtskalkulation |
| — Umsatzsteuer | 1,00 € | 7 % | | |
| Nettowarenwert | 14,29 € | 100 % | | |
| + Bezugskosten (netto) | 1,30 € | | Addition | |
| Bezugspreis / Einstandspreis | 15,59 € | 100 % | | |
| + Handlungskosten | 6,70 € | 43 % | | |
| Selbstkostenpreis | 22,29 € | 143 % | 100,00 % | |
| + **Gewinn** | ③ **0,14 €** | | ④ **0,63 %** | Differenz in € und % |
| Nettoladenpreis | 22,43 € | 100 % | 100,63 % | |
| + Umsatzsteuer | 1,57 € | 7 % | | ② Rückwärtskalkulation |
| Ladenpreis / Endpreis | 24,00 € | 107 % | | |

Kommentare zum Lösungsweg stehen auf der übernächsten Seite.

## Freie Kalkulation

| | | Eselsbrücke |
|---|---|---|
| N | Listeneinkaufspreis (netto) | Rolling |
| | – Rabatt | |
| | Zieleinkaufspreis | |
| E | – Skonto | Stones |
| | Bareinkaufspreis | |
| T | + Bezugskosten | Beatles |
| | Bezugspreis/Einstandspreis | |
| T | + Handlungskosten | Haben |
| | Selbstkostenpreis | |
| O | + Gewinn | Gitarren |
| | Nettoverkaufspreis | |
| | + Umsatzsteuer | Umhängen |
| Brutto | Bruttoverkaufspreis | |

Zu dem Bezugspreis der Ware werden die Handlungskosten addiert bzw. bei Planung des Verkaufspreises durch in der Vergangenheit festgestellte Zuschlagssätze (HKZ) der Selbstkostenpreis kalkuliert. Darüber hinaus soll ein Gewinn erwirtschaftet werden, der in Form eines Zuschlagssatzes auf den Selbstkostenpreis berechnet wird (Gewinnzuschlag). Während im BAB die tatsächlichen HKZ **einer** Rechnungsperiode (**Ist-Kosten**) aufgrund der tatsächlich angefallenen Kosten ermittelt werden, wird hier mit Durchschnittswerten mehrerer vergangener Abrechnungsperioden kalkuliert (**Normalkosten**).

## Differenzkalkulation (Buchhandel)

| | | Eselsbrücke |
|---|---|---|
| B | Ladenpreis / Endpreis (brutto) | Rolling |
| R | – Rabatt | |
| U | Abgabepreis | |
| T | – Skonto | Stones |
| O | Überweisungsbetrag | |
| | – Umsatzsteuer | Und(!) |
| N | Nettowarenwert | |
| E | + Bezugskosten | Beatles |
| | Bezugspreis / Einstandspreis | |
| T | + Handlungskosten | Haben |
| | Selbstkostenpreis | |
| T | + **Gewinn** | Gitarren |
| O | Nettoladenpreis | |
| | + Umsatzsteuer | Umhängen |
| Brutto | Ladenpreis / Endpreis | |

Da der Verkaufspreis im Buchhandel bereits feststeht, kann ein Gewinnzuschlag nicht frei bestimmt und – wie bei der freien Kalkulation – auf den Selbstkostenpreis aufgeschlagen werden. Jeweils vom Ladenpreis ausgehend wird in zwei separaten Berechnungen sowohl der Selbstkostenpreis als auch der Nettoladenpreis ermittelt. **Der Gewinn ergibt sich als Differenz zwischen Selbstkostenpreis und Nettoladenpreis.** Bei der Ermittlung des Nettoladenpreises (Rückwärtsrechnung) ist die Umsatzsteuer vom Ladenpreis abzuziehen. Um den Gewinn zu erhöhen, bleibt bei Artikeln mit festen Endpreisen nur die Möglichkeit der Kostensenkung.

Bis zur Berechnung des Selbstkostenpreises wird ›vorwärts‹ kalkuliert. Danach wird aus dem Endpreis (Verkaufspreis inkl. USt) die Umsatzsteuer herausgerechnet, um den Nettoladenpreis zu erhalten. Am Ende wird der Gewinn berechnet, indem die Differenz zwischen Nettoladenpreis und Selbstkostenpreis gebildet wird: im vorliegenden Beispiel 0,14 €. Um den Gewinn in Prozent (hier: 0,63 %) zu berechnen, muss man den Selbstkostenpreis mit 100 % ansetzen.

### Gewinnberechnung unter Berücksichtigung von Partieexemplaren

Gewährt der Verlag über den Sortimenterrabatt hinaus so genannte Partiestücke (Freiexemplare), so verbessert dies den effektiv gewährten Rabatt und damit auch den erzielten Gewinn – sofern alle Exemplare verkauft werden konnten.

Soll nun der erzielbare Gewinn für den Verkauf einer gesamten Partie berechnet werden, so empfiehlt es sich, die Kalkulation im Einkauf ohne das Partiestück zu rechnen, es dann aber beim Verkauf zu berücksichtigen, wie im nebenstehenden Beispiel dargestellt.

Falls man aber mit einem Effektivrabatt rechnen möchte, so kann man beim Einkauf einer Partie 7/6 mit sieben Exemplaren rechnen und davon den (ungerundeten) Effektivrabatt abziehen, um zum selben Abgabepreis zu gelangen:

$$(6 \cdot 25\,\%) + (1 \cdot 100\,\%) = 250\,\%$$
$$\text{Effektivrabatt: } 250\,\% : 7 = 35{,}71428\,\%$$

Berechnung mit:

| Sortimenterrabatt | | | Effektivrabatt | | |
|---|---|---|---|---|---|
| Endpreis (38 · 6) | 228,00 | 100 % | (38 · 7) | 266,00 | 100,00 % |
| — Rabatt | 57,00 | 25 % | | 95,00 | 35,71428 % |
| **Abgabepreis** | **171,00** | **75 %** | | **171,00** | ≈ 64,29 % |

Ein Fachbuch wird zu folgenden Konditionen eingekauft: Ladenpreis 38 €, Partie 7/6, 25 % Rabatt, 2 % Skonto, Bezugskosten für die Partie 9,23 € (inklusive 19 % USt). Wie hoch ist der Gewinn oder Verlust in Euro und in Prozent, wenn in der Fachbuchabteilung mit einem Handlungskostenzuschlagssatz von 45 % kalkuliert wird?

**LÖSUNGSWEG**

| | | | |
|---|---|---|---|
| Ladenpreis (38 · 6) | 228,00 € | 100 % | |
| — Rabatt | 57,00 € | 25 % | |
| Abgabepreis | 171,00 € | 75 % | 100 % |
| — Skonto | 3,42 € | | 2 % |
| Überweisungsbetrag | 167,58 € | 107 % | 98 % |
| — Vorsteuer | 10,96 € | 7 % | |
| Nettowarenwert | 156,62 € | 100 % | |
| + Bezugskosten (9,23 : 1,19) | 7,76 € | | |
| Bezugspreis / Einstandspreis | 164,38 € | 100 % | |
| + Handlungskosten / Gemeinkosten | 73,97 € | 45 % | |
| Selbstkostenpreis | 238,35 € | 145 % | 100 % |
| + **Gewinn** | **10,25 €**[*] | | 4,3 % |
| Nettoladenpreis | 248,60 € | 100 % | |
| + Umsatzsteuer | 17,40 € | 7 % | |
| Ladenpreis (38 · 7) | 266,00 € | 107 % | |

[*] Bei ungerundeten Zwischenergebnissen (IHK-Präferenz) beträgt der Gewinn 10,26 € .

## Aufgaben

**31** Der Ladenpreis für ein preisgebundenes Buch beträgt 18 € (inkl. 7 % USt). Dem Sortimenter werden 35 % Rabatt und 2 % Skonto gewährt. Der Transportkostenanteil für ein Buch liegt bei 0,53 € ohne USt.

**a)** Wie viel Euro Gewinn oder Verlust macht die Buchhandlung bei einem Handlungskostenzuschlag von 42 %?

**b)** Wie hoch ist der Gewinn oder Verlust in Prozent?

**c)** Wie viel Prozent beträgt der Gewinn oder Verlust, wenn der Handlungskostenzuschlag auf 40 % gesenkt werden konnte?

**32** Für eine Partie 11/10 zum Ladenpreis von 36 € pro Buch wurden inklusive 7 % USt 267,50 € an den Verlag überwiesen. Es muss mit einem Handlungskostenzuschlag von 44 % kalkuliert werden.

**a)** Wie viel Euro Gewinn oder Verlust macht die Buchhandlung, wenn sie die gesamte Partie verkauft?

**b)** Wie hoch ist der Gewinn oder Verlust beim Verkauf aller Exemplare in Prozent?

**c)** Wie hoch ist die Handelsspanne?

**33** Für die Lieferung einer Partie 11/10 wurden an den Verlag 126 € (inkl. 7 % USt) überwiesen. Der Endpreis beträgt 18 €.

**a)** Wie viel Prozent Gewinn können für den Verkauf der gesamten Partie erzielt werden, wenn der Handlungskostenzuschlag 46 % beträgt?

**b)** Wie hoch ist der Gewinn oder Verlust in Euro, wenn nur zehn Exemplare verkauft werden?

**34** Für einen Buchtitel mit Ladenpreis 48 € (inkl. 7 % USt) kann eine Handelsspanne von 32 % erzielt werden.

**a)** Zu welchem Bezugspreis wurde das Buch eingekauft?

**b)** Wie hoch ist der Gewinn in Euro, wenn der Handlungskostenzuschlagssatz bei 45 % liegt?

**c)** Wie hoch ist der Gewinn in Prozent?

**d)** Wie viel Prozent Rabatt wurden gewährt, wenn Bezugskosten in Höhe von 1,70 € angefallen sind?

**35** Der Bezugspreis einer Reizpartie 23/20 beträgt 353,27 €. Der Endpreis liegt bei 27 €, der Handlungskostenzuschlagssatz bei 45 %.

**a)** Wie viel Prozent beträgt der gewährte Rabatt, wenn weder Skonto noch Bezugskosten angefallen sind?

**b)** Wie hoch ist der Effektivrabatt in Prozent?

**c)** Wie hoch ist die Handelsspanne bei Verkauf der gesamten Partie?

**d)** Wie hoch ist der Gewinn bei Verkauf der gesamten Partie in Prozent?

**e)** Wie viele Exemplare müssen mindestens verkauft werden, damit ein Gewinn erzielt wird?

## 4.6
## Deckungsbeitragsrechnung (Teilkostenrechnung)

In der Kostenträgerstückrechnung auf Istkostenbasis werden *alle* Kosten auf die Kostenträger umgewälzt. Diese Verfahrensweise nennt man Vollkostenrechnung. Langfristig muss ein Unternehmen alle Kosten decken.

Kurzfristig kann es sinnvoll sein, die Verkaufspreise so zu senken, dass nur diejenigen Kosten gedeckt werden, die auch kurzfristig zu Ausgaben führen.

| **Vollkostenrechnung** | **Teilkostenrechnung** |
|---|---|
| Den Kostenträgern werden ➡ **alle Kosten** (Einzel- und Gemeinkosten) ›verursachungsgerecht‹ zugeordnet. | Den Kostenträgern werden ➡ **nur die variablen Kosten** zugeordnet. Diese müssen in jedem Fall gedeckt sein. Die fixen Kosten, die unvermeidbar sind und immer anfallen, werden nicht zugeordnet. |

Fixe Kosten(beschäftigungs- bzw. umsatzunabhängige Kosten), wie kalkulatorische Abschreibungen, kann man kurzfristig aus der Preisberechnung heraushalten. Variable Kosten hingegen, deren Höhe direkt vom Umsatz abhängen, z. B. Aufwendungen für Waren, müssen unbedingt berücksichtigt werden. Die Kenntnis dieser Kostenstruktur, also das Verhältnis zwischen fixen und variablen Kosten, ist für die Preisgestaltung und für die Kalkulation von Einzelaufträgen von großer Bedeutung.

Bei der Unterscheidung zwischen variablen und fixen Kosten ist ausschlaggebend, ob die Kosten mit dem **Grad der Beschäftigung** steigen oder nicht – wobei mit Grad der Beschäftigung die jeweils erreichte Verkaufsmenge gemeint sind. **Variable Kosten** ($K_v$) sind alle Kosten, die in Zusammenhang mit dem Einkauf und Verkauf anfallen, in erster Linie die Aufwendungen für Waren. **Fixe Kosten** ($K_f$) sind alle Kosten, die unabhängig vom Grad der Beschäftigung anfallen, wie Miete, kalkulatorische Abschreibungen etc.

Manche Kostenarten enthalten sowohl variable als auch fixe Elemente. So ist beispielsweise das Gehalt der Festangestellten fix. Die Kosten für zusätzliche Aushilfen hingegen, die speziell für das Weihnachtsgeschäft angestellt werden, sind den variablen Kosten zuzuordnen.

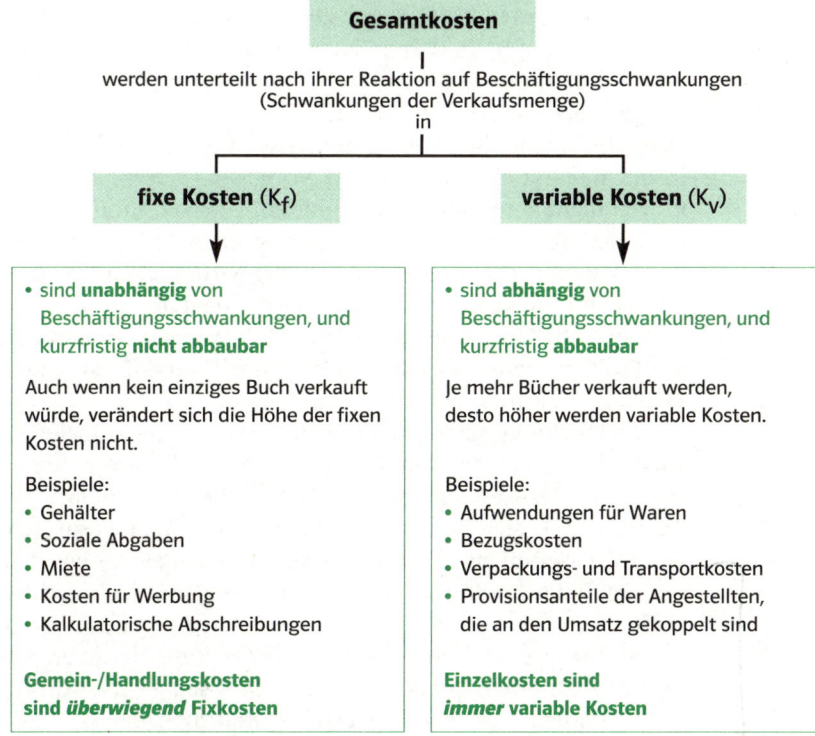

**Gesamtkosten**

werden unterteilt nach ihrer Reaktion auf Beschäftigungsschwankungen
(Schwankungen der Verkaufsmenge)
in

| **fixe Kosten** ($K_f$) | **variable Kosten** ($K_v$) |
|---|---|
| • sind **unabhängig** von Beschäftigungsschwankungen, und kurzfristig **nicht abbaubar** | • sind **abhängig** von Beschäftigungsschwankungen, und kurzfristig **abbaubar** |
| Auch wenn kein einziges Buch verkauft würde, verändert sich die Höhe der fixen Kosten nicht. | Je mehr Bücher verkauft werden, desto höher werden variable Kosten. |
| Beispiele: <br> • Gehälter <br> • Soziale Abgaben <br> • Miete <br> • Kosten für Werbung <br> • Kalkulatorische Abschreibungen | Beispiele: <br> • Aufwendungen für Waren <br> • Bezugskosten <br> • Verpackungs- und Transportkosten <br> • Provisionsanteile der Angestellten, die an den Umsatz gekoppelt sind |
| **Gemein-/Handlungskosten sind** *überwiegend* **Fixkosten** | **Einzelkosten sind** *immer* **variable Kosten** |

Nachfolgend sollen die Auswirkungen der Vollkostenrechnung anhand eines Beispiels verdeutlicht werden.

Angenommen, die Handlungskosten eines Unternehmens liegen bei 60.000 € pro Monat und sind in voller Höhe den fixen Kosten zuzurechnen, dann wird anhand folgender Tabelle sichtbar, welche Auswirkung ein unterschiedlicher Beschäftigungsgrad auf den Handlungskostenzuschlag hat.

|  | Ausgangssituation | Höherer Wareneinsatz | Niedrigerer Wareneinsatz |
|---|---|---|---|
| Warenaufwendungen | 150.000 | 200.000 | 100.000 |
| Handlungskosten (fix) | 60.000 | 60.000 | 60.000 |
| Handlungskostensatz | 40 % | 30 % | 60 % |

Der Wareneinsatz, die wesentliche Größe der variablen Kosten, ist abhängig von der Verkaufsmenge. Wareneinsatz und verkaufte Menge steigen oder fallen proportional zueinander. Bei einem höherem Absatz und damit auch höherem Wareneinsatz ergibt sich ein niedrigerer HKZ von 30 %, während bei niedrigerer Verkaufsmenge und niedrigerem Wareneinsatz der HKZ steigt und sich auf 60 % beläuft. Im letzten Fall werden sich dadurch, im Rahmen der Preisgestaltung frei kalkulierbarer Produkte, die Endpreise für die Verbraucher zwangsläufig erhöhen, da bei einer geringerer verkauften Menge die gleichgebliebenen Handlungskosten durch höhere Verkaufspreise abgefangen werden müssen. Dies ist jedoch in der Realität eine fragwürdige Vorgehensweise, denn steigende Preise führen nicht automatisch zu erhöhtem Umsatz, sondern nur dann, wenn auch der Absatz steigt oder zumindest nicht sinkt, der höhere Verkaufspreis also von den Käufern akzeptiert wird. Genau hierin liegt das Problem jeder Vollkostenrechnung: Man unterstellt eine Marktsituation, die es dem Anbieter erlaubt, seine Preise im Wettbewerb durchzusetzen. Dieses Problem kann nur eine Teilkostenrechnung lösen, wie sie durch die Deckungsbeitragsrechnung möglich wird.

Die **Deckungsbeitragsrechnung** verzichtet darauf, alle Kosten auf die Kostenträger zu verteilen. Sie beschränkt sich darauf, die variablen Kosten (Einzelkosten und variable Gemeinkosten) einem Kostenträger zuzuordnen. Da sich die fixen Kosten ohnehin nicht verursachungsgerecht den Warengruppen zuordnen lassen, werden sie zu einem Kostenblock addiert. Bei jeder Warengruppe wird dann geprüft, ob nach Abzug der variablen Kosten von den Umsatzerlösen genügend Überschuss erwirtschaftet wurde, um einen Beitrag zur Deckung der fixen Kosten zu leisten. Die Differenz zwischen Umsatzerlösen (= Nettoverkaufserlösen) und variablen Kosten wird **Deckungsbeitrag** genannt.

Für eine Kalkulation nach Deckungsbeiträgen müssen die Handlungskosten durch genaue Kostenuntersuchung im Betrieb in ihre variablen und fixen Bestandteile aufgeteilt werden. Ist dies erfolgt, so kann das Betriebsergebnis nach folgendem Schema ermittelt werden:

|  | Waren I | Waren II | ... | Summe |
|---|---|---|---|---|
| Umsatzerlöse | 30.000 | 10.000 | ... | 40.000 |
| — Warenaufwendungen | 20.000 | 7.500 | ... | 27.000 |
| Rohgewinn | 10.000 | 2.500 | ... | 12.500 |
| — Variable Handlungskosten | 1.000 | 800 | ... | 1.800 |
| Deckungsbeitrag | 9.000 | 1.700 |  | 10.700 |
| — Fixe Kosten | 7.000 | 1.300 | ... | 8.300 |
| Betriebsergebnis | 2.000 | 400 | ... | 2.400 |

Umsatzerlöse
— variable Kosten (Einzelkosten und variable Gemeinkosten)
= Deckungsbeitrag
— Fixkosten

**Betriebsergebnis** (Betriebsgewinn oder Betriebsverlust)

Deckungsbeitrag = Umsatzerlöse — variable Kosten

Für das Betriebsergebnis ergibt sich dann:

| Deckungsbeiträge | > | fixe Kosten | = | Betriebsgewinn |
| Deckungsbeiträge | < | fixe Kosten | = | Betriebsverlust |

**BEISPIEL**

Den Kosten aus unserem Beispiel (Kap. 4.4, Seite 288) werden, wie im Folgenden dargestellt, die Merkmale variabel oder fix zugeordnet. Außerdem werden die variablen Gemeinkosten verursachungsgemäß den einzelnen Warengruppen zugeordnet. Mit Hilfe dieser Aufteilung sollen die Deckungsbeiträge und der Betriebserfolg der einzelnen Warengruppen berechnet werden.

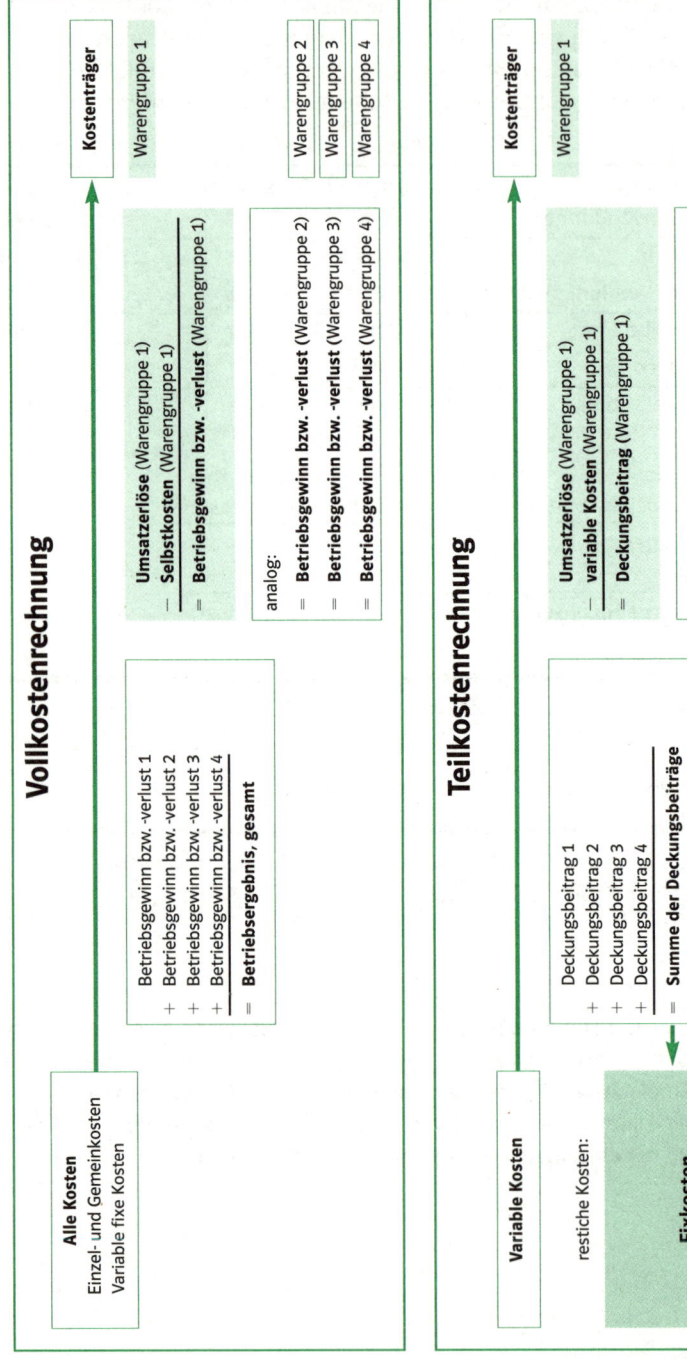

| Kostenart | Betrag | Aufteilungsmerkmal (variabel / fix) |
|---|---|---|
| AfW I | 34.000 | variabel |
| AfW II | 38.200 | variabel |
| AfW III | 8.500 | variabel |
| AfW IV | 4.300 | variabel |
| **Summe der Warenaufwendungen** | **85.000** | |
| Gehälter | 18.000 | 1 : 7 * |
| Abschreibungen | 4.500 | fix |
| Aufwendungen für Fort- u. Weiterb. | 4.600 | fix |
| Postgebühren | 250 | variabel |
| Werbung | 2.100 | fix |
| Betriebliche Steuern | 1.000 | 3 : 1 * |
| Zinsaufwendungen | 3.800 | fix |
| Kalkulatorische Miete | 4.000 | fix |
| **Summe der Handlungskosten** | **38.250** | |

*Das Verhältnis 1 : 7 bei Löhnen und Gehältern bedeutet: 1 Anteil (2.250 €) ist variabel und 7 Anteile sind fix. Das Verhältnis 3 : 1 bei den betrieblichen Steuern bedeutet 3 Anteile (750 €) sind variabel und 1 Anteil ist fix.

| Kostenart | Waren I | Waren II | Waren III | Waren IV |
|---|---|---|---|---|
| Löhne / Gehälter | 1.500 | 750 | – | – |
| Betriebl. Steuern | 300 | 337 | 75 | 38 |
| Postgebühren | 69 | 80 | 41 | 60 |

**LÖSUNG**

① **Zuordnung der Kosten nach fixen und variablen Bestandteilen**

| Kostenart | Betrag | Aufteilungs-merkmal (variabel / fix) | Variable Kosten | Fixe Kosten |
|---|---|---|---|---|
| AfW I | 34.000 | variabel | 34.000 | – |
| AfW II | 38.200 | variabel | 38.200 | – |
| AfW III | 8.500 | variabel | 8.500 | – |
| AfW IV | 4.300 | variabel | 4.300 | – |
| **Summe der Warenaufwendungen** | **85.000** | | **85.000** | |
| Gehälter | 18.000 | 1 : 7 | 2.250 | 15.750 |
| Abschreibungen | 4.500 | fix | – | 4.500 |
| Aufwendungen für Fort- u. Weiterb. | 4.600 | fix | – | 4.600 |
| Postgebühren | 250 | variabel | 250 | – |
| Werbung | 2.100 | fix | – | 2.100 |
| Betriebliche Steuern | 1.000 | 3 : 1 | 750 | 250 |
| Zinsaufwendungen | 3.800 | fix | – | 3.800 |
| Kalkulatorische Miete | 4.000 | fix | – | 4.000 |
| **Summe der Handlungskosten** | **38.250** | | **3.250** | **35.000** |

② **Verteilung der variablen Handlungskosten auf die einzelnen Warengruppen**

| Kostenart | Betrag | Waren I | Waren II | Waren III | Waren IV |
|---|---|---|---|---|---|
| Löhne / Gehälter | 2.250 | 1.500 | 750 | – | – |
| Betriebl. Steuern | 750 | 300 | 337 | 75 | 38 |
| Postgebühren | 250 | 69 | 80 | 41 | 60 |
| Summe | 3.250 | 1.869 | 1.167 | 116 | 98 |

③ **Deckungsbeitragskalkulation**

| | Waren I | Waren II | Waren III | Waren IV | Summe |
|---|---|---|---|---|---|
| Nettoverkaufserlöse | 52.000 | 53.500 | 13.900 | 6.519 | 125.919 |
| Warenaufwendungen | 34.000 | 38.200 | 8.500 | 4.300 | 85.000 |
| Rohgewinn | 18.000 | 15.300 | 5.400 | 2.219 | 40.919 |
| Variable Handlungskosten | 1.869 | 1.167 | 116 | 98 | 3.250 |
| Deckungsbeitrag ④ | 16.131 | 14.133 | 5.284 | 2.121 | 37.669 |
| Deckungsbeitrag in % des Umsatzes ⑤ | 31 % | 26 % | 38 % | 33 % | |
| Fixe Kosten | – | – | – | – | ⑥ 35.000 |
| Betriebsergebnis | | | | | ⑦ 2.669 |

**VORGEHENSWEISE**

Zunächst werden die Beträge der einzelnen Kostenarten entsprechend ihres Aufteilungsmerkmals verteilt ①. Anschließend werden die variablen Handlungskosten den einzelnen Warengruppen zugeordnet ②. Erst danach kann die eigentliche Deckungsbeitragskalkulation erfolgen ③. Der Deckungsbeitrag ④ ergibt sich, wenn vom Rohgewinn die variablen Handlungskosten abgezogen werden. Unter ⑤ wird der Deckungsbeitrag in Prozent von den Umsatzerlösen ausgedrückt (die Prozentsätze werden auf ganze Zahlen gerundet). Eine Zuordnung der Fixkosten zu den einzelnen Warengruppen erfolgt nicht. Sie werden zu einem Fixkostenblock ⑥ aufaddiert, der dann von der Summe der Deckungsbeiträge abgezogen wird. Das Ergebnis ist in diesem Fall ein Betriebsgewinn ⑦ von 2.669 €.

**ERGEBNISBEWERTUNG**

Aus der Deckungsbeitragskalkulation ist abzulesen, dass alle vier Warengruppen einen positiven Deckungsbeitrag erzielen, d. h. bei allen Warengruppen liegen die Verkaufserlöse über den variablen Kosten. Über ihre positiven Deckungsbeiträge leisten sie auch ihren Beitrag zur Deckung der fixen Kosten. Da auch die Summe der Deckungsbeiträge über der Summe der fixen Kosten liegt, erwirtschaftet das Unternehmen insgesamt einen Betriebsgewinn.

Vergleicht man den Deckungsbeitrag der Warengruppe IV, der mit 33 % der zweitbeste ist, mit dessen negativem Betriebsergebnis (siehe BAB, Seite 288), so sieht man, dass diese Warengruppe nicht aus dem Sortiment genommen werden muss. Mit ihrem recht hohen positiven Deckungsbeitrag leistet sie durchaus ihren Beitrag zur Deckung der fixen Kosten.

## Beurteilung von Einzelaufträgen mit Hilfe der Deckungsbeitragsrechnung

Je nach Auslastungsgrad der Unternehmung kann es sinnvoll sein, größere Einzelaufträge zunächst zu kalkulieren, um zu sehen, ob sich die Annahme eines solchen Auftrages ›rechnet‹. Eine solche Betrachtung soll im folgenden Beispiel dargestellt werden.

**BEISPIEL**

Eine Buchhandlung erhält den Auftrag, ein Fachbuch zum Ladenpreis von 29,80 € in einer Anzahl von 20 Exemplaren zu besorgen. Ist dieser Auftrag gewinnbringend, wenn ein Rabatt von 25 % gewährt wird, Bezugskosten von 9 € (netto) anfallen und in der Fachbuchabteilung mit einem Handlungskostenzuschlagssatz von 46 % kalkuliert wird?

**LÖSUNG**

| | | | | |
|---|---|---|---|---|
| Ladenpreis (29,80 · 20) | 596,00 € | 100 % | | |
| — Rabatt | 149,00 € | 25 % | | |
| Abgabepreis | 447,00 € | 75 % | 107 | % |
| — Vorsteuer | 29,24 € | | 7 | % |
| Nettowarenwert | 417,76 € | | 100 | % |
| + Bezugskosten | 9,00 € | | | |
| Bezugspreis / Einstandspreis | 426,76 € | 100 % | | |
| + Handlungskosten / Gemeinkosten | 196,31 € | 46 % | | |
| Selbstkostenpreis | 623,07 € | 146 % | 100 | % |
| **Verlust** | **66,06 €** | | **10,6** | **%** |
| Nettoladenpreis | 557,01 € | 100 % | | |
| + Umsatzsteuer | 38,99 € | 7 % | | |
| Ladenpreis (29,80 · 20) | 596,00 € | 107 % | | |

**ERSTE ERGEBNISBEWERTUNG (VOLLKOSTENBASIS)**

Bei einer Kalkulation auf Vollkostenbasis würde die Annahme dieses Auftrages einen Verlust von 66,06 € oder 10,6 % verursachen. Nach rein kostenrecherischen Gesichtspunkten dürfte der Auftrag also nicht angenommen werden. Eine Beurteilung des Auftrages mit Hilfe der Deckungsbeitragskalkulation könnte jedoch – wie im folgenden Beispiel gezeigt wird – anders aussehen.

**BEISPIEL**

Für das vorangegangege Beispiel fallen zusätzlich zu den bereits genannten Einzelkosten variable Kosten in Höhe von 20 € an, die in die neue Berechnung einfließen. Auf einen pauschalen Handlungskostenzuschlagssatz wird verzichtet. Welcher Deckungsbeitrag in Euro und in Prozent wird durch diesen Auftrag erwirtschaftet?

| | |
|---|---:|
| Einzelkosten (Bezugspreis) | 426,76 € |
| + Auftragsbezogene variable Kosten | 20,00 € |
| Gesamte variable Kosten des Auftrags | 446,76 € |
| | |
| Umsatzerlös des Auftrages | 557,01 € |
| − Gesamte variable Kosten des Auftrags | 446,76 € |
| Deckungsbeitrag | 110,25 € |
| Deckungsbeitrag pro Stück (110,25 : 20) | 5,51 € |
| Deckungsbeitrag in Prozent von den Umsatzerlösen | 19,8 % |

**ZWEITE ERGEBNISBEWERTUNG (DECKUNGSBEITRAGSRECHNUNG)**

Mit 110,25 € wird ein positiver Deckungsbeitrag erwirtschaftet, der zur Deckung der fixen Kosten beiträgt. Wird der Auftrag nicht angenommen, so wird auch dieser Deckungsbeitrag nicht verdient, andererseits werden auch keinerlei Kosten dadurch eingespart. Abgesehen vom Servicegedanken und anderen nicht kostenrechnerisch begründeten Aspekten sollte der Auftrag angenommen werden, soweit der Betrieb nicht an seiner Kapazitätsgrenze arbeitet und nur durch Überstunden oder andere kostenverursachende Maßnahmen realisiert werden kann.

## Preisuntergrenzen

Preisuntergrenzen geben den Verkaufspreis an, der für ein Produkt erzielt werden muss, um kurz- oder langfristig am Markt bestehen zu können. Im Buchhandel spielen diese Überlegungen lediglich bei der Preisgestaltung von buchaffinen Nebenprodukten ein Rolle.

*Kurzfristig* gesehen muss ein Unternehmen durch seine Erlöse mindestens seine variablen Kosten decken. Wenn die variablen Stückkosten gleich dem Nettoverkaufspreis sind, ist die absolute Preisuntergrenze erreicht. Solch eine Preisgestaltung würde ein Unternehmen aber schnell in Liquiditätsschwierigkeiten bringen, denn diejenigen fixen Kosten, die kurzfristig zu Ausgaben führen, wären dann nicht gedeckt. Eine liquiditätsorientierte Preisuntergrenze muss also Aufwendungen wie Miete,

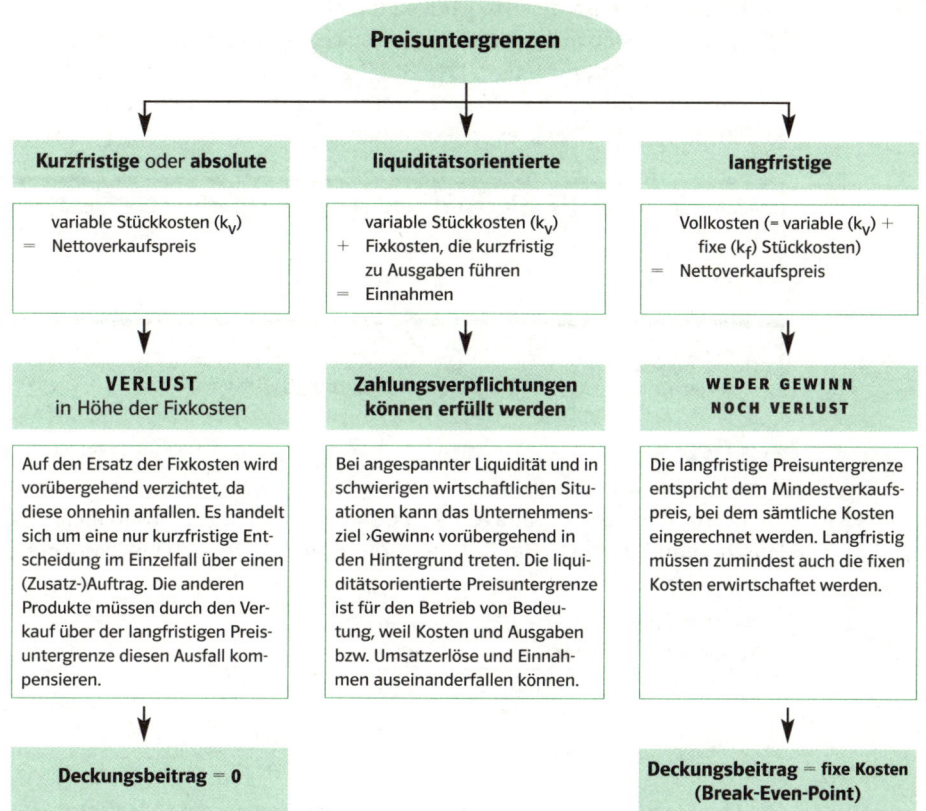

Gehälter und Sozialabgaben, Versicherungsbeiträge und kurzfristige Verbindlichkeiten, wie Umsatzsteuerzahllast und Lohnsteuer, mit einkalkulieren, d. h. sowohl die variablen Kosten als auch die ausgabewirksamen fixen Kosten müssen durch die Verkaufserlöse gedeckt sein. *Langfristig* muss es aber möglich sein, über die Verkaufspreise aller Waren zusammen alle Kosten so zu decken, dass auch Ersatzinvestitionen durchführbar sind.

**Break-even-Point (Gewinnschwellenmenge)**

Wenn es möglich ist, für einzelne Waren oder Warengruppen sowohl die variablen Stückkosten als auch die gesamten fixen Kosten zu bestimmen, so kann daraus die so genannte Gewinnschwellenmenge oder der Break-even-Point errechnet werden. Als Break-even-Point bezeichnet man die Absatzmenge, bei der die gesamten Deckungsbeiträge (DB) gerade die

Höhe der fixen Kosten ($K_f$) erreichen. Die gesamten Deckungsbeiträge (DB) ergeben sich aus dem Stückkostendeckungsbeitrag (db) multipliziert mit der abgesetzten Menge. Der Stückkostendeckungsbeitrag (db) ergibt sich aus der Differenz zwischen Nettoverkaufspreis und variablen Stückkosten ($k_V$). Der Break-even-Point berechnet sich nach der Formel:

> Verkaufte Menge (x) · Stückkostendeckungsbeitrag (db) = fixe Kosten ($K_f$)

Daraus folgt:

> $$\text{Break-even-Point} \atop \text{(Gewinnschwellenmenge)} = \frac{\text{Fixe Kosten } (K_f)}{\text{Stückkostendeckungsbeitrag (db)}}$$

**BEISPIEL**

Eine Buchhandlung verkauft u. a. auch ein Weinsortiment aus der Toscana. Die variablen Stückkosten betragen 3,50 € pro Flasche, der Nettoverkaufspreis pro Flasche beträgt 7,50 €. Die Fixkosten (anteilige Miete, Gehälter, Abschreibung etc.) für den Weinverkauf pro Monat liegen bei 1.000 €.

| | |
|---|---|
| Nettoverkaufspreis | 7,50 |
| − Variable Stückkosten | 3,50 |
| Stückkostendeckungsbeitrag | 4,00 |

$$\text{Break-even-Point (Gewinnschwellenmenge)} = \frac{1.000}{4} = 250$$

Pro Monat müssen 250 Flaschen Wein verkauft werden, damit alle Kosten gedeckt sind. Ab der 251sten Flasche erzielt die Buchhandlung einen Betriebsgewinn.

### Aufgaben

**36** Für einen Artikel aus der Warengruppe Papier-Büro-Schreibwaren (PBS) ergeben sich aus dem Rechnungswesen für den Monat April die folgenden Werte:

| | |
|---|---|
| Bezugspreis / Stück | 20,00 € |
| Variable Handlungskosten / Stück | 2,50 € |
| Verkaufspreis (netto) / Stück | 29,70 € |
| Fixkosten Gesamt | 1.800 € |

Berechnen Sie für den Monat April:
  **a)** den Deckungsbeitrag pro Stück,
  **b)** die Gewinnschwellenmenge,
  **c)** den Umsatz bei dieser Absatzmenge,
  **d)** das Betriebsergebnis bei einer Verkaufsmenge von 300 Stück.

## Grafische Darstellung zu Aufgabe 36

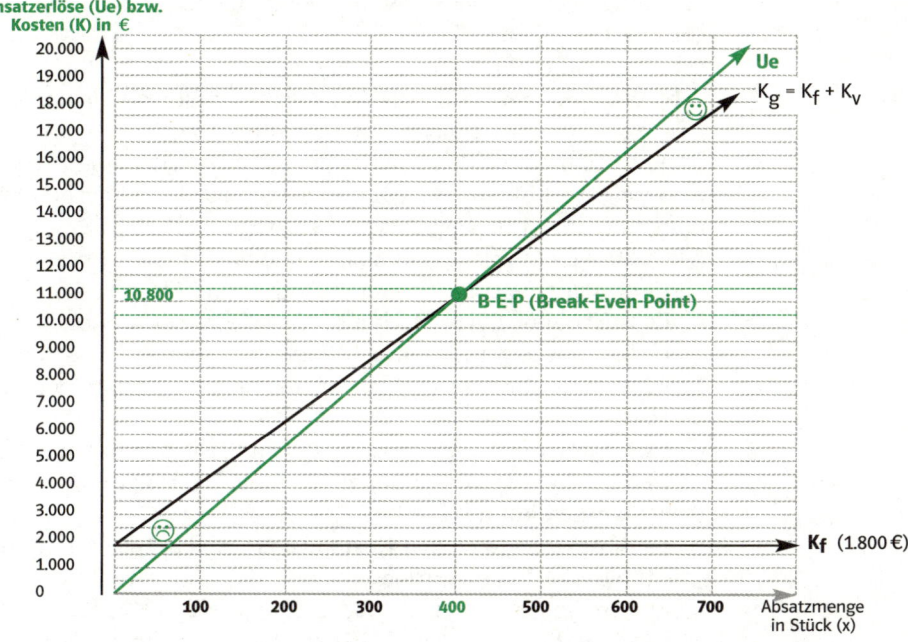

1. Grafisch liegt der Break-even-Point bzw. die Gewinnschwellenmenge im Schnittpunkt der Geraden Umsatzerlöse (Ue) und Gesamtkosten ($K_g$). An diesem Punkt sind Umsatzerlöse und Gesamtkosten (jeweils 10.800 €) bzw. Fixkosten und Deckungsbeitrag (jeweils 1.800 €) gleich hoch, der Betrieb erzielt weder einen Gewinn noch einen Verlust. Der Schnittpunkt ergibt sich bei der Absatzmenge von 400 Stück. Bereits ab einer verkauften Menge von 401 Stück wird die Gewinnzone (☺) erreicht.
   Break-Even-Point:
   Umsatzerlöse = Kosten bzw. Fixkosten = Deckungsbeitrag
2. Die gleichbleibenden fixen Kosten verlaufen als Gerade parallel zur x-Achse, der Absatzmenge in Stück.
3. Die Gesamtkosten ($K_g = K_f + K_v$) beginnen bei den unverändert bleibenden Fixkosten ($K_f$) in Höhe von 1.800 € und steigen im Ausmaß der variablen Kosten linear an.
4. Durch die Senkung des Verkaufspreises (von 29,90 € netto auf 27 € netto) wird bei unveränderten Kosten die Gewinnschwellenmenge erhöht. Statt 244 Stück müssen nunmehr 400 Stück verkauft werden. Preiserhöhungen dagegen bewirken bei unverändert bleibenden Kosten eine Erhöhung des Deckungsbeitrages pro Stück. Die Deckung der Fixkosten wird dadurch bereits bei geringerer Verkaufsmenge erreicht.

**37** Aufgrund veränderter Wettbewerbsbedingungen erwägt die Buchhandlung (siehe Aufgabe 36), den Verkaufspreis (netto) pro Stück auf 27 € zu senken.

    **a)** Berechnen Sie den Deckungsbeitrag pro Stück (db).

    **b)** Wie hoch muss die Absatzmenge mindestens sein, damit kein Verlust erwirtschaftet wird (Gewinnschwellenmenge)?

    **c)** Berechnen Sie den Umsatz bei dieser Absatzmenge.

**38** Kennzeichnen Sie die richtigen Aussagen zur Deckungsbeitragsrechnung mit einer **1** und die falschen Aussagen mit einer **2**.

- [ ] Es erfolgt eine Unterteilung in fixe und variable Kosten.
- [ ] Es erfolgt eine Unterteilung in Einzel- und Gemeinkosten.
- [ ] Es wird ein positiver Deckungsbeitrag erreicht, wenn die Umsatzerlöse gerade einmal sämtliche variablen Kosten decken.
- [ ] Es werden nur die variablen Kosten einem Kostenträger zugeordnet.
- [ ] Es werden die fixen Kosten zu einem Kostenblock aufaddiert, weil sie nicht verursachungsgerecht den Warengruppen zugeordnet werden können.
- [ ] Es ist das Ziel, die fixen Kosten jedem Kostenträger verursachungsgerecht zuzuordnen.
- [ ] Es wird geprüft, ob nach Abzug der variablen Kosten von den Umsatzerlösen genügend Überschuss erwirtschaftet wurde, um die fixen Kosten in vollem Umfang decken zu können.
- [ ] Jeder Kostenträger mit positivem Deckungsbeitrag ist auf jeden Fall im Sortiment zu behalten.
- [ ] Deckungsbeitrag heißt der Überschuss, der sich ergibt, wenn von den Verkaufserlösen die variablen Kosten abgezogen wurden.
- [ ] Bei einem positiven Deckungsbeitrag werden mit steigender Absatzmenge irgendwann alle fixen Kosten gedeckt.
- [ ] Die Gewinnschwellenmenge ist erreicht, sobald sich ein positiver Deckungsbeitrag errechnet.
- [ ] Das Unternehmen erzielt einen Betriebsgewinn, wenn die Summe der Deckungsbeiträge größer ist als die der insgesamt angefallenen fixen Kosten.

**39** In einer Buchhandlung mit drei Warengruppen werden die Kostenarten nach dem folgenden Aufteilungsmerkmal verteilt:

| Kostenart | Betrag | Aufteilungsmerkmal |
|---|---|---|
| AfW I | 19.899 | variabel |
| AfW II | 8.468 | variabel |
| AfW III | 4.875 | variabel |
| Löhne / Gehälter | 3.270 | 1 : 9 |
| Sachkosten für Geschäftsräume | 440 | fix |
| Werbekosten | 580 | fix |

| IT-Kosten            | 240   | fix      |
|----------------------|-------|----------|
| Gewerbesteuer        | 50    | variabel |
| Grundsteuer          | 60    | fix      |
| Kraftfahrzeugkosten  | 480   | 3 : 1    |
| Kalk. Zinsen         | 1.100 | fix      |
| Übrige Kosten        | 1.750 | 2 : 5    |
| Kalkulatorische Miete| 2.000 | fix      |
| Unternehmerlohn      | 3.900 | fix      |

Die variablen Handlungskosten verteilen sich
entsprechend des Anteils am Umsatz wie folgt:

| Warengruppe I   | 60 % |
|-----------------|------|
| Warengruppe II  | 25 % |
| Warengruppe III | 15 % |

Die Nettoumsätze der Warengruppen lagen bei:

| Warengruppe I   | 29.700 € |
|-----------------|----------|
| Warengruppe II  | 11.600 € |
| Warengruppe III |  7.500 € |

Berechnen Sie:

a) die Deckungsbeiträge der einzelnen Warengruppen in Euro,

b) die Deckungsbeiträge in Prozent vom Umsatz für die Warengruppen (runden Sie auf ganze Zahlen),

c) das Betriebsergebnis.

**40** Aus der Non-Book-Abteilung einer Buchhandlung werden drei repräsentative Waren auf ihre Kosten- und Ertragssituation hin analysiert. Folgende Angaben liegen Ihnen zugrunde:

| Plüschtier | Puzzle *Fettersson Großer Eisbär* | *Löwenmaul und Finchen* | auf CD-ROM |
|------------|-----------------------------------|-------------------------|------------|
| Bezugspreis | 6,00 € | 5,85 € | 16,30 € |
| Variable Handlungskosten pro Stück | 1,50 € | 0,65 € | 4,00 € |
| Nettoverkaufspreis | 9,25 € | 8,40 € | 23,30 € |
| Absatzmenge im Oktober | 50 | 20 | 30 |
| Geschätzter Absatz im November | 60 | 40 | ? |

Fixe Kosten 210,00 €

a) Welche Deckungsbeiträge werden im Oktober jeweils mit den drei Waren erzielt?

b) Wie hoch ist das Betriebsergebnis der drei Waren insgesamt im Oktober?

**c)** Im November soll mit den drei Waren ein Betriebsgewinn von 121 € erzielt werden. Wie viele *Löwenmaul* auf CD-ROM müssen verkauft werden, damit dieses Ziel erreicht wird?

**41** Im Dezember sollen Sie den Absatz der drei Waren aus Aufgabe **40** noch einmal steigern. Sie senken die Preise, um einen zusätzlichen Kaufanreiz zu bieten. Durch eine höhere Bestellmenge können Sie bei zwei Waren einen geringeren Bezugspreis realisieren, sodass sich folgende Werte ergeben:

| Plüschtier | Puzzle *Fettersson Großer Eisbär* | *Löwenmaul und Finchen* | auf CD-ROM |
|---|---|---|---|
| Bezugspreis | 5,25 € | 5,85 € | 15,50 € |
| Variable Handlungs-kosten pro Stück | 1,50 € | 0,65 € | 4,00 € |
| Nettoverkaufspreis | 8,50 € | 7,90 € | 19,90 € |

Fixe Kosten 210,00 €

**a)** Wie hoch sind jetzt die Stückdeckungsbeiträge der drei Warengruppen?

**b)** Wie viel Stück (Break-even-Point) müssen mindestens von jeder der drei Waren verkauft werden, damit pro Ware jeweils ein Drittel der fixen Kosten gedeckt werden?

**42** Ein Audio-Sprachkurs zu einem Ladenpreis von 98 € (inkl. 7 % USt.) wird mit folgender Rabattstaffel angeboten:

| | |
|---|---|
| 1 Exemplar | 30 % |
| 2 Exemplare | 31,5 % |
| 3 Exemplare | 33$\frac{1}{3}$ % |

Es werden 2 % Skonto gewährt, pro Exemplar fallen 2 € Transportkosten (ohne USt) an. Außerdem müssen, wenn mit Vollkosten kalkuliert wird, 45 % Handlungskosten berücksichtigt werden.

**a)** Wie hoch ist der Gewinn oder Verlust in Euro beim Bezug eines Exemplares?

**b)** Wie hoch ist der Gewinn oder Verlust in Prozent beim Bezug eines Exemplares?

**c)** Wie hoch ist der Gewinn oder Verlust in Euro beim Bezug von drei Exemplaren?

**d)** Wie hoch ist der Gewinn oder Verlust in Prozent beim Bezug von drei Exemplaren?

**e)** Wie hoch ist der Deckungsbeitrag in Euro, wenn zwei Sprachkurse sowohl ein- als auch verkauft werden und variable Handlungskosten/Stück von 3,50 € berücksichtigt werden müssen?

**f)** Wie hoch ist der Deckungsbeitrag in Prozent vom Umsatz?

# 5
# Planungsrechnung

Das traditionelle Rechnungswesen in Form von Buchhaltung sowie Kosten- und Leistungsrechnung orientiert sich überwiegend an Werten der Vergangenheit. Zukunftsbezogene Aspekte werden allenfalls in der Plankostenrechnung als Teilgebiet der Kosten- und Leistungsrechnung thematisiert. **Die Planungsrechnung** hingegen beschäftigt sich vorrangig mit der Zukunft. Sie **setzt Ziele für zukünftige Perioden und kann damit als eine Vorschau-Rechnung bezeichnet werden.** Ihre Notwendigkeit ergibt sich aus dem Bedürfnis von Unternehmen – oder auch von Kreditinstituten, die die Entwicklung von Wirtschaftsunternehmen begleiten bzw. finanzieren – die Auswirkungen betrieblicher Entscheidungen erkennen zu wollen. Hiermit verarbeitet die Planungsrechnung vor allem:
• Daten aus der Finanzbuchhaltung,
• Daten der Kosten- und Leistungsrechnung,
• allgemeine Konjunkturdaten,
• regionale Strukturdaten.

In diesem kleineren Kapitel stehen Planungsaspekte einer Buchhandlung im Vordergrund, die anhand einer etablierten Einzelunternehmung mit einem Umsatz von rund 600.000 € verdeutlicht werden sollen. Die Betriebsberaterin Gudrun Vierbücher (Mainz) stellte das Zahlenmaterial zur Umsatz-, Einkaufs- und Kostenplanung bereits der vierten Auflage des Titels *Rechnungswesen im Buchhandel* zur Verfügung. Ihr Text wurde ebenso wie ihre einleitenden Ausführungen zum Thema Controlling überarbeitet, ihr Zahlenmaterial im Kapitel Liquiditätsplanung wieder aufgegriffen. Bereits an dieser Stelle sei darauf hingewiesen, dass die Tabellen mit Excel erstellt wurden, sodass intern mit mehreren Nachkommastellen gerechnet wurde und deshalb einige Zahlenwerte von einer Berechnung mit dem Taschenrechner abweichen.
    »Kapitaleinsatz im Handel ist immer Risiko und Chance. Ob Gründung oder Erweiterung, die Finanzierung des Schulbuchgeschäfts oder die Jubiläumskampagne: Es soll stets die beste Wirkung mit möglichst wenig Kapitaleinsatz erzielt werden. Beste Arbeiten schreiben zu wollen, dafür aber möglichst wenig zu lernen, hat jedoch schon in der Schule

nicht funktioniert.« Dies schreibt die Betriebsberaterin Gudula Buzmann (Marnheim) in der Buchwert-Broschüre *Bessere Liquidität für Buchhändler*. Ihre Analysen zur Liquiditätsplanung, die in ihrer Publikation *Liquiditätsplanung im Buchhandel* vertieft werden, gestalten maßgeblich das abschließende Kapitel 5.5.

## 5.1
## Controlling

Um langfristige Unternehmensziele, wie Umsatzsteigerung oder Gewinnmaximierung, systematisch zu verfolgen, bedarf es einer planvollen Vorgehensweise. Die **Planungsrechnung (Controlling)** hat die Aufgabe, hierfür das notwendige Instrumentarium in Form von Plänen, Abweichungsanalysen und -interpretationen sowie Korrekturvorschlägen bereitzustellen. Nur in größeren Unternehmen gibt es hierfür eine eigene Stelle, die der Geschäftsleitung angegliedert ist. In den meisten Buchhandlungen übernimmt diese Aufgabe der Geschäftsführer oder der bzw. die Inhaber – häufig unter Hinzunahme eines Betriebsberaters.

Der Begriff ›Controlling‹ beschränkt sich also nicht auf Kontrollieren. Besser ist, man leitet ihn von dem englischen Verb ›to control‹ ab, das übersetzt ›steuern‹ oder ›regeln‹ bedeutet. Dieses zahlengestützte **Steuern** berücksichtigt sowohl die Analyse und Kontrolle von Werten, die in der Vergangenheit liegen, als auch zukunftsbezogene Planungsaspekte. In betrieblichen Einzelplänen, wie Umsatz-, Kosten-, Personaleinsatz- oder Einkaufsplänen, wird die erwartete Entwicklung in Form von mengen- und/oder wertmäßigen Sollvorgaben ausgedrückt. Aufgabe des Controlling ist es, in einer Soll-Ist-Analyse die Planvorgaben mit den realisierten Werten zu vergleichen. Diese vergleichende Tätigkeit unterstützt dann die Unternehmensleitung bei ihrer Entscheidungsfindung für mögliche einzuleitende Maßnahmen. Aus der Analyse von Vergangenheitswerten werden also Vorschläge zur weiteren Unternehmensentwicklung abgeleitet, umgesetzt – und abschließend wieder vergleichend analysiert. Der Regelkreis stellt sich also wie folgt dar:

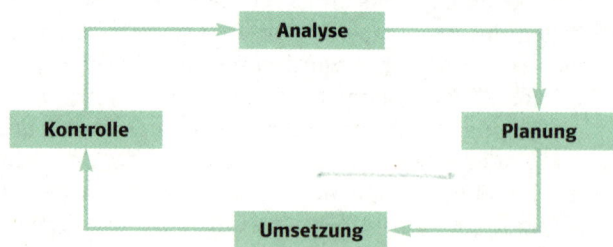

**Alle betrieblichen Entscheidungen müssen in letzter Konsequenz auf den künftigen Umsatz abgestellt sein.** Daher steht die Einkaufsplanung in unmittelbarem Zusammenhang mit der Umsatzplanung. Der Einkauf beeinflusst wiederum die Lagerhaltung und wirkt sich dadurch auf den Finanzierungsbedarf aus. Außer dem Einkaufsbudget müssen sich auch alle übrigen Kosten am Umsatz orientieren, um die notwendige Rendite erwirtschaften zu können. Auch die Höhe der geplanten Investitionen ist letztendlich vom Umsatz abhängig. Folglich sollte sich jeder Unternehmer zunächst über den kommenden Umsatz rechtzeitig Gedanken machen und, von der Umsatzerwartung ausgehend, auch den Einkauf, die Kosten und den Finanzbedarf ›planen‹. Was also ›im Kern‹ zusammengehört – Umsatzplanung, Einkaufsplanung, Kostenplanung und Liquiditätsplanung – wird im Folgenden nur aus methodisch-didaktischen Gründen separat behandelt.

Skeptiker werfen die Frage auf, ob sich ein künftiger Umsatz überhaupt schätzen lässt. Sie argumentieren, dass es im Wirtschaftsleben ebenso wenig Hellseher gibt wie in anderen Bereichen. Sie verkennen dabei, dass es sich hierbei jedoch nicht um die Voraussage einmaliger, unabhängig voneinander stehender Ereignisse handelt, sondern um die Schätzung einer Folge von Umsätzen an einem gesicherten Standort, die sich aus der kontrollier- und analysierbaren Vergangenheit in die Zukunft fortsetzen. Ist ein Geschäftsjahr erfolgreich abgeschlossen, so werden im Folgenden weder 30 Prozent noch 300 Prozent des Vorjahres umgesetzt. Vielmehr wird ein Umsatz erzielt, der dem des Vorjahres zwar nicht entspricht, sich aber doch aus ihm ableiten lässt. Je eingehender man nun das Zustandekommen der Zahlen der Vergangenheit untersucht, desto größer ist die Wahrscheinlichkeit, eine den kommenden Ereignissen entsprechende Planung – von unvorhergesehenen Ereignissen einmal abgesehen – zu erstellen. Gehen wir also von einem zu erwartenden Umsatz als Sollwert aus.

### Planungszeiträume, Plankontrolle und Plankorrekturen

Die Literatur unterscheidet zwischen lang- und kurzfristigen Planungszeiträumen. Der **langfristige Plan** erstreckt sich in der Praxis auf drei bis fünf Jahre, in Großbetrieben oder in der Industrie sogar auf einen noch längeren Zeitraum. Er ist richtungsweisend für Entscheidungen im Hinblick auf das Sortiment, auf die Vertriebs- und Verkaufspolitik, für die Aufnahme langfristiger Kredite und für weitere auf lange Sicht zielende Maßnahmen. Der **kurzfristige Plan** erstreckt sich im Höchstfall über den Zeitraum eines Jahres. Für eine etwaige zeitnahe Kontrolle in Krisenzeiten ist eine monatliche Zahlenaufbereitung ein Gebot – fast ein Muss.

Während der Dauer einer Planperiode werden die Soll-Zahlen des Plans laufend mit den effektiv errechneten Ist-Zahlen verglichen. Diese **Plankontrolle** beschränkt sich aber nicht auf eine einfache Gegenüberstellung des Zahlenmaterials; sie bezieht vielmehr eine Analyse der Gründe für das Abweichen der erzielten Umsätze von der Vorgabe ein. Auf diese Weise wird die Grundlage für eine eventuelle Korrektur der folgenden Planzahlen geschaffen. Das Auseinandergehen der monatlichen Soll-/Ist-Zahlen muss noch keine unmittelbare Plankorrektur zur Folge haben, weil damit nämlich noch nicht unbedingt bewiesen ist, dass die ursprünglich für die Erstellung des Plans maßgebenden Umsatzerwartungen falsch waren oder dass sich die Absatzsituation inzwischen geändert hat. Die Verschiebung kann vielmehr auf vorübergehende Umstände zurückzuführen sein, wie auf anhaltende Schön- bzw. Schlechtwetterperioden, die dem Umsatz gleichermaßen nicht zuträglich sind.

Eine **Plankorrektur** ist also erst dann vorzunehmen, wenn sich herausstellt, dass die inzwischen verlorenen Umsätze nicht mehr aufzuholen sind. Zahlenmäßig fixierte Normen für die Intervalle der Plankorrektur lassen sich nicht nennen, sondern allenfalls eine allgemein gehaltene Regel: Planzahlen sollen bzw. dürfen erst dann abgeändert werden, wenn die Abweichungen der Ist- von den Soll-Zahlen echte Veränderungen der Absatzsituation oder Irrtümer bzw. Fehler in der Planung erkennen lassen. In jedem Fall muss einer Korrektur eine Prüfung der Gründe vorausgehen, die für die Abweichung der Soll-/Ist-Zahlen ausschlaggebend sein könnten oder dürften. Es ist ferner zu prüfen, ob diese Einflussfaktoren nur vorübergehend oder ob sie anhaltend wirksam sind oder sein werden.

**Aufgaben**

1  Kennzeichnen Sie richtige Aussagen mit einer **1**
   und falsche Aussagen mit einer **2**.
   - ☐ Controlling steht für Kontrolle der Buchhaltungsdaten.
   - ☐ Die Grundlage für die Festlegung der Soll-Werte bildet die Analyse der Vergangenheitswerte (Ist-Werte) und die Einschätzung künftiger Ereignisse.
   - ☐ Die Ist-Werte fürs Planungsrechnen entstammen der Finanzbuchhaltung und der Kosten- und Leistungsrechnung.
   - ☐ Der Ausgangspunkt für alle betrieblichen Einzelpläne ist der Finanzplan.
   - ☐ Branchenvergleiche sind bei der Planung zu berücksichtigen.
   - ☐ Plankontrolle beschränkt sich auf den Vergleich von Soll- mit Ist-Zahlen.

☐ Planzahlen sollten nur dann geändert werden, wenn Planungsfehler vorliegen oder wenn es zu einer deutlichen Veränderung der Rahmenbedingungen gekommen ist.

## 5.2
## Umsatzplanung

Die Umsatzplanung steht an erster Stelle aller Pläne. Aus ihr leiten sich die Einkaufsplanung, die Kosten- und Finanzplanung und auch die Rentabilitätsrechnung ab. Da die Basis für die Planung in den statistisch erfassten Umsätzen vergangener Planperioden liegt, kommt es also zunächst einmal darauf an, die bisherige Umsatzentwicklung eingehend zu analysieren. Hierbei kann man verschiedene Faktoren unterscheiden.

### FAKTOREN, DIE DEN UMSATZ EINER BUCHHANDLUNG BEEINFLUSSEN (IN AUSWAHL)

#### ALLGEMEINE ÖRTLICHE UND REGIONALE STRUKTURDATEN
Kaufkraft,
Zentralität,
Einzugsgebiet,
Infrastruktur,
Zahl der Haushalte,
demografische Entwicklung,
Beschäftigungsstruktur,
Bildungsstruktur,
Bildungseinrichtungen etc.

#### EXTERNE UMSATZBEEINFLUSSENDE FAKTOREN
Anzahl der Mitbewerber (Marktbegleiter),
Größe und Profil der Mitbewerber (Marktbegleiter),
eigene Geschäftslage (Frequenz, benachbarte Geschäfte),
weitere Fachgeschäfte im Verkaufssegment ›Geschenke‹,
wiederkehrende Ereignisse (Stadtfeste, verkaufsoffene Sonntage, Midnight-Shopping im Einkaufscenter),
Geschäftsaufgabe eines Mitbewerbers,
unvorhersehbare einmalige Ereignisse (Naturkatastrophen, kurzfristig angesetzte Streiks),
einkalkulierbare Veränderungen im Bereich der allgemeinen Strukturdaten (s.o.) etc.

> **INTERNE UMSATZBEEINFLUSSENDE FAKTOREN**
> Sortiment (Angebotsstruktur),
> Dienstleistungspalette,
> Personal (Mitarbeiterschulung),
> Verkaufskonzept (stationär, Online-Shop, Büchertische),
> Verkaufsraum (Warenpräsentation, Umbau oder Ausbau),
> Kommunikation (Werbung, PR, Aktionen zur Verkaufsförderung) etc.

Alle genannten Gesichtspunkte sind Bestandteile einer **SWOT**-Analyse, die die Stärken (**s**trengths), Schwächen (**w**eaknesses), Chancen (**o**pportunities) und Gefahren (**t**hreats) eines Unternehmens herausstellt. Sie bietet die Basis für künftige Entwicklungen – geht es doch auch einer Buchhandlung darum, in der Zukunft (oder dort erst Recht) durch weitsichtige Entscheidungen und geeignete Maßnahmen ein optimales Betriebsergebnis zu erzielen.

## 5.2.1
## Durchführung der Planung

Im folgenden Beispiel liegen die Monatsumsätze der vergangenen drei Jahre (2013 bis 2015) einer Buchhandlung vor. Um nicht auf Grundlage außergewöhnlicher Abweichungen zu planen, wird – wenn möglich – ein Durchschnittswert (Normalwert) aus diesen drei Perioden gebildet. Darauf aufbauend wird der Planumsatz für 2016 berechnet.

**Umsatzplanung-Ist-Analyse**

| Monat | 2013 | 2014 | 2015 | Durch-schnitt | % des Gesamt-umsatzes | % kumu-liert | Plan-umsatz 2016 | Plan-umsatz kumuliert |
|---|---|---|---|---|---|---|---|---|
| Januar | 45.000 € | 48.750 € | 52.500 € | ① 48.750 € | ② 8,2% | 8,2% | ④ 53.622 € | 53.622 € |
| Februar | 41.900 € | 40.300 € | 45.600 € | 42.600 € | 7,2% | 15,5% | 46.857 € | 100.479 € |
| März | 43.100 € | 46.400 € | 48.200 € | 45.900 € | 7,8% | 23,2% | 50.487 € | 150.966 € |
| April | 47.900 € | 48.500 € | 51.400 € | 49.267 € | 8,3% | 31,5% | 54.190 € | 205.156 € |
| Mai | 40.000 € | 39.000 € | 43.000 € | 40.667 € | 6,9% | 38,4% | 44.731 € | 249.887 € |
| Juni | 44.800 € | 37.500 € | 39.200 € | 40.500 € | 6,9% | 45,3% | 44.547 € | ⑤ 294.434 € |
| Juli | 50.200 € | 45.800 € | 46.300 € | 47.433 € | 8,0% | 53,3% | 52.174 € | 346.608 € |
| August | 49.700 € | 50.200 € | 51.800 € | 50.567 € | 8,6% | 61,9% | 55.620 € | 402.228 € |
| Septemb. | 45.500 € | 49.000 € | 52.400 € | 48.967 € | 8,3% | 70,1% | 53.860 € | 456.088 € |
| Oktober | 49.300 € | 50.200 € | 53.600 € | 51.033 € | 8,6% | 78,8% | 56.133 € | 512.221 € |
| November | 58.700 € | 60.100 € | 60.600 € | 59.800 € | 10,1% | 88,9% | 65.776 € | 577.997 € |
| Dezember | 63.300 € | 66.100 € | 67.700 € | 65.700 € | 11,1% | 100,0% | 72.266 € | 650.263 € |
| **GESAMT** | 579.400 € | 581.850 € | 612.300 € | 591.183 € | | | ③ 650.263 € | |

**VORGEHENSWEISE**

① Der Durchschnittswert für Januar ergibt sich aus der Addition der Werte von 2013 bis 2015. Die Summe wird anschließend durch drei geteilt.

② In diesem Feld wird berechnet, wie viel Prozent des gesamten Durchschnittsumsatzes (591.183 €) im Januar (48.750 €) erzielt wurde.

③ Für das Jahr 2016 wird unter Berücksichtigung aller Einflussfaktoren ein Planumsatz von 650.263 € festgelegt. Das entspricht einer Steigerung gegenüber 2015 von ca. 6,2 Prozent.

④ Der Planumsatz für Januar 2016 errechnet sich, indem vom gesamten Planumsatz für 2016 der prozentuale Anteil für Januar ② berechnet wird.

⑤ Der kumulierte Juniumsatz gibt an, mit welchem Umsatz für das erste Halbjahr 2016 geplant wird. Diese Zahl geht als Basiswert in die Einkaufsplanung (siehe Kap. 6.2) ein.


## 5.2.2
## Sachliche, liquiditätstechnische und verkaufsbezogene Unterteilung des Plans

Der Gesamtumsatz einer Buchhandlung mag für die Ermittlung der Steuerlast des Unternehmens ausreichen – für die weiter oben genannten Planungsgesichtspunkte muss er jedoch weiter differenziert werden. Der Grund: Innerhalb des gesamten Umsatzes können einzelne **Warengruppen** nicht nur eine unterschiedliche Umsatzentwicklung aufweisen, sondern auch ein unterschiedlich hohes Besorgungsgeschäft (z. B. Sachbuch = hoher Besorgungsanteil, Belletristik = niedriger Besorgungsanteil). Etwaige negative Umsatzergebnisse einzelner Warengruppen werden unter Umständen durch andere erfolgreichere Warengruppen kompensiert und bleiben dementsprechend bei Betrachtung des Gesamtumsatzes verborgen. Hier hilft ein effizientes Warenwirtschaftssystem (WWS), das firmenintern Warengruppen definiert und eine differenzierte Erfassung der Umsätze ermöglicht.

Für die Liquiditätsplanung sind zwei Gesichtspunkte wichtig. Zum einen: Teilweise voneinander abweichende **Liquiditätsprofile einzelner Warengruppen** müssen berücksichtigt werden. Zum anderen: Der Anteil der Ware, die über das ›Abholfach‹ (bestellte Bücher) verkauft wird, bedarf keiner Vorfinanzierung. Denn sie wird kurzfristig über das Barsortiment bezogen und im Rahmen der Dekadenabrechnung bezahlt. Der Kunde seinerseits bezahlt sie jedoch in der Regel bereits bei Abholung – häufig bereits am Tage des Wareneingags. Statt einer Vorfinanzierung des Warenlagers stehen hier Finanzierungsvorteile im Raum, die sinnvoll für Liquiditätsreserven genutzt werden können. Allerdings müssen die Umsätze jeder Warengruppe getrennt nach Lager- und Bestellumsatz erfasst werden, weil das Besorgungsgeschäft – wie bereits erwähnt – höchst unterschiedlich ausfallen kann (Belletristik = niedriger Bestellanteil, Sachbuch = hoher Bestellanteil). Auch das Kreditgeschäft, also der Umsatz, der nicht bar über die Kasse erfasst sondern über Rechnung eingenommen wird, sollte separat vom Lagerumsatz erfasst werden, da ein Großteil der verkauften Ware keine Lagertitel sind.

Mithilfe des Warenwirtschaftssystems können Plantabellen sinnvoll erweitert werden. So kann man die **Bestandswerte je Warengruppe** aufnehmen, um festzuhalten, wie viel Kapital im Warenlager (auch je Warengruppe) steckt. Filialunternehmen vergleichen ihre prozentualen Werte mit denen anderer Filialen, Einzelunternehmen ihre Werte mit Durchschnittswerten der Branche oder mit denen ihrer ERFA-Gruppe. Denn hierfür sind Vergleichszahlen ja da. Aber vor allem: Welche Konsequenzen sind aus einer Warengruppenanalyse zu ziehen?

• In welchem Maße muss das Lager reduziert werden, wenn die Umsatzzahlen nachhaltig nach unten zeigen?

• In welchem Maße muss man den Lagerbestand einzelner Warengruppen aufstocken, wenn das Durchlaufgeschäft ständig überproportional hoch ist, sodass man davon ausgehen muss, dass sich nie genug – vielleicht aber auch nie die richtige – Ware am Lager befindet?

• Sollte man die Warengruppen im Verkaufsraum anders platzieren, wenn deren Umsatzanteile nicht den Flächenanteilen entsprechen, wenn 50 Prozent der Fläche nur 20 Prozent zum Lagerumsatz beiträgt?

**Aufgaben**

2 Kennzeichnen Sie richtige Aussagen mit einer **1** und falsche Aussagen mit einer **2**.

☐ Aus dem Planumsatz leiten sich alle weiteren betrieblichen Einzelpläne ab.

☐ Planungsgrundlage ist einzig die für die Zukunft prognostizierte Umsatzentwicklung.

☐ Externe umsatzbeeinflussende Faktoren sind grundsätzlich nicht vorhersehbar.

☐ Die Umsatzentwicklung kann durch Werbung, gezielten Personaleinsatz und andere Maßnahmen selbst beeinflusst werden.

☐ Die Analyse von umsatzbeeinflussenden Faktoren ist für kleine Betriebe zu aufwändig.

☐ Wenn möglich, sollte der Durchschnittswert aus drei vorangegangenen Perioden als Grundlage für die Umsatzplanung verwendet werden.

☐ Nur durch eine warengruppenbezogene Umsatzanalyse können Umsatztrends wirkungsvoll in die Planung einbezogen werden.

**3** Zur Erstellung des Umsatzbudgets 2016 liegen Ihnen folgende Ist-Zahlen der vergangenen drei Jahre vor:

| Monat | Umsatz 2013 in € | Umsatz 2014 in € | Umsatz 2015 in € |
|---|---|---|---|
| Januar | 28.000 | 28.700 | 28.900 |
| Februar | 27.500 | 27.900 | 28.100 |
| März | 30.000 | 33.200 | 29.800 |
| April | 32.600 | 31.200 | 32.900 |
| Mai | 31.200 | 32.500 | 32.600 |
| Juni | 30.600 | 31.300 | 31.500 |
| Juli | 29.400 | 30.000 | 29.900 |
| August | 28.700 | 29.200 | 29.400 |
| September | 29.800 | 29.700 | 30.200 |
| Oktober | 30.200 | 30.400 | 30.600 |
| November | 42.500 | 43.200 | 42.600 |
| Dezember | 48.700 | 49.500 | 48.300 |
| GESAMT | 389.200 | 396.800 | 394.800 |

Berechnen Sie (diese Aufgabe sollte sinnvoller Weise mit einem Tabellenkalkulationsprogramm gelöst werden):

a) die Durchschnittswerte der vergangenen drei Jahre pro Monat in Euro;

b) den durchschnittlichen Gesamtumsatz der vergangenen drei Jahre;

c) ausgehend von den in a) berechneten Durchschnittswerten die prozentuale Verteilung des Gesamtumsatzes auf die einzelnen Monate;

d) die aus b) berechneten kumulierten Prozentwerte;

e) wie viel Prozent des Gesamtumsatzes in der ersten Jahreshälfte erzielt wurde;

f) den gesamten Planumsatz für das Jahr 2016, wenn der Umsatz um 2,2 % gegenüber dem unter b) berechneten Durchschnittsumsatz steigt;

g) den Planumsatz 2016 in € für alle Monate, wenn die aus c) berechnete Umsatzverteilung zugrunde gelegt wird;

h) den kumulierten Planumsatz für alle Monate.

## 5.3
## Einkaufsplanung

Der Einkauf ist – neben dem Umsatz – einer der maßgeblichen Erfolgs-
faktoren, der Liquidität und Rentabilität gleichermaßen beeinflusst. Ba-
sierend auf der Umsatzplanung, wird der Einkauf der Umsatzerwartung
der Zukunft angepasst. Im Buchhandel gibt es analog zur Frühjahrs-
und Herbstproduktion der Verlage traditionell zwei Einkaufszyklen, die
in etwa den Halbjahren entsprechen. Es gibt aber inzwischen auch vermehrt Buchhandlungen, die auf monatliche Planungsperioden umge-
stellt haben, insbesondere die, die einen großen Teil des Lagereinkaufs
über eines der Barsortimente abwickeln, bzw. diejenigen, die der Genossenschaft eBuch angehören und via Anabel über ein genossen-
schaftseigenes Barsortiment verfügen. Im Folgenden gehen wir von zwei
Einkaufszyklen aus.

## 5.3.1
## Berechnung des Einkaufslimits

Ist der Planumsatz für das kommende Jahr festgelegt, ist die Berechnung
des Einkaufslimits, das heißt die Obergrenze des Einkaufsbudgets, ganz
einfach – sofern weitere notwendige Daten bekannt sind. Eine Buchhandlung benötigt hierfür neben der Festlegung der Planungsperioden
folgende Soll-Werte: Umsatz zu Verkaufspreisen, Anteil des Besorgungs-
umsatzes, Anteil des Barsortimentsbezugs am Lagereinkauf, Kennziffern
für die Lagerumschlagsgeschwindigkeit und den durchschnittlichen Ein-
kaufsrabatt. Alle Daten müssen grundsätzlich mit oder grundsätzlich ohne Umsatzsteuer eingebracht werden. Soll das Einkaufslimit zu Ein-
kaufspreisen ermittelt werden, so ist der durchschnittliche Rabatt vom
Verkaufspreis abzuziehen. Der Besorgungsumsatz (je Warengruppe) ist
in der Regel risikolos und wird bei der Einkaufsplanung nicht berücksichtigt; deshalb ist er vom Gesamtumsatz abzuziehen. Zum Besorgungsumsatz zählt auch das Kredit- oder Rechnungsgeschäft (Schulbuchaufträge der öffentlichen Hand, Bestellungen von Bibliotheken etc.).
Er folgt ein Beispiel für die Ermittlung eines Einkaufslimits, das aus methodisch-didaktischen Gründen in zwei Bereiche aufgeteilt ist: in einen
rein rechnerischen (A) und einen erläuternden (B), der das facettenrei-
che Bestellverhalten von Buchhandlungen im Blick behält.

**BEISPIEL**

|  | Ist 2015 | Plan 2016 |  |
|---|---|---|---|
| Umsatz | 612.300 € | ① 650.263 € | 100 % |
| — Besorgungsgeschäft | 183.690 € | 195.079 € | 30 % |
| Lagerumsatz | 428.610 € | ② 455.184 € | 70 % |
| **Einkaufsplanung** |  |  |  |
| Lagerbestand 01. 01. | 150.600 € | 130.000 € |  |
| Lagerbestand 31. 12. | 130.000 € | ④ 113.796 € |  |
| bereinigter Lagerumschlag | 3,5 | ③ 4,0 |  |
| durchschnittliche Lagerdauer | 103 | 90 |  |
| Lagerabbau |  | ⑤ 16.204 € |  |
| Einkauf nach Lagerabbau |  | ⑥ 438.980 € |  |
| — 10 % Reserve |  | ⑦ 43.898 € |  |
| Einkaufslimit |  | ⑧ 395.082 € |  |
| Einkauf 1. Halbjahr |  | ⑨ 178.890 € |  |

**RECHNERISCHE VORGEHENSWEISE**

① Der Planumsatz für 2016 soll laut Umsatzplanung (siehe Kap. 5.2) bei 650.263 € liegen.

② Ermittlung des Plan-Lagerumsatzes. Bei einem angenommenen Besorgungs-anteil von 30 % liegt der geplante Lagerumsatz der Buchhandlung bei 455.184 € (70 % von 650.263 €).

③ Planung des Lagerumschlags. Im Jahr 2015 lag die LUG bei 3,5 und soll jetzt auf 4 erhöht werden. Nähere Erläuterungen folgen.

④ Berechnung des geplanten Lagerendbestandes 2016. Bei einem Lagerum-satz in Höhe von 455.184 € und einer LUG von 4 ergibt sich ein Lagerendbe-stand von 113.796 € (455.184 € : 4).

⑤ Berechnung des Lagerabbaus. Vom Anfangsbestand 2016 in Höhe von 130.000 € ist der geplante Lagerendbestand 2016 abzuziehen. Als Ergebnis erhält man einen Lagerabbau in Höhe von 16.204 € (130.000 € — 113.796 €).

⑥ Berechnung des Einkaufs nach Lagerabbau. Zieht man vom geplanten Lager-umsatz den Lagerabbau ab, so erhält man 438.980 € (455.184 € — 16.204 €).

⑦ Festlegung der Reserve. Für unvorhersehbare Ereignisse werden 10 % Reserve (= 43.898 €) eingeplant. Nähere Erläuterungen folgen.

⑧ Ermittlung des Einkaufslimits. Nach Abzug der Reserve errechnet sich für das Jahr 2016 ein Einkaufslimit von 395.082 € (438.980 € — 43.898 €).

⑨ Ermittlung des Einkaufsbudgets für das erste Halbjahr 2016. Für das erste Halbjahr wird das Einkaufsbudget berechnet, indem vom Budget des gesamten Jahres anhand des kumulierten Prozentsatzes (45,3 % lt. Beispiel Umsatzplanung im Kap. 5.2) der Einkauf der ersten Jahreshälfte berechnet wird. Das Einkaufsbudget liegt bei 178.890 € (395.082 € x 45,3 %).

ERLÄUTERUNGEN ZU EINZELNEN ARBEITSSCHRITTEN

③ **Planung des Soll-Lagerumschlags**   Die eigentliche Grundlage für die Steuerung der Warenbewegung bildet eine vom Durchlaufgeschäft bereinigte Soll-LUG, die für jede einzelne Warengruppe vorgegeben werden kann / sollte. Grundlage für die Festlegung dieser Soll-LUG können vergleichbare betriebsinterne Planperioden in der Vergangenheit sein, ein Blick auf betriebswirtschaftliche Zahlen befreundeter Buchhandlungen aus derselben ERFA-Gruppe oder das Studium der Zahlen des Kölner Betriebsvergleichs. Sollte ein zufriedenstellender Lagerumschlag bereits erzielt sein, dann ist dieser für die Planperiode zu übernehmen. Die Verbesserung der LUG ist in der Regel ein langsamer Prozess, in dessen Verlauf es gilt, Über- und Altwarenbestände abzubauen. Das ist nicht immer kurzfristig durchführbar, da zur Erhaltung der Aktualität des Warenlagers immer wieder neue Ware nachbezogen bzw. neu eingekauft werden muss. Die Erhöhung der bereinigten Soll-LUG auf 4 (im Vergleich zu 3,5 des Vorjahres) ist in diesem Sinne ein Schritt in die richtige Richtung.

④ **Planung des Soll-Lagerendbestands**   Die Berechnung des Plan-Lagerendbestands ergibt sich aus dem Plan-Umsatz dividiert durch die Soll-LUG. (Es wird also nicht von einem arithmetischen Mittel von zwei Lagerbeständen (AB + EB : 2) ausgegangen, da hier keine vergangenheitsbezogene Betrachtungsweise greift, sondern ein künftiger (geschätzter) und erstrebenswerter Lagerwert im Fokus steht.) Nun erkennt man auch, ob im Planjahr das Lager (wir reden immer von einzelnen Warengruppen) auf- oder abgebaut werden soll. Eine Erhöhung der LUG bei einem vorgegeben Planumsatz bedeutet immer einen Lagerabbau; in unserem Fall handelt es sich um 16.204 €.

⑦ **Einkaufsreserve**   In der Praxis hat sich die Berücksichtigung einer Einkaufsreserve als nützlich erwiesen. Vom ermittelten Einkaufslimit wird ein definierter Prozentsatz als Reserve abgezogen, der dann für ›nicht Vorhersehbares‹ zur Verfügung steht. Auch hier gilt: Er muss nicht für alle Warengruppen eingesetzt werden und dürfte – je nach Planvorgaben – in den einzelnen Warengruppen unterschiedlich hoch sein. Die Arbeit mit einem Reservelimit hat viele Vorteile. Erstens: Das Geld steht für ›plötzliche‹ Renner oder für nicht geplante Aktionen zur Verfügung. Zweitens: Der Lagerumschlag erhöht sich, wenn das Limit nicht angetastet bzw. nicht ausgeschöpft wird und der Planumsatz trotzdem erreicht wurde; hierdurch ergeben sich Liquiditätsreserven. Drittens: Da die meisten Buchhandlungen einen Großteil ihres Einkaufs mit A-Verlagen tätigen, die vom Bestsellergeschäft abhängig sind, kann die Reserve dafür dienen, jeweils genügend Bestseller einzukaufen – unabhängig vom Einkaufslimit, das für einen Verlag innerhalb einer Warengruppe festgelegt worden ist.

⑧ **Ermittlung des Einkaufslimits**   Ein Unternehmen kann nur so viel einkaufen, wie es in einer Periode umsetzen will, beispielsweise in einem Halbjahr. In einem ersten Schritt wird das Limit auf das erste und zweite Halbjahr aufgeteilt. In unserem Beispiel liegt der prozentuale Satz für das erste Halbjahr bei

45,3 %; vereinfachend kann man aber auch von einer Verteilung von 40 (1. Halbjahr) zu 60 (2. Halbjahr) ausgehen. Korrekturen an diesem Limit werden nur vorgenommen, wenn das Lager aus aktuellen Gründen warengruppenspezifisch reduziert oder aufgestockt werden muss.

Doch wie verteilen sich die 178.890 € in unserem konkreten Fall? Nun, zunächst wird ein bestimmter Prozentsatz für die Lagereinkäufe abgezogen, die bei den Barsortimenten anfallen. Denn auch hier werden Novitäten eingekauft: Teils, weil sie schnell zur Verfügung stehen müssen, und teils, weil bei C-Verlagen, aber auch bei manchen B-Verlagen, nur kleinere Bestellungen anfallen und sich damit keine rentable Bestellgröße für eine Verlagsbestellung ergibt; je nach Einkaufsverhalten oder betrieblichen Erfahrungswerten kann ein solcher Prozentsatz schnell eine zweistellige Größenordnung annehmen. Erst danach erfolgt die Verteilung des warenspezifischen Limits auf die lagerrelevanten Verlage. Aufgrund der Bestellhistorie konstanter Jahreskonditionen kennt man den voraussichtlichen Rabatt und kann so den Einkaufswert ohne größere Schwierigkeiten ermitteln.

Aber es gilt noch eine weitere Entscheidung zu fällen: Welchen Anteil hat der Halbjahres-*Erstbezug* beim Verlag? Denn erst aus dieser Entscheidung ergibt sich das Limit der einzelnen Reiseaufträge, die entweder in Zusammenarbeit mit Vertretern oder direkt an die Verlage übermittelt werden. Der nicht unerhebliche Restbetrag steht dann für die Nachbestellungen der Novitäten und der Backlist zur Verfügung.

Es bietet sich an, alle erteilten Aufträge vom Einkaufslimit abzustreichen. Korrekturen sind durch Remissionen oder bei außergewöhnlichen Umsatzsteigerungen möglich. Sollte im ersten Halbjahr das Limit ohne inhaltlichen Grund überschritten werden, können Korrekturen noch im zweiten Halbjahr durchgeführt werden. Falls dies nicht geschieht, ist eine Bestandserhöhung in der jeweiligen Warengruppe eine zwangsläufige Konsequenz, die leicht zu Liquiditätsschwierigkeiten (siehe Kap. 5.5) führt.

## 5.3.2
## Die Bedeutung des Lagerumschlags für den betrieblichen Erfolg

Der Lagerumschlag, auch Lagerumschlagsgeschwindigkeit (LUG) genannt, ist bereits an anderer Stelle behandelt worden (siehe Kap. 3.15.3). In mathematischer Hinsicht ist die Kennziffer LUG ein Quotient: das Ergebnis einer Division von Umsatz durch die Größe durchschnittlicher Lagerbestand. Ein guter bzw. besserer Lagerumschlag kann also – rein mathematisch – dadurch erreicht werden, dass man den bestmöglichen Dividenden (Umsatz) durch einen möglichst geringen Divisor (durchschnittlicher Lagerbestand) teilt. Eine LUG-Verbesserung kann allerdings auch durch eine verschobene Relation eintreten, wenn zum Beispiel so-

wohl der Umsatz als auch der Bestand wachsen, der Umsatz jedoch überproportional zum Bestand. Und schon ergeben sich aus einer mathemati-
schen Gleichung strategische Überlegungen im Rahmen des Controlling.
   Wie man den Umsatz nach oben entwickelt, ergibt sich aus der Aufstellung der den Umsatz einer Buchhandlung beeinflussenden Faktoren
(siehe Kap. 5.2). Die ›Kunst der Lagerreduktion‹ verlangt andere Maßnahmen und wird je nach dem Konzept der Buchhandlung anders praktiziert. Mal wird das Verfahren ›weniger Verlage – weniger Titel – weniger Exemplare pro Titel‹ angewandt, mal rückt der Gesichtspunkt der Remission in den Vordergrund und mal geht es um kürzere Bestellzyklen.
Wie auch immer: Es ist Aufgabe einer gut sortierten Buchhandlung, Alt-
und Überbestände kritisch im Blick zu haben, sodass es nicht eines Tages
›Antiquariat, vormals Buchhandlung‹ heißt.

**Der Einfluss des Lagerumschlags auf den Kapitalbedarf und die
Liquidität**

Ware, die für das Verkaufslager (Ladengeschäft) eingekauft wird, muss
unter Berücksichtigung der mit den Handelspartnern vertraglich vereinbarten Zahlungskonditionen nach Erhalt bezahlt werden. Daraus ergibt
sich der Kapitalbedarf, der zur Vorfinanzierung der Ware benötigt wird
und erst durch den realisierten Umsatz refinanziert wird. Es sei denn, es
gelingt der Buchhandlung, die Ware vor deren Bezahlung zu verkaufen.
**Die Höhe des Kapitalbedarfs hängt in ganz starkem Maße von der
Höhe des Lagerumschlags ab: Mit zunehmendem Lagerumschlag sinkt
bei gleichem Umsatz der durchschnittliche Lagerbestand und mit dem
Lagerbestand auch der durchschnittliche Kapitalbedarf.** Da in der Praxis der Kapitalbedarf aber auch durch Skontierungsfristen sowie durch
Inanspruchnahme günstiger Zahlungskonditionen beeinflusst wird und
das Zahlungsziel nach Tagen bemessen wird, wird auch der Kapitalbedarf mit Hilfe der in Tagen ausgedrückten Lagerdauer berechnet.

**BEISPIEL**
Eine Buchhandlung hat einen Lagerumsatz von 800.000 € (netto), einen (bereinigten) Lagerumschlag von 3 und rechnet mit einer Handelsspanne von 40 % für
die am Lager befindlichen Exemplare (ohne Abholfach und Fortsetzungen). Bei
sofortiger Zahlung nach Wareneingang würde sich folgender Kapitalbedarf pro
Jahr ergeben:

$$\text{Kapitalbedarf} = \frac{\text{Wareneinsatz} \cdot \varnothing \text{Lagerdauer in Tagen}}{365}$$

$$\text{Kapitalbedarf} = \frac{480.000\,€ \cdot 121,67}{365} = 160.004,38\,€$$

Bei einer Handelsspanne von 40 % ergibt sich ein Wareneinsatz von 480.000 € (800.000 € · 60 %). Als ⌀ Lagerdauer in Tagen ergeben sich 121,67 Tage (365 : 3). Da der Kapitalbedarf nach der act-/act-Methode (siehe Kap. 1.6.2) berechnet wird, operiert man im Nenner mit 365 Tagen. Eingesetzt in die Formel resultiert daraus ein Kapitalbedarf von 160.004,38 €.

Bei einer LUG von 4 ergäbe sich eine durchschnittliche Lagerdauer von 91,25 Tagen. Mit Hilfe dieser durchschnittlichen Lagerdauer wäre nun der Kapitalbedarf bei sofortiger Zahlung wie folgt zu berechnen:

$$\text{Kapitalbedarf} = \frac{480.000\,€ \cdot 91,25}{365} = 120.000,00\,€$$

Wenn nun bei Reiseaufträgen ein Zahlungsziel von beispielsweise 60 Tagen in Anspruch genommen wird, dann reduziert sich die für den Kapitalbedarf wirksam werdende Lagerdauer von 91,25 Tagen auf 31,25 Tage (91,25 — 60):

$$\text{Kapitalbedarf} = \frac{480.000\,€ \cdot 31,25}{365} = 41.095,89\,€$$

Aus der wechselseitigen Beziehung zwischen Kapitalbedarf und Lagerumschlag ergibt sich folgender Zusammenhang: **Mit verändertem Lagerumschlag verändert sich auch die Liquidität,** d. h. die (finanzielle) Flüssigkeit des Unternehmens. Mit einer abnehmenden Liquidität verschlechtert sich die Krisenfestigkeit. Im extremen Fall, bei Ausschöpfung aller Fremdmittel, führt die Verlangsamung des Lagerumschlages zur Illiquidität. Damit verliert das Unternehmen seine Zahlungsfähigkeit. Umgekehrt führt ein besserer Lagerumschlag zu größerer finanzieller Beweglichkeit bzw. zur Bildung von Liquiditätsreserven.

## Der Lagerumschlag als Kostenfaktor

Aus der Tatsache, dass bei einem zunehmenden Lagerumschlag der **Kapitalbedarf** sinkt und dass er umgekehrt **bei einem langsamer werdenden Lagerumschlag ansteigt,** ergibt sich die logische Konsequenz, dass unterschiedlich hohe Zinskosten entstehen, die den Gewinn reduzieren.

**BEISPIEL**

Für einen Wareneinsatz von 480.000 € soll die Zinskostenbelastung dargestellt werden, die bei einer LUG von 3 (⌀ Lagerdauer = 121,67 Tage) bzw. 4 (⌀ Lagerdauer = 91,25 Tage) entsteht. Der Anteil an Eigenkapital soll dabei unberücksichtigt bleiben, weil auch Eigenkapital kalkulatorisch verzinst werden muss. Für die Zinsberechnung sind Kontokorrentzinsen einschließlich Spesen in Höhe von 8 % und ein ∅ Zahlungsziel von 60 Tagen zu berücksichtigen.

Bei einer LUG von 3 ergibt sich eine Zinsbelastung in Höhe von 6.488,02 € aufgrund nachstehender Berechnung. Ausgedrückt in Prozent vom Lagerumsatz in Höhe von 800.000 € entspricht dies 0,81 %.

$$\text{Kapitalbedarf} = \frac{480.000\,€ \cdot (121{,}67 - 60)}{365} = 81.100{,}27\,€ \cdot 8\,\% = 6.488{,}02\,€$$

Bei einer LUG von 4 halbiert sich aufgrund nachstehender Berechnung die Zinsbelastung auf 3.287,67 €. Dies entspricht 0,41 % vom Umsatz (800.000 €)..

$$\text{Kapitalbedarf} = \frac{480.000\,€ \cdot (91{,}25 - 60)}{365} = 41.095{,}89\,€ \cdot 8\,\% = 3.287{,}67\,€$$

Die Höhe des Lagerumschlags hat somit auch Auswirkungen auf die Zinskosten und damit auf den Gewinn eines Unternehmens. Der Kostendruck wird noch stärker, wenn man annimmt, die eingeräumten Bankkredite wären ausgeschöpft und das Unternehmen müsste Lieferantenkredite unter Verzicht auf Skonti in Anspruch nehmen.

### Die Bedeutung des Lagerumschlags für die Rentabilität

Ein erhöhter Lagerumschlag wirkt sich auch auf den titelbezogenen Rohgewinn pro Jahr positiv aus. Denn dieser erhöht den Gewinn der Unternehmung und infolgedessen auch die Rentabilität. Die größte Rentabilität erzielen die Artikel, die den höchsten Rohgewinn erzielen.

> Rohertrag (pro Artikel) = Rohertrag (einzelner Artikel) · LUG

**BEISPIEL**

Der Buchtitel A mit einem Verkaufspreis von 20 € wurde mit einem Rabatt von 40 % eingekauft und verkauft sich dreimal im Jahr. Der Buchtitel B kostet ebenfalls 20 € im Verkauf, aber er wurde mit 25 % Rabatt eingekauft und hat sich sechsmal im Jahr umgeschlagen. Für die beiden Artikel ergeben sich somit folgende Rohgewinnsituationen (sofern Bezugskosten und andere den Rohgewinn beeinflussende Größen unberücksichtigt bleiben):

Artikel A: 20 € · 40 % = 8,00 € · 3 = 24,00 €
Artikel B: 20 € · 25 % = 5,00 € · 6 = 30,00 €

Das Beispiel zeigt, dass auch geringere Rabatte zu einer Gewinnsituation führen können – sofern der Umschlag stimmt. Insofern kann das Schulbuchgeschäft der öffentlichen Hand, bei dem die Artikel in größerer Stückzahl geordert werden, in Bezug auf den Rohertrag durchaus lukrativ sein. Für eine DVD-Abteilung hingegen trifft dies nur zu, wenn der Lagerumschlag weit über dem des Buchsortiments liegt.

## Aufgaben

4 Kennzeichnen Sie richtige Aussagen mit einer **1** und falsche Aussagen mit einer **2**.

☐ Das Einkaufsbudget lässt sich aus dem Umsatzbudget ableiten.
☐ Die Berechnung des Einkaufslimits muss zu Bruttoverkaufspreisen erfolgen.
☐ Das Durchlaufgeschäft muss bei der Einkaufsplanung herausgerechnet werden.
☐ Der Lagerbestand bleibt bei der Berechnung unberücksichtigt.
☐ Für die Einkaufsplanung genügt die Berechnung des Jahresumsatzes.
☐ Das Umsatzbudget beinhaltet Vorgaben, welche Bücher eingekauft werden sollen.
☐ Ein erhöhter Lagerumschlag führt bei gleichbleibendem Umsatz zu einem geringeren Einkaufsbudget.
☐ Eine Erhöhung der LUG senkt Kosten.

5 Für die Einkaufsplanung 2016 liegen die folgenden Daten zugrunde:

| | |
|---|---|
| Planumsatz 2016 | 403.486 € |
| Besorgungsanteil | 25 % |
| Geplante LUG | 5 |
| Lagerendbestand 2015 | 85.000 € |
| Reserve | 10 % |
| Umsatz im ersten Halbjahr | 42 % |

Berechnen Sie:
a) den Lagerumsatz 2016,
b) den Lagerendbestand 2016,
c) den Lagerabbau 2016,
d) das Einkaufsbudget für das 1. Halbjahr 2016.

## 5.4
## Kostenplanung

Bei der Einkaufsplanung wurde – ausgehend vom Planumsatz (netto) – zur Bestimmung des Einkaufsbudgets von einem durchschnittlichen Rabatt ausgegangen. Bei der Kostenplanung gehen wir von einer zu erwartenden Handelsspanne aus, die den Rohgewinn in Prozent vom Nettoumsatz beziffert. **Dieser Rohgewinn muss ausreichen, um alle anfallenden Betriebskosten zu decken.**

Der Umfang eines Kostenplans ist weitgehend von der Größe und der Kostenstruktur der Buchhandlung abhängig. Bei seiner Festsetzung ist von den Ist-Zahlen vergangener Abrechnungsperioden auszugehen, unter Hinzuziehung von Branchenvergleichszahlen des Kölner Betriebsvergleichs. Für den Buchhandel ist hinsichtlich der Gewichtung der einzelnen Kosten die folgende Kostenstruktur typisch: An erster Stelle stehen mit Abstand die Personalkosten (diese sollten – inklusive etwaiger Privatentnahmen – insgesamt 20 % vom Umsatz nicht übersteigen), gefolgt von den Raumkosten (Miete und Mietnebenkosten sollten 5 % vom Umsatz nicht übersteigen), während unter dem Begriff der sonstigen Handlungskosten die restlichen Kosten zusammengefasst werden. Verdeutlichen wir uns die Zusammenhänge anhand unserer Beispielbuchhandlung aus den vorangegangenen Kapiteln.

**BEISPIEL**

| IST-Zahlen 2015 | Einzel-werte in € | Gesamt in € | In % vom Umsatz |
|---|---|---|---|
| Gesamtumsatz | | 591.183 | |
| Rohgewinn | | 174.399 | 29,5 |
| Gesamtkosten | | 172.034 | 29,1 |
| 1. PERSONALKOSTEN | | 107.004 | 18,1 |
| Personalkosten ohne Unternehmerlohn | 76.263 | | 12,9 |
| Unternehmerlohn | 30.742 | | 5,2 |
| 2. RAUMKOSTEN | | 26.012 | 4,4 |
| Miete oder Mietwert | 21.283 | | 3,6 |
| Sachkosten für Geschäftsräume | 4.729 | | 0,8 |
| 3. SONSTIGE HANDLUNGSKOSTEN | | 39.018 | 6,6 |
| Werbekosten | 7.094 | | 1,2 |
| Betriebliche Steuern | 1.182 | | 0,2 |
| KfZ-Kosten | 2.365 | | 0,4 |
| Fremdkapitalzinsen u. sonst. Geldkosten | 8.868 | | 1,5 |
| Eigenkapitalverzinsung | 1.774 | | 0,3 |
| Übrige Kosten | 17.735 | | 3,0 |

Die Kosten des Jahres 2016 werden wie folgt festgelegt:

| Planzahlen 2016 | Einzel-werte in € | Gesamt in € | In % vom Umsatz |
|---|---|---|---|
| Gesamtumsatz | 650.263 | | |
| Rohgewinn | 195.079 | | ① 30,0 |
| Gesamtkosten | 194.350 | 29,9 % | |
| 1. PERSONALKOSTEN | 115.100 | 17,7 % | |
|   Personalkosten ohne Unternehmerlohn | 81.300 | | ② 12,5 |
|   Unternehmerlohn | 33.800 | | 5,2 |
| 2. RAUMKOSTEN | 29.200 | 4,5 % | |
|   Miete oder Mietwert | ③ 24.000 | | 3,7 |
|   Sachkosten für Geschäftsräume | ③ 5.200 | | 0,8 |
| 3. SONSTIGE HANDLUNGSKOSTEN | 50.050 | 7,7 % | |
|   Werbekosten | 13.000 | | ④ 2,0 |
|   Betriebliche Steuern | 1.300 | | 0,2 |
|   KfZ-Kosten | 2.600 | | 0,4 |
|   Fremdkapitalzinsen u. sonst. Geldkost. | 9.100 | | ⑤ 1,4 |
|   Eigenkapitalverzinsung | 3.250 | | ⑤ 0,5 |
|   Übrige Kosten | 20.800 | | ⑥ 3,2 |

① Die Handelsspanne soll gegenüber dem Vorjahr von 29,5 % auf 30 % gesteigert werden. Dies soll durch eine verbesserte Bündelung geschehen, in deren Folge bessere Rabatte und reduzierte Bezugskosten im Raum stehen. Die Erhöhung der Handelsspanne ist aus betrieblichen Gründen zwingend erforderlich, da die Gesamtkosten auf 29,9 % steigen.

② Trotz vereinbarten Lohnerhöhungen nach Tarifvertrag und dem erwarteten Anstieg der Lohnnebenkosten sollen durch die erwarteten personellen Veränderungen und daraus resultierenden Umstrukturierungen die Fremdpersonalkosten auf 12,5 % vom Umsatz gesenkt werden. Der kalkulatorische Unternehmerlohn bleibt, was den Prozentsatz betrifft, gleich, erhöht sich jedoch als
absoluter Euro-Betrag. Er liegt aber mit 33.800 € immer noch unter dem Mittelwert von 39.600 €, den der Kölner Betriebsvergleich im Jahr 2011 für Betriebe dieser Größenordnung angibt.

Eigentlich handelt es sich nicht um einen ›kalkulatorischen Unternehmerlohn‹, sondern um ›Privatentnahmen in Hoffnung auf einen künftigen Gewinn‹. Insofern lässt er sich erst am Ende des Jahres, nachdem der Gewinn feststeht, als Summe der Privatentnahmen in Prozent vom Umsatz als ›Unternehmerlohn‹ wertmäßig feststellen.

③ Die Mietkosten werden sich im Jahr 2016 auf 24.000 € belaufen. Die Sachkosten für Geschäftsräume (= Mietnebenkosten) werden auf 5.200 € geschätzt. Dies ist eine empfindliche Steigerung gegenüber 2015, auf die der Vermieter allerdings seit geraumer Zeit hingewiesen hat.

④ Für Werbung soll im kommenden Jahr deutlich mehr Geld ausgegeben werden. Der Werbeaufwand soll 2 % des Planumsatzes betragen.

⑤ Bei den Zinsaufwendungen kommt es zu einer Verschiebung. Durch eine Darlehenstilgung nimmt der Anteil an Fremdkapitalzinsen ab, wohingegen sich die kalkulatorische Eigenkapitalverzinsung erhöht.

⑥ Die übrigen Kosten erhöhen sich leicht auf 3,2 % des Planumsatzes. Dies ist u.a. auf höhere Abschreibungen aufgrund von Investitionen zurückzuführen.

Die Personalkosten nehmen einen besonderen Stellenwert ein. Hier muss das Controlling bzw. in größeren Unternehmen die Personalabteilung unter Berücksichtigung der Öffnungszeiten, der Kundenfrequenz, der Urlaubsansprüche der Mitarbeiter, der Präsenzzeiten der Aushilfskräfte etc. einen Personaleinsatzplan erstellen. Praxisnahe Erläuterungen zum Thema findet man in der Publikation *Personalplanung im Buchhandel* der Betriebsberater Ellen Braun und Steffen Hillebrecht. Unter Berücksichtigung der genannten Faktoren kann dann eine Verteilung der Personalkosten erfolgen, wie in der folgenden Übersicht Plankosten dargestellt. Auch für die Werbung sollte in Anbetracht zahlreicher Veranstaltungen und Maßnahmen zur Verkaufsförderung ein gesonderter Plan erstellt werden. Das Kostenbudget gibt den finanziellen Rahmen vor, und die Kosten sind, wie im Werbeplan dargestellt, den Monaten zuzuordnen. Je größer ein Unternehmen ist, desto umfangreicher werden Teilpläne ausfallen. Auf zwei sollten auch kleinere Buchhandlungen nicht verzichten: auf Pläne für das Personal und auf Pläne für die Werbung.

### Aufgaben

6 Kennzeichnen Sie richtige Aussagen mit einer **1** und falsche Aussagen mit einer **2**.

☐ Der Rohgewinn muss ausreichen, um alle übrigen Kosten zu decken.

☐ Die Kosten sollten unabhängig von der Unternehmensgröße für alle Monate des Folgejahres in einem Kostenplan festgehalten werden.

☐ Branchenvergleichszahlen müssen für die Kostenplanung nicht berücksichtigt werden.

☐ Die Miete ist der höchste Kostenfaktor im Sortimentsbuchhandel.

☐ In Personaleinsatzpläne fließen nur finanzielle Plangrößen ein.

☐ Für Werbemaßnahmen muss ein gesonderter (inhaltlicher) Einzelplan erstellt werden.

## Werbeplan

| VORGANG | Jan | | | | Feb | | | | Mär | | | | | Apr | | | | Mai | | | | | Jun | | | | |
|---|---|---|---|---|---|---|---|---|---|---|---|---|---|---|---|---|---|---|---|---|---|---|---|---|---|---|---|
| | 1 | 2 | 3 | 4 | 5 | 6 | 7 | 8 | 9 | 10 | 11 | 12 | 13 | 14 | 15 | 16 | 17 | 18 | 19 | 20 | 21 | 22 | 23 | 24 | 25 | 26 | 27 |

Urlaub im Winter
Humor, Karneval
Autorenfenster
Garten
Neuerscheinungen
Schaufensterwettb
Anz. Lesungen
Fachbuchinfo

## Plankosten nach Monaten 2016 (in €)

| Monat | Gesamt-umsatz | Gesamt-kosten | Fremd-pers. kosten | Unter-nehmer-lohn | Miete | Sachk. f. Gesch. räume | Werbung | Betr. Steuern | Kfz-Kost. | FK. Zins. u. sonst. Geldk. | Eigen-kap.-zinsen | übrige Kosten |
|---|---|---|---|---|---|---|---|---|---|---|---|---|
| Januar | 53.622 | 16.335 | 5.800 | 2.500 | 2.000 | 450 | 1.300 | 0 | 140 | 2.275 | 270 | 1.600 |
| Februar | 46.857 | 14.885 | 5.800 | 2.500 | 2.000 | 450 | 500 | 325 | 140 | 0 | 270 | 2.900 |
| März | 50.487 | 13.151 | 5.800 | 2.500 | 2.000 | 440 | 1.100 | 0 | 140 | 2.275 | 271 | 900 |
| April | 54.190 | 17.366 | 6.100 | 2.500 | 2.000 | 420 | 1.500 | 325 | 800 | 0 | 271 | 1.500 |
| Mai | 44.731 | 13.856 | 6.100 | 2.500 | 2.000 | 420 | 700 | 0 | 140 | 0 | 271 | 1.400 |
| Juni | 44.547 | 17.531 | 9.000 | 3.700 | 2.000 | 420 | 1.100 | 0 | 140 | 2.275 | 271 | 900 |
| Juli | 52.174 | 15.406 | 6.100 | 2.500 | 2.000 | 420 | 500 | 325 | 140 | 0 | 271 | 1.200 |
| August | 55.620 | 14.756 | 6.100 | 2.500 | 2.000 | 420 | 500 | 0 | 140 | 0 | 271 | 2.500 |
| Sept. | 53.860 | 13.831 | 6.100 | 2.500 | 2.000 | 420 | 1.100 | 325 | 140 | 2.275 | 271 | 1.300 |
| Okt. | 56.133 | 19.866 | 6.100 | 2.500 | 2.000 | 420 | 1.400 | 0 | 400 | 0 | 271 | 4.500 |
| Nov. | 65.776 | 23.996 | 12.200 | 5.100 | 2.000 | 460 | 2.600 | 325 | 140 | 2.275 | 271 | 900 |
| Dez. | 72.266 | 13.371 | 6.100 | 2.500 | 2.000 | 460 | 700 | 0 | 140 | 0 | 271 | 1.200 |
| Durchs. | 54.167 | 8.967 | 3.958 | 2.817 | 2.000 | 433 | 1.083 | 108 | 217 | 758 | 271 | 1.592 |
| Summe | 650.263 | 194.350 | 81.300 | 33.800 | 24.000 | 5.200 | 13.000 | 1.300 | 2.600 | 9.100 | 3.250 | 20.800 |

## Plankosten nach Monaten 2016 kumuliert

| Monat | Gesamt-umsatz | Gesamt-kosten | Fremd-pers.-kosten | Unter-nehmer-lohn | Miete | Sachk. f. Gesch.-räume | Werbung | Betr. Steuern | Kfz-Kost. | FK. Zins. u. sonst. Geldk. | Eigen-kap.-zinsen | übrige Kosten |
|---|---|---|---|---|---|---|---|---|---|---|---|---|
| Januar | 53.622 | 16.335 | 5.800 | 2.500 | 2.000 | 450 | 1.300 | 0 | 140 | 2.275 | 270 | 1.600 |
| Februar | 100.479 | 31.220 | 11.600 | 5.000 | 4.000 | 900 | 1.800 | 325 | 280 | 2.275 | 540 | 4.500 |
| März | 150.966 | 44.371 | 17.400 | 7.500 | 6.000 | 1.340 | 2.900 | 325 | 420 | 2.275 | 811 | 5.400 |
| April | 205.156 | 61.737 | 23.500 | 10.000 | 8.000 | 1.760 | 4.400 | 325 | 1.220 | 4.550 | 1.082 | 6.900 |
| Mai | 249.887 | 75.593 | 29.600 | 12.500 | 10.000 | 2.180 | 5.100 | 650 | 1.360 | 4.550 | 1.353 | 8.300 |
| Juni | 294.434 | 93.124 | 38.600 | 16.200 | 12.000 | 2.600 | 6.200 | 650 | 1.500 | 4.550 | 1.624 | 9.200 |
| Juli | 346.608 | 108.530 | 44.700 | 18.700 | 14.000 | 3.020 | 6.700 | 650 | 1.640 | 6.825 | 1.895 | 10.400 |
| August | 402.228 | 123.286 | 50.800 | 21.200 | 16.000 | 3.440 | 7.200 | 975 | 1.780 | 6.825 | 2.166 | 12.900 |
| Sept. | 456.008 | 137.117 | 56.900 | 23.700 | 18.000 | 3.860 | 8.300 | 975 | 1.920 | 6.825 | 2.437 | 14.200 |
| Okt. | 512.221 | 156.983 | 63.000 | 26.200 | 20.000 | 4.280 | 9.700 | 975 | 2.320 | 9.100 | 2.708 | 18.700 |
| Nov. | 577.997 | 180.979 | 75.200 | 31.300 | 22.000 | 4.740 | 12.300 | 1.300 | 2.460 | 9.100 | 2.979 | 19.600 |
| Dez. | 650.263 | 194.350 | 81.300 | 33.800 | 24.000 | 5.200 | 13.000 | 1.300 | 2.600 | 9.100 | 3.250 | 20.800 |

## Kostenübersicht 2016 in %

| Monat | Gesamt-umsatz | Gesamt-kosten | Fremd-pers.-kosten | Unter-nehmer-lohn | Miete | Sachk. f. Gesch.-räume | Werbung | Betr. Steuern | Kfz-Kost. | FK. Zins. u. sonst. Geldk. | Eigen-kap.-zinsen | übrige Kosten |
|---|---|---|---|---|---|---|---|---|---|---|---|---|
| Januar | 8,2 | 8,4 | 7,1 | 3,1 | 8,3 | 8,7 | 10,0 | 0,0 | 5,4 | 25,0 | 3,0 | 7,7 |
| Februar | 7,2 | 7,7 | 7,1 | 3,1 | 8,3 | 8,7 | 3,8 | 25,0 | 5,4 | 0,0 | 3,0 | 13,9 |
| März | 7,8 | 6,8 | 7,1 | 3,1 | 8,3 | 8,5 | 8,5 | 0,0 | 5,4 | 0,0 | 3,0 | 4,3 |
| April | 8,3 | 8,9 | 7,5 | 3,1 | 8,3 | 8,1 | 11,5 | 0,0 | 30,8 | 25,0 | 3,0 | 7,2 |
| Mai | 6,9 | 7,1 | 7,5 | 3,1 | 8,3 | 8,1 | 5,4 | 25,0 | 5,4 | 0,0 | 3,0 | 6,7 |
| Juni | 6,9 | 9,0 | 11,1 | 4,6 | 8,3 | 8,1 | 8,5 | 0,0 | 5,4 | 0,0 | 3,0 | 4,3 |
| Juli | 8,0 | 7,9 | 7,5 | 3,1 | 8,3 | 8,1 | 3,8 | 0,0 | 5,4 | 25,0 | 3,0 | 5,8 |
| August | 8,6 | 7,6 | 7,5 | 3,1 | 8,3 | 8,1 | 3,8 | 25,0 | 5,4 | 0,0 | 3,0 | 12,0 |
| Sept. | 8,3 | 7,1 | 7,5 | 3,1 | 8,3 | 8,1 | 8,5 | 0,0 | 5,4 | 0,0 | 3,0 | 6,3 |
| Okt. | 8,6 | 10,2 | 7,5 | 3,1 | 8,3 | 8,1 | 10,8 | 0,0 | 15,4 | 25,0 | 3,0 | 21,6 |
| Nov. | 10,1 | 12,3 | 15,0 | 6,3 | 8,3 | 8,8 | 20,0 | 25,0 | 5,4 | 0,0 | 3,0 | 4,3 |
| Dez. | 11,1 | 6,9 | 7,5 | 3,1 | 8,3 | 8,8 | 5,4 | 0,0 | 5,4 | 0,0 | 3,0 | 5,8 |

## 5.5
## Liquiditätsplanung

Die Verteilung der Kosten auf die 12 Monate ist die Grundlage, um die Finanzplanung anzugehen. Denn aufgrund der schwankenden Verteilung der Kosten auf die Monate müssen liquide Mittel in unterschiedlicher Höhe bereitstehen. Hinzu kommt, dass der Zufluss der Geldmengen aus den Umsatzerlösen durchaus nicht parallel zur Entwicklung der Monate verläuft. So sind in einer allgemeinen Sortimentsbuchhandlung die Umsatzspitzen (Weihnachts- und Schulbuchgeschäft, gegebenenfalls auch das Semestergeschäft) ebenso auffällig wie die eher ›mageren‹ Monate zu Jahresbeginn oder im so genannten Sommerloch. Dies belegt die abgebildete Grafik, deren Zahlenwerte jährlich in *Buch- und Buchhandel und Zahlen* veröffentlicht werden.

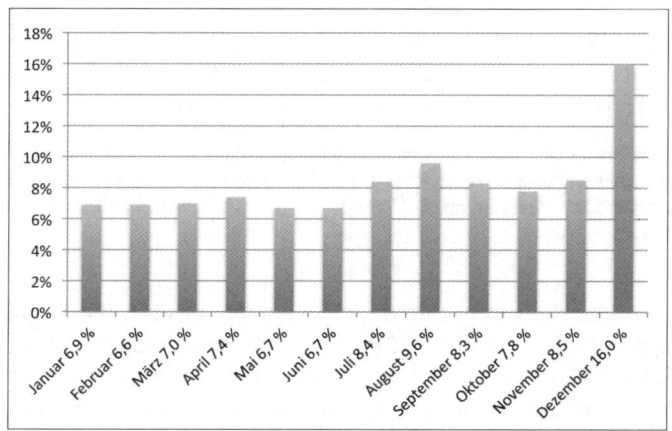

Umsatzanteile
im Sortiments-
buchhandel
nach Monaten

Liquiditätsplanung bedeutet also im Kern, Geldeingänge in starken Umsatzzeiten nicht als die Norm anzusehen, sondern als Ausnahme. Denn dieses Geld braucht man für Liquiditätsengpässe in umsatzschwächeren Zeiten, will das Unternehmen nicht den Kontokorrentkredit in Anspruch nehmen.

Die folgende Übersicht zeigt, wie zwei Buchhandlungen mit einem identischen Einnahmen-Überschuss am Jahresende, nämlich 34.500 €, dennoch im Verlauf des Jahres unterschiedliche finanzielle Engpässe haben. Denn Saisongeschäfte, wie das Schulbuch, können sich höchst unterschiedlich auf den Kontostand auswirken.

Zu beachten ist, dass der tägliche oder monatliche Kontostand lediglich eine Zeitpunktbetrachtung ist. Erst in der zeitraumbezogenen Prognose zukünftiger Ein- und Auszahlungen, die sich über zwei bis drei Jahre erstrecken sollte, kann die Liquidität realistisch beurteilt werden.

**BEISPIEL**

| Monat | Buchhandlung A | | Buchhandlung B | |
|---|---|---|---|---|
| | Einnahmen-Überschuss in € | Einnahmen-Überschuss kumuliert in € | Einnahmen-Überschuss in € | Einnahmen-Überschuss kumuliert in € |
| 1 | 4.000 | 4.000 | 4.000 | 4.000 |
| 2 | − 3.000 | 1.000 | − 6.000 | − 2.000 |
| 3 | − 6.000 | − 5.000 | − 3.000 | − 5.000 |
| 4 | 2.000 | − 3.000 | 1.000 | − 4.000 |
| 5 | 12.000 | 9.000 | 12.000 | 8.000 |
| 6 | − 500 | 8.500 | − 32.000 | − 24.000 |
| 7 | 14.000 | 22.500 | 10.000 | − 14.000 |
| 8 | 20.000 | 42.500 | 20.000 | 6.000 |
| 9 | − 27.000 | 15.500 | − 500 | 5.500 |
| 10 | 1.000 | 16.500 | 1.000 | 6.500 |
| 11 | 2.000 | 18.500 | 6.000 | 12.500 |
| 12 | 16.000 | **34.500** | 22.000 | **34.500** |

Diese Gegenüberstellung zweier Buchhandlungen mit identischem AB und EB (bezogen auf ein Kalenderjahr) aber mit höchst unterschiedlichen Liquiditätswerten im Verlauf des Jahres ist erstellt in Anlehnung an eine Tabelle von Gudula Buzmann in *Bessere Liquidität für Buchhändler.*

Doch wie steht es mit dem Unternehmen, das uns das gesamte Kapitel 5 begleitet? Die Tabelle ›Plankosten nach Monaten 2016‹ (siehe Seite 345) bietet differenziertes Zahlenmaterial, um die drei letzten Monate im Jahr in finanzieller Hinsicht unter die Lupe zu nehmen. Es ist zu vermuten, dass sich die Buchhandlung, die mit einem Plan-Ergebnis von 0,5 % vom Umsatz bescheiden erfolgreich wirtschaften will (der Rentabilitätsplan zeigt ein positives Betriebsergebnis), liquiditätstechnisch nicht immer und zu jedem Zeitpunkt im grünen Bereich befinden dürfte.

**BEISPIEL**

| Liquiditätsplanung 2016 | Oktober (Werte in €) | November (Werte in €) | Dezember (Werte in €) |
|---|---|---|---|
| Geschäftskonto (AB) ① | 3.000 | − 26 | − 4.289 |
| Umsatz ② | 56.133 | 65.776 | 72.266 |
| Rohgewinn ③ | 16.840 | 19.733 | 21.680 |
| Gesamtkosten ④ | 19.866 | 23.996 | 13.371 |
| Geschäftskonto (EB) ⑤ | − 26 | − 4.289 | 4.020 |

**ERLÄUTERUNGEN**

① Das Geschäftskonto weist zu Beginn des 4. Quartals ein fiktiv gesetztes Plus von 3.000 € aus. Eigentlich eine gute Ausgangslage für das anstehende Weihnachtsgeschäft, denn alle Herbst-Novitäten dürften schon im Laden sein – und größtenteils auch bereits bezahlt. So könnte man dem Rest des Jahres entspannt entgegensehen, da das voraussichtliche Wachstum in den kommenden Monaten aus dem normalen Betriebsgeschehen heraus finanziert werden dürfte.

② Die Umsatzentwicklung im 4. Quartal entspricht nicht den Branchendurchschnittswerten. Denn diese legen nahe, dass der Planumsatz im November und Dezember 24,5 % des Jahresumsatzes ausmacht, wobei 8,5 % im November erreicht werden und 16,0 % im Dezember. Die Beispielsbuchhandlung belegt stark abweichende Werte: 138.000 € (65.776 € + 72.266 €) entsprechen nur 21,2 % des Planumsatzes, wobei 10,1 % im November und 11,1 % im Dezember erreicht werden.

③ Der Rohgewinn entspricht jeweils 30 % des monatlichen Planumsatzes.

④ Die Tabelle ›Plankosten nach Monaten 2016‹ erklärt die monatlichen Schwankungen. Im Oktober schlugen die Positionen ›Fremdkapitalzinsen‹ und ›Übrige Kosten‹ überproportional zu Buche. Im November waren es die Doppelung der Gehälter (13. Monatsgehalt) sowie der Aufwand für das Weihnachtsgeschäft (Weihnachtskatalog etc.). Im Dezember waren die Kosten wieder auf Niedrigmodus.

⑤ Was in liquiditätstechnischer Hinsicht so ›verheißungsvoll‹ begann, ist nicht konsequent für alle Monate durchzuhalten. Zwar steht am Ende des Jahres mit 4.020 € wieder ein positiver Betrag, aber das Unternehmen musste im November und bestimmt auch weit in den Dezember hinein über den Betriebsmittelkredit finanziert werden. Aber sind 4.020 € wirklich ein gutes Polster für das darauf folgende Jahr? – Im Januar steht schon wieder der Novitäten-Einkauf für die Frühjahrsproduktion an, der finanziert sein will. Das neue Geschäftsjahr beginnt also wieder mit einer angespannten Liquiditätslage.

## 5.5.1
## Liquidität und Lagereinkauf

Evident ist der Zusammenhang zwischen Liquiditätsengpass und Lagereinkauf. Hier gilt es, sich immer wieder die alte Weisheit vor Augen zu führen: Der richtige Einkauf ist dadurch gekennzeichnet, dass **die richtigen Bücher in der richtigen Stückzahl zum richtigen Zeitpunkt am richtigen Verkaufsort** stehen. Dann dürfte das Unternehmen – sofern nichts Unvorhergesehenes bei den Positionen ›betriebliche Kosten‹ oder ›Privatentnahmen‹ passiert – seine Liquidität weitestgehend im Griff haben. Vorschläge zum Sortimentseinkauf werden an dieser Stelle nicht im Detail vorgestellt. Hierfür bietet der Titel *Wirtschaftsunternehmen Sortiment* in den Kapiteln 7 und 8 praktikable Vorschläge, damit Lagerüberhänge und damit gebundenes Kapital erst gar nicht entstehen.

Können Lagerbestellungen in nennenswertem Umfang auf ein Barsortiment umgeleitet werden? Es würde zumindest der Liquidität helfen, denn durch eine Barsortimentsbestellung gelangen kleinere Einheiten in die Buchhandlung. In der Summe und über das Jahr gesehen ist dadurch weniger Kapital gebunden, weil der Rückfluss über den Umsatzprozess schneller einsetzt und die Liquidität sich deutlich verbessert. Buchhandlungen nehmen also bewusst vermeintliche Nachteile bei Konditionen und Zahlungszielen in Kauf, weil sie sie mit Bonuszahlungen und geringeren Handlungskosten (Recherche, Wareneingang, Buchhaltung etc.) sowie weiteren reduzierten Kosten (Warenbezugskosten, Zustell-Kartonnage, einfacheres Handling bei Remissionen etc.) vergleichen. Hiermit entgehen sie der ›Rabattfalle‹ – so heißt das Stichwort, unter dem man derartige Verschiebungen im Einkaufsverhalten in der Branche diskutiert.

›Die richtigen Bücher mit dem jeweils sachadäquaten Zahlungsziel‹ heißt die Devise, die die Liquidität des Unternehmens schont. Zu berücksichtigen sind also je eigene ›Liquiditätsprofile‹ einzelner Warengruppen. Wer diese kennt, kann den Lieferzeitpunkt weitgehend optimieren. Lange Zahlungsziele und Valuten, zum Beispiel bei komfortablen Kalenderaufträgen, ermöglichen ganz oder zumindest zu einem großen Teil den Rückfluss über den Umsatz, bevor der Abfluss der Zahlungsmittel erfolgen muss. Bei Novitätenbestellungen in größerer Stückzahl reicht die Valutierung allerdings selten, da zwischen Einkauf und Verkauf des letzten Exemplars mehrere Wochen liegen. Schulbuchaufträge sind zweischneidig zu sehen. Manche ›Eigenkäufe‹ der Eltern werden kurzfristig über das Abholfach organisiert und sind vom Kunden bezahlt, bevor die Dekadenrechnung des Barsortiments ins Haus steht. Im klassischen Schulbuchgeschäft mit Klassensätzen im Rahmen der Lernmittelfreiheit hingegen hat die Buchhandlung die wertmäßig hohe Rechnung häufig schon zu bezahlen, bevor die öffentliche Hand die Überweisung tätigt. Hier ist es also angebracht, frühzeitig mit der Bank Gespräche zu führen. Denn es braucht mitunter Zeit, bis das Geld bewilligt ist.

## 5.5.2
## Liquiditätsprobleme in der Gründungsphase

Die Liquiditätsplanung beginnt schon vor Eröffnung einer Buchhandlung. Denn im Rahmen seines Investitionsplans (Teil des Businessplans)

legt der Gründer dar, wie viel Kapital er braucht, um die Gründungs-
phase, die sich in der Regel bis zum ›Jahr Drei‹ nach Gründung erstreckt,
erfolgreich zu meistern. Bereits hier zeigt sich, ob er verantwortungs-
bewusst planen kann. Der Kapitalbedarf fällt zunächst einmal für klar definierte Verwendungsbereiche an.

**Kapitalbedarf für allgemeine Gründungskosten**   Hierzu gehören alle
vorbereitenden Maßnahmen von Gebühren für Handelsregistereintrag
und IHK-Mitgliedschaft, über Seminare und Beratungsleistungen bis hin
zu den Entwicklungskosten für die eigene Website.

**Betriebsnotwendiges Kapital für die Geschäftsausstattung und Ware**
Ohne Geschäftsausstattung (Regale, Teppich, Beleuchtung, Kassenmöbel
etc.) wird es keinen betrieblichen Erfolg geben. Sie muss einerseits funk-
tional, andererseits aber auch auf das Marketingkonzept des Unternehmens abgestimmt sein.

Der Erwerb einer Geschäftsausstattung bedeutet sofortigen Liqui-
ditätsabfluss. Durch die Abschreibungen mindert sich in den Folgejahren
der Gewinn der Unternehmung und somit ihre Steuerlast. Insofern fließt
die Liquidität zeitversetzt zurück – aber es muss vorab bezahlt werden.
Im besten Falle sollte die Finanzierung der Geschäftsausstattung in vollem Umfang durch Eigenkapital erfolgen.

Auch der Warenbestand sollte durch Eigenkapital oder langfristiges
Fremdkapital abgesichert sein, da in der Buchhandlung immer ein Min-
destbestand vorrätig sein muss. Denn der Warenbestand des Ersteinkaufs
gehört dauerhaft zur Buchhandlung. Natürlich ändert sich seine Zusammensetzung und auch die absolute Höhe wird schwanken. Doch ohne einen ›Sockel-Warenbestand‹ – je nach Konzept der Buchhandlung liegt
der von Beratern empfohlene Richtwert zwischen 300 € und 500 € pro qm
Verkaufsfläche – kann das Unternehmen nicht erfolgreich am Markt
agieren.

**Kapitalbedarf für die eigene Lebenshaltung in der Anlaufphase**   Hierzu zählen Kosten für die private Haushaltsführung (Wohnung, Haus-
haltskasse, Budget für Freizeitausgaben etc.), aber auch Krankenkassen-
beiträge etc. Mitunter sind Kredittilgungen bereits in der Anlaufphase zu
leisten, sofern nicht tilgungsfreie Jahre vereinbart worden sind (die Tilgung aus dem Gewinn erfolgt erst später).

Aber auch die private Einkommensteuer zählt im weitesten Sinne
hierzu. Während diese obligatorisch ist, kann man Beiträge für die eigene private Altersvorsorge unter Umständen für einen geringen Zeitraum
verschieben. Die IHK empfiehlt, diese Kosten für einen Zeitraum bis zu
6 Monate nach Eröffnung in den Investitionsplan einzustellen.

Eine zu knappe Kalkulation – und hierzu gehört auch eine **Reserve für nicht einplanbare Risiken** – kann fatale Folgen haben. So entpuppt sich eine Säule als tragend und der Ladenbauer oder Schreiner muss eine Sonderanfertigung liefern. Oder Firmenkunden verlangen Ansichtslieferungen, und die Buchhandlung finanziert ohne Umsatzgarantie vor. Auch kann die Forderungslaufzeit höher sein als erwartet, da Rechnungen nur schleppend bezahlt werden. Oder die Buchhandlung muss kurzfristig ein nicht eingeplantes hochpreisiges Warensegment anbieten, um weitere Umsätze am Ort zu erschließen.

Und last but not least: Mit der Bank war eine bestimmte Höhe des Betriebsmittelkredits vereinbart, doch der Umsatz steigt und die Kredithöhe reicht nicht. Die Bank lässt sich zwar auf eine Überziehung des Kreditrahmens ein, berechnet aber erheblich höhere Zinsen. Die Lösung dieser Probleme gleicht dem Jonglieren mit drei Bällen: Höhere Kredite verlangen mehr Sicherheiten und sind teurer, niedriger kalkulierter Kapitalbedarf ist dafür günstiger, könnte aber nicht reichen. Der dritte Ball steht für den nachzuverhandelnden Kredit; dieser ist nicht nur teurer, sondern man bekommt ihn vielleicht erst gar nicht. Betriebsberater empfehlen deshalb das Anlegen einer Reserve in Höhe der Betriebskosten von zwei bis drei Monaten, damit derartige vermeidbare Liquiditätsengpässe erst gar nicht entstehen.

Umsatzerlöse und Kosten sind also realistisch zu berechnen, damit der Betriebsmittelkredit (Kontokorrentkredit) bestenfalls erst gar nicht genutzt geschweige denn ausgeschöpft wird. Folgende Maxime ist hierbei ein guter Ratgeber: Wer seinen Kapitalbedarf plant, sollte ›vorsichtige kaufmännische Beurteilung‹ walten lassen, also **Kosten lieber zu hoch und Erlöse lieber zu niedrig ansetzen**. Diese Maxime ist übrigens zu unterscheiden von einem potenziellen Worst-Case-Szenario, dem sich eine Buchhandlung ohnehin zu stellen hat.

Auf einen Kostenfaktor sei abschließend besonders hingewiesen: auf **Steuerzahlungen.** Während im Gründungs(rumpf)jahr durch die getätigten Investitionen meist keine Steuern anfallen, sind bei Erfolg im ersten vollen Geschäftsjahr Steuern zu zahlen. Die Einreichung der Belege muss aber bei Bearbeitung durch einen Steuerberater erst ein Jahr nach dem betreffenden Jahresschluss erfolgen (Ende Jahr 2). Ergeht dann der Bescheid (im Lauf von Jahr 3), werden auf einen Schlag Steuernachzahlung (für Jahr 1), nachträgliche Vorauszahlung (für Jahr 2) und Vorauszahlung für das laufende Jahr (Jahr 3) fällig. Wenn diese Beträge bei der Liquiditätsplanung nicht berücksichtigt wurden, ist eine Liquiditätskrise, schlimmstenfalls eine Insolvenz, unvermeidlich.

### 5.5.3
**Zinsen für Eigen- und Fremdkapital**

Die gesamte Summe des benötigten Kapitals wird im Allgemeinen in einer Mischung von Eigen- und Fremdkapital aufgebracht. Während das Eigenkapital scheinbar zinslos zur Verfügung steht, müssen für Fremdkapital Zinsen gezahlt werden. Diese Zinsen sollten im Betriebsprozess ebenso erwirtschaftet werden wie eine angemessene Verzinsung für das eingesetzte Eigenkapital (siehe Kap. 3. 15. 1). Sonst wäre eine anderweitige Anlage des Vermögens für den Gründer aus Rentabilitätssicht vorzuziehen.

Nicht nur die Zinsen, sondern auch das Firmenwachstum sollte aus dem normalen Betriebsgeschehen heraus finanziert werden, sofern Kredite bereits getilgt wurden oder die Restlaufzeit überschaubar ist. Das Wachstum eines Unternehmens kann langsam aus ständig besserer Marktkenntnis und Akzeptanz am Markt erfolgen oder auch sprunghaft, beispielsweise durch die Schließung eines Mitbewerbers. Wie auch immer: Höhere Drehzahlen führen zu einem Liquiditätsrückfluss (siehe Kap. 5.3.1), sodass der Einkauf neuer Ware aus dem Umsatzprozess heraus finanziert werden kann.

Veränderungen in der Nachfrage zeigen sich in der Regel aber erst mit der Zeit. Hat die Buchhandlung dann eine neue Abteilung aufgebaut, sollte die Entwicklung dieses Segments mindestens ein Jahr lang dokumentiert werden, um über dessen Erfolg oder Misserfolg zu entscheiden. Auch hierfür benötigt man Liquidität, die man durch Reduzierung des Wareneinkaufs in langsam drehenden Abteilungen erlangt. Angenehmer für alle Marktteilnehmer ist selbstredend das positive Szenario: Die Warengruppe wird angenommen, die Drehzahl steigt und der Rückfluss der Liquidität ist gesichert.

Doch wie soll man sich bei Liquiditätsengpässen verhalten, die evtl. zur Insolvenz führen? Eine Sofortmaßnahme könnte neues Eigenkapital oder Fremdkapitalaufnahme im Familien- und Freundeskreis sein. Denn wenn man eigene Reserven auflöst, ein Haus verkauft oder Geschwister als stille Gesellschafter aufnimmt, ist der Engpass weg. Aber Achtung! In den meisten Fällen kuriert das frische Geld nur das Symptom, nicht jedoch die Ursache der Liquiditätsschwierigkeiten, nämlich die eigene unternehmerische Unzulänglichkeit. Nur wenn die Zukunftsaussichten der Buchhandlung überproportional steigen, ist der Verkauf eines Hauses oder das Riskieren von Freundschaften unternehmerisch sinnvoll.

Ausgehend von diesem Extrembeispiel kann man sich bei jeder größeren Veränderungsmaßnahme die Frage stellen: Lohnt sich eine Kreditaufnahme für einen betrieblichen Aufwand oder lohnen sich Marketingmaßnahmen, denen man direkte Kosten (Anzeigenschaltung, Relaunch

der Website) oder auch indirekte Kosten (Personal) zuordnet? Oder, um
es umsatzbezogen zu formulieren: Wie viel Umsatz müsste die Buchhandlung jetzt zusätzlich erreichen, um sich die (im konkreten Falle vielleicht zusätzlichen) Zinszahlungen ergebnisneutral leisten zu können?
Rechnerisch sollte man von einer Umsatzrendite von 5 % ausgehen – einem Wert, der das Risiko des Kapitaleinsatzes angemessen abbildet und
den Unternehmerlohn bei Einzelunternehmen mit einbezieht. In der folgenden Beispielrechnung wird davon ausgegangen, dass von je 100 € Umsatz 5 € Gewinn vor Steuern übrig bleiben. Zusätzliche Kosten ohne Umsatzsteigerung ziehen also einen sofortigen Gewinnverzicht nach sich.
Daher muss der Umsatz für zusätzliche Kosten entsprechend gesteigert
werden.

| Zinsen in € | Nötige Steigerungen in € bei 5 % Umsatzrendite |
|---|---|
| 100 | 2.000 |
| 300 | 6.000 |
| 750 | 15.000 |

Bleiben wir bei den Zinsbelastungen. Hierzu ein weiteres Beispiel: Wenn
eine Buchhandlung 50.000 € Fremdkapital bei einer Bank aufgenommen
hat und dennoch 5.000 € fehlen, die über den Betriebsmittelkredit finanziert werden müssen, kostet dieser Kredit bei 8 Prozent 400 € Zinsen.
Dieser Betrag ist zwar als Betriebsausgabe steuerlich absetzbar, aber er
fehlt im Ergebnis. Und falls die Hausbank diesen Betrag als ›geduldete
Überziehung‹ mit 12 % Zinsen finanziert, wird es mit 600 € noch teurer.
Zudem erfordern neue Verhandlungen Aufwand (Fehlzeiten im Geschäft) und Finanzierungen bei anderen Banken werden unwahrschein-
licher. Derartige Überlegungen sind bereits anlässlich der Gründung einer Buchhandlung (siehe Kap. 5.5.2) zur Sprache gekommen.

Unternehmer sollten daher auch kurzfristigen Kreditbedarf in seiner
Wirkung auf das Ergebnis einschätzen können. Die **monatliche Zinsbelastung** berechnet man nach der Formel: ›Kreditbetrag x Zinssatz geteilt
durch 360 Tage im Jahr x Tage im Monat‹ bzw. nach der act/act-Metho-
de ›Kreditbetrag x Zinssatz geteilt durch 365 bzw. 366 Tage x Tage im
Monat‹ (siehe Kap. 1.6.2). Nach einer leicht abgewandelten Formel lässt
sich aber auch die Zinsbelastung errechnen, sollte das Unternehmen La-
geraufträge per Betriebsmittelkredit finanzieren: ›Auftragshöhe x Zinssatz geteilt durch 360 (bzw. 365/366) Tage x Lagerdauer in Tagen‹. Glei-
ches gilt für die Ermittlung der Zinsen für ein zu volles Lager: ›Wert der
nicht verkäuflichen Titel x Zinssatz geteilt durch 360 (bzw. 365) Tage x
Lagerdauer bis zur Remission‹.

## 5.5.4
## Zusammenarbeit mit Banken

Die Abwicklung finanzieller Transaktionen (Lieferanten- und Kunden-rechnungen) geschieht über ein Girokonto. Auf Wunsch räumt das Kre-ditinstitut der Buchhandlung in der Regel einen Überziehungskredit ein. Nun sind Beträge in Höhe dieses Kreditrahmens jederzeit sofort abruf-bar. Hiermit ist der **Kontokorrentkredit (Betriebsmittelkredit)** eine von der Bank eingeräumte, begrenzte Überziehungsmöglichkeit zur Über-brückung von kurzfristigen Liquiditätsengpässen. Im Gegenzug fallen vereinbarte Überziehungszinsen an, die sich am Leitzins der Zentralbank orientieren. Sollte das Konto nur kurzfristig überzogen werden, rechnet sich der Kontokorrentkredit über die gesparten Zusatzkosten bei Kredi-ten mit längerer Laufzeit. Wird das Konto jedoch dauerhaft oder immer wieder im Lauf des Jahres überzogen, entstehen der Buchhandlung Kre-ditkosten, die bei der Liquidität fehlen. Dann sollte mit der Bank über ei-ne Umschuldung in ein langfristig angelegtes Darlehen geredet werden. Über die Konditionen entscheidet ein Rating, das sich an Gesichtspunk-ten wie Höhe des Eigenkapitals, Ertrag und Zukunftsfähigkeit des Un-ternehmens orientiert.

Banken sind Geschäftspartner – keine Freunde, aber auch keine Fein-de. Deshalb sollte bei Banken derselbe Grundsatz wie bei Kunden gelten: ›Beziehungen sind fair und positiv zu gestalten.‹ Mit einer frühzeitigen Liquiditätsübersicht, die nach Absprache mit dem Sachbearbeiter der Hausbank in regelmäßigen Abständen aktualisiert wird, schafft man Ver-trauen.

Von der Buchhandlung zu verantwortende negative Vorkommnisse schädigen das Geschäftsklima und verschlechtern das Rating. Kürzt die Bank infolgedessen die Kreditlinie, sinkt schlagartig die zur Verfügung stehende Menge der Geldmittel. Eine zweite Bank als Geschäftspartner kann daher eine überlebenswichtige Alternative in kritischen Situationen sein. So kann man auch im Falle von Änderungen der Geschäftspolitik der Hausbank (z. B. Ausstieg aus der Finanzierung von Einzelhandelsun-ternehmen) angemessen weiterarbeiten.

Eine zweite Bank ist aber auch aus einem weiteren Grunde sinnvoll. Denn sollte ein Kreditinstitut bereits viele Kreditnehmer mit kritischer Bonität haben, muss es eine höhere Eigenkapitalreserve bei der Zentral-bank hinterlegen, um im Fall von Kreditausfällen das Risiko der Kunden zu verringern. Das hinterlegte Eigenkapital der Bank steht dann nicht mehr als Sicherheit für neue Kreditvergabe zur Verfügung, ist also knapp. Knappe Güter sind teurer, auch Kredite. So kann es durchaus sein, dass deutlich bessere Konditionen bei einer anderen Bank möglich sind, die mehr Eigenkapital hat bzw. weniger Reserven hinterlegen musste.

Eine gute Beziehung zu den Kreditinstitut-Geschäftspartnern zahlt sich zwar nicht in den unmittelbaren Kreditkonditionen aus, da die persönliche Beziehung zwischen Bankberater und Geschäftskunde durch die Trennung von Kreditverhandlung (zuständiger Betreuer) und Kreditbewilligung (Kreditabteilung) für die Konditionen irrelevant geworden ist. Aber sie trägt dazu bei, dass die Buchhandlung schon frühzeitig auf etwaigen Bedarf hinweisen kann, Antrags- und Bearbeitungsfristen gemeinsam mit dem Bankberater kalkuliert werden können und im Ernstfall ein Kredit zu akzeptablen Konditionen auf Abruf bereit steht.

Nach dem Bestehen einer jeden Liquiditätskrise geht es wieder an die langfristige Liquiditätsverbesserung. Jetzt muss geprüft werden, ob Fremdkapitalbeträge umgeschuldet und dadurch günstiger finanziert werden können und welche Tilgungsraten ab wann sinnvoll sind. Geringere Ratenzahlungen mit Sondertilgungsrecht sind hierbei höheren Ratenzahlungen und geringerer Laufzeit unbedingt vorzuziehen, schließlich ist die Liquiditätskrise gerade überwunden. Liquiditätssicherung ist also eine Daueraufgabe. Liegen jedoch die betrieblichen Zahlen regelmäßig aufbereitet vor, reduziert sich die Arbeit im Controlling erheblich – und zwar unabhängig von der Tatsache, dass ein planvolles Steuern zwangsläufig Kosteneinsparungen nach sich zieht.

## Aufgaben

7 Rentabilität und Liquidität stehen nicht selten im Konflikt miteinander. Fügen Sie zu den im einleitenden Absatz des Kapitels 5.5 genannten Fällen zwei weitere hinzu.

8 Sie finanzieren eine zusätzliche Verkaufsfläche über einen Betriebsmittelkredit, für den Sie 6 % Zinsen vereinbart haben. Wie hoch sind die Zinsen für einen Einkauf über 3.000 €, wenn Sie von einer voraussichtlichen Lagerdauer von 90 Tagen ausgehen? Auf welchen Betrag reduziert sich die Zinslast, wenn Sie von Ihren Lieferanten ein durchschnittliches Zahlungsziel von 60 Tagen eingeräumt bekommen?

9 Erklären Sie, warum die Beispielsbuchhandlung im Kap. 5.5 stark abweichende Werte im Weihnachtsgeschäft haben könnte. Denn die 138.000 € entsprechen nur 21,2 % des Planumsatzes, wobei 10,1 % im November und 11,1 % im Dezember erreicht wurden.

10 Nehmen Sie das einleitende Betriebsbeispiel im Kap. 5.5, das die Liquiditätsplanung im 4. Quartal 2016 darstellt. Ermitteln Sie den Kontostand für Anfang September 2016 unter Hinzuziehung der Spezial-Übersicht ›Plankosten nach Monaten 2016‹ aus Kapitel 5.4.

# 6
# Verlagskalkulation

Verlage orientieren sich bei ihrer Kalkulation an der des produzierenden Gewerbes (Industriekalkulation). Hierunter versteht man eine Form der freien Kalkulation, wie sie im Rahmen der Kostenträgerstückrechnung behandelt worden ist (siehe Kap. 4.5.2). Sie unterliegt in erster Linie betriebswirtschaftlichen und marketingpolitischen Entscheidungen.

Ursprünglich ging die Verlagskalkulation von einer Drittel-Verteilung aus, wie sie im 19. und angehenden 20. Jahrhundert nach dem so genannten Leipziger Modell praktiziert wurde: Das erste Drittel des Ladenpreises entfiel auf die Herstellung, das zweite war für die Deckung der allgemeinen Verlagskosten inklusive Verlagsgewinn vorgesehen, während das letzte Drittel als Händlerrabatt zu Buche schlug. An diese Kalkulation erinnert heute noch der Rabattsatz 33⅓ Prozent, der für einige Publikumsverlage als (Originalverlags-)Grundrabatt dient. Der Ladenpreis konnte nach dieser Art mit Hilfe der Multiplikatormethode mit dem Kalkulationsfaktor 3 leicht ermittelt werden: Man nahm die Kosten für die technische Herstellung pro Exemplar und multiplizierte sie mit 3. Heute sieht die Verlagskalkulation differenzierter aus, wobei man die folgenden Einflussfaktoren berücksichtigt.

## EINFLUSSFAKTOREN ZUR KALKULATION VON LADENPREISEN

### HERSTELLKOSTEN
Unter Herstellkosten (= $h$) fasst man alle Produktionskosten zusammen, die bei der Entstehung eines Verlagsprodukts anfallen. Hierzu gehören u. a. Kosten für Satz, Abbildungen, Grafiken, Papier, Druck und Bindung.

### AUTORENHONORAR
Das Autorenhonorar (= $a$) kann pauschal angesetzt werden oder als Absatzhonorar in Abhängigkeit zur verkauften Auflage, wobei es sich entweder auf den Nettoladenpreis oder auf den Nettowarenwert (Verlagserlös) bezieht.

### ALLGEMEINE VERWALTUNGSKOSTEN (HANDLUNGS-/GEMEINKOSTEN)
Die allgemeinen Verwaltungskosten (= $u$) erfassen alle Kosten, die bei der

Entstehung eines Verlagsprodukts anfallen exklusive der Herstellkosten. Hierzu gehören als Kostenstellen Verlagsabteilungen, wie Lektorat, Vertrieb und Marketing, sowie weitere Sach- und Personalkosten.

### VERLAGSANTEIL

Der Verlagsanteil (= **v**) steht für den (Rein-)Gewinn des Verlags aus den Verkäufen produzierter Waren.

### VERTRETERPROVISION

Die Vertreterprovision bezieht sich auf die Verkaufsleistung des Außendienstes. Nur sofern Verlage fest angestellte Vertreter (= Reisende) haben, können die anfallenden Kosten den allgemeinen Verwaltungskosten zugeordnet werden. Arbeiten Verlage jedoch mit freien Handelsvertretern zusammen, sind diese als selbstständige Kaufleute keiner innerbetrieblichen Kostenstelle zuzuordnen.

### RABATT (UND SKONTO)

Rabatte und Skonti sind Nachlässe an den Handel. In der Regel rechnen Verlage mit einem pauschalierten durchschnittlichen Rabatt an buchhändlerische Abnehmer, sofern die Distribution unterschiedlicher Formate (Print, digitale Produkte) nicht eine differenzierte Analyse der einzelnen Vertriebskanäle (Sortimentsbuchhandel, Nebenmärkte, Direktgeschäft, Online-Handel, Ausland) nahelegt.

## 6.1
## Vorkalkulation als Zuschlagskalkulation

Die Vorkalkulation als Zuschlagskalkulation dient der Ermittlung des Ladenpreises. Da das Finanzamt fordert, die Umsatzsteuer nach dem letzten Kalkulationsschritt aufzuschlagen, sieht das Kalkulationsschema für preisgebundene Verlagserzeugnisse wie folgt aus:

> Herstellkosten (**h**)
> + Autorenhonorar (**a**)
> + allg. Verwaltungskosten (**u**)
> + Verlagsanteil (**v**)
> _____
> Nettowarenwert (**NWW**, Verlagserlös, Verlagsnettoerlös)
> + Rabatt
> _____
> Bruttowarenwert (= **BrWW**)
> + Umsatzsteuer
> _____
> Endpreis (Ladenpreis, Bruttoumsatz)

**BEISPIEL**

Die Herstellkosten für ein Taschenbuch (Auflage: 20.000 Exemplare) belaufen sich auf 42.000 €. Der Verlag kalkuliert mit 5 % Autorenhonorar vom NWW, 30 % allgemeinen Verwaltungskosten, 20 % Verlagsanteil, 7 % Vertreterprovision, 2 % Skonto, 42 % Rabatt und 7 % Umsatzsteuer. Wie hoch ist der prozentuale Anteil der Herstellkosten vom Nettowarenwert und der Ladenpreis für ein einzelnes Exemplar?

**LÖSUNGSWEG**

|  |  |  |  |
|---|---:|---:|---:|
| Herstellkosten (h) | 42.000,00 € | 45 % | |
| + Autorenhonorar (a) | 4.666,67 € | 5 % | |
| + allg. Verwaltungskosten (u) | 28.000,00 € | 30 % | |
| + Verlagsanteil (v) | 18.666,67 € | 20 % | |
| Nettowarenwert (NWW) | 93.333,33 € | 100 % | 93 % |
| + Vertreterprovision | 7.025,08 € | | 7 % |
| Nettobarverkaufspreis | 100.358,41 € | 98 % | 100 % |
| + Skonto | 2.048.14 € | 2 % | |
| Nettozielverkaufspreis | 102.406,55 € | 100 % | 58 % |
| + Rabatt | 74.156,46 € | | 42 % |
| Bruttowarenwert (= BrWW) | 176.563,01 € | 100 % | 100 % |
| + Umsatzsteuer | 12.359,41 € | 7 % | |
| Endpreis (Ladenpreis, Bruttoumsatz) | 188.922,42 € | 107 % | |

Da Herstellkosten, Autorenhonorar, allgemeine Verwaltungskosten und Verlagsanteil in der Summe den Nettowarenwert (= 100 %) ergeben, lässt sich der prozentuale Anteil der Herstellkosten vom Nettowarenwert wie folgt errechnen:

NWW (100 %) — a (5 %) — u (30 %) — v (20 %) = h (45 %).

Die Berechnung von Vertreterprovision, Skonto, Rabatt und Umsatzsteuer erfolgt nach den Regeln der Prozentrechnung.

Das einzelne Exemplar müsste kalkulatorisch 9,45 € (88.922,44 € : 20.000) kosten. Der Endpreis dürfte jedoch entweder auf volle Euro-Beträge gerundet werden oder Schwellenpreise (9,90 €, 9,99 € etc.) berücksichtigen.

## Multiplikatormethode

Das Verhältnis Bruttoumsatz zu Herstellkosten lässt sich auch als Kalkulationsfaktor (siehe Kap. 4.5.2) angeben, der – bei einer relativ homogenen und konstanten Kostenstruktur – zur Vereinfachung der Kalkulation herangezogen werden kann.

Aus den Werten des letzten Kalkulationsbeispiels soll der Multiplikator errechnet werden.

$$\text{Multiplikator} = \frac{188.922,44}{42.000} = 4,5$$

Alle gleichartigen Produkte können nun mit dem Faktor 4,5 kalkuliert werden. Herstellkosten multipliziert mit 4,5 ergeben jeweils den kalkulatorischen Gesamtumsatz. Wenn man diesen durch die gesamte Auflage dividiert, ergibt sich der einzelne Ladenpreis.

$$\text{Multiplikator (m)} = \frac{\text{Bruttoumsatz}}{\text{Herstellkosten}}$$

## 6.2
## Selbstkosten und Deckungsauflage

Unter **Selbstkosten** fasst man alle Kosten zusammen, die im unternehmerischen Leistungsprozess anfallen. Im Rahmen der Verlagskalkulation betrifft dies die Größen **h**, **a**, und **u**. Die Kosten für die technische Herstellung, die geistige Fremdleistung und die anfallenden Gemeinkosten ergeben in ihrer Summe den Selbstkostenpreis.

Selbstkosten $= $ **h** $+$ **a** $+$ **u**

Selbstkosten in % $= $ **h** in % $+$ **a** in % $+$ **u** in %

Nun kann man die Fragen stellen, wie viel Exemplare oder wie viel Prozent einer Auflage verkauft werden müssen, damit die entstandenen Selbstkosten abgedeckt bzw. wieder ›eingespielt‹ werden. Diese Fragestellung führt zur **Deckungsauflage**, die die Selbstkosten in Relation zur Gesamtauflage setzt.

Ausgehend vom letzten Kalkulationsbeispiel soll die Deckungsauflage (DA) berechnet werden.

**LÖSUNGSWEG 1**
Selbstkosten in % = **h** in % + **a** in % + **u** in %
Selbstkosten in % = 45 % + 5 % + 30 % = 80 %

Deckungsauflage = Auflage · Selbstkosten in % = 20.000 · 80 %
                = 16.000 Exemplare

**LÖSUNGSWEG 2**

$$DA = \frac{42.000 + 4.666,67 + 28.000}{4,67} = 16.000 \text{ (Rundungsdifferenzen)}$$

$$\text{Deckungsauflage (DA)} = \frac{\text{Selbstkosten der Gesamtauflage}}{\text{NWW / Exemplar}}$$

Da sich die Selbstkosten über 80 % vom NWW belaufen, ergibt sich eine Deckungsauflage von 16.000 Exemplaren. Oder: Mit Verkauf des 16.000 Exemplars sind die Selbstkosten gedeckt. Der Break-even-Punkt (siehe Kap. 4.6, Seite 319f) ist erreicht, d. h. ab dem Exemplar 16.001 beginnt die Gewinnzone.

## Aufgaben

1 Ein Verlag plant einen neuen Bestseller im Hardcoverbereich bei einer Auflage von 20.000 Exemplaren. Die Herstellkosten betragen 60.000 €, das Autorenhonorar wird mit 12 %, die allgemeinen Verwaltungskosten mit 48 % und der Verlagsanteil mit 15 %, jeweils vom Nettowarenwert, gerechnet. Im Verkauf werden 6 % Vertreterprovision, 3 % Skonto, 43 % Rabatt und 7 % Umsatzsteuer kalkuliert.
   a) Wie hoch ist der Bruttoumsatz?
   b) Wie hoch ist der Ladenpreis für ein einzelnes Exemplar?
   c) Wie hoch ist die Deckungsauflage?
   d) Wie hoch ist der Ladenpreismultiplikator?
2 Ein Verlag will ein aufwändig gestaltetes Sachbuch in einer Auflage von 25.000 Exemplaren herstellen. Die Herstellkosten betragen 125.000 €. Mit dem Autor ist ein Pauschalhonorar von 20.000 € vereinbart. Für die Verlagsgemeinkosten müssen 30 % und für den Verlagsanteil 30 % vom Nettowarenwert berechnet werden. Dem verbreitenden Buchhandel wird durchschnittlich 38 % Rabatt sowie 2 % Skonto eingeräumt. Die Umsatzsteuer beträgt 7 %.
   a) Wie hoch ist der Bruttoumsatz?
   b) Wie hoch ist der Ladenpreis für ein einzelnes Exemplar?
   c) Wie hoch ist die Deckungsauflage?
   d) Wie hoch ist der Ladenpreismultiplikator?

**3** Ein Buch soll zu einem Ladenpreis von 18 € (inkl. 7 % USt) am Markt angeboten werden. Die Auflage beläuft sich auf 8.000 Exemplare. Wie hoch dürfen die Herstellkosten höchstens sein, wenn der Verlag einen Sortimenterrabatt von durchschnittlich 40 % einräumt und innerbetrieblich mit 16 % Verlagsanteil, 27 % allgemeinen Verwaltungskosten und 10 % Autorenhonorar vom Nettoladenpreis rechnet?

**4** Ein Kinderbuchverlag plant eine CD-ROM-Produktion in einer Auflage von 15.000 Exemplaren. Dabei geht er von folgenden Daten aus: Produktionskosten 32.000 €, Honorarentgelt 5.000 €, Gemeinkosten 35.000 € und Verlagsanteil 16.000 €.

a) Wie hoch ist die Deckungsauflage?

b) Wie hoch ist der Gewinn des Verlags, wenn nur 12.500 Exemplare verkauft werden?

**5** Ein regionaler Touristikverlag plant die Herausgabe eines Wanderführers von 7,80 € bei 7 % Umsatzsteuer und einer Auflage von 8.000 Exemplaren.

a) Wie hoch dürfen – bei einem Händlerrabatt von 35 % – die Selbstkosten sein, wenn ein Verlagsanteil von 20 % vom NWW vorgesehen sind?

b) Wie hoch ist die Deckungsauflage?

**6** Ein wissenschaftlicher Verlag weiß aus Erfahrung, dass seine Bücher noch verkauft werden, wenn er mit einem Ladenpreismultiplikator 8,2 operiert. Errechnen Sie den einzelnen Ladenpreis bei einer Verkaufsauflage von 1.500 Exemplaren und Herstellkosten von 8.350 €.

## 6.3
## Deckungsbeitragsrechnung

Die Vorkalkulation bietet eine erste Orientierung über Ladenpreise und Gewinnaussichten und damit eine Grundlage für die Entscheidung, ob ein Produkt verlegt werden soll – oder nicht. Die Grenzen dieser Kalkulation sind jedoch schnell aufgezeigt. Denn die Vorkalkulation als Vollkostenrechnung unterstellt die Situation, dass der errechnete Ladenpreis am Markt durchsetzbar ist. In der Praxis hängt die Entscheidung über den Ladenpreis aber vom Markt ab, und damit von Produkten der Konkurrenz und der Preisbereitschaft der anvisierten Zielgruppe.

Eine Lösung bietet die Deckungsbeitragrechnung oder Kostenträgerstückrechnung (siehe Kap. 4.6). Denn diese fragt in erster Linie nicht nach einem kalkulatorisch-kostendeckenden Ladenpreis, sondern geht von der Annahme aus, dass es immer wieder Titel gibt, die aus strategischen Gründen auch dann veröffentlicht werden sollten, wenn der Ladenpreis bzw. Nettowarenwert nicht den gewünschten Verlagsanteil einspielt. Hier geht es demnach um eine **Teilkostenrechnung** mit der Fragestellung: Welcher Deckungsbeitrag/welche Deckungsbeiträge bleibt/bleiben nach Abzug der dem einzelnen Objekt direkt zurechenbaren variablen Einzelkosten übrig und reicht/reichen der Betrag/die Beträge aus, um alle weiteren nicht direkt zurechenbaren Kosten (Gemeinkosten), aber auch Wagniszuschläge und Gewinne abzudecken?

**Die Deckungsbeitragrechnung ermöglicht eine abgestufte Erfolgsrechnung.** Sowohl in der Praxis als auch in der Literatur finden sich unterschiedliche Beispiele, welche Kosten an welcher Stelle auf welche Weise in die Deckungsbeitragrechnung einfließen. Im Folgenden sei ein Modell vorgestellt, das die zurechenbaren Herstell-, Honorar-, Vertriebs- und Werbekosten in den Vordergrund stellt.

**BEISPIEL**

Ein Sachbuch mit einer Verkaufsauflage von 20.000 Exemplaren wird mit 24 € kalkuliert. Der Vertrieb sieht einen durchschnittlichen Rabatt von 44 % vor. Produktionskosten fallen laut günstigstem Druckereiangebot in Höhe von 84.000 € an. Das Autorenhonorar schlägt mit 40.000 € zu Buche. Die Auslieferungsgebühr (9 % vom NWW), Vertreterprovision (6 % vom NWW) und Werbekosten (10 % vom NWW) werden zu der Position Werbung und Vertrieb zusammengefasst.

Wie hoch ist der Deckungsbeitrag (DB) 1 (= NWW — Herstellkosten), der Deckungsbeitrag (DB) 2 (= NWW — Herstellkosten — Autorenhonorar) und der Deckungsbeitrag (DB) 3 (= NWW—Herstellkosten — Autorenhonorar — Werbung und Vertrieb)?

| | |
|---|---:|
| Bruttoumsatz (24 € · 20.000 Expl.) | 480.000,00 € |
| — 7 % Umsatzsteuer | 31.401,87 € |
| Bruttowarenwert | 448.598,13 € |
| — 44 % Händlerrabatt | 197.383,18 € |
| Nettowarenwert (= Verlagserlös) | 251.214,95 € |
| — Herstellkosten | 84.000,00 € |
| **Deckungsbeitrag (DB) 1** | 167.214,95 € |
| — Autorenhonorar | 40.000,00 € |
| **Deckungsbeitrag (DB) 2** | 127.214,95 € |
| — Auslieferung | 22.609,35 € |
| — Vertreterprovision | 15.072,90 € |
| — Werbung / Vertrieb | 25.121,50 € |
| **Deckungsbeitrag (DB) 3** | 64.411,20 € |

Der Deckungsbeitrag (DB) 3 in Höhe von 64.411,20 € ist der Betrag, den der Titel zur Deckung der dem Objekt nicht zurechenbaren Gemeinkosten, des kalkulatorischen Risikos (= Wagnis) und eines möglichen Gewinns beitragen kann. Jetzt steht die verlegerische Entscheidung an: Reicht dieser Betrag aus, um im Rahmen einer Mischkalkulation mit den Deckungsbeiträgen anderer Titel ein gewinnbringendes Verlagsprogramm anzubieten? Die so oft in der Medienbranche beschworene Mischkalkulation bedeutet nämlich nicht, dass Flops irgendwie durch Bestseller mitfinanziert werden, sondern heißt im Rahmen der Deckungsbeitragsrechnung: Reicht die Summe der vermuteten Deckungsbeiträge der verlegten Titel aus, um das Unternehmen gesund zu halten?

### Aufgaben

7 Ein Verlag plant einen Titel in einer Auflage mit 10.000 Exemplaren zu einem Verkaufspreis von 10 €. Der Händlerrabatt beläuft sich über 45,5 %, die Herstellkosten über 17.200 € und das Autorenhonorar über 8.000 €. Die Auslieferungsgebühr (10 % vom NWW), Vertreterprovision (5 % vom NWW) und Werbekosten (8 % vom NWW) werden zu der Position Werbung und Vertrieb zusammengefasst.

a) Errechnen Sie den Deckungsbeitrag (DB) 1, der nach Abzug der Kosten für die technische und geistige Leistung (Herstell- und Honorarkosten) dem Verlag zur Verfügung steht.

b) Errechnen Sie den Deckungsbeitrag (DB) 2, der nach Abzug der Kosten für die technische und geistige Leistung sowie für Werbe- und Vertriebskosten dem Verlag zur Verfügung steht.

8 Ein Taschenbuchverlag plant eine Buchkassette in einer Auflage mit 20.000 Exemplaren zu einem Verkaufspreis von 19,80 €. Der Händlerrabatt beläuft sich über 45 %, die Herstellkosten über 60.000 € und das Autorenhonorar über 5 % vom Bruttowarenwert. Die Auslieferungsgebühr beträgt 10 % vom NWW, die Vertreter-provision 7 % vom NWW und die Werbekosten 8 % vom NWW.

a) Errechnen Sie den Deckungsbeitrag (DB) 1, der nach Abzug der Honorar- und Herstellkosten dem Verlag zur Verfügung steht.

b) Errechnen Sie den Deckungsbeitrag (DB) 2, der nach Abzug der Honorar- und Herstellkosten sowie der Vertreterprovision und Auslieferungsgebühr dem Verlag zur Verfügung steht.

c) Errechnen Sie den Deckungsbeitrag (DB) 3, der nach Abzug der Honorar- und Herstellkosten, der Vertreterprovision und Auslieferungsgebühr sowie den Kosten für die Werbung dem Verlag zur Verfügung steht.

# Glossar

**Abgrenzungsergebnis (Neutrales Ergebnis)**   In der Abgrenzungsrechnung werden die neutralen Aufwendungen und Erträge von den Kosten und Leistungen abgegrenzt. ➡ Ergebnistabelle

Unternehmensbezogene Abgrenzungen
+ Kostenrechnerische Korrekturen
= Abgrenzungsergebnis (neutrales Ergebnis)

**Abschreibung**   Jährliche Wertminderung des Anlagevermögens. Die Anschaffungskosten werden gemäß der betriebsgewöhnlichen Nutzungsdauer lt. AfA-Tabelle auf die Nutzungsjahre verteilt.

**AfA (Absetzung für Abnutzung)**   Steuerrechtlicher Begriff für Abschreibung.

**AfA-Tabelle**   AfA-Tabellen werden vom Bundesministerium der Finanzen herausgegeben und sind ein Hilfsmittel, um die Nutzungsdauer von Anlagegütern festzustellen. Sie sind für die Finanzbuchführung verbindlich, sofern das Unternehmen nicht eine andere Nutzungsdauer nachweisen kann.

**Aktivkonten (aktive Bestandskonten)**   Alle Konten, die von der linken Seite (Aktiva) der Bilanz abgeleitet werden. Sie weisen die Vermögensbestände des Unternehmens aus.

**Aktive Rechnungsabgrenzung (ARA)**   Vorauszahlung eines Aufwandes, der wirtschaftlich einer kommenden Periode zuzurechnen ist. ➡ zeitliche Abgrenzungen

**Anderskosten**   Aufwandsungleiche Kosten, deren Werte von denen der Finanzbuchführung abweichen (z. B. kalkulatorische Abschreibungen, kalkulatorische Zinsen auf das betriebsnotwendige Kapital). ➡ kalkulatorische Kosten

**Anlagevermögen**   Vermögensgegenstände, die dazu bestimmt sind, dem Geschäftsbetrieb dauernd (langfristig) zu dienen und nicht zum Verkauf vorgesehen sind.

**Anschaffungskosten (Anschaffungswert)**   Die Anschaffungskosten als Bemessungsgrundlage der Abschreibung setzen sich zusammen aus:
1.   Kaufpreis des Anlagegegenstandes
2. + Nebenkosten des Erwerbs (z. B. Transport- und / oder Montagekosten)
3. − Kaufpreisminderungen (z. B. Skonto)

**Aufwand**   Aufwendungen entstehen durch den Verbrauch bzw. die Nutzung von Gütern und Dienstleistungen. Der Begriff stammt aus der Finanzbuchführung; in der KLR spricht man nicht von Aufwand, sondern von ›Kosten‹ als betriebsbedingtem Aufwand.

**Aufwandsgleiche Kosten** → Grundkosten

**Aufwandslose Kosten** → Zusatzkosten

**Ausgaben**   Wert aller für eine Periode eingekauften Produkte und Dienstleistungen unabhängig davon, wann diese bezahlt wurden. Sie vermindern das Geldvermögen des Unternehmens.

**Außerordentliche Aufwendungen**   stehen zwar auch mit dem Betriebszweck (dem Kerngeschäft) in Zusammenhang, treten jedoch unregelmäßig – i. d. R. nur einmal – auf und werden daher nicht in die Kostenrechnung übernommen (abgegrenzt).

**BAB I (Betriebsabrechnungsbogen I)**   Im BAB I erfolgt die Verteilung der Gemeinkosten (i. d. R. monatlich oder vierteljährlich) auf → Kostenstellen. Aufgabe: Ermittlung der → Handlungskostenzuschlagssätze.

**BAB II (Kostenträgerzeitblatt)**   Neben den Gemeinkosten werden im BAB II auch die Einzelkosten und die Umsatzerlöse den Produkten (→ Kostenträger) zugerechnet. Der BAB II dient u. a. zur Kontrolle der Wirtschaftlichkeit.

**Beschäftigung (Grad der Beschäftigung)**   Auslastung, tatsächliche Nutzung des Leistungsvermögens eines Unternehmens (Kapazitätsauslastung); vereinfachend: die aktuelle Absatzmenge.

**Beschaffungspreis**   Synonym für → Bezugspreis oder Einstandspreis

**Bestandskonten** → Aktiv- und Passivkonten

**Betrieb**   Der Betrieb ist der Bereich der Leistungserstellung in einem Unternehmen (Kerngeschäft: im Buchhandel der Handel mit Büchern und buchaffinen Produkten). Die Begriffe ›Unternehmen‹ und ›Geschäft‹ hingegen können auch betriebsfremde Tätigkeiten (z. B. Vermietung von Grundstücken) beinhalten.

**Betriebsergebnis**     Leistungen
                −  Gesamtkosten
                =  Betriebsergebnis   (Betriebsgewinn oder Betriebsverlust bzw. auch positives Betriebsergebnis oder negatives Betriebsergebnis jeweils aus dem Kerngeschäft)
siehe auch → EBIT, EBITDA

**Betriebsergebnis in Prozent**   Begriff aus der KLR. → Gewinnzuschlagssatz

**Betriebsfremde Aufwendungen**   haben mit dem Betriebszweck (Kerngeschäft) nichts zu tun und sind deshalb keine Kosten (Nichtkosten).

**Betriebsgewöhnliche Nutzungsdauer**   Abschreibungsdauer eines Anlagegegenstandes lt. → AfA-Tabellen.

**Betriebsnotwendiges Kapital**   Bemessungsgrundlage der kalkulatorischen Zinsen, die in der KLR anstelle der Fremdkapitalzinsen angesetzt werden können

          Betriebsnotwendiges Vermögen (AV + UV)
−  zinsfrei überlassenes Fremdkapital (Verb. a. LL, Anzahlungen von Kunden, USt-Zahllast)
=  betriebsnotwendiges Kapital

**Betriebs- und Geschäftsausstattung (BGA)**   Teil des Anlagevermögens. Dazu zählen alle Gegenstände, die der Betriebsbereitschaft eines Unternehmens dienen, z. B. Computer, Büromöbel oder Werkzeuge. Oft wird auch der Fuhrpark darunter subsumiert und nicht als eigenständiges Konto geführt.

**Bewertung**   Alle Vermögensteile und Schulden sind beim Zugang und zum Bilanzstichtag zu bewerten (Bestimmung des Wertes):
1. ➞ *Anlagevermögen* (planmäßige oder außerplanmäßige ➞ Abschreibungen)
2. ➞ Umlaufvermögen (➞ Niederstwertprinzip)
3. ➞ Vorratsvermögen (Waren als Teil des Umlaufvermögens) ➞ Pauschal-abschreibung
4. Schulden (➞ Höchstwertprinzip)

**Bezugskosten**   Anschaffungsnebenkosten: alle Aufwendungen, die neben dem Kaufpreis beim Einkauf (Bezug) der Ware anfallen: u. a. Transport-, Verpackungs-, Transportversicherungskosten, Zölle.

**Bezugspreis**   Synonyme: Einstandspreis oder Beschaffungspreis. Preis für ein Produkt abzüglich sämtlicher Preisabschläge (z. B. Rabatte, Skonti) und zuzüglich der Nebenkosten für den Erwerb. ➞ Wareneinsatz

**Bilanz**   Gegenüberstellung von Vermögen (Aktiva) und Schulden (Passiva) zum Ende des Geschäftsjahres. Die Differenz zwischen Vermögen und Schulden (Fremdkapital) ist das Eigenkapital. Neben der GuV ist die Bilanz Teil des Jahresabschlusses in der Finanzbuchführung.

**Bilanzkonten**   ➞ Bestandskonten

**Bonus (Boni)**   Nachträglich gewährter Preisnachlass, i. d. R. abhängig von der Abnahmemenge. Der Bonus wird meist in Form einer Gutschrift (Verrechnung mit den Verb. a. LL) erteilt.

**Break-even-Point (B-E-P)**   Der B-E-P stellt die Gewinnschwelle dar. Er ist der Punkt, an dem die Gesamterlöse den Gesamtkosten entsprechen.

$$\text{Gewinnschwellenmenge} = \frac{\text{Fixe Kosten}}{\text{db pro Stück}}$$

oder: Fixe Kosten = Summe der Deckungsbeiträge pro Stück

**Briefkurs**   für Devisen bzw. Verkaufskurs für Sorten. Die Bank verkauft Euro.

**Bruttoverkaufspreis**   Dieser Preis entspricht dem Ladenpreis oder Endpreis bzw. dem Verkaufspreis inklusive Umsatzsteuer.

**Buchwert**   Der Buchwert ist der aktuelle ›buchmäßige‹ Wert, der sich nach Abschreibungen ergibt. Er entspricht dem ausgewiesenen Wert in der Bilanz oder einer Zwischenbilanz.

**Budget**   Ein Budget legt die finanziellen Mittel fest, die innerhalb einer Periode für die Zielerreichung zur Verfügung stehen.

**Cashflow**   Kassenzufluss, selbst erwirtschaftete Mittel, die dem Unternehmen zur Verfügung stehen; i. d. R.: Gewinn + Abschreibungen + Zuführung zu Rückstellungen.

### Cashflow-Rendite (Cashflow-Marge, Cashflow-Umsatzverdienstrate)

$$\frac{\text{Cashflow} \cdot 100\%}{\text{Umsatzerlöse}}$$  Mittels dieser Kennzahl wird ermittelt, wie viel Prozent der Umsatzerlöse dem Unternehmen für Investitonen, Schuldentilgungen oder Ausschüttungen zur Verfügung stehen.

### Controlling
Controlling ist ein in die Zukunft gerichtetes Entscheidungs- und Informationsinstrument für die Geschäftsleitung. Es hat Steuerungs-, Informations- und Kontrollfunktion.

### Deckungsbeitrag (DB)

Umsatzerlöse
− variable Kosten (Wareneinsatz + variable Anteile der Handlungskosten)
= Deckungsbeitrag

### Deckungsbeitrag pro Stück (db) / Stückkostendeckungsbeitrag

Umsatzerlöse pro Stück
− variable Kosten pro Stück (variable Stückkosten)
= Deckungsbeitrag pro Stück

### Deckungsbeitragsrechnung (Teilkostenrechnung)
Sie berücksichtigt bei der Verteilung nur die variablen Kosten. Es erfolgt keine Zuordnung der Fixkosten auf die Kostenträger. Die Deckungsbeiträge der Kostenträger leisten einen Beitrag zur Deckung der fixen Kosten. Langfristig müssen die Deckungsbeiträge die fixen Kosten voll abdecken.

### Devisen
Fremde, ausländische Währung bei Forderungen oder Verbindlichkeiten. Devisen werden in der Bilanz in die einheimische Währung umgerechnet.

### Differenzkalkulation
Der Gewinn wird bei der Differenzkalkulation nicht auf die Selbstkosten aufgeschlagen (der Verkaufspreis darf wegen der Buchpreisbindung nicht frei kalkuliert werden), sondern ergibt sich aus der Differenz zwischen Selbstkostenpreis und Nettoladenpreis.

### Durchlaufgeschäft
Umsatz, der nicht über das Ladengeschäft abgewickelt wird. Größe, die für die Beurteilung der ➜ LUG wichtig ist.

### Durchschnittsbewertung
Schätzungsverfahren zur Bewertung von Wirtschaftsgütern des ➜ Vorratsvermögens, bei denen die Anschaffungskosten wegen schwankender Einstandspreise im Einzelnen nicht mehr einwandfrei feststellbar sind. Die ⌀ Anschaffungskosten werden mit dem Wert am Bilanzstichtag verglichen. Der Ansatz erfolgt zum niedrigeren Wert. ➜ Niederstwertprinzip

### EBIT
Der EBIT (›Earnings before interest and taxes‹ / Gewinn vor Zinsen und Steuern) zeigt das Betriebsergebnis (operatives Ergebnis) unabhängig von der nationalen Besteuerung und unterschiedlichen Finanzierungsformen an. Die Kennzahl wird zum internationalen Vergleich von Unternehmen herangezogen.

### EBITDA
›Earnings before interests, taxes, depreciation and amortisation‹ / Gewinn vor Zinsen, Steuern, Abschreibungen auf das Anlagevermögen und auf immaterielle Vermögensgegenstände (z. B. Software). Die Kennzahl ermöglicht, wie EBIT, Vergleiche der operativen Ertragskraft von Unternehmen, die ihre Bilanz nach unterschiedlichen Standards aufstellen.

**Effektivzinssatz (Skonto)**   Der Skontosatz in Prozent bezieht sich auf die Zeit des Zahlungsaufschubs (30 Tage Ziel, 10 Tage Skontofrist: Zahlungsaufschub = 20 Tage). Der effektive Zinssatz des Skontos hingegen wird (zwecks Vergleichbarkeit mit Bankzinsen) auf Jahresbasis berechnet.

**Eigenkapital**   Das Eigenkapital ist der Teil des Gesamtkapitals, das dem Unternehmen durch den Inhaber bzw. die Gesellschafter zeitlich unbefristet zur Verfügung gestellt wird.

**Eigenkapitalrentabilität (Unternehmerrentabilität)**

$$\frac{\text{Gewinn}^* \cdot 100}{\text{Eigenkapital}}$$   *abzüglich Unternehmerlohn bei Einzelfirmen und Personengesellschaften

Der Gewinn sollte mindestens eine am Kapitalmarkt übliche Verzinsung des Eigenkapitals erbringen.

**Einkommensteuer (ESt)**   Das Einkommensteuergesetz kennt sieben Einkunftsarten, nämlich Einkünfte aus:

1. Land- und Forstwirtschaft
2. Gewerbebetrieb                          } Besteuerungsgrundlage: Gewinn
3. Selbständiger Arbeit
4. Nichtselbständiger Arbeit
5. Vermietung und Verpachtung         } Besteuerungsgrundlage: Überschuss der
6. Kapitalvermögen                        Einnahmen über die Werbungskosten
7. Sonstige Einkünfte

Bei den Einkunftsarten 1-3 wird der Gewinn für die Berechnung der Einkommensteuer herangezogen, bei den Einkunftsarten 4-7 der Überschuss der Einnahmen über die Werbungskosten.

Eine Buchhandlung erzielt einen Gewinn / Verlust aus Gewerbebetrieb, ein Angestellter Einkünfte aus nichtselbständiger Arbeit. Der Steuersatz liegt zwischen 14% und 45%, je nach zu versteuerndem Einkommen.

**Einnahmen**   Wert aller in einer Periode verkauften Produkte und Dienstleistungen unabhängig davon, wann diese vom Kunden bezahlt wurden.

**Einstandspreis**   → Bezugspreis, → Wareneinsatz

**Einzelkosten**   (ein vor allem in der Vollkostenrechnung benutzter Begriff) Kosten, die den Produkten (→ Kostenträger) direkt zugeordnet werden können, z. B. Wareneinkauf, Bezugskosten. In der Deckungsbeitragsrechnung spricht man von → variablen Kosten.

**Endpreis**   Vom Verlag festgesetzter Letztabnehmerpreis inkl. USt für den Verkauf eines Buches (lt. § 5 des Buchpreisbindungsgesetzes). → Ladenpreis

**Entgelt**   Das Entgelt bezeichnet die in einem Vertrag vereinbarte Gegenleistung. Bei der Umsatzsteuer versteht man unter Entgelt alles, was der Leistungsempfänger aufwendet, um die Leistung zu erhalten, jedoch abzüglich der Umsatzsteuer. Das Entgelt im Sinne des Umsatzsteuergesetzes ist somit die Berechnungsgrundlage der Umsatzsteuer (Nettoverkaufspreis) und entspricht 100%.

**Erfolgskonten**   Unterkonten des Eigenkapitalkontos, die sich in Aufwands- und Ertragskonten gliedern. Der Abschluss erfolgt über GuV.

**Ergebnistabelle**   Hauptaufgabe: Errechnung des Betriebsergebnisses und Ermittlung der Selbstkosten. Ausgangsgrundlage ist die GuV:

Gesamtergebnis (lt. Fibu)
- Unternehmensbezogene Abgrenzungen
- Kostenrechnerische Korrekturen
= Betriebsergebnis (lt. KLR)

**Erträge**   Erfolgswirksame Einnahmen (Wertezuwachs durch Verkauf von Gütern und Dienstleistungen) – unabhängig davon, wann sie beschafft oder bezahlt wurden.

**Finanzbuchführung (auch: Fibu oder Buchführung)**   Die Fibu stellt die chronologische und sachliche Ordnung der Geschäftsfälle für das gesamte Unternehmen dar. Der Abschluss erfolgt über die GuV und die Bilanz.

**Fixe Kosten**   (ein vor allem in der Teilkostenrechnung benutzter Begriff) Fixe Kosten sind unabhängig von der Absatzmenge (Grad der ➡ Beschäftigung). Sie fallen auch dann an, wenn keine Umsätze erfolgen (z. B. Miete). In der Vollkostenrechnung entsprechen sie nahezu den Gemein- oder Handlungskosten.

**Forderungen**   Sämtliche Geldansprüche des Unternehmens an Externe, inklusive der Forderungen an Kunden (Forderungen a. LL). Forderungen sind Bestandteil des Umlaufvermögens und das Pendant zu Verbindlichkeiten.

**Fremdkapital**   Das Fremdkapital (FK) ist der Teil des Kapitals, der dem Unternehmen nicht vom Unternehmer bzw. den Gesellschaftern zur Verfügung gestellt wird. Man unterscheidet langfristiges FK (z. B. Darlehen, Hypotheken) und kurzfristiges FK (z. B. Verb. a. LL).

**Geldkurs**   für Devisen bzw. Ankaufskurs für Sorten. Die Bank kauft Euro.

**Gemeinkosten / Handlungskosten**   (vor allem in der Vollkostenrechnung benutzte Begriffe)   Sämtliche Kosten außer denen für den ➡ Wareneinsatz, somit

Selbstkosten
- Wareneinsatz
= Gemeinkosten / Handlungskosten

Gemeinkosten fallen für alle Handelswaren des Betriebes an und können deshalb den Waren bzw. Warengruppen nicht direkt zugeordnet werden (z. B. Gehälter, Miete, betriebliche Steuern).

**Geringwertige Wirtschaftsgüter (GWG)**   Bewegliche Gegenstände des Anlagevermögens, die selbständig nutzbar und abnutzbar sind und deren Anschaffungskosten den Betrag von 1.000 € (Alternative: 410 €) nicht übersteigen.

**Gesamtergebnis**   Ergebnis lt. ➡ GuV (Betriebsergebnis + Abgrenzungsergebnis). Ergebnis aller Tätigkeiten inklusive der betriebsfremden.

**Gesamtkapitalrentabilität (Unternehmensrentabilität)**

$$\frac{(\text{Gewinn}^* + \text{Zinsaufwendungen}) \cdot 100}{\text{Gesamtkapital}}$$

*abzüglich Unternehmerlohn bei Einzelfirmen und Personengesellschaften

**Geschäft**   Synonym für ➡ Unternehmen

**Geschäftsbuchführung** → Finanzbuchführung (Fibu) bzw. Unternehmens-buchführung oder Rechnungskreis I.

**Gewerbesteuer (GewSt)** Die GewSt wird von den Gemeinden aufgrund des Gewerbeertrags (Grundlage ist der Gewinn bzw. Jahresüberschuss lt. Finanz-buchführung) erhoben. Die Höhe des Hebesatzes als Berechnungsgrundlage der GewSt (und damit auch die Höhe der GewSt) kann von jeder Gemeinde selbst bestimmt werden. Die GewSt ist steuerlich eine nicht abziehbare Betriebsaus-gabe und stellt somit keinen Aufwand in der Finanzbuchführung dar.

**Gewinn** a) Reingewinn lt. GuV (Fibu) → Finanzbuchführung
b) positives Betriebsergebnis (KLR) → Betriebsergebnis

**Gewinn in Prozent** → Gewinnzuschlagssatz

**Gewinnschwellenmenge (→ Break-even-Point)** Die Verkaufsmenge, bei der die Summe der Stückdeckungsbeiträge (DB) die fixen Kosten ($k_f$) deckt.

**Gewinn- und Verlustrechnung** → GuV

**Gewinnquote** → Umsatzrentabilität

**Gewinnzuschlagssatz (GZS)** Wird oft auch als Gewinnmarge bezeichnet. Der Prozentsatz, der auf die Selbstkosten aufgeschlagen wird, um zum Verkaufspreis (netto) zu kommen.

$$\frac{\text{Gewinn / Verlust (bzw. Betriebsergebnis)} \cdot 100}{\text{Selbstkosten}}$$

**Grundbuch** Im Grundbuch (Journal, Tagebuch) werden die Geschäftsfälle in Form von Buchungsanweisungen in zeitlicher (chronologischer) Reihenfolge erfasst.

**Grundkosten** Aufwandsgleiche Kosten (z. B. Aufwendungen für Waren). Die Kosten werden unverändert aus der Fibu in die KLR übernommen:
Aufwand (lt. Fibu) = Kosten (lt. KLR)

**Grundsätze ordnungsgemäßer Buchführung (GOB)** Die GOB stellen die Regeln zur Buchführung und Bilanzierung dar. Sie sind teils in Gesetzen (z. B. HGB) verankert, teils durch Rechtsprechung und Praxis entwickelt worden.

**Gutschriften** erfolgen meist infolge einer Minderung des ursprünglichen Kaufpreises, z. B. infolge einer Rücksendung, eines Preisnachlasses oder auch nachträglich gewährter Boni. Meist wird zum Ausgleich kein Geldbetrag überwiesen, sondern es werden die Verbindlichkeiten an den Lieferanten bzw. Forderungen an den Kunden entsprechend gekürzt.

**GuV** Abkürzung für die Gewinn- und Verlustrechnung. Die GuV ist eine Gegenüberstellung von Aufwendungen und Erträgen in Konten- oder Staffel-form und zeigt den Gewinn oder Verlust einer Periode. Die GuV ist neben der Bilanz ein Teil des → Jahresabschlusses.

**Handelsspanne (Rohgewinn in %)** Die Handelsspanne drückt den Rohge-winn (Euro-Betrag) als Prozentangabe vom Umsatz aus. Der Kölner Betriebsver-gleich verwendet den Begriff Betriebshandelsspanne für die Handelsspanne der am Betriebsvergleich beteiligten Buchhandlungen.

$$\frac{\text{Rohgewinn} \cdot 100}{\text{Umsatzerlöse (netto)}}$$

**Handlungskosten**   → Gemeinkosten

**Handlungskostenzuschlagssatz (HKZ)**

$$\frac{\text{Handlungskosten} \cdot 100}{\text{Wareneinsatz}}$$

In der Kalkulation werden die → Selbstkosten eines Artikels durch Addition des Bezugs- bzw. Einstandspreises und der Handlungskosten ermittelt. Der Prozentsatz der Handlungs- bzw. Gemeinkosten für die Ware (HKZ) wird bereits – vom Wareneinsatz als Zuschlagsgrundlage ausgehend – im BAB ermittelt: Wie viel Prozent müssen auf den Wareneinsatz aufgeschlagen werden, damit alle entstandenen Kosten (Selbstkosten) tatsächlich gedeckt sind?

**Hauptbuch**   Im Hauptbuch werden die Geschäftsfälle in sachlicher Ordnung auf den (T-)Konten der Finanzbuchführung erfasst.

**Hauptkostenstellen**   Ort, an dem die Kosten entstehen und Leistungen erbracht werden. In einem Unternehmen werden → Kostenstellen eingerichtet, um zu sehen, wo (Abteilungen, Warengruppen) welche Kosten in welcher Höhe anfallen.

**Hilfskostenstellen**   Kostenstellen eines Unternehmens, die keine eigenen Leistungen erbringen, sondern die andere Unternehmensbereiche (→ Kostenstellen) durch ihre Tätigkeit unterstützen. Die Werte der Hilfskostenstellen werden entsprechend vorgegebener Anteile auf die Hauptkostenstellen verteilt.

**Höchstwertprinzip**   Die Passiva der Bilanz (Schulden) sind – bei mehreren möglichen Wertansätzen – zum höheren Wert zu erfassen.

**Inventar**   Das Bestandsverzeichnis, in dem alle Vermögensteile und Schulden nach Art, Menge und Wert aufgeführt werden.

**Inventur**   Mittels Inventur werden die Vermögenswerte und die Schulden eines Unternehmens zu einem bestimmten Stichtag erfasst (körperliche Bestandsaufnahme und Buchinventur).

**Istkosten**   Die tatsächlich angefallenen Kosten einer Abrechnungsperiode.

**Istkostenrechnung**   Vergangenheitsorientierte Kostenrechnung. Sie erfasst den tatsächlichen Werteverzehr der unmittelbar letzten Abrechnungsperiode.

**Istzuschlagssätze**   Zuschlagssätze, die aus einer (meist der letzten) Abrechnungsperiode ermittelt wurden.

**Jahresabschluss**   Der Jahresabschluss besteht aus Bilanz und GuV, bei Kapitalgesellschaften erweitert um einen Anhang und ggf. einen Lagebericht.

**Jahresüberschuss**   Der ›Gewinn‹ einer Kapitalgesellschaft.

**Kalkulation (Kostenträgerstück- und Selbstkostenrechnung)**   Ziel der Kalkulation ist es, die → Selbstkosten für das einzelne Stück zu errechnen und – durch Hinzurechnung des geplanten Gewinns und der Umsatzsteuer – auch den Verkaufspreis.

**Kalkulationsfaktor**

$$\frac{\text{Bruttoverkaufspreis}}{\text{Bezugspreis}} \quad \text{oder} \quad \frac{\text{Bruttoumsatz}}{\text{Wareneinsatz}}$$

Mittels des Kalkulationsfaktors gelangt man in einem Schritt vom Bezugspreis zum Bruttoverkaufspreis. Er entspricht der Zahl (dem Faktor), mit der der Bezugspreis multipliziert wird, um zum Verkaufspreis (brutto) zu gelangen: Verkaufspreis (brutto) = Wareneinsatz bzw. Bezugspreis · Kalkulationsfaktor

### Kalkulationszuschlagssatz (KLZ)

$$\frac{(\text{Bruttoverkaufspreis} - \text{Bezugspreis}) \cdot 100}{\text{Bezugspreis}}$$

Der Prozentsatz, der auf den Bezugspreis aufgeschlagen werden muss, um zum Verkaufspreis (brutto) zu gelangen. Ein Aufschlag von 100% entspricht dem Kalkulationsfaktor 2; d. h. Bezugspreis · 2 = Verkaufspreis (brutto).

### Kalkulatorische Kosten
→ Anderskosten (z. B. kalkulatorische Abschreibungen) oder → Zusatzkosten (z. B. kalkulatorische Miete).

### Kapital (Gesamtkapital)

```
   Eigenkapital
+  Fremdkapital
=  Gesamtkapital (≙ Bilanzsumme)
```

### KLR
Abkürzung für Kosten- und Leistungsrechnung

### Körperschaftsteuer
Steuer der Kapitalgesellschaften aufgrund des zu versteuernden Einkommens. Ausgangsgrundlage hierfür ist der Jahresüberschuss. Der Steuersatz beträgt gleichbleibend 15%.

### Kontenklassen
Der Kontenrahmen ist i. d. R. in 10 Kontenklassen gegliedert: Die erste Stelle gibt die Kontenklasse an und die zweite Stelle die Kontengruppe. Innerhalb der Kontengruppen kann wiederum eine Unterteilung nach Kontenarten erfolgen.

### Kontenplan
Aus dem Kontenrahmen kann sich jedes Unternehmen für seine Belange einen individuellen Kontenplan aufstellen, der nur die im Unternehmen geführten Konten enthält.

### Kontenrahmen
Der Kontenrahmen ist ein Kontenordnungssystem für einen Wirtschaftszweig (Industrie, Großhandel, Einzelhandel), das den Unternehmen von den entsprechenden Verbänden empfohlen wird.

### Kontokorrentbuchhaltung
Die Ford. a. LL werden nach Kundenkonten (Debitoren), die Verb. a. LL nach Lieferantenkonten (Kreditoren) aufgegliedert.

### Kosten
betriebsbedingter Aufwand

### Kostenarten, Kostenartenrechnung
Die Kostenartenrechnung ist die erste Stufe der KLR. Sie klärt die Frage, welche Kosten in welcher Höhe angefallen sind (Hilfsmittel: → Ergebnistabelle). Die im Betrieb angefallenen Kosten werden festgestellt und nach festgelegten Kategorien (Kostenarten) gegliedert.

### Kostenrechnerische Korrekturen
In der Fibu erfasste Aufwendungen, die in der KLR in anderer Höhe kalkuliert werden (→ Anderskosten). Daneben werden Kosten kalkuliert, die in der Fibu nicht als Aufwand erfasst wurden. → Zusatzkosten

**Kostenstellen**  Üblicherweise Abteilungen des Betriebs. Hauptkostenstellen sind im Buchhandel identisch mit Produkt- oder Warengruppen (→ Kostenträger). → Hilfskostenstellen übernehmen dann die Funktion der Kostenstellen.

**Kostenstellenrechnung**  Sie dient zur verursachungsgerechten Verteilung der Gemeinkosten auf Kostenstellen und damit der Kostenkontrolle. Durch Ermittlung der Zuschlagssätze ist sie die Basis für die → Kostenträgerrechnung (→ Kalkulation). Hilfsmittel ist der → BAB.

**Kostenträger**  Im Verlag: produzierte / zu produzierende Medienprodukte. Im verbreitenden Buchhandel: die zu verkaufenden Medienprodukte.

**Kostenträgerstückrechnung**  → Kalkulation

**Kostenträgerzeitblatt**  → BAB II

**Kostenträgerzeitrechnung**  In der Kostenträgerzeitrechnung werden alle Kosten und Leistungen eines Zeitraumes oder einer Periode (Monat, Quartal) den Kostenträgergruppen zugerechnet, um den Anteil der Kostenträgergruppen am Betriebsergebnis und deren Wirtschaftlichkeit im Kostenträgerzeitblatt kontrollieren zu können.

**Kostenüberdeckung und Kostenunterdeckung**  Vergleich der Normalkosten mit den Istkosten.
Normalkosten > Istkosten = Kostenüberdeckung
Normalkosten < Istkosten = Kostenunterdeckung

**Kosten- und Leistungsrechnung (KLR)**  Betriebsbezogenes Rechnungswesen. In der KLR werden u. a. die betrieblichen Aufwendungen (Kosten) und betrieblichen Erträge (Leistungen) ermittelt.

**Ladenpreis**  Der Endverbraucherpreis. Er entspricht dem Bruttoverkaufspreis, der dem Kunden in Rechnung gestellt wird. Bei preisgebundenen Verlagserzeugnissen wird er als → Endpreis bezeichnet.

**Lagerbestand, durchschnittlicher**  Arithmetisches Mittel aus:

$$\frac{\text{Anfangsbestand (AB)} + \text{Schlussbestand (SB)}}{2} \quad \text{oder} \quad \frac{\text{AB} + 4 \text{ Quartalsbestände}}{5}$$

$$\text{oder} \quad \frac{\text{AB} + 12 \text{ Monatsbestände}}{13}$$

**Lagerdauer in Tagen**  $\dfrac{365}{\text{LUG}}$

**Lagerumschlag / Lagerumschlagsgeschwindigkeit (LUG)**  Der Lagerumschlag gibt an, wie oft der durchschnittliche → Lagerbestand im Jahr verkauft wird (Umschlagshäufigkeit). Die Umschlagshäufigkeit des Lagers wird entweder zu Nettopreisen des Einkaufs oder Verkaufs berechnet:

$$\frac{\text{Wareneinsatz (netto)}}{\varnothing \text{Lagerbestand zu Einkaufspreisen}}$$

oder:

$$\frac{\text{Verkaufserlöse (netto oder brutto)}}{\varnothing \text{Lagerbestand zu Vkpreisen (netto oder brutto)}}$$

### Lagerumschlagsgeschwindigkeit (LUG), bereinigte

$$\frac{\text{Umsatzerlöse} - \text{Durchlaufgeschäft}}{\varnothing \text{ Lagerbestand}}$$

**Leistungen**  Betriebliche Erträge. Im Buchhandel i. d. R. nur die Umsatzerlöse.

**Leverageeffekt**  Hebelwirkung des zusätzlich aufgenommenen Fremdkapitals auf die Eigenkapitalrentabilität.

**Lohnsteuer (LSt)**  Bezeichnung für die Einkommensteuer aus nichtselbständiger Arbeit. Die nichtselbständige Arbeit ist eine von sieben Einkunftsarten des Einkommensteuergesetzes. Die LSt wird vom Arbeitgeber vom Bruttogehalt des Lohnabrechnungszeitraumes einbehalten und muss von diesem bis zum 10. des darauffolgenden Monats an die Finanzbehörden entrichtet werden. ➡ Einkommensteuer.

**Liquidität**  Zahlungsfähigkeit des Unternehmens. Ergibt sich aus Verhältnis der liquiden Mitteln zu kurzfristigem Fremdkapital:

Liquidität I (Barliquidität): $\dfrac{\text{Flüssige Mittel (Bank, Kasse)}}{\text{Kurzfristiges FK}}$

Liquidität II (einzugsbedingte): $\dfrac{\text{Flüssige Mittel (Bank, Kasse + Ford. a. LL)}}{\text{Kurzfristiges FK}}$

Liquidität III (umsatzbedingte): $\dfrac{\text{Umlaufvermögen}}{\text{Kurzfristiges FK}}$

**LUG**  Abkürzung für ➡ Lagerumschlagsgeschwindigkeit

**Mehrwertsteuer (MWSt)**  Die auf mehreren Stufen der Wertschöpfungskette erhobene Steuer auf den Umsatz. Auf jeder Stufe wird durch den Abzug der Vorsteuer jeweils nur der neugeschaffene Wert (= Mehrwert) besteuert. ➡ Umsatzsteuer.

**Nachkalkulation**  Sie zeigt an, ob die Normalkosten der Vorkalkulation durch Vergleich mit den tatsächlich festgestellten Kosten zu Abweichungen geführt haben. ➡ Kostenüberdeckung / Kostenunterdeckung

**Nachlässe**  werden von Lieferanten wegen Mängelrügen, Boni und Skonti gewährt. Sie mindern den Einkaufspreis der Ware bzw. die Anschaffungskosten bei Anlagegegenständen.

**Nebenbücher**  In den Nebenbüchern erfolgt eine Erläuterung der Sachkonten des Hauptbuches (z. B. Kontokorrentbuch, Anlagenkartei).

**Nettoumsatz (Nettoerlös)**  Synonym für Umsatzerlöse (Ue) oder Umsatz. Der Nettoumsatz entspricht dem Saldo des Kontos Umsatzerlöse. ➡ Umsatz

**Neutrale Aufwendungen**  Betriebsfremde, periodenfremde und außerordentliche Aufwendungen, die zwar Aufwendungen in der GuV darstellen, nicht jedoch zu Kosten führen und daher abgegrenzt werden. Synonyme: Nichtkosten, neutrale Kosten

**Neutrale Erträge**  Betriebsfremde, periodenfremde und außerordentliche Erträge, die zwar Erträge in der GuV darstellen, nicht jedoch zu Leistungen führen.

**Neutrales Ergebnis** → Abgrenzungsergebnis

**Neutrale Kosten (Nichtkosten)** → Neutrale Aufwendungen

**Niederstwertprinzip** Bei den Aktiva der Bilanz muss bei zwei möglichen Wertansätzen (fortgeführte Anschaffungskosten oder Marktwert) der niedrigere von beiden gewählt werden.

**Normalkosten** Durchschnittswerte der Istkosten mehrerer vergangener Abrechnungsperioden.

**Normalkostenrechnung** Sie beseitigt Mängel der → Istkostenrechnung, da zufällige Preisschwankungen nicht mehr die Ergebnisse beeinflussen.

**Normalzuschlagssätze (Normalverrechnungssätze, Normalzuschläge)** werden aufgrund der Istkostenzuschlagssätze (HKZ, GKZ) mehrerer vergangener Abrechnungsperioden (i. d. R. Monate) als Durchschnittswert aus allen (monatlichen) Zuschlagssätzen gebildet.

**Nutzungsdauer, betriebsgewöhnliche** Die vom Bundesministerium der Finanzen festgelegte betriebsgewöhnliche Nutzungsdauer bestimmt den Zeitraum, innerhalb dessen ein abnutzbarer Vermögensgegenstand des Anlagevermögens in einem Unternehmen üblicherweise genutzt wird. Der Zeitraum wird in → AfA-Tabellen bestimmt.

**Partie (Naturalrabatt)** Erhöhung des Rabattes durch Freiexemplare (z. B. 11/10: 1 Freiexemplar bei 10 bestellten Büchern).

**Passive Rechnungsabgrenzung (PRA)** Erträge, die wirtschaftlich gesehen einer nachfolgenden Abrechnungsperiode zuzurechnen sind, werden im Voraus vereinnahmt. → zeitliche Abgrenzungen

**Passivkonten** Alle Konten, die von der rechten Seite der Bilanz (Passiva) abgeleitet werden. Sie weisen die Bestände des Kapitals (Eigenkapital und Fremdkapital) des Unternehmens aus.

**Pauschalabschreibung (des Lagerbestandes)** Ohne Berücksichtigung des Anschaffungsjahres erfolgt für alle Bücher und Hörbücher eine Abschreibung in Höhe von 60% vom Nettoladenpreis.

**Periodenfremde Aufwendungen** stehen zwar mit dem Betriebszweck in Zusammenhang, werden jedoch abgegrenzt und führen nicht unmittelbar zu Kosten, da sie zu einer anderen Abrechnungsperiode gehören (z. B. Steuernachzahlungen für das vorangegangene Geschäftsjahr).

**Periodenfremde Erträge** Erträge, die zwar mit dem Betriebszweck in Zusammenhang stehen, wirtschaftlich jedoch nicht zur gerade abzurechnenden Periode gehören (z. B. Steuerrückerstattung, Auflösung von Rückstellungen).

**Plankosten / Sollkosten** Aufgrund von Plänen und Studien ermittelte Kosten mit Vorgabecharakter (›Plan‹).

**Plankostenrechnung** Die Plankostenrechnung ist zukunftsorientiert: unter Vorausberechnungen und unter Einschluss zukünftiger Erwartungen (z. B. erwarteter Preissteigerungen) werden die anfallenden Kosten vorausgeplant. Eine Wertfortschreibung für die Zukunft (›Plan‹) wird entwickelt.

**Preisuntergrenze**  Die kurzfristige Preisuntergrenze ist der Wert, den ein Unternehmen mindestens erzielen muss, um seine variablen Kosten zu decken. Die langfristige Preisuntergrenze bezeichnet den Mindestverkaufspreis, der erzielt werden muss, um auch die fixen Kosten zu erwirtschaften.

**Privatkonto**  Ein Unterkonto des Kontos Eigenkapital bei Einzelunternehmen und Personengesellschaften. Der Inhaber oder die Gesellschafter entnehmen Geld oder Sachen aus ihrem Unternehmen (Privatentnahmen) oder bringen diese aus dem Privatvermögen in das Unternehmen ein (Privateinlagen).

**Rabatt**  Differenz zwischen Ladenpreis / Endpreis und Rechnungsbetrag in Prozent vom Ladenpreis. Bei nichtpreisgebundenen Artikeln zwischen Listeneinkaufspreis und Zieleinkaufspreis.

**Rechnungsabgrenzungsposten**  ermöglichen eine periodengerechte Ermittlung des Gewinns. Aufwendungen und Erträge werden der Periode zugeordnet, in der sie verursacht (nicht unbedingt verausgabt bzw. vereinnahmt) wurden.

**Rechnungsbetrag**  Gesamtbetrag einer Rechnung (inklusive Umsatzsteuer)

**Rechnungskreis I**  ➡ Finanzbuchführung für das (Gesamt-)Unternehmen

**Rechnungskreis II**  KLR: Erfassung von betrieblichen Aufwendungen (Kosten) und betrieblichen Erträgen (Leistungen).

**Reingewinn**  Synonym für ➡ Gewinn lt. GuV. Im Gegensatz zum Rohgewinn werden hier alle Aufwendungen neben dem Wareneinsatz gewinnmindernd berücksichtigt. Der Reingewinn ist unter Berücksichtigung von steuerlich hinzuzurechnenden nichtabzugsfähigen Betriebsausgaben die Bemessungsgrundlage für die Gewerbesteuer und und die Einkommen- bzw. Körperschaftsteuer (➡ steuerlicher Gewinn).

**Rentabilität**  Die Rentabilität zeigt das Verhältnis vom Gewinn / Verlust einer Periode zum eingesetzten Kapital (Eigenkapital, Gesamtkapital) oder Umsatz dieser Rechnungsperiode (➡ Eigenkapitalrentabilität, ➡ Gesamtkapitalrentabilität, ➡ Umsatzrentabilität).

**Rohgewinn (Rohergebnis) in Prozent**  ➡ Handelsspanne

|   | Umsatzerlöse (netto) |
|---|---|
| − | Wareneinsatz |
| = | Rohgewinn |

**Rücksendungen**  erfolgen vom Unternehmer an den Lieferanten oder vom Kunden an den Händler. Buchungstechnisch führen beide Geschäftsfälle zu einer Stornierung der ursprünglichen Buchung.

**Rückstellungen**  stellen einen noch nicht bestimmbaren Aufwand der laufenden Periode am Bilanzstichtag dar. Sowohl die Höhe als auch die Fälligkeit sind unbekannt. Wegen der Grundsätze der periodengerechten Gewinnermittlung muss dieser Aufwand erfasst werden.

**Selbstkosten**

|   | Einzelkosten (Wareneinsatz) |
|---|---|
| + | Handlungskosten (Gemeinkosten) |
| = | Selbstkosten (Summe sämtlicher Kosten für das Produkt) |

**Selbstkostenpreis**   Preis, der alle Kosten deckt.

**Skonti**   Preisnachlässe, die der Lieferer dem Kunden für die Bezahlung innerhalb einer gewissen Frist gewährt.

**Sonstige Forderungen**   Sammelposten für alle am Bilanzstichtag feststehenden Forderungen, die nicht mit Lieferungen und Leistungen im Zusammenhang stehen (z.B. ein Umsatzsteuerguthaben am Bilanzstichtag). Oft wird der Begriff in Zusammenhang mit der Rechnungsabgrenzung (antizipativ) verwendet.

**Sonstige Verbindlichkeiten**   Hierzu gehören Verbindlichkeiten, die keine Verb. a. LL sind, z.B. Steuerschulden (Umsatzsteuer, Gewerbesteuer, Lohnsteuer), rückständige Gehälter etc. Weiterhin sind diese ein antizipativer Posten der Jahresabgrenzung (Aufwendungen des alten Jahres, Zahlung und Rechnungsstellung im neuen Jahr).

**Sorten**   Fremde Währung in Münzen und Scheinen

**Sofortrabatte**   Rabatte, die bereits auf der Rechnung ausgewiesen sind (z.B. Grundrabatt oder Mengenrabatte). Sie werden nicht gebucht.

**Soll-Ist-Vergleich**   Geplante Soll-Werte in Bezug auf Umsätze, Kosten oder Erlöse werden mit den tatsächlich erreichten Ist-Werten verglichen.

**Steuerlicher Gewinn**   entspricht i.d.R. dem → Reingewinn

**Stückkosten**   Selbstkosten für ein Stück

**Stückkostendeckungsbeitrag (db)**

  Verkaufspreis pro Stück
  − variable Kosten pro Stück (variable Stückkosten)
  Deckungsbeitrag pro Stück (Stückkostendeckungsbeitrag)

**Teilkostenrechnung (→ Deckungsbeitragsrechnung)**   Nur ein Teil der Kosten, nämlich die variablen Kosten werden auf die Kostenträger verrechnet. Die Fixkosten werden nicht verteilt, sollen jedoch möglichst durch die Deckungsbeiträge sämtlicher Produktgruppen gedeckt sein. Die Teilkostenrechnung hilft z.B. bei den Fragen der Annahme oder Ablehnung eines Zusatzauftrags oder bei der Klärung der Frage, ob ein Produkt im Sortiment bleiben soll.

**Umlaufvermögen**   Das Umlaufvermögen beinhaltet die Vermögensteile, die nicht dem Anlagevermögen zuzuordnen sind. Es bleibt i.d.R. nur kurzzeitig im Unternehmen und umfasst alle Vermögensgegenstände, die kurzfristig veräußert, verbraucht, verarbeitet oder von Schuldnern zurückgezahlt werden sollen.

**Umsatz (Umsatzerlöse)**   Summe der Verkaufspreise aller verkauften Stücke (netto); bei Erlös nur eines Stücks: → Verkaufspreis (netto). Die Umsatzerlöse entsprechen den Erlösen aus dem Verkauf der Produkte der gewöhnlichen Geschäftstätigkeit (Verkauf von Büchern und buchaffinen Produkten) nach Abzug von Rabatten, Skonti, Boni und der Umsatzsteuer. Zur gewöhnlichen Geschäftstätigkeit zählen z.B. nicht: Erlöse aus dem Verkauf von Anlagevermögen sowie Miet- und Zinserträge. Synonym verwendete Begriffe: Erlös, Umsatz, Jahresumsatz, Nettoerlös, Nettoumsatz, Umsatzzahlen, Verkaufserlös (KLR: Leistung).

**Umsatzergebnis**   Es unterscheidet sich durch eine → Kostenüberdeckung bzw. Kostenunterdeckung vom Betriebsergebnis und bildet die Differenz zwischen Normal- und Istkostenrechnung. Berichtigt man das Umsatzergebnis um die Kostenüberdeckung bzw. Kostenunterdeckung, so erhält man das Betriebsergebnis einer Abrechnungsperiode.

**Umsatzrentabilität (Umsatzverdienstrate, Gewinnquote)**

$$\frac{\text{Gewinn* } \cdot \text{ 100}}{\text{Umsatz bzw. Leistungen}}$$   *abzüglich Unternehmerlohn bei Einzelfirmen und Personengesellschaften

Die Umsatzrentabilität sagt aus, wie viel Prozent Gewinn gemessen an den Umsatzerlösen erzielt wurde.

**Umsatzsteuer (USt)**   Eine Steuer, die vom Entgelt (Nettoverkaufspreis) berechnet wird. Umgangssprachlich wird statt USt auch der Begriff → Mehrwertsteuer verwendet.

**Umsatzsteuerzahllast (Zahllast)**

Umsatzsteuer
− Vorsteuer
_____
= Zahllast bzw. → Vorsteuerüberhang

**Unternehmen**   Mit dem Begriff ›Unternehmen‹ ist das Unternehmen inkl. aller betriebsfremden Tätigkeiten gemeint. Im Gegensatz zum → Betrieb umfasst der Begriff ›Unternehmen‹ alle Tätigkeitsbereiche, somit die betrieblichen als auch die betriebsfremden. Im Unternehmen ist die Finanzbuchführung gesetzlich vorgeschrieben, die KLR hingegen freiwillig.

**Unternehmerrentabilität**   → Eigenkapitalrentabilität

**Unternehmensergebnis**   → Reingewinn

**Unternehmensrentabilität**   → Gesamtrentabilität

**Unternehmensbezogene Abgrenzungen**   → neutrale Kosten

**Unternehmerlohn**   ›Die Höhe des Unternehmerlohns entspricht dem Gehalt, das einem gleichwertigen Geschäftsführer oder einem Angestellten bei vergleichbaren Tätigkeiten bezahlt werden müsste.‹ (Institut für Handelsforschung, Köln).
   In der GuV eines Einzelunternehmens bzw. einer Personengesellschaft darf dieser nicht als Aufwand (und somit den Gewinn mindernd) berücksichtigt werden. In der KLR hingegen wird er als (Zusatz-)Kosten kalkuliert.
   Bei einer Kapitalgesellschaft (GmbH, AG) ist der ›Unternehmerlohn‹ bereits als Gehalt des bei der KapG angestellten Gesellschafters (i. d. R. als Geschäftsführer) als Aufwand in der GuV enthalten und wird deshalb nicht noch einmal als Kosten berücksichtigt.

**Variable Kosten**   (ein vor allem in der Teilkostenrechnung benutzter Begriff)   sind von der Absatzmenge abhängig. Sie steigen bei steigenden Absatzmengen und sinken bei rückläufigen Absatzmengen.

Einzelkosten (Wareneinsatz bzw. Bezugs- Einstandspreis)
+ variable Anteile Handlungskosten*
_____
= variable Kosten

(*z. B. Aushilfslöhne für den umsatzstarken Monat Dezember im Buchhandel)

**Verbindlichkeiten**   Alle Schulden und Zahlungsverpflichtungen eines Unternehmens. Kurzfristige Verbindlichkeiten sind z. B. die noch offenen Verpflichtungen gegenüber Lieferanten (Verb. a. LL).

**Verkaufserlöse**   ➡ Umsatz

**Verkaufspreis**   Preis eines Stücks beim Verkauf; die Angabe erfolgt i. d. R. brutto. Der Nettoverkaufspreis bzw. ➡ Umsatzerlös ist der Preis ohne USt.

**Vermögenswirksame Leistungen**   Staatlich geförderte Form des Sparens mit Förderung durch die Arbeitnehmer-Sparzulage, oft durch den Arbeitgeber bezuschusst. Gesetzliche Grundlage ist das Fünfte Vermögensbildungsgesetz.

**Vollkostenrechnung**   Im Gegensatz zur ➡ Deckungsbeitragsrechnung (➡ Teilkostenrechnung) werden neben den variablen Kosten auch die fixen Kosten, somit alle Kosten, auf die Kostenträger übertragen.

**Vorratsvermögen**   Teil des Umlaufvermögens. Eine Bezeichnung für die auf Lager befindlichen Waren, die zum Verkauf bestimmt sind.

**Vorsteuer (VSt), Vorsteuerüberhang**   Als Vorsteuer wird die Umsatzsteuer bezeichnet, die einem Unternehmer beim Erwerb von Lieferungen oder sonstigen Leistungen in Rechnung gestellt wird. Ist diese in einer Abrechnungsperiode größer als die Umsatzsteuer aus den Verkäufen, ergibt sich ein Vorsteuerüberhang: ein Erstattungsanspruch an die Finanzbehörden.

**Wareneinsatz**   Der Wareneinsatz entspricht dem Aufwand für die Menge der verkauften Ware. (Nicht: der gesamten Menge der eingekauften Ware zum Einstandspreis.) Die Ermittlung des Aufwandes der verkauften Ware wird buchungstechnisch durch Berücksichtigung von Mehr- oder Minderbestand des Lagers auf dem Konto Aufwendungen für Waren erreicht. Rechnerisch ermittelt sich der Wareneinsatz:

    Wareneinkäufe
− Remissionen
+ Bezugskosten
− Nachlässe (Boni, Skonti, Mängelrügen)
+ Minderbestand oder
− Mehrbestand

Reduziert man den Wareneinsatz auf ein Exemplar / ein Stück, so spricht man vom ➡ Bezugspreis bzw. Einstandspreis.

**Zahllast**   ➡ Umsatzsteuerzahllast

**Zeitliche Abgrenzungen**   sind im Gegensatz zu Rückstellungen Aufwendungen oder Erträge, deren Grund, Höhe und Fälligkeit feststeht. Ziel der zeitlichen Abgrenzung ist die periodengerechte Gewinnermittlung. Erträge und Aufwendungen sollen durch Abgrenzungsbuchungen in dem Jahr erfasst werden, dem sie wirtschaftlich zuzuordnen sind. Konten: ARA, PRA, sonstige Verbindlichkeiten, sonstige Forderungen.

**Zusatzkosten (aufwandslose Kosten)**   Kosten, denen kein Aufwand lt. Fibu gegenübersteht, z. B. kalkulatorische Miete und kalkulatorischer Unternehmerlohn.

# Lösungen

## 1 Grundlagen des kaufmännischen Rechnens

| | | | | | |
|---|---|---|---|---|---|
| 1 | | 44,91 € | 29 | | 178,80 € |
| 2 | | 3,92 € | 30 | | 18.292,66 NOK |
| 3 | | 104,50 € | 31 | | 7,14 % |
| 4 | | 240 € | 32 | | 93,75 % |
| 5 | a) | 20,8 Cent | 33 | | 10 % |
| | b) | 46,8 Cent | 34 | | 339.200 € |
| | c) | 18,72 Cent | 35 | a) | 27,77 % |
| 6 | | 189 Tage | | b) | 26,11 % |
| 7 | a) | 15 Monate | 36 | | 48.000 € |
| | b) | 75 € | 37 | | 42,9 % |
| 8 | | 234 Seiten | 38 | | 35.600 € |
| 9 | | 510 Seiten | 39 | | 3.276,80 € |
| 10 | | 125 Bogen | 40 | | 23,6 kg |
| 11 | | 19 Tage | 41 | | 1,58 € |
| 12 | | 16 Aushilfskräfte | 42 | | 986.560 € |
| 13 | | 5,24 Arbeitstage | 43 | a) | 210.000 € |
| 14 | | 12 Stunden | | b) | 17.850 € |
| 15 | | 12,35 Arbeitsstunden | 44 | | 1.800.000 € |
| 16 | | 2,5 | 45 | | 1.800 € |
| 17 | | 82,12 € | 46 | | 1.284 € |
| 18 | | 0,70 € | 47 | a) | 12,14 € |
| 19 | | 17,28 € | | b) | 0,85 € |
| 20 | | $\varnothing$ AK/kg = 14 € | 48 | | 2014: 100 % ≙ 11.805 € |
| | | (35.000 € : 2.500 kg), | | | 2015: 100 % ≙ 11.912 € |
| | | Bestand 31.12.: 400 kg·14 € | 49 | a) | 6.301 im Jahr 2014 |
| | | = 5.600 € | | b) | 7.628 im Jahr 2013 |
| 21 | | 2.840,40 Kan. Dollar | 50 | | 82.000 € |
| 22 | | 46,47 CHF | 51 | | 230 € |
| 23 | | 157,56 GBP | 52 | | 39,90 € |
| 24 | | 2,66 € | 53 | | 34,97 € |
| 25 | | 2.973,20 DKK   355,50 CHF | 54 | | 69,84 € |
| 26 | | 98,91 € | 55 | | 20.007,68 € |
| 27 | | 943,33 € | 56 | | 22 € |
| 28 | | 184,57 € | 57 | | 10,05 € |

| | | | |
|---|---|---|---|
| **58** | 47,83 % | | |
| **59 a)** | 24 € | **b)** | 40,91 % |
| **60 a)** | 40 % | **b)** | 48,57 % |
| **61 a)** | 30 % | **b)** | 36,90 € |
| **62** | 39 € | | |
| **63 aa)** | 52 Tage | **ab)** | 53 Tage |
| **ba)** | 32 Tage | **bb)** | 31 Tage |
| **ca)** | 255 Tage | **cb)** | 258 Tage |
| **da)** | 42 Tage | **db)** | 43 Tage |
| **ea)** | 176 Tage | **eb)** | 177 Tage |
| **fa)** | 343 Tage | **fb)** | 350 Tage |
| **64** | 1.896 € | | |
| **65 a)** | 74,59 € | **b)** | 73,57 € |
| **66 a)** | 25.531,25 € | | |
| **b)** | 25.536,30 € | | |
| **67 a)** | 10 % | **b)** | 10,14 % |
| **68 a)** | 8 % | **b)** | 8,02 % |
| **69 a)** | 9.287,93 € | **b)** | 9.235,83 € |
| **70** | 1.473,52 € | | |
| **71 a)** | 90 Tage | | |
| **72** | 80 Tage | | |

| | | | |
|---|---|---|---|
| **73 a)** | 339 Tage, 1.130 € | | |
| **b)** | 344 Tage, 1.146,67 € | | |
| **c)** | 344 Tage, 1.127,87 € | | |
| **74 a)** | 45 % | **b)** | 45,63 % |
| **75 a)** | 14,4 % | **b)** | 14,6 % |

| **76** | (30/360) | (act/act) |
|---|---|---|
| **a)** | 300 € | **a)** dto. |
| **b)** | 9.700 € | **b)** dto. |
| **c)** | 22 Tage | **c)** dto. |
| **d)** | 26,68 € | **d)** 26,31 € |
| **e)** | 273,32 € | **e)** 273,69 € |

| **77** | (30/360) | (act/act) |
|---|---|---|
| **a)** | 131,50 € | **a)** dto. |
| **b)** | 5.260 € | **b)** dto. |
| **c)** | 20 Tage | **c)** dto. |
| **d)** | 13,65 % | **d)** 13,84 % |
| **e)** | 91,61 € | **e)** dto. |

| **78** | (30/360) | (act/act) |
|---|---|---|
| **a)** | 222,78 € | **a)** 223,13 € |
| **b)** | 36,00 % | **a)** 36,50 % |

## 2 Geld- und Zahlungsverkehr

| | | |
|---|---|---|
| **1** | a, c | |
| **2** | USt-Satz | |

**3**

| | | |
|---|---|---|
| | Bestand (bar und unbar) | 16.300,00 € |
| + | Ausgaben (Barbelege) | 47,00 € |
| + | Privatentnahmen | 300,00 € |
| | Zwischensumme | 16.647,00 € |
| − | Wechselgeld | 400,00 € |
| | **Tageslosung** | **16.247,00 €** |

**4 a)**    507,66 : 22 = 23,08 €
   **b)**   33,56 €
   **c)**   9,1 %

**5 a)**

| | | |
|---|---|---|
| | Summe Eingänge (Kasse) | 20.078,86 € |
| + | Summe (Rechnungen) | 4.155,09 € |
| − | Gutschriften | 754,17 € |
| | **Saldo Gesamtumsatz** | **23.479,78 €** |

   **b)**   23.479,78 = 100,0 %
        9.255,23 = 39,4 %

**6**      1. Aspekt: $\varnothing$ LP (Lagerverkäufe) = 7,73 € (der Belletristik-Wert bewegt sich mit 11,08 € im Branchendurchschnitt; der Wert für Krimis mit 12,31 € in etwa auch); $= \varnothing$ LP (Abholfach) = 14,61 €.
         2. Aspekt: Der geringe $\varnothing$ LP für Lagerverkäufe dürfte auf einen hohen Anteil an niedrigpreisigen Artikeln zurückzuführen sein, die auf dem Auszug des WG-Berichts nicht stehen (Grußkarten o. Ä.).

**7**      c

**8**      Büchersendungs-Gebühr zuzügl. 7 % USt (2015: 1,65 € + 7 % USt = 1,77 €)

**9**      Rechnungsbetrag: 16.650,00 €, USt-Betrag: 1.089,25 €;
         Steuerliches Entgelt: 15.560,75 €

**10**     die Formulierung »Betrag dankend erhalten« (o. Ä.), Ort und Datum, Unterschrift (i. A. xxx)

**11 a)** bargeldlos
   **b)** halbbar
   **c)** bar
   **d)** bargeldlos

**12**     Die Buchhandlung muss eine Provision bezahlen und erhält den Zahlungseingang später.

**13**     **EC-Cash:** Durch Einschieben der Karte in ein Lesegerät und verdeckte Eingabe einer Kunden-PIN erfolgt ein direkter Zugriff auf das Girokonto des Käufers, und die Buchhandlung erhält infolge der Online-Abfrage bei der Bank des Kunden eine Zahlungsgarantie. **Phishing:** Kurzform für Password-Fishing (Versuche, über gefälschte Webseiten, E-Mails oder Kurznachrichten an vertrauliche, persönliche Daten eines Internet-Benutzers zu gelangen). **PIN:** personal identity number (hier im Rahmen des Electronic Banking). **TAN:** auftragsbezogene Transaktionsnummer (hier im Rahmen des Electronic Banking).

**14**     Einrichtungskosten; monatliche Grundgebühren für die Nutzung (Lizenz-kosten); monatliche Payment-Gebühren für die Zahlungsabwicklung (Transaktionskosten).

**15**     Der Käufer hat kein Anrecht darauf, den Scheck gegen Bargeld einzulö-sen; dies betrifft sowohl den gesamten Scheckwert oder auch Restbeträge, die beim Kauf nicht voll ausgeschöpft werden.

**16**     7,25 € = 5 %, die die MVB für Werbung und Verwaltung einbehält. 1,16 €: UST-Betrag (19 % von 7,25 €) für die Abrechnungs-Dienstleistung der MVB.

**17**     1. Januar 2019, 0.00 Uhr .

**18**     c

**19**     Zinstage = 80 (Oktober: 21 + November 30 + Dezember 29)
         Schaltjahr, deshalb 366 Tage.
         Rechtsgeschäft mit Verbraucher, deshalb Basiszins + 5 %.

$$Z = \frac{940 \cdot 5{,}12 \cdot 80}{100 \cdot 366} = 10{,}52\ €$$

         Zahlung: 940 € + 10,52 € + 20 € = 970,52 €

**20**    Rechnungs- bzw. Zugangsdatum: 10.01.   Fälligkeit 90 Tage später:
60 Tage Valuta + 30 Tage Ziel, somit am 10.04. (Jan.: 21, Feb.: 28, März: 31,
April: 10 ›Berechnungstage‹)    Zinstage = 73 (April: 20, Mai: 31, Juni: 20
+ 2 Tage). Rechtsgeschäft mit Kaufleuten, deshalb Basiszins + 9%.

$$Z = \frac{8.200 \cdot 9,12 \cdot 73}{100 \cdot 365} = 149,57 \, €$$

Gesamtbetrag: 8.200 € + 149,57 € + 24 € = 8.373,57 €

**21 a)**  Nein; KNV ist als Versandweg ausgewiesen; die spätere Abrechnung
erfolgt über den KNV Büchersammelverkehr.

 **b)**  Rechnungsbetrag ohne Verpackung: 7,51 €.
Rechnungsbetrag mit Verpackung:
7,51 € + 1,77 € (Büchersendungsgebühr + kalkulatorischer USt) = 9,28 €.
Hiervon 1,77 € = 19,1%.

**22**    2 Exemplare wurden verkauft. 2 · 14,90 = 29,80 €. 29,80 € − USt = 27,85 €.
Hiervon 40% = 11,14 €..

**23 a)**  Die Summe der aufgelaufenen Lieferscheinbeträge (hier: 3. Dekade
Januar) wird addiert und in einer Rechnung zusammengefasst.

 **b)**  Barsortiment und Büchersammelverkehr sind (nicht nur bei KNV)
getrennte Geschäftsbereiche (Großhandel / Logistik-Dienstleister) und
praktizieren je eigene Zahlungsmodalitäten.

 **c)**  2.487,30 € = 100% | 180,88 € = 7,3%

 **d)**  Büchersammelverkehr: (Logistik-)Dienstleister fakturieren mit 19%;
Barsortiment: Großhändler verkaufen Waren mit ermäßigten und vollen
Steuersätzen.

 **e)**  251,12 € (194,32 + 7,75 + 22,05 + 27,00) = 100 % | 56,80 € = 22,6%

**24 a)**  Die Konditionen werden mit den ›HGV-Verlagen‹ separat ausgehandelt.

 **b)**  Nein, denn das Gewicht liegt über 5 kg.

 **c)**  70,96 € abz. 2% Skonto = 69,54 €

 **d)**  Am 15.10., sofern die Rechnung in der BAG-Abrechnung vom 30.09.2015
gebucht worden ist.


# 3 Buchführung

**1**    Bsp: Kauf oder Verkauf von Ware, Aufnahme eines Kredites, Zahlung von
Gehältern, Miete oder andere Aufwend., Bezahlen einer Rechnung

**2**    Der Staat zur Festsetzung der Steuern, Gläubiger als Grundlage für die
Kreditvergabe

**3**    2 [HGB § 257 (4)], 2 [HGB § 239 (4)], 1 [HGB § 239 (3)], 2 [AO § 146 (1)],
2 [HGB § 239 (2)], 1 [AO § 146 (2)], 1 [HGB § 239 (1)], 2 [AO § 146 (3)],
2 [HGB § 257 (4)], 1 [AO § 146 (3)], 1 [HGB § 239 (4)], 2 [HGB § 238 (1)],
2 [HGB § 238 (1)]

**4**    2, 3, 1, 2, 3, 2, 2, 1, 3

5   c) (Mittelherkunft)
6   c)
7   a), d)
8   bis zum 31.12.2026 (§ 257 Abs. 5 HGB
**9 a)** Inventar der Buchhandlung *Buch & Medien*, Eppstein, 31.12.2015

| Vermögens- und Schuldenarten, Eigenkapital | Einzelwerte | Gesamtwerte |
|---|---|---|
| **A  Vermögen** | | |
| I.  Anlagevermögen | | |
| 1. Betriebs- und Geschäftsausstattung | | |
| Ladenausstattung | 30.000 | |
| Büromaschinen | 10.000 | 40.000 |
| II. Umlaufvermögen | | |
| 1. Waren | | |
| Belletristik | 24.000 | |
| Kinder- und Jugendbuch | 17.000 | |
| Fachbücher | 26.000 | |
| Sachbücher | 24.000 | |
| Taschenbücher | 34.000 | |
| Non-Books | 8.000 | 133.000 |
| 2. Forderungen aus Lieferungen und Leistungen | | |
| Statistisches Bundesamt, Wiesbaden | 4.000 | |
| Stadtbücherei, Vockenhausen | 2.000 | |
| Sonstige Kunden | 8.000 | 14.000 |
| 3. Bankguthaben | | |
| Taunussparkasse | 20.000 | |
| Postbank | 9.000 | 29.000 |
| 4. Kasse laut Kassenbericht | 7.000 | 7.000 |
| SUMME DES VERMÖGENS | | 223.000 |
| **B  Schulden** | | |
| I.  Langfristige Schulden | | |
| 1. Darlehen bei der Nassauischen Sparkasse | 50.000 | 50.000 |
| II. Kurzfristige Schulden | | |
| 1. Verbindlichkeiten aus Lieferungen und Leistungen | | |
| DZB Bank (BAG-Abrechnungsverfahren) | 25.000 | |
| Barsortiment | 10.000 | |
| 2. Sonstige Verbindlichkeiten | 5.000 | 40.000 |
| SUMME DER SCHULDEN | | 90.000 |
| **C  Eigenkapital oder Reinvermögen** | | |
| Summe des Vermögens | | 223.000 |
| — Summe der Schulden | | 90.000 |
| EIGENKAPITAL | | 133.000 |

**9  b)**

| Aktiva | | Bilanz | | Passiva |
|---|---|---|---|---|
| I. Anlagevermögen | | I. Eigenkapital | | 133.000 |
| Geschäftsausstattung | 40.000 | II. Fremdkapital | | |
| II. Umlaufvermögen | | Darlehensschulden | | 50.000 |
| Waren | 133.000 | Verb. a. LL | | 40.000 |
| Forderungen | 14.000 | | | |
| Bank | 29.000 | | | |
| Kasse | 7.000 | | | |
| | 223.000 | | | 223.000 |

**10**     1, 4, 1, 3, 3, 1, 2, 3

**11**

| | Soll | Haben |
|---|---|---|
| a) | Kasse | Geschäftsausstattung |
| b) | Geschäftsausstattung | Bank |
| c) | Langfr. Bankverb. | Bank |
| d) | Kasse | Fuhrpark |
| e) | Bank | Forderungen a. LL |
| f) | Verb. a. LL | Bank |

*64 000*
*19 000*
*45 000*

**12  a)**

| Aktiva | | Eröffnungsbilanz | | Passiva |
|---|---|---|---|---|
| Geschäftsausstattung | 10.000 | Eigenkapital | | 45.000 |
| Warenbestand | 40.000 | Lanfrist. Bankverbindlichk. | | 15.000 |
| Forderungen a. LL | 6.000 | Verb. a. LL | | 4.000 |
| Bank | 5.000 | | | |
| Kasse | 3.000 | | | |
| | 64.000 | | | 64.000 |

**12  b)  Geschäftsfälle:**

| | Soll | Haben |
|---|---|---|
| 1. | Geschäftsausstattung | Kasse |
| 2. | Bank | Kasse |
| 3. | Kasse | Geschäftsausstattung |
| 4. | Langfr. Bankverb. | Bank |
| 5. | Bank | Forderungen a. LL |

**12**    **c) - e)**

| Soll | 0800 **Geschäftsausst.** | Haben | | |
|---|---|---|---|---|
| EBK | 10.000 | Kasse | 1.200 |
| | | SBK | 8.800 |
| 10.000 | | 10.000 | |

| Soll | 3000 **Eigenkapital** | Haben | | |
|---|---|---|---|---|
| SBK | 45.000 | EBK | 45.000 |
| 45.000 | | 45.000 | |

| Soll | 2000 **Warenbestand** | Haben | | |
|---|---|---|---|---|
| EBK | 40.000 | SBK | 40.000 |
| 40.000 | | 40.000 | |

| Soll | 4250 **Langfr. Bankverb.** | Haben | | |
|---|---|---|---|---|
| Bank | 1.000 | EBK | 15.000 |
| SBK | 14.000 | | |
| 15.000 | | 15.000 | |

| Soll | 2400 **Forder. a. LL** | Haben | | |
|---|---|---|---|---|
| EB | 6.000 | Bank | 500 |
| | | SBK | 5.500 |
| 6.000 | | 6.000 | |

| Soll | 4400 **Verb. a. LL** | Haben | | |
|---|---|---|---|---|
| SBK | 4.000 | EBK | 4.000 |
| 4.000 | | 4.000 | |

| Soll | 2800 **Bank** | Haben | | |
|---|---|---|---|---|
| EBK | 5.000 | Darlehen | 1.000 |
| Kasse | 1.400 | SBK | 5.900 |
| Ford. a. LL | 500 | | |
| 6.900 | | 6.900 | |

| Soll | 2880 **Kasse** | Haben | | |
|---|---|---|---|---|
| EBK | 3.000 | Bank | 1.400 |
| Geschäftsa. | 1.200 | SBK | 2.800 |
| 4.200 | | 4.200 | |

| Soll | **Schlussbilanzkonto** | | Haben |
|---|---|---|---|
| Geschäftsausstattung | 8.800 | Eigenkapital | 45.000 |
| Warenbestand | 40.000 | Langfr. Bankverb. | 14.000 |
| Forderungen a. LL | 5.500 | Verb. a. LL | 4.000 |
| Bank | 5.900 | | |
| Kasse | 2.800 | | |
| | 63.000 | | 63.000 |

**13  a)**

| Aktiva | Eröffnungsbilanz | | Passiva |
|---|---|---|---|
| Geschäftsausstattung | 30.000 | Eigenkapital | 62.000 |
| Warenbestand | 70.000 | Langfr. Bankverb. | 50.000 |
| Forderungen a. LL | 8.000 | Verb. a. LL | 18.000 |
| Bank | 20.000 | | |
| Kasse | 2.000 | | |
| | 130.000 | | 130.000 |

**13  b)  Geschäftsfälle:**

| | Soll | Haben |
|---|---|---|
| 1. | Verbindlichkeiten a. LL | Bank |
| 2. | Forderungen a. LL | Geschäftsausstattung |
| 3. | Kasse | Forderungen a. LL |
| 4. | Bank | Forderungen a. LL |
| 5. | Geschäftsausstattung | Verbindlichkeiten a. LL |
| 6. | Langfr. Bankverb. | Bank |
| 7. | Bank | Kasse |

**13  c) – e)**

| Soll | 0800 **Geschäftsausst.** | Haben | |
|---|---|---|---|
| EBK | 30.000 | Forder. a. LL | 300 |
| Verb. a. LL | 2.500 | SBK | 32.200 |
| | 32.500 | | 32.500 |

| Soll | 3000 **Eigenkapital** | Haben | |
|---|---|---|---|
| SBK | 62.000 | EBK | 62.000 |
| | 62.000 | | 62.000 |

| Soll | 2000 **Warenbestand** | Haben | |
|---|---|---|---|
| EBK | 70.000 | SBK | 70.000 |
| | 70.000 | | 70.000 |

| Soll | 4250 **Langfr. Bankverb.** | Haben | |
|---|---|---|---|
| Bank | 800 | EBK | 50.000 |
| SBK | 49.200 | | |
| | 50.000 | | 50.000 |

| Soll | 2400 **Ford. a. LL** | Haben | |
|---|---|---|---|
| EBK | 8.000 | Kasse | 250 |
| Geschäftsa. | 300 | Bank | 1.200 |
| | | SBK | 6.850 |
| | 8.300 | | 8.300 |

| Soll | 4400 **Verb. a LL** | Haben | |
|---|---|---|---|
| Bank | 1.500 | EBK | 18.000 |
| SBK | 19.000 | Geschäftsa. | 2.500 |
| | 20.500 | | 20.500 |

| Soll | 2800 **Bank** | Haben | |
|---|---|---|---|
| EBK | 20.000 | Verb. a. LL | 1.500 |
| Forder. a. LL | 1.200 | Langfr. BVb | 800 |
| Kasse | 1.000 | SBK | 19.900 |
| | 22.200 | | 22.200 |

| Soll | | 2880 **Kasse** | | Haben |
|---|---|---|---|---|
| EBK | 2.000 | Bank | 1.000 | |
| Ford. a. LL | 250 | SBK | 1.250 | |
| | 2.250 | | 2.250 | |

| Soll | | **Schlussbilanzkonto** | | Haben |
|---|---|---|---|---|
| Geschäftsausstattung | 32.200 | Eigenkapital | 62.000 | |
| Warenbestand | 70.000 | Langfr. Bankverb. | 49.200 | |
| Forderungen a. LL | 6.850 | Verb. a. LL | 19.000 | |
| Bank | 19.900 | | | |
| Kasse | 1.250 | | | |
| | 130.200 | | 130.200 | |

**14**
a) Kasse   1.200 €   an   Geschäftsausstattung   1.200 €
b) Forderungen a. LL   340 €   an   Geschäftsausstattung   340 €
c) Bank   2.200 €   an   Forderungen a. LL   2.200 €
d) Verb. a. LL   1.870 €   an   Bank   1.870 €
e) Kasse   1.500 €   an   Bank   1.500 €
f) Geschäftsausstattung   570 €   an   Bank   570 €
g) Kasse   4.000 €   an   Langfr. Bankverb.   4.000 €
h) Bank   560 €   an   Forderungen   560 €
i) Verb. a. LL   2.400 €   an   Langfr. Bankverb.   2.400 €
j) Bank   1.600 €   an   Kasse   1.600 €
k) Langfr. Bankverb.   3.000 €   an   Bank   3.000 €
l) Geschäftsausstattung   1.130 €   an   Kasse   1.130 €
m) Bank   400 €   an   Forderungen   400 €
n) Verb. a. LL   1.150 €   an   Kasse   1.150 €
o) Grundstücke   350.000 €   an   Bank   350.000 €
p) Kasse   170 €   an   Forderungen   170 €
q) Langfr. Bankverb.   2.500 €   an   Kasse   2.500 €
r) Geschäftsausstattung   5.600 €   an   Kasse   5.600 €
s) Bank   10.000 €   an   Langfr. Bankverb.   10.000 €

**15**
a) Barabhebung vom Bankkonto
b) Kauf von Geschäftsausstattung auf Ziel
c) Bareinzahlung bei der Bank
d) Tilgung langfr. Bankverbindlichkeiten per Banküberweisung
e) Verkauf von Geschäftsausstattung auf Rechnung
f) Banküberweisung für eine Liefererrechnung
g) Barverkauf von Geschäftsausstattung
h) Kunde begleicht offene Rechnung bar
i) Kauf eines Fahrzeuges per Bankscheck
j) Kunde begleicht Rechnung per Banküberweisung
k) Kauf eines bebauten Grundstücks per Banküberweisung
l) Aufnahme langfr. Bankverbindlichkeiten, Gutschrift auf dem Bankkonto
m) Barkauf von Geschäftsausstattung
n) Barverkauf eines PKW

**16**  **a)**  Geschäftsausstattung      2.000 €      an      Kasse                    500 €
                                                                Verb. a. LL            1.500 €
        **b)**  Kasse                         50 €      an      Forderungen              250 €
                Bank                         200 €
        **c)**  Verb. a. LL                1.200 €      an      Kasse                    400 €
                                                                Bank                     800 €
        **d)**  Fuhrpark                  20.000 €      an      Bank                   1.000 €
                                                                Verb. a. LL           19.000 €
        **e)**  Langfr. Bankverb.         10.000 €      an      Kasse                  2.000 €
                                                                Bank                   8.000 €

**17**  **a)**  Begleichung einer Liefererrechnung über             3.000 €
                durch Banküberweisung                               2.000 €
                bar                                                  1.000 €
        **b)**  Kauf eines PKW                                      15.000 €
                Barzahlung                                           2.000 €
                auf Rechnung                                        13.000 €
        **c)**  Aufnahme eines Darlehens über                      10.000 €
                Auszahlung auf Bankkonto                             5.000 €
                bar                                                  5.000 €
        **d)**  Kauf eines bebauten Grundstücks                    150.000 €
                Bezahlung durch Banküberweisung                     20.000 €
                Darlehen                                            130.000 €
        **e)**  Kauf von Geschäftsausstattung                       8.000 €
                Bezahlung per Bankscheck                             6.000 €
                bar                                                  2.000 €

**18**  **a)** Aktiva                    **Eröffnungsbilanz**                      Passiva

| | | | |
|---|---:|---|---:|
| Gebäude | 90.000 | Eigenkapital | 160.000 |
| Ladenausstattung | 75.000 | Langfr. Bankverb. | 110.000 |
| Fuhrpark | 25.000 | Verb. a. LL | 45.000 |
| Warenbestand | 60.000 | | |
| Forderungen a. LL | 20.000 | | |
| Bank | 35.000 | | |
| Kasse | 10.000 | | |
| | 315.000 | | 315.000 |

**18**  **b)**
        **1.**  Kasse                         800 €      an      Ladenausstattung        800 €
        **2.**  Bank                        6.000 €      an      Fuhrpark             10.000 €
                Kasse                       4.000 €
        **3.**  Verb. a. LL                 3.000 €      an      Langfr. Bankverb.     3.000 €
        **4.**  Verb. a. LL                 6.000 €      an      Bank                  6.000 €
        **5.**  Bank                       10.000 €      an      Ladenausstattung     10.000 €
        **6.**  Fuhrpark                   14.000 €      an      Bank                  9.000 €
                                                                Kasse                 5.000 €
        **7.**  Kasse                       2.500 €      an      Eigenkapital         10.000 €
                Bank                        7.500 €
        **8.**  Langfr. Bankverb.          10.000 €      an      Bank                 10.000 €

**18   c) – e)**

| Soll | 0510 **Gebäude** | | Haben |
|------|--------|---|--------|
| EBK | 90.000 | SBK | 90.000 |
| | 90.000 | | 90.000 |

| Soll | 3000 **Eigenkapital** | | Haben |
|------|--------|---|--------|
| SBK | 170.000 | EBK | 160.000 |
| | | Kasse, Bank | 10.000 |
| | 170.000 | | 170.000 |

| Soll | 0810 **Ladenausst.** | | Haben |
|------|--------|---|--------|
| EBK | 75.000 | Kasse | 800 |
| | | Bank | 10.000 |
| | | SBK | 64.200 |
| | 75.000 | | 75.000 |

| Soll | 4250 **Langfr. Bankvb.** | | Haben |
|------|--------|---|--------|
| Bank | 10.000 | EBK | 110.000 |
| SBK | 103.000 | Verb. a. LL | 3.000 |
| | 113.000 | | 113.000 |

| Soll | 0840 **Fuhrpark** | | Haben |
|------|--------|---|--------|
| EBK | 25.000 | Bk., Kass. | 10.000 |
| Bk., Kass. | 14.000 | SBK | 29.000 |
| | 39.000 | | 39.000 |

| Soll | 4400 **Verb. a. LL** | | Haben |
|------|--------|---|--------|
| Langfr. BV | 3.000 | EBK | 45.000 |
| Bank | 6.000 | | |
| SBK | 36.000 | | |
| | 45.000 | | 45.000 |

| Soll | 2000 **Warenbestand** | | Haben |
|------|--------|---|--------|
| EBK | 60.000 | SBK | 60.000 |
| | 60.000 | | 60.000 |

| Soll | 2400 **Ford. a. LL** | | Haben |
|------|--------|---|--------|
| EBK | 20.000 | SBK | 20.000 |
| | 20.000 | | 20.000 |

| Soll | 2800 **Bank** | | Haben |
|------|--------|---|--------|
| EBK | 35.000 | Verb. a. LL | 6.000 |
| Fuhrpark | 6.000 | Fuhrpark | 9.000 |
| Ladena. | 10.000 | Langfr. BV | 10.000 |
| EK | 7.500 | SBK | 33.500 |
| | 58.500 | | 58.500 |

| Soll | 2880 **Kasse** | | Haben |
|------|--------|---|--------|
| EBK | 10.000 | Fuhrpark | 5.000 |
| Ladenausst. | 800 | SBK | 12.300 |
| Fuhrpark | 4.000 | | |
| EK | 2.500 | | |
| | 17.300 | | 17.300 |

| Aktiva | | Schlussbilanz | | Passiva |
|---|---|---|---|---|
| Gebäude | 90.000 | Eigenkapital | | 170.000 |
| Ladenausstattung | 64.200 | Langfr. Bankverb. | | 103.000 |
| Fuhrpark | 29.000 | Verb. a. LL | | 36.000 |
| Warenbestand | 60.000 | | | |
| Forderungen a. LL | 20.000 | | | |
| Bank | 33.500 | | | |
| Kasse | 12.300 | | | |
| | 309.000 | | | 309.000 |

**19**    2, 1, 1, 2, 2

**20**    8, 4, 6, 2, 0, 1, 9, 5, 3, 7

**21**    Der Kontenplan ist die betriebsspezifische Zusammenstellung der Konten in Anlehnung an den Kontenrahmen.

**22**    2, 1, 2, 1, 1, 1, 2, 1, 1

**23**    1, 2, 2, 1, 2

**24**    Mit Hilfe von Offene-Posten-Listen können Zahlungstermine überwacht werden.

**25 a)** 2400 Forderungen     **b)** 4400 Verb. a. LL

**26**    1. Überprüfung der Belege auf ihre sachliche und wertmäßige Richtigkeit.
2. Sortierung der Belege nach Belegart.
3. Fortlaufende Nummerierung der Belege nach Belegart.
4. Vorkontierung der Belege durch einen Buchungsstempel auf dem Beleg.
Die Belege werden abgelegt und müssen 6 Jahre aufbewahrt werden.

| | | | | | |
|---|---|---|---|---|---|
| **27 a)** | 6104 | | an | 2800 | 450 € |
| **b)** | 2800 | | an | 5600 | 1.200 € |
| **c)** | 6810 | | an | 4400 | 320 € |
| **d)** | 6820 | | an | 2800 | 360 € |
| **e)** | 2800 | | an | 5400 | 1.400 € |
| **f)** | 7020 | | an | 2800 | 240 € |
| **g)** | 6750 | 36 € | an | 2800 | 216 € |
| | 7510 | 180 € | an | | |
| **h)** | 0860 | 5.600 € | an | 2880 | 1.600 € |
| | | | an | 2800 | 4.000 € |
| **i)** | 6870 | | an | 4400 | 550 € |
| **j)** | 6102 | | an | 2880 | 100 € |
| **k)** | 6850 | | an | 2880 | 180 € |
| **l)** | 6106 | | an | 2880 | 45 € |
| **m)** | 6920 | | an | 2800 | 345 € |
| **n)** | 6860 | | an | 2880 | 98 € |
| **o)** | 6105 | | an | 2880 | 220 € |

**28 a)**

| Aktiva | 8000 **Eröffnungsbilanz** | | Passiva |
|---|---|---|---|
| 0510 Bebaute Grundstücke | 150.000 € | 3000 Eigenkapital | 171.000 € |
| 0810 Ladenausstattung | 40.000 € | 4250 Langfr. Bankverbind. | 160.000 € |
| 0860 Büromaschinen | 25.000 € | 4400 Verb. a. LL | 20.000 € |
| 1500 Wertpapiere | 5.000 € | | |
| 2000 Waren | 100.000 € | | |
| 2400 Forderungen | 10.000 € | | |
| 2800 Bank | 20.000 € | | |
| 2880 Kasse | 1.000 € | | |
| | 351.000 € | | 351.000 € |

**b)**

| | | | | | |
|---|---|---|---|---|---|
| 1. | 2800 | an | 2400 | 200 € | |
| | 2800 | an | 5400 | 1.200 € | |
| | 2800 | an | 5600 | 400 € | |
| | 6820 | an | 2800 | 300 € | |
| | 4250 | an | 2800 | 200 € | |
| | 7510 | an | 2800 | 1.000 € | |
| | 6750 | an | 2800 | 100 € | |
| | 6300 | an | 2800 | 5.000 € | |
| 2. | 0860 | an | 2800 | 500 € | |
| 3. | 2000 | an | 4400 | 800 € | |
| 4. | 2880 | an | 2000 | 2.000 € | |
| 5. | 2800 | an | 2880 | 2.000 € | |
| 6. | 6820 | an | 2880 | 100 € | |

**c), d)** Die Buchungen in den einzelnen T-Konten werden in dieser Lösung nicht dargestellt. Die Salden der Konten werden aus der Schlussbilanz ersichtlich.

**e)**

| | | | |
|---|---|---|---|
| 8020 | an | 6820 | 400 € |
| 8020 | an | 7510 | 1.000 € |
| 8020 | an | 6750 | 100 € |
| 8020 | an | 6300 | 5.000 € |
| 5400 | an | 8020 | 1.200 € |
| 5600 | an | 8020 | 400 € |

| Soll | 8020 **GuV** | | Haben |
|---|---|---|---|
| 6820 Postgebühren | 400 € | 5400 Mieterträge | 1.200 € |
| 7510 Zinsaufwendungen | 1.000 € | 5600 Ertr. a. Wp. | 400 € |
| 6750 Aufw. d. Geldv. | 100 € | 3000 Eigenkapital | 4.900 € |
| 6300 Gehälter | 5.000 € | | |
| | 6.500 € | | 6.500 € |

**f)**

| Aktiva | 8010 **Schlussbilanz** | | Passiva |
|---|---|---|---|
| 0510 Bebaute Grundstücke | 150.000 € | 3000 Eigenkapital | 166.100 € |
| 0810 Ladenausstattung | 40.000 € | 4250 Langfr. Bankverb. | 159.800 € |
| 0860 Büromaschinen | 25.500 € | 4400 Verb. a. LL | 20.800 € |
| 1500 Wertpapiere | 5.000 € | | |
| 2000 Waren | 98.800 € | | |
| 2400 Forderungen | 9.800 € | | |
| 2800 Bank | 16.700 € | | |
| 2880 Kasse | 900 € | | |
| | 346.700 € | | 346.700 € |

**29 a)** Eigenkapital 55.000 Euro. Die Buchungen in den einzelnen T-Konten werden in dieser Lösung nicht dargestellt. Die Salden der Konten werden aus der Schlussbilanz ersichtlich.

**b)**

| | | | | |
|---|---|---|---|---|
| 1. 6820 | | an | 2880 | 80 € |
| 2. 2880 | 2.000 € | an | 2000 | 9.000 € |
| 2400 | 7.000 € | an | | |
| 3. 7510 | | an | 2800 | 210 € |
| 4. 0860 | | an | 2800 | 1.200 € |
| 5. 6300 | | an | 2880 | 1.300 € |
| 6. 2800 | | an | 2400 | 10.000 € |
| 7. 6700 | | an | 2800 | 3.600 € |
| 8. 2800 | | an | 2880 | 2.000 € |
| 9. 2800 | | an | 5710 | 700 € |
| 10. 4400 | | an | 2800 | 1.800 € |

**c), d)** Die Buchungen in den einzelnen T-Konten werden in dieser Lösung nicht dargestellt. Die Salden der Konten werden aus der Schlussbilanz ersichtlich.

**e)**

| | | | |
|---|---|---|---|
| 8020 | an | 6820 | 80 € |
| 8020 | an | 7510 | 210 € |
| 8020 | an | 6300 | 1.300 € |
| 8020 | an | 6700 | 3.600 € |
| 5710 | an | 8020 | 700 € |

| Soll | 8020 **GuV** | | Haben |
|---|---|---|---|
| 6820 Postgebühren | 80 € | 5710 Zinserträge | 700 € |
| 7510 Zinsaufwendungen | 210 € | 3000 Eigenkapital | 4.490 € |
| 6300 Gehälter | 1.300 € | | |
| 6700 Miete | 3.600 € | | |
| | 5.190 € | | 5.190 € |

**f)**

| | | | |
|---|---|---|---|
| 8010 | an | 0800 | 13.200 € |
| 8010 | an | 2000 | 31.000 € |
| 8010 | an | 2400 | 12.000 € |
| 8010 | an | 2800 | 1.890 € |
| 8010 | an | 2880 | 1.620 € |
| 3000 | an | 8010 | 50.510 € |
| 4400 | an | 8010 | 9.200 € |

| Aktiva | 8010 **Schlussbilanz** | | Passiva |
|---|---|---|---|
| 0860 Büromasccinen | 13.200 € | 3000 Eigenkapital | 50.510 € |
| 2000 Waren | 31.000 € | 4400 Verb. a. LL | 9.200 € |
| 2400 Forderungen | 12.000 € | | |
| 2800 Bank | 1.890 € | | |
| 2880 Kasse | 1.620 € | | |
| | 59.710 € | | 59.710 € |

**30** Der Wareneinsatz ist der Wert aller verkauften Waren einer Periode, bewertet zum Einkaufspreis.

**31 a)** 400.000 €   **b)** 33,33 %   **c)** Gewinn – 16.000 €   **d)** 127.000 €

**e)** 1. Gibt den %-Satz vom Umsatz an, der ausreichen muss, um alle weiteren Kosten zu decken

2. betriebswirtschaftliche Kennziffer für den Rohgewinn in % zwecks Betriebsvergleiches. Mittels des Rohgewinnes müssen alle weiteren Aufwendungen gedeckt werden und zudem ein Gewinn erwirtschaftet werden.

**f)** 6. Verbesserung bei den Rabatten, Ausnutzung von Skonto, Reduzierung der Bezugskosten, z. B. durch Bündelung der Einkäufe

**32** 01: 770.000 €   02: 900.000 €

**33 a)** Mehrbestand 12.000 €   **b)** Rohgewinn 192.000 €   **c)** 32 %

**34 a)**

| Aktiva | | 8000 **Eröffnungsbilanz** | | Passiva |
|---|---|---|---|---|
| 0510 Bebaute Grundstücke | 200.000 € | 3000 Eigenkapital | | 220.000 € |
| 0810 Ladenausstattung | 30.000 € | 4250 Langfr. Bankverbind. | | 120.000 € |
| 0860 Büromaschinen | 20.000 € | 4400 Verb. a. LL | | 75.000 € |
| 2000 Waren | 100.000 € | | | |
| 2400 Forderungen | 10.000 € | | | |
| 2800 Bank | 50.000 € | | | |
| 2880 Kasse | 5.000 € | | | |
| | 415.000 € | | | 415.000 € |

**34 b)**

| | | | | |
|---|---|---|---|---|
| 1. 6000 | an | 4400 | 4.600 € |
| 2. 2880 | an | 5000 | 8.000 € |
| 3. 6102 | an | 2880 | 80 € |
| 4. 6300 | an | 2800 | 2.000 € |
| 6104 | an | 2800 | 120 € |
| 6820 | an | 2800 | 100 € |
| 5. 2400 | an | 5000 | 500 € |
| 6. 4250 | an | 2800 | 300 € |
| 7510 | an | 2800 | 600 € |
| 7. 6000 | an | 2800 | 400 € |

**c), d), e)** Die Arbeitsschritte für diese Lösungen sind nicht dargestellt.

**f)** Rohgewinn = 2.975 €, Handelsspanne = 35 %

**34 g)**

| Soll | | 8020 **GuV** | Haben |
|---|---|---|---|
| 6000 Aufw. f. Waren | 5.525 € | 5000 Umsatzerlöse | 8.500 € |
| 6102 Aufw. f. Verpack. | 80 € | | |
| 6104 Aufw. f. Energie | 120 € | | |
| 6300 Gehälter | 2.000 € | | |
| 6820 Postgebühren | 100 € | | |
| 7510 Zinsaufwendungen | 600 € | | |
| 3000 Eigenkapital | 75 € | | |
| | 8.500 € | | 8.500 € |

**34 b)**

| Aktiva | | 8010 **Schlussbilanz** | Passiva |
|---|---|---|---|
| 0510 Bebaute Grundstücke | 200.000 € | 3000 Eigenkapital | 220.075 € |
| 0810 Ladenausstattung | 30.000 € | 4250 Langfr. Bankverb. | 119.700 € |
| 0860 Büromaschinen | 20.000 € | 4400 Verb. a. LL | 79.600 € |
| 2000 Waren | 99.475 € | | |
| 2400 Forderungen | 10.500 € | | |
| 2800 Bank | 46.480 € | | |
| 2880 Kasse | 12.920 € | | |
| | 419.375 € | | 419.375 € |

**35** 1.000 €

**36 a)** 1.000 €, Export in Drittland – UStfrei

   **b)** 1.000 € + 70 € USt = 1.070 € – Ursprungslandprinzip

   **c)** 1.000 €, wie a)

**37 a)** innergemeinschaftlicher Erwerb, der in Deutschland der Erwerbsteuer unterliegt

   **b)** Einfuhr aus Drittland, Einfuhrumsatzsteuer auf den Zollwert

   Steuern aus a) und b) als Vorsteuern mit der USt verrechenbar

**38**   1, 2, 2, 1, 2, 2, 1, 1

**39**   1, 2, 2, 1, 2, 1, 2, 2, 1

**40 a)** 4.200 €

   **b)** 2.940 €

   **c)** 1.260 €

   **d)** 18.000 €

   **e)** 30 %

**41**   529,75 €

**42**   40 € Vorsteuerüberhang

**43 a)** Vorsteuern: 14,00 € + 9,50 € + 19,00 € + 21,00 € + 28,50 € = 92 €

   USt: 105 € – Zahllast: 13 €

   **b)** (1500 € – 950 € =) 550 €, 36,66 %

**44**   1, 2, 2, 1, 2, 1, 2, 2, 1

**45**   1, 2, 2, 2, 2, 2, 2, 1, 2, 2, 2, 1, 2

**46 a)** 46.700 €

   **b)** 15.300 €

   **c)** 24,68 %

**47 a)** 768,05 €

   **b)** 1,55 €

**48 a)** Zahlung einer Lieferantenrechnung unter Skontoabzug

   **b)** 910,71 €

   **c)** 1,19 € Vorsteuerminderung/Erhöhung der Zahllast

**49**   1, 2, 2, 1, 1, 2, 1, 2, 1

**50   a)**

| **Bruttogehalt** | **2.131,00 €** | = maßgebend für Steuern |
| | | + Sozialversicherungsbeiträge |

**Steuern:**

| Lohnsteuer | 44,50 € | lt. Lohnsteuertabelle 2015 |
|---|---|---|
| Kirchensteuer | 0,00 € | 9 % von der Lohnsteuer |
| Solidaritätszuschlag | 0,00 € | 5,5 % von der Lohnsteuer |
| ③ **Vb Finanzamt** | 44,50 € | |

| **Sozialversicherung:**<br>Stand 01.01.2015 | **AN-Anteil** | | **AG-Anteil** | | Σ |
|---|---|---|---|---|---|
| RV vom Bruttogehalt | 199,25 € | 9,35 % | 199,25 € | 9,35 % | 18,7 % |
| AV vom Bruttogehalt | 31,97 € | 1,50 % | 31,97 € | 1,50 % | 3,0 % |
| KV vom Bruttogehaltl<br>(inkl. Ø 0,9 % Zusatzbeitrag) | 174,74 € | Ø8,2 % | 155,56 € | 7,3 % | Ø15,5 % |
| PV vom Bruttogehalt | 25,04 € | 1,175 % | 25,04 € | 1,175 % | 2,35 % |
| PV kinderlos 23.Lj vollendet | – € | (0,25 %) | – € | – | (0,25 %) |
| **Σ SV-Beitrags-VZ:** | **431,00 €**<br>**AN-Anteil** | Ø20,225 %<br>**+** | **411,82 €**<br>**AG-Anteil** | 19,325 %<br>**=** | ①**842,82 €**<br>**Gesamt** |
| ②**Nettogehalt** | **1.655,50 €** | = Bruttogehalt<br>– Steuern<br>– AN-Anteil zur SV | | | |

① Zahlung des Sozialversicherungsbeitrages: (AN- + AG-Anteil): 842,82 €
werden an die Krankenkasse überwiesen
Buchungssatz:
2640 SV-Beitragsvorauszahlung 842,82   an   2800 Bank       842,82
② Gehaltszahlung zum Ende des Monats: 1.655,50 € werden an den
Arbeitnehmer ausgezahlt

Buchungssatz:

| | Bruttogehalt | | Nettogehalt | | Tatsächlich angefallene SV-Beiträge lt. Gehaltsabrechnung |
|---|---|---|---|---|---|
| 6300 Gehälter | 2.131,00 | an | 2800 Bank | 1.655,50 | |
| 6400 AG-SV | 411,82 | | 2640 SV-Beitragsvz | 842,82 | |
| | AG-Anteil SV | | 4830 Verb FB | 44,50 | Noch an die Finanzbehörde zu zahlen |

③ Überweisung der Verbindlichkeiten an das Finanzamt zum 10. des
Folgemonats: 48,50 € (Lohnsteuer, Kirchensteuer und Soli) werden an die
Finanzbehörde überwiesen
Buchungssatz:                                     Zahlung an die Finanzbehörde
4830 Verb FB       44,50   an   2800 Bank       44,50

**50** **b)** Bruttogehalt:                          2.131,00 €
    + Arbeitgeberanteil zur SV:      411,82 €
      Gesamtpersonalaufwand:    2.542,82 €

**51**    1, 2, 1, 1, 1, 2, 2, 2, 2, 1

**52** **a)** 18.228 €

    **b)** AfA 2015: 1.519 €, 2016: 3.038 €, Gesamt: 4.557 €,
        Buchwert am 01.01.2017 = 13.671 €

    **c)** Der Gewinn verringert sich (AfA = Aufwand)

**53** **a)** 155 €

    **b)** **1.** GWG Sammelposten: Abschreibung 20 % für 5 Jahre (5 x 31 €) je Faxgerät
        **2.** Vollabschreibung im 1. Jahr, je Faxgerät 155 €
        **3.** Abschreibung gemäß Nutzungsdauer lt. AfA-Tabelle

    **c)** Falls ein niedriges Jahresergebnis gewünscht wird, Möglichkeit **53 b) 2.** Wird aus-
        nahmsweise ein höheres Ergebnis gewünscht: **53 b) 1.** oder optimal **53 b) 3.**

**54**    1, 1, 2, 1, 1, 1, 1, 2, 2, 2, 1

**55** **a)** 7.000 €    **b)** 80,83 €

**56** **a)** 6.720 € (5.820 + 900)    **b)** 1.120 €

    **c)** Verlust −140 € (AfA: 1.120 + 2.240 = 3.360,
        Buchwert 01.01.2016: 6.720-3.360 = 3.360)

**57**    2, 2, 2, 1, 1, 1, 1, 1

**58**    55.401,87 €

**59**    Nein. Denn Non-Books unterliegen zwingend dem Prinzip der Einzelbewertung.
    Die Pauschalbewertung kann nur für das Buchsortiment angewandt werden.

**60**    Auch diese Titel werden pauschal mit 60 % abgeschrieben – ausgehend von dem
    Ladenpreis (netto), zu dem die Buchhandlung das Werk anbietet.

**61**  2:  Eine zweifelhafte Forderung muss wegen des Grundsatzes der Bilanzklarheit von den
      einwandfreien Forderungen abgegrenzt und gesondert ausgewiesen werden.
  2:  Die Umsatzsteuer darf erst berichtigt werden, wenn der Forderungsausfall endgültig fest-
      steht.
  1:  Das Konto Abschreibungen auf Forderungen ist ein Aufwandskonto und mindert deshalb
      den Gewinn.
  1:  Forderungen sind erwartete Zahlungseingänge, die zum Begleichen eigener
      Verbindlichkeiten eingeplant werden. Der Ausfall einer Forderung führt daher zum
      Verlust flüssiger Mittel.
  1:  Ja, unter der Voraussetzung, dass der Abschreibungsprozentsatz nachweislich dem
      Forderungsausfall der vergangenen Jahre entspricht.
  2:  Es wird der Nettowert abgeschrieben, die Umsatzsteuer wird durch eine Soll-Buchung
      korrigiert.
  2:  Sie wird zunächst zweifelhaft, weil der Forderungsausfall noch nicht endgültig feststeht.

**62**    **a)** ②, **b)** ③, **c)** ⑤, **d)** ①, **e)** ④, **f)** ⑤, **g)** ②, **h)** ①, **i)** ④, **j)** ③

**63**  2:  Erträge werden schon im alten Jahr gebucht, obwohl noch kein Geld geflossen ist.
  1:  Die Vorsteuer darf erst nach Leistungserbringung und Vorlage einer Rechnung
      verrechnet werden.
  2:  Passivkonten
  1:  § 252 HGB: Wirtschaftliche Zurechnung von Aufwendungen + Erträgen

1: Aufwendungen werden bereits im alten Jahr gebucht, obwohl das Geld erst im neuen Jahr fließt. Gewinn und Ertragssteuern sind geringer.

2: Der Zahlungszeitpunkt und die Höhe der Zahlung sind noch nicht bekannt

2: Rückstellungen dürfen nur für die im §249 (1) HGB genannten Fälle gebildet werden.

1: Bereits gebuchte Erträge werden zunächst wieder ausgebucht. Folge: niedriger Gewinn.

2: Es kommt zu einem Passivtausch: Der Gewinn verringert sich und die Position Rückstellungen erhöht sich.

2: Er wird in periodenfremde Aufwendungen gebucht.

**64**    **a)** 160.000    **b)** 360.000    **c)** 120.000    **d)** 240.000    **e)** 200.000 : 120.000 = 1,67

**65**    **a)** das Anlagevermögen = 418.200, Anlagenintensität (Anlagenquote) = 34 %
        **b)** das Umlaufvermögen = 811.800, Umlaufintensität = 66 %
        **c)** Eigenkapitalquote = 52 %,
        **d)** das Fremdkapital = 590.400,
              den Anspannungsgrad (die Fremdkapitalquote) = 48 %,
        **e)** der Verschuldungsgrad = 48 : 52 oder 92 %,
        **f)** der Vermögensaufbau = 34 : 66 oder 52 %,
        **g)** der Anlagendeckungsgrad I + II = 52 : 34 oder 153 %,
        **h)** die Liquidität I (Barliquidität) = 72 %,
        **i)** die Liquidität II (einzugsbedingte Liquidität) = 120 %,
        **j)** die Liquidität III (umsatzbedingte Liquidität) = 386 %.

| Aktiva | | | **Bilanz** | | Passiva |
|---|---:|---:|---|---:|---:|
| **Anlagevermögen** | 418.200 | 34% | **Eigenkapital** | 639.600 | 52% |
| Gebäude | 260.000 | | **Fremdkapital** | 590.400 | 48% |
| Fuhrpark | 39.000 | | Darlehensschulden | 380.000 | |
| Geschäftsausstattung | 119.200 | | Verbindlichkeiten a. LL | 210.400 | |
| **Umlaufvermögen** | 811.800 | 66% | | | |
| Waren | 560.000 | | | | |
| Forderungen | 100.000 | | | | |
| Bank | 140.000 | | | | |
| Kasse | 11.800 | | | | |
| | **1.230.000** | **100%** | | **1.230.000** | **100%** |

**66**

| | 2000 T€ | % | 2001 T€ | % | | T€ | +/−in % |
|---|---:|---:|---:|---:|---|---:|---:|
| Bebaute Grundstücke | 220 | | 210 | | | −10 | |
| Ladenausstattung | 90 | | 110 | | | 20 | |
| Büromaschinen | 50 | | 40 | | | −10 | |
| **a)** Summe AV | 360 | 35% | 360 | 33% | **k)** | 0 | 0,0% |
| Waren | 282 | | 328 | | **m)** | 46 | 16,3% |
| Forderungen | 68 | | 22 | | | −46 | −67,6% |
| Bank | 280 | | 320 | | **n)** { | 40 | 14,3% |
| Kasse | 42 | | 58 | | | 16 | 38,1% |
| **b)** Summe UV | 672 | 65% | 728 | 67% | **l)** | 56 | 8,3% |
| **Summe Aktiva** | **1.032** | | **1.088** | | | 56 | 5,4% |

**66 (Fortsetzung)**

| | | 2000 T€ | % | Veränderung 2001 T€ | % | T€ | +/−in % |
|---|---|---|---|---|---|---|---|
| c) | Eigenkapital | 373 | 36,1% | 478 | 43,9% | 0) 105 | 28,2% |
| | Hypotheken | 80 | | 70 | | −10 | |
| | Darlehen | 150 | | 120 | | −30 | |
| | Verbindlichkeiten | 429 | | 420 | | −9 | |
| d) | Summe FK | 659 | 63,9% | 610 | 56,1% | p) −49 | −7,4% |
| | **Summe Passiva** | **1.032** | | **1.088** | | q) 56 | 5,4% |
| e) | Verschuldungsgrad | 177% | | 128 % | | | |
| f) | Vermögensaufbau | 54% | | 49% | | | |
| g) | Anlagendeckung | 104% | | 133% | | | |
| h) | Liquidität I | 75% | | 90% | | | |
| i) | Liquidität II | 91% | | 95% | | | |
| j) | Liquidität III | 157% | | 173% | | | |

**67**   Interpretation: Die Bilanzsumme ist gegenüber dem Vorjahr um 5,4% gestiegen. Auf der Aktivseite ist die Steigerung voll dem Umlaufvermögen zuzurechnen. Damit verbessern sich die Gewinnchancen, weil Gewinne mit dem Umlaufvermögen erzielt werden.

Auf der Passivseite gab es eine deutliche Erhöhung des Eigenkapitals (28%). Dies kann entweder durch eine Kapitaleinlage oder durch einen hohen Anteil des Jahresgewinns, der nicht entnommen wurde, zurückzuführen sein. Dadurch verbessert sich deutlich der Grad der finanziellen Unabhängigkeit.

Das Anlagevermögen wird in beiden Vergleichsjahren voll durch Eigenkapital gedeckt. Der deutliche Rückgang an Forderungen (− 67,6%) lässt auf ein stark rückläufiges Rechnungsgeschäft schließen, was eventuell durch gestiegene Barverkäufe aufgewogen wurde (Anstieg der liquiden Mittel Bank 14,3% und Kasse 38,1%). Auch ein verbessertes Mahnwesen kann zu einer Verringerung des Forderungsbestandes führen.

Die Liquidität der Unternehmung hat sich leicht verbessert, liegt aber noch immer unter der Faustregel, die besagt, dass die Liquidität II größer als 100% und die Liquidität III größer als 200% sein sollte.

**68**

| | 2014 | 2015 |
|---|---|---|
| a) | 2,76 % | 7,09 % |
| b) | 2,48 % | 4,88 % |
| c) | 1,05 % | 2,62 % |

d) Cashflow                                                     e) Cashflow-Rendite

| | 2014 | 2015 | | 2014 | 2015 |
|---|---|---|---|---|---|
| Gewinn | 57.600 | 79.000 | | 7,3 % | 8,77 % |
| + Abschreibung AV | 20.000 | 25.000 | | | |
| + Zuf.Rückstellungen | 10.000 | 10.000 | | | |
| = Cashflow | 87.600 | 114.000 | | | |

f) höherer Cashflow in 2015 bedingt durch höhere Abschreibungen und höheren Gewinn

**69**

a) $\text{Eigenkapitalrentabilität} = \dfrac{\text{Gewinn } 38.700 \cdot 100}{\varnothing \text{ Eigenkapital } 419.350} = 9,23\,\%$

b) $\text{Umsatzrentabilität} = \dfrac{\text{Gewinn } 38.700 \cdot 100}{\text{Umsatzerlöse } 1.000.000} = 3,87\,\%$

c) $\text{Gesamtrentabilität} = \dfrac{(\text{Gewinn} + \text{Zinsen } 10.000) \cdot 100}{\varnothing \text{ Gesamtkapital } 600.000} = 8,12\,\%$

d) 330.000 €   e) 33 %

**70**  a) 93.000 €   b) 511.500 €   c) 5,5 (511.500 : 93.000)
d) 66,36 Tage (365 : 5,5)   e) 1.352,65 €

**71/1** a) 200.000 €   b) 6   c) 60,83 Tage

**71/2** a) 4,2   b) 86,9 Tage

**72**

| Aktiva | **Eröffnungsbilanz** (01.01.) | | Passiva |
|---|---|---|---|
| Anlagevermögen | 240.000 | Eigenkapital | 430.000 |
| Waren | 414.000 | Langfr. Fremdkapital | 290.000 |
| Forderungen a. LL | 128.000 | Verb. a. LL | 180.000 |
| Bank | 110.000 | | |
| Kasse | 8.000 | | |
| | **900.000** | | **900.000** |

| Soll | **GuV** (31. 12.) | | Haben |
|---|---|---|---|
| AfW | 1.700.000 | Umsatzerlöse | 2.500.000 |
| Gehälter | 460.000 | | |
| Miete | 96.000 | | |
| Abschreibungen | 26.000 | | |
| Zinsaufwendungen | 76.000 | | |
| Werbung | 69.000 | | |
| Sonstige Aufwendungen | 67.000 | | |
| **Gewinn** | **6.000** | | |
| | **2.500.000** | | **2.500.000** |

| Aktiva | **Schlussbilanz** (31. 12.) | | Passiva |
|---|---|---|---|
| Anlagevermögen | 214.000 | Eigenkapital | 436.000 |
| Waren | 436.000 | Langfr. Fremdkapital | 260.000 |
| Forderungen a. LL | 84.000 | Verb. a. LL | 182.000 |
| Bank | 140.000 | Umsatzsteuer | 8.000 |
| Kasse | 12.000 | | |
| | **886.000** | | **886.000** |

a) 8.000 €   b) 4800 an 8010   8.000 €
c) 1.700.000 € (Warenmehrbestand in Höhe von 22.000 € abziehen)

**d)** 32%   **e)** 6.000 €   **f)** 425.000 €   **g)** 4   **h)** 430.000 €   **i)** 436.000 €
**j)** 6.000 € · 100 / 433.000 € = 1,39%
**k)** (6.000 € + 76.000 €) · 100 / (433.000 + 275.000 €) = 11,58%
**l)** 6.000 €· 100 / 2.500.000 € = 0,24%   **m)** 214.000 €
**n)**

| Aktiva | | | Bilanz 31. 12. | | Passiva |
|---|---|---|---|---|---|
| I. Anlagevermögen | **214.000** | **24,15 %** | I. Eigenkapital | **436.000** | **49,21 %** |
| II. Umlaufvermögen | **672.000** | **75,85 %** | II. Fremdkapital | **450.000** | **50,79 %** |
| | **886.000** | **100,00 %** | | **886.000** | **100,00 %** |

**73  a)**  Liquidität I:   152.000 € · 100 / 190.000 € = 80%
Liquidität II:   (152.000 € + 84.000 €) € · 100 / 190.000 € = 124,21%
Liquidität III:   672.000 · 100 / 190.000 € = 353,68%
**b)** 6.000 € + 26.000 € = 32.000 €   **c)** 32.000 € · 100 / 2.500.000 € = 1,28%

**74**

| Quartalsumsätze in € | 2012 | 2013 | 2014 | Durchschnitt |
|---|---|---|---|---|
| 1. Quartal | 350.000 | 392.000 | 398.000 | 380.000 |
| 2. Quartal | 320.000 | 313.000 | 318.000 | 317.000 |
| 3. Quartal | 400.000 | 397.000 | 412.000 | 403.000 |
| 4. Quartal | 580.000 | 581.000 | 571.830 | 577.610 |
| Summe | 1.650.000 | 1.683.000 | 1.699.830 | 1.677.610 |
| Umsatzsteigerung in % | | 2% | 1% | |

**75**

| Monate | Umsatz in € | Umsatz in % von Gesamt | Umsatz in € kumuliert | Umsatz in % kumuliert |
|---|---|---|---|---|
| Januar | 39.440 | 6,8 % | 39.440 | 6,8 % |
| Februar | 45.240 | 7,8 % | 84.680 | 14,6 % |
| März | 49.880 | 8,6 % | 134.560 | 23,2 % |
| April | 38.860 | 6,7 % | 173.420 | 29,9 % |
| Mai | 41.180 | 7,1 % | 214.600 | 37,0 % |
| Juni | 45.240 | 7,8 % | 259.840 | 44,8 % |
| Juli | 49.300 | 8,5 % | 309.140 | 53,3 % |
| August | 51.040 | 8,8 % | 360.180 | 62,1 % |
| September | 50.460 | 8,7 % | 410.640 | 70,8 % |
| Oktober | 48.720 | 8,4 % | 459.360 | 79,2 % |
| November | 56.260 | 9,7 % | 515.620 | 88,9 % |
| Dezember | 64.380 | 11,1 % | 580.000 | 100,0 % |
| Gesamt | 580.000 | 100,0 % | | |

# 4 Kosten- und Leistungsrechnung

**1**   1, 2, 2, 1, 1, 2, 2, 2
**2**   Als Leistungen bezeichnet man alle in einer Periode verkauften Güter und Dienstleistungen, die aus der eigentlichen betrieblichen Tätigkeit hervorgebracht wurden.

**3** 2, 2, 2, 2, 1

**4 a)** Auszahlung, keine Ausgabe (kein Einkauf von Produkten / Dienstleistungen). Kein Aufwand bzw. Leistung, da nicht erfolgswirksam.

   **b)** Auszahlung

   **c)** Auszahlung, Ausgabe, Aufwand, Kosten

   **d)** Ausgabe, Aufwand, Kosten

   **e)** Aufwand, Kosten keine Auszahlung, keine Ausgabe

   **f)** Einzahlung, Einnahme. Kein Ertrag, da nicht erfolgswirksam. Eine Leistung wäre auch bei Ertrag ausgeschlossen, da außerordentlich.

   **g)** Auszahlung, keine Ausgabe

   **h)** Aufwand und Kosten in der laufenden Periode, keine Auszahlung

**5** 1, 3, 2, 1, 3, 2, 1, 3, 1, 4, 1, 3, 1, 2, 3, 1, 4

**6** 1, 2, 2, 2, 1, 4, 3, 3, 2

**7** Neutrale Aufwendungen gelten als betriebsfremd, wenn sie nicht den eigentlichen Betriebszwecken dienen.

**8**

| 1. Bilanzielle Abschreibung | | | 2. Kalkulatorische Abschreibung | | |
|---|---|---|---|---|---|
| Anschaffungs-kosten | Nutzungs-dauer | Abschreibung jährlich | Wiederbeschaf-fungskosten | Nutzungs-dauer | Abschreibung jährlich |
| | | | **a)** 24.000,00 | 5 Jahre | 4.800,00 |
| 24.000,00 | 6 Jahre | 4.000,00 | **b)** 27.000,00 | 6 Jahre | 4.500,00 |
| | | | **c)** 27.000,00 | 4 Jahre | 6.250,00 |

**9** 2, 1, 1, 3, 1, 2, 1, 1, 3

**10 a)** 25.200 €    **b)** 31.200 €

**11 a)** 4.000 €    **b)** 6.500 €

**12** … die Ergebnisse der Gewinn- und Verlustrechnung, um die neutralen Aufwendungen und Erträge zu bereinigen.

**13 a)** Zu versteuernder Gewinn 34.000 €    **b)** Betriebsverlust 4.000 €

   **c)** Abgrenzungsergebnis + 38.000 €

**14 a)** Steuerlicher Gewinn 5.210 €    **b)** Verlust 680 €

   **c)** Abgrenzungsergebnis + 5.890 €    **d)** −0,76 %    **e)** 29.480 €

   **f)** 48,17 %    **g)** −0,75 %

**15 a)** Steuerlicher Gewinn 9.975 €    **b)** Betriebsgewinn 1.080 €

   **c)** Abgrenzungsergebnis + 8.895 €    **d)** 0,72 %    **e)** 46.920 €

   **f)** 46 %    **g)** 0,73 %

**16 a)** Gewinn 968 €    **b)** 43,89 %

**16 c)** 2,02 %    **d)** 1,98 %    **e)** 77,78 %    **f)** 122,22 %

**17** 1, 2, 2, 1, 1, 2, 2, 2, 1, 1, 2, 2, 1, 1

**18** Lösung siehe nächste Seite

**19**

| (gerundete Werte) | Gesamt | Gruppe I | Gruppe II | Gruppe III |
|---|---|---|---|---|
| **a)** Summe Handlungskosten | 46.920 € | 17.855 € | 22.251 € | 6.814 € |
| **b)** HKZ je Warengruppe | 46 % | 42,5 % | 49,4 % | 45,4 % |
| **c)** Selbstkosten | 148.920 € | 59.855 € | 67.251 € | 21.814 € |
| **d)** Betriebsergebnis | 1.080 € | 145 € | 2.749 € | −1.814 € |
| **e)** Betriebsergebnis % | 0,73 % | 0,24 % | 4,09 % | −8,32 % |

**18**

| Betriebsabrechnungsbogen = Kostenträgerzeitrechnung | Gesamt € | Verteilungsgrundlage | Hauptkostenstellen = Kostenträgergruppen | | | |
|---|---|---|---|---|---|---|
| | | | Waren I | Waren II | Waren III | Waren IV |
| − Umsatzerlöse | 90.000 | | 35.000 | 25.000 | 19.000 | 11.000 |
| − Einzelkosten (AfW) | 61.200 | | 22.000 | 18.000 | 15.000 | 6.200 |
| = Rohergebnis | 28.800 | | 13.000 | 7.000 | 4.000 | 4.800 |
| Handelsspanne | 32,00 % | | 37,14 % | 28,00 % | 21,05 % | 43,64 % |
| **Gemeinkosten:** | | | | | | |
| Gehälter | 11.700 | Gehaltsliste | 5.000 | 2.700 | 2.200 | 1.800 |
| Gewerbesteuer | 3.870 | 40 % / 30 % / 20 % / 10 % | 1.548 | 1.161 | 774 | 387 |
| Abschreibungen | 2.150 | Anlagenverzeichnis | 1.050 | 300 | 450 | 350 |
| Zinsaufwendungen | 2.650 | 40 % / 34 % / 16 % / 10 % | 1.060 | 901 | 424 | 265 |
| Werbung | 1.800 | 2 / 3 / 4 / 3 | 300 | 450 | 600 | 450 |
| Betriebliche Steuer | 1.800 | 45 % / 25 % / 20 % / 10 % | 486 | 270 | 216 | 108 |
| Kfz-Kosten | 360 | 3 / 3 / 2 / 2 | 108 | 108 | 72 | 72 |
| Kalkulatorische Miete | 3.800 | qm 100 / 65 / 70 / 50 | 1.333 | 867 | 933 | 667 |
| Sonstige Kosten | 2.070 | Belege | 1.000 | 200 | 300 | 570 |
| **Gemeinkosten** | **29.480** | | **11.885** | **6.957** | **5.969** | **4.669** |
| HKZ | 48,17 % | | 54,02 % | 38,65 % | 39,79 % | 75,31 % |
| Selbstkosten | 90.680 | | 33.885 | 24.957 | 20.969 | 10.869 |
| **Betriebsergebnis** | − 680 | | 1.115 | 43 | − 1.969 | 131 |
| Gewinnzuschlag | − 0,75 % | | 3,29 % | 0,17 % | − 9,39 % | 1,21 % |
| Umsatzrentabilität | 0,76 % | | 3,19 % | 0,17 % | − 10,36 % | 1,19 % |

**20**

| (gerundete Werte) | Gesamt | Gruppe I | Gruppe II | Gruppe III |
|---|---|---|---|---|
| a) Handelsspanne | 32 % | 33 % | 27 % | 35 % |
| b) Summe Handlungskosten | 14.590 € | 9.210 € | 3.963 € | 1.417 € |
| c) HKZ je Warengruppe | 44 % | 46 % | 47 % | 29 % |
| d) Selbstkosten | 47.832 € | 29.109 € | 12.431 € | 6.292 € |
| e) Betriebsergebnis | 968 € | 591 € | − 831 € | 1.208 € |
| f) Betriebsergebnis % | 2,02 % | 2,03 % | − 6,68 % | 19,20 % |

| | |
|---|---|
| **21** | 16,00 € |
| **22** | 39 € |
| **23** | 22,16 € |
| **24 a)** | 2,64 € |
| **b)** | 0,59 % |
| **25** | 45 % |
| **26** | 87 % |
| **27 a)** | 10.000 € |
| **b)** | 3,45 % |
| **c)** | 1,785 |
| **d)** | 17,85 € |
| **28 a)** | 70 % |
| **b)** | 1,7 |
| **c)** | 30 % |
| **29 a)** | 18 € |
| **b)** | Verlust 1,05 € |
| **c)** | − 4 % |
| **30 a)** | 14,30 € |
| **b)** | 1,7 |
| **31 a)** | Gewinn 0,85 € |
| **b)** | Gewinn 5,34 % |
| **c)** | Gewinn 6,85 % |
| **32 a)** | Gewinn 10,09 € |
| **b)** | Gewinn 2,8 % |
| **c)** | 32,45 % |
| **33 a)** | 7,63 % |
| **b)** | Verlust 3,70 € |
| **34 a)** | 30,50 € |
| **b)** | 0,63 € |
| **c)** | 1,42 % |
| **d)** | 35,79 % |
| **35 a)** | 30 %, |
| **b)** | 39,13 % |
| **c)** | 39,13 % |
| **d)** | 13,3 % |
| **e)** | 21 |

**36 1a)**  29,70 € Verkaufspreis / Stück
— 22,50 € $k_v$/Stück = 7,20 €

**1b)** Fixkosten (1.800 €) : db (7,20 €)
 = 250 Stück

**1c)** 29,70 € · 250 Stück  = 7.425 €

**1d)**

| | |
|---|---:|
| Ue: 300 · 29,70 € | = 8.910 € |
| — Kv : 300 · 22,50 € | = 6.750 € |
| Deckungsbeitrag | 2.160 € |
| — Kf | 1.800 € |
| Betriebsgewinn | 360 € |

**37 a)**
27 € Verkaufspreis, netto / Stück
— $k_v$/Stück 22,50 € = 4,50 €

**b)** B-E-P:
Fixe Kosten (1.800 €) : db/Stück (4,50 €)
= 400 Stück

**c)** 27,00 € · 400 Stück = 10.800 €

**38**  1, 2, 2, 1, 1, 2, 1, 2, 1, 1, 2, 1

**39 a)** 9.058,80 €; 2.822,75 €; 2.439,45 €
**b)** 31 %, 24 %, 33 %
**c)** 1.688 €

**40 a)** 87,50 €; 38 €; 90 €
**b)** 5,50 €
**c)** 50

**41 a)** 1,75 €; 1,40 €; 0,40 €
**b)** 40, 50, 175

**42 a)** Verlust 2,41 €
**b)** − 2,56 %
**c)** Gewinn 5,76 €
**d)** 2,14 %
**e)** 49,21 €
**f)** 26,86 %

**Die Lösungswege zu den Aufgaben 21 – 35 finden Sie auf den folgenden zwei Seiten.**

| | | Aufgabe 21 | | Aufgabe 22 | | Aufgabe 23 | | Aufgabe 24 | | Aufgabe 25 |
|---|---|---|---|---|---|---|---|---|---|---|
| **N** | Nettolisteneinkaufspreis | 30 x 10 € | 300,00 | | 20,00 | | 22,16 | 20x15 € | 300,00 | |
| | - Rabatt | 8% | 24,00 | | 0,00 | | 0,00 | | 0,00 | |
| **e** | Zieleinkaufspreis | | 276,00 | | 20,00 | | 22,16 | | 300,00 | |
| | - Skonto | 3% | 8,28 | | 0,00 | | 0,00 | 2% | 6,00 | |
| **t** | Überweisungsbetrag | | 267,72 | | 20,00 | | 22,16 | | 294,00 | |
| | + Bezugskosten | | 9,00 | | 2,00 | | 0,00 | | 15,00 | |
| **t** | Bezugspreis/Einstandspreis | | 276,72 | | 22,00 | | 22,16 | | 309,00 | 100% | 40.000,00 |
| | + Handlungskosten | 43% | 118,99 | 42% | 9,24 | 45% | 9,97 | 46% | 142,14 | 45% | 18.000,00 |
| **o** | Selbstkostenpreis | | 395,71 | | 31,24 | | 32,13 | 100% | 451,14 | 145% | 58.000,00 |
| | + Gewinn | 2% | 7,91 | 5% | 1,56 | 2% | 0,64 | 0,59% | 2,64 | 10% | 5.800,00 |
| | Nettoverkaufspreis | | 403,62 | | 32,80 | | 32,77 | | 453,78 | 110% | 63.800,00 |
| 19% | + Umsatzsteuer | 19% | 76,69 | 19% | 6,23 | 19% | 6,23 | 19% | 86,22 | | 12.122,00 |
| Brutto | Bruttoverkaufspreis | | 480,31 | | 39,03 | | 39,00 | 20x27 € | 540,00 | | 75.922,00 |
| | | | = 16 €/Stück | | 39 €/Stück | | | | | | |

| | | Aufgabe 26 | | Aufgabe 27 | | Aufgabe 28 | Aufgabe 29 | | Aufgabe 30 | |
|---|---|---|---|---|---|---|---|---|---|---|
| **N** | Nettolisteneinkaufspreis | | | | | | | | | |
| | - Rabatt | | | | | | | | | |
| | Zieleinkaufspreis | | | | | | | | | |
| **e** | - Skonto | | | | | | | | | |
| | Überweisungsbetrag | | | | | | | | | |
| **t** | + Bezugskosten | | | | | | | | | |
| **t** | Bezugspreis / Einstandspreis | | 50,00 € | | 200.000,00 € | 84.000,00 € | → 100% | a) 18,00 € | 70% ← | 8,40 € |
| | + Handlungskosten | 48% | 24,00 € | | 90.000,00 € | | 46% | 8,28 € | | |
| **o** | Selbstkostenpreis | | 74,00 € | | 290.000,00 € | | | 26,28 € | HSP 30% | |
| | + Gewinn | 6% | 4,44 € | b) 3,45% | a) 10.000,00 € | | | b) -1,05 € | | |
| | Nettoverkaufspreis | | 78,44 € | | 300.000,00 € | 120.000,00 € | | 25,23 € | 100% | 12,00 € |
| 7% 19% | + Umsatzsteuer | | 14,90 € | | 57.000,00 € | | | 1,77 € | 19% | 2,28 € |
| Brutto | Bruttoverkaufspreis (inkl. USt) | | 93,34 € | | 357.000,00 € | 142.800,00 € | └150% | 27,00 € | a) | 14,28/14,30 |
| KLZ | $\dfrac{\text{(Bruttoverkaufspreis-Bezugspreis) x 100}}{\text{Bezugspreis}}$ | | 87% | | 79% | a) 70% | | 50% | | |
| Kf | $\dfrac{\text{Bruttoverkaufspreis}}{\text{Bezugspreis}}$ | | 1,867 | c) | 1,785 | b) 1,70 | | 1,50 | b) | 1,7 |
| | | | | d) 10,00€ x 1,785 = 17,85€ | c) | 30,00% | c) | -4,00% | | |

|  |  | Aufgabe 31 |  | Aufgabe 32 | Aufgabe 33 a | 33b | Aufgabe 34 |  | Aufgabe 35 |  |
|---|---|---|---|---|---|---|---|---|---|---|
| B | Ladenpreis/Endpreis | 18,00 |  |  |  |  | 48,00 | 35,79% | 540,00 | 20x27€ 30% |
| R | - Rabatt | 6,30 |  |  |  |  | 17,18 |  | 162,00 |  |
| U | **Abgabepreis** | 11,70 |  |  |  |  | 30,82 |  | 378,00 |  |
| T | - Skonto | 0,23 |  |  |  |  | 0,00 |  | 0,00 |  |
| O | - Überweisungsbetrag | 11,47 |  | 267,50 | 126,00 |  | 30,82 |  | 378,00 |  |
|  | - Umsatzsteuer | 0,75 |  | 17,50 | 8,24 |  | 2,02 |  | 24,73 |  |
| N | **Nettowarenwert** | 10,72 |  | 250,00 | 117,76 |  | 28,80 |  | 353,27 |  |
| E | + Bezugskosten | 0,53 |  | 0,00 | 0,00 |  | 1,70 |  | 0,00 |  |
| T | **Einstandspreis/ Bezugspreis** | 11,25 |  | 250,00 | 117,76 |  | 30,50 | 68% | 353,27 |  |
|  | + HKZ | 42% 4,27 | 40% 4,50 | 44% 110,00 | 46% 54,17 | 171,9252 | 45% 13,73 | 45% | 158,97 | 45% |
| T | **Selbstkosten** | 15,52 | 15,75 | 360,00 | 171,93 | -3,7009 | 44,23 |  | 512,24 |  |
| O | + Gewinn | 1,30 | 1,07 | 10,09 | 13,12 | 168,22 | 0,63 |  | 68,13 |  |
|  | **Nettoladenpreis** | 16,82 | 16,82 | 370,09 | 185,05 | 11,78 | 44,86 |  | 580,37 |  |
|  | + USt 7% | 1,18 | 1,18 | 25,91 | 12,95 | 180,00 | 3,14 |  | 40,63 |  |
| BRUTTO | **Ladenpreis** | 18,00 | 18,00 | 396,00 11x36€ | 198,00 11x18€ | 10x18€ | 48,00 | 23x27€ | 621,00 | 23x27€ |
|  | Gewinn in % | 8,39% | 6,81% | 2,80% | 7,63% |  | **1,42%** |  | **13,30%** |  |
|  | Handelsspanne |  |  | 32,45% |  |  | 32% |  | **39,13%** |  |

Wareneinsatz 68%
Umsatzerlös 100%

**Effektivrabatt**

20x30%    6,00
3X100%    3,00
           9,00

900:23=    **39,13%**

**Handelsspanne**

$(580,37-353,27) \times 100$
580,37    **39,13%**

**Gewinnschwelle**

Selbstkosten 512,245 €
Nettoladenpreis 25,23 € (27€ : 1,07)    20,30

**21 Exemplare**

# 5 Planungsrechnung

**1**    2, 1, 1, 2, 1, 2, 1      **2**    1, 2, 2, 1, 2, 1, 1

**3**

| Monat | | a) Durchschnitt in € | c) % des Gesamt- umsatzes | d) % kumuliert | g) Planumsatz 2016 in € | h) Planumsatz kumuliert in € |
|---|---|---|---|---|---|---|
| Januar | 28.533 | | 7,2 | 7,2 | 29.250 | 29.250 |
| Februar | | 27.833 | 7,1 | 14,3 | 28.532 | 57.782 |
| März | | 31.000 | 7,9 | 22,2 | 31.779 | 89.561 |
| April | | 32.233 | 8,2 | 30,4 | 33.043 | 122.604 |
| Mai | 32.100 | | 8,2 | 38,5 | 32.906 | 155.510 |
| Juni | 31.133 | | 7,9 | e) 46,5 | 31.915 | 187.425 |
| Juli | | 29.767 | 7,6 | 54,0 | 30.514 | 217.940 |
| August | 29.100 | | 7,4 | 61,4 | 29.831 | 247.771 |
| September | | 29.900 | 7,6 | 69,0 | 30.651 | 278.421 |
| Oktober | | 30.400 | 7,7 | 76,7 | 31.164 | 309.585 |
| November | | 42.767 | 10,9 | 87,6 | 43.841 | 353.426 |
| Dezember | | 48.833 | 12,4 | 100,0 | 50.060 | 403.486 |
| Gesamt | | b) 393.600 | | | f) 403.486 | |

(Abweichungen einzelner Endstellen sind durch Excel bedingt.)

**4**    1, 2, 1, 2, 2, 2, 1, 1

**5**    a) 302.614,50 €    b) 60.522,90 €    c) 24.471,10 €    d) 105.138,20 €

**6**    1, 1, 2, 2, 2, 1

**7**    Fall 1: Buchhandlung erhält einen großen Schulbuchauftrag, den die Kommune erst viel später bezahlt. Fall 2: Der Inhaber eines Einzelunternehmens füllt das finanzielle Defizit seines Geschäfts mit Privateinlagen auf.

**8**    45,– €; Reduzierung auf 15,– €

**9**    Die Buchhandlung hat kein ausgeprägtes Weihnachtsgeschäft (was sich auch daran zeigt, dass das Personal im Dezember nicht aufgestockt wurde).

**10**    673 € (+ 16.158 € − 13.831 € = EB 3.000 € [AB für 10/2016])

# 6 Verlagskalkulation

**1** a) 495.083,85 €
   b) 24,75 €
   c) 17.000 Exemplare
   d) 8,25

**2** a) 638.372,26 € (+ 0,01)
   b) 25,53 €
   c) 17.500 Exemplare
   d) 5,1

**3**    37.951,40 €

**4** a) 12.273 Exemplare

     b) 1.333,33 € (ungerundet) oder 1.375 € (mit gerundeten Zwischenergebnissen)

**5** a) 30.325,23 €
   b) 6.400 Exemplare

**6**    45,65 €

**7** a) 25.734,58 €    b) 14.019,63 €

**8** a) 125.046,72 €
   b) 90.442,99 € (− 0,01)
   c) 74.158,88 € (− 0,01)

# Sachregister